Rolf Walter

Lineare Algebra und analytische Geometrie

Rolf Walter

Lineare Algebra und analytische Geometrie

Mit 56 Bildern

Friedr. Vieweg & Sohn Braunschweig / Wiesbaden

CIP-Kurztitelaufnahme der Deutschen Bibliothek

Walter, Rolf:
Lineare Algebra und analytische Geometrie /
Rolf Walter. – Braunschweig; Wiesbaden:
Vieweg, 1985.

1985

Softcover reprint of the hardcover 1st edition 1985

Satz: Vieweg, Braunschweig
Druck und buchbinderische Verarbeitung: Lengericher Handelsdruckerei, Lengerich

ISBN-13: 978-3-528-08584-1 e-ISBN-13: 978-3-322-83913-8
DOI: 10.1007/978-3-322-83913-8

Vorwort

Dieses Buch behandelt die lineare und multilineare Algebra sowie die analytische Geometrie. Es ist entstanden aus entsprechenden Vorlesungen des ersten Studienjahres, die ich mehrfach an den Universitäten Freiburg und Dortmund für Mathematiker, Physiker und Studenten mit mathematischem Nebenfach gehalten habe.

Der Schwerpunkt dieses Buches liegt auf den weiterführenden Themen des zweiten Semesters. Jedoch ist die Darstellung weitgehend in sich abgeschlossen, da elementare Kenntnisse wiederholt und oftmals neu begründet werden. Für die erstmalige Aneignung der Grundlagen sei auf meine „Einführung in die lineare Algebra" (Vieweg 1982) hingewiesen.

Nach algebraischen Vorbereitungen befaßt sich der erste Teil dieses Buches mit allgemeinen Vektorräumen, Normalformen linearer Abbildungen, komplexen Vektorräumen und multilinearer Algebra. Hervorzuheben sind die Diskussion der Codimension, der Brückenschlag zur Analysis in Gestalt der normierten Vektorräume und die Fundierung der Hauptachsentransformation mit dem Rayleighschen Extremalprinzip. Bei den komplexen Vektorräumen erfolgt ein elementarer Beweis des „Fundamentalsatzes der Algebra", der im folgenden zutreffender als *algebraischer Fundamentalsatz in* **C** bezeichnet wird. Darauf aufbauend wird die reelle Jordansche Normalform mittels des „Durchganges durch Komplexe" gewonnen. (Hierbei werden ausnahmsweise gezielte Vorkenntnisse aus dem Einführungsband angenommen.)

Der zweite Teil entwickelt die analytische Geometrie auf der Basis der linearen Algebra, und zwar getrennt nach den affinen, euklidischen und projektiven Gesichtspunkten, jeweils mit den spezifischen Hilfsmitteln der betreffenden Struktur. Nach den linearen Gebilden werden die quadratischen Hyperflächen behandelt. Der allgemeinen Grundhaltung entsprechend, wird auch in der Geometrie die moderne, basisfreie Denkweise bevorzugt. Dementsprechend sind die Resultate in einem stärkeren Ausmaß als sonst üblich unabhängig von der endlichen Dimension (und übrigens auch vom Skalarenkörper). Wo es geboten erscheint, wird aber der basisfreie Aufbau durch Koordinatenrechnungen ergänzt.

Bewußt bietet dieser Band an einigen Stellen mehr, als in einem Semester erarbeitet werden kann. So können die Abschnitte über den algebraischen Fundamentalsatz in **C** und über Jordansche Normalform, multilineare Algebra und projektive Geometrie als Wahlmöglichkeiten betrachtet werden. Denn diese Themen werden in anderen Abschnitten nicht verwendet. Auch sonst wurde auf gegenseitige Unabhängigkeit geachtet. Eine Sonderrolle spielt das Kapitel 0 über Algebra, von dem in der Folge nur einige Grundbegriffe gebraucht werden, das aber für die mathematische Allgemeinbildung sehr nützlich ist.

Dem Buch sind zahlreiche Übungsaufgaben mit vielen Lösungshinweisen beigegeben. Die Aufgaben enthalten zum einen konkrete Rechenbeispiele zum Text. Zum anderen werden durch sie weiterführende Themen erschlossen, die sich auch gut für ein Proseminar eignen. Dem Leser sei die Beschäftigung mit Übungsaufgaben besonders empfohlen: Es kommt ja nicht selten vor, daß die Bewältigung eines interessanten Übungsproblems ein Schlüsselerlebnis für eine besonders intensive Beziehung zur Mathematik darstellt! – Im Text werden die Aufgaben prinzipiell nicht verwendet.

Insgesamt war mein Ziel ein weitgehend unabhängiges Lehrbuch der linearen Algebra und analytischen Geometrie, das sowohl der Festigung des Bekannten wie auch dem Aufbau neuer, relevanter Bezirke dient und das nicht zuletzt als Referenz-Werk für höhere Vorlesungen geeignet ist.

Danken möchte ich auch an dieser Stelle Frau G. Schmidt, geb. Wienke für ihren unermüdlichen Einsatz bei der Textherstellung, den Herren Dipl.-Math. S. Peters und Dr. W. Strübing für Hilfe und wertvolle Ratschläge bei der Korrektur sowie Frau Dr. P. Danzer-Katzarova für ihre Unterstützung bei den Bildern. Mein Dank gilt aber auch dem Verlag, vor allem Frau Schmickler-Hirzebruch, für die gute Betreuung des Werkes.

Dortmund, im November 1983

Rolf Walter

Zum Gebrauch des Buches

Die acht Kapitel sind in Abschnitte mit jeweils zweistelligen Nummern gegliedert. In jedem Abschnitt fängt die Numerierung von Definitionen, Formeln usw. neu an, wobei Sätze und Definitionen gemeinsam mit großen lateinischen Buchstaben durchgezählt sind. Lediglich die Numerierung der Bilder und Tabellen ist im ganzen Buch durchlaufend. Verweise erfolgen im gleichen Abschnitt ohne dessen Nennung, an anderen Stellen unter Anfügung des zitierten Abschnitts in eckigen Klammern; z.B. verweist „Satz E [5.1]" auf Satz E des Abschnittes 5.1. Bei einem „Zusatz" werden stets die Voraussetzungen beibehalten. Das Ende einer Überlegung wird durch das Zeichen □ angedeutet, die Zeichen := und =: signalisieren eine Definitionsgleichung, wobei der Doppelpunkt auf der Seite der neu eingeführten Größe steht. Generalvoraussetzungen, die zu *Beginn* eines Abschnittes gemacht werden, gelten auch für die zugehörigen Aufgaben.

Die Standardmengen der Mathematik sind folgendermaßen bezeichnet:

$\mathbf{N}$ Menge der natürlichen Zahlen (ohne 0)
$\mathbf{Z}$ Menge der ganzen Zahlen
$\mathbf{Q}$ Menge der rationalen Zahlen
$\mathbf{R}$ Menge der reellen Zahlen
$\mathbf{C}$ Menge der komplexen Zahlen.

Das Anhängen des Indexes „0" bedeutet hier Hinzunahme, die Schreibart „\0" Wegnahme der Null; z.B. ist $\mathbf{N}_0$ die Menge der natürlichen Zahlen zusammen mit 0, $\mathbf{Z}\setminus 0$ die Menge $\mathbf{Z}$ ohne 0. Die Marken „+" und „−" bezeichnen entsprechende Vorzeicheneinschränkungen; z.B. ist $\mathbf{R}^+$ die Menge aller positiven, $\mathbf{R}_0^+$ die Menge aller nichtnegativen reellen Zahlen.

Am Ende des Buches finden sich Verzeichnisse der Literatur und der weiteren Symbole sowie das Sachverzeichnis. Hinweise auf das Literaturverzeichnis erfolgen durch Nennung der Autoren in Kursivschrift (gegebenenfalls mit einer Ordnungsnummer). Das Buch: „R. Walter, Einführung in die lineare Algebra" wird kurz durch „I" zitiert. Das Sachverzeichnis enthält auch die Lebensdaten der erwähnten Wissenschaftler.

Inhaltsverzeichnis

0 Aus der Algebra

Die Algebra, die früher einmal die Kunst der Gleichungsauflösung war, ist heute in eine allgemeine Theorie der Verknüpfungen eingemündet, die zumeist abstrakt, also axiomatisch betrieben wird. Die axiomatische Denkweise beruht auf der folgenden Grundidee: Man stellt zunächst fest, daß gewisse Gesetzmäßigkeiten für unterschiedliche Objekte gleichermaßen gelten. Daraufhin löst man sich von den konkreten Gültigkeitsbereichen, indem man solche Gesetze zu definierenden Eigenschaften einer neuen Struktur erhebt. Dieses Vorgehen hat sich in der modernen Mathematik außerordentlich bewährt. Einer seiner Vorzüge ist die geistige Ökonomie, die es bewirkt: Erkenntnisse, die im abstrakten Rahmen gewonnen wurden, besitzen eine universelle Gültigkeit; sie brauchen in konkreten Fällen nicht erneut überprüft zu werden. Unter den vielen algebraischen Strukturen, die so aufgebaut wurden, konzentrieren wir uns in diesem Kapitel auf die Gruppen und Körper.

0.1 Gruppen und Untergruppen

Seit der Erfindung der Gruppenstruktur im 19. Jahrhundert hat dieser Begriff eine starke, vereinheitlichende Kraft ausgeübt, so daß er heute zum fundamentalen Rüstzeug des mathematischen Denkens gehört. Wir stellen den Gruppenbegriff aber nicht nur wegen seiner großen Bedeutung an den Anfang, sondern auch deshalb, weil man an ihm den axiomatischen Zugang zur Algebra in Reinkultur studieren kann. Im Gegensatz zu den Zahlenmengen, die man aus der Schule kennt, besitzt eine Gruppe nur eine einzige Verknüpfung, und die Rechenregeln, denen diese folgt, sind denkbar einfach. Umso erstaunlicher ist es, daß bereits ein kurzer Einstieg handfeste, nichttriviale Erkenntnisse liefert, z.B. den „kleinen Fermat" und den Satz von Wilson aus der Zahlentheorie, die wir gegen Ende dieses Kapitels vorstellen.

Grundlagen

Eine Gruppe ist zunächst ein *Verknüpfungsgebilde*, d.h. eine nichtleere Menge G von Elementen, derart daß nach einem bestimmten Gesetz je zweien dieser Elemente, a und b, ein neues Element ab derselben Menge G zugeordnet ist (*Abgeschlossenheit*). Das Verknüpfungsergebnis von a und b, das hier einfach mit ab bezeichnet wurde, kann auch anders geschrieben werden, z.B. als $a \cdot b$ (*multiplikative Schreibweise*) oder als $a + b$ (*additive Schreibweise*), und je nachdem wird das Verknüpfungsergebnis auch als *Produkt* oder *Summe* bezeichnet. Will man die Verknüpfung genau spezifizieren, so schreibt man das Verknüpfungsgebilde als Paar, also etwa $(G, \cdot)$ oder $(G, +)$. Im allgemeinen verwenden wir die Schreibweisen $ab = a \cdot b$ simultan. Auf die Reihenfolge der „Faktoren" kommt es dabei sehr wohl an, d.h. ab ist nicht unbedingt gleich ba. Ist die zugrundeliegende Menge

G endlich, so wird die Anzahl der Elemente durch $|G|$ bezeichnet und die **Ordnung** von G genannt.

Damit ein Verknüpfungsgebilde $(G, \cdot)$ eine *Gruppe* ist, müssen folgende Forderungen erfüllt sein:

(G.1) *Für je drei Elemente* $a, b, c \in G$ *gilt das Assoziativgesetz:* $(ab)c = a(bc)$.

(G.2) *Es gibt ein Neutralelement* $e \in G$, *d.h. ein Element von* G *mit der Eigenschaft:* $ae = ea = a$ *für alle* $a \in G$.

(G.3) *Zu jedem Element* $a \in G$ *existiert ein inverses Element* $a^{-1} \in G$, *d.h. ein Element von* G, *das die Gleichungen* $aa^{-1} = a^{-1}a = e$ *erfüllt.*

Aus den ersten beiden Axiomen folgt bereits, daß das Neutralelement eindeutig bestimmt ist, so daß e bei der Formulierung des dritten Axioms schon festliegt. Im allgemeinen wird $ab \neq ba$ sein. Gilt jedoch zusätzlich das Axiom:

(G.4) *Für alle* $a, b \in G$ *besteht das Kommutativgesetz* $ab = ba$,

so heißt die Gruppe G *kommutativ* oder *abelsch.*

Einfache Folgerungen aus den Gruppenaxiomen (G.1) bis (G.3) sind folgende Tatsachen: Ebenso wie es nur ein Neutralelement geben kann, ist auch zu jedem Element $a \in G$ das Inverse a^{-1} eindeutig bestimmt. Allgemeiner besitzt jede der Gleichungen $ax = b$ bzw. $ya = b$ für gegebene $a, b \in G$ genau eine Lösung in G, nämlich $x = a^{-1}b$ bzw. $y = ba^{-1}$. Ferner hat man $(a^{-1})^{-1} = a$ für alle $a \in G$. Das Assoziativgesetz aus (G.1) überträgt sich durch vollständige Induktion auf $n \geqq 3$ Elemente, so daß das *mehrfache Verknüpfungsergebnis* $a_1 \dots a_n$ unabhängig von der zunächst nötigen *Beklammerung* ist, diese also weggelassen werden kann. Für die Inversenbildung gilt hierbei:

(1) $\quad (a_1 \dots a_n)^{-1} = (a_n)^{-1} \dots (a_1)^{-1}$ (Reihenfolge!).

Aus dem mehrfachen Verknüpfungsergebnis $a_1 \dots a_n$ erhält man speziell für $a_1 = \dots = a_n =: a$ die *Potenz* a^n, die durch $a^0 := e$ und $a^n := (a^{-n})^{-1}$ auch für nichtpositive ganze Zahlen n als *Exponenten* erklärt ist.

Bei kommutativen Gruppen verwendet man häufig die additive Schreibweise, wobei das Neutralelement durch 0 (*Null*), das Inverse von a durch $-a$ (*minus* a) und die Potenz als *Vielfaches* $n \cdot a = na$ bezeichnet werden. *Mehrfache Summen* werden häufig mit dem *Summenzeichen* geschrieben $\left(\text{z.B. } a_1 + \dots + a_n \text{ als } \sum_{i=1}^{n} a_i\right)$ bzw. bei multiplikativer Schreibweise mit dem *Produktzeichen* $\left(\text{z.B. } a_1 \dots a_n \text{ als } \prod_{i=1}^{n} a_i\right)$.

Wichtige Beispiele erhält man in Gestalt der *Transformationsgruppen*, wovon wir den folgenden Hauptfall hervorheben: Ist eine nichtleere Menge M gegeben, so sei $\mathfrak{S}_M$ die Menge aller bijektiven Selbstabbildungen $\sigma : M \to M$, zusammen mit der Komposition $\circ$ als Verknüpfung. $(\mathfrak{S}_M, \circ)$ ist dann eine Gruppe, wobei das Neutralelement die identische Abbildung ι von M und das Inverse zu σ die Umkehrabbildung σ^{-1} ist. Jedes $\sigma \in \mathfrak{S}_M$ heißt eine **Permutation** von M, und $\mathfrak{S}_M$ wird deswegen als die **(volle) Permutationsgruppe** von

M bezeichnet. Wenn M mindestens drei verschiedene Elemente a, b, c enthält, so ist $\mathfrak{S}_M$ nicht kommutativ. Dies sieht man leicht anhand der beiden bijektiven Selbstabbildungen σ, τ von M, die auf der dreielementigen Teilmenge $\{a, b, c\}$ durch

(2) $\sigma(a) := c, \quad \sigma(b) := a, \quad \sigma(c) := b$

(3) $\tau(a) := a, \quad \tau(b) := c, \quad \tau(c) := b$

und auf $M \setminus \{a, b, c\}$ durch $\sigma(x) := \tau(x) := x$ erklärt sind. Es gilt dann $\sigma \circ \tau(a) = c$, aber $\tau \circ \sigma(a) = b$, also $\sigma \circ \tau \neq \tau \circ \sigma$. Im Spezialfall, daß M die Menge der ersten n natürlichen Zahlen $1, \ldots, n$ ist, wird $\mathfrak{S}_M$ identisch mit der *symmetrischen Gruppe* $\mathfrak{S}_n$.
Beispiele für kommutative Gruppen liefern die Standardzahlmengen $\mathbf{Z}$, $\mathbf{Q}$, $\mathbf{R}$, mit der gewöhnlichen Addition oder die Mengen $\mathbf{Q} \setminus 0$ und $\mathbf{R} \setminus 0$ mit der gewöhnlichen Multiplikation als Verknüpfung.

Ist H eine Teilmenge der (multiplikativ geschriebenen) Gruppe G, so ist für je zwei Elemente a, b aus H das Produkt ab definiert. Man wird H eine *Untergruppe* von G nennen, wenn hierdurch eine Verknüpfung auf H definiert wird, die den Gruppenaxiomen genügt. Notwendig und hinreichend dafür ist, daß H folgende Forderungen erfüllt:

(UG.1) $e \in H$;

(UG.2) wenn $a \in H$ und $b \in H$, so $ab \in H$;

(UG.3) wenn $a \in H$, so $a^{-1} \in H$.

Für *nichtleeres* H ist (UG.1) eine leichte Konsequenz aus (UG.2) und (UG.3).

Jede Gruppe besitzt die beiden *trivialen* Untergruppen $\{e\}$ und G, wobei statt $\{e\}$ häufig e geschrieben wird. Alle anderen Untergruppen von G heißen *echt*.
Faßt man $\mathbf{Z}$, $\mathbf{Q}$, $\mathbf{R}$ als additive Gruppen auf, so gilt $\mathbf{Z} \subset \mathbf{Q} \subset \mathbf{R}$, und jede dieser Mengen ist Untergruppe der folgenden. Weniger triviale Beispiele werden in Kürze auftreten. Die lineare Algebra liefert ebenfalls einen großen Schatz von Gruppen und Untergruppen, die im allgemeinen nicht kommutativ sind.

Weiterführung

Das Umgehen mit Teilmengen einer Gruppe $(G, \cdot)$ wird durch folgende Symbolik erleichtert: Sind H, K nichtleere Teilmengen von G, so sei $HK = H \cdot K$ die Menge aller Produkte ab, wobei $a \in H$ und $b \in K$, und ebenso sei H^{-1} die Menge aller Inversen a^{-1} mit $a \in H$. Im Spezialfall, daß etwa H einelementig ist, $H = \{c\}$, schreibt man häufig etwas lasch $H = c$ und versteht demgemäß unter cK die Menge aller Produkte cb mit $b \in K$. Analog ist $Kc := \{bc \mid b \in K\}$. Aus dem Assoziativgesetz für Elemente von G folgt unmittelbar das Assoziativgesetz für dieses „Mengenprodukt", nämlich

(4) $(HK)L = H(KL)$,

so daß auch hier auf die Klammern verzichtet werden kann, und aus der Regel $(a^{-1})^{-1} = a$ ergibt sich:

(5) $(H^{-1})^{-1} = H$.

Da man früher Teilmengen einer Gruppe als „Komplexe" bezeichnet hat, nennt man die hiermit eingeführte Symbolik die **Komplexschreibweise.** Insbesondere heißt HK das **Komplexprodukt** von H und K.

Nützlich beim Umgehen hiermit sind die folgenden **Monotonieregeln:**

(6) $\quad H_1 \subseteqq H_2 \quad \Rightarrow \quad KH_1 \subseteqq KH_2,\ H_1K \subseteqq H_2K,\ (H_1)^{-1} \subseteqq (H_2)^{-1},$

die man unmittelbar anhand der Definition einsieht.

In der Komplexschreibweise lauten die *Untergruppenaxiome* (UG.1) – (UG.3) so:

(UG.1) $e \in H$

(UG.2) $HH \subseteqq H$

(UG.3) $H^{-1} \subseteqq H.$

Tatsächlich erkennt man als Konsequenz hieraus mittels (5) und (6) die Gleichungen

(7) $\quad HH = H, \quad H^{-1} = H,$

die also für jede Untergruppe $H \subseteqq G$ gelten.

Eine geläufige Art, Untergruppen zu erzeugen, besteht in der sukzessiven Verknüpfung und Inversenbildung gegebener Elemente. Wir beschreiben dies für den einfachsten Fall, daß ein einziges festes Element $a \in G$ vorgegeben ist: Die genannten sukzessiven Operationen führen hier auf die Gesamtheit der Potenzen a^r mit beliebigen ganzzahligen Exponenten r. Diese Potenzen erfüllen die folgenden Regeln

(8) $\quad a^0 = e, \quad a^r a^s = a^{r+s}, \quad (a^r)^s = a^{rs}, \quad (a^r)^{-1} = a^{-r},$

die man direkt durch Abzählen der Faktoren und Beachtung der Definition $a^{-r} := (a^r)^{-1}$ für $r > 0$ bestätigt. Wenn es nun eine Untergruppe von G gibt, die das Element a enthält, so muß diese Untergruppe nach (UG.1) – (UG.3) die Menge aller dieser Potenzen enthalten. Wir bezeichnen die Menge dieser Potenzen in Zukunft so:

(9) $\quad [a] := \{\ldots, a^{-2}, a^{-1}, e, a, a^2, \ldots\}.$

Andererseits liest man aus (8) sofort ab, daß die Menge [a] selbst die Untergruppenaxiome erfüllt, mit anderen Worten: Zu jedem $a \in G$ ist [a] die *kleinste* Untergruppe von G, die a enthält. Man nennt [a] **monogene** Untergruppe von G (mit der **Erzeugenden** a). Eine solche monogene Untergruppe ist stets kommutativ, wie man direkt aus (8) entnimmt. Weiter kann man die folgenden Fälle (α) und (β) unterscheiden:

(α) Aus $r \neq s$ folgt stets $a^r \neq a^s$, d.h. alle Potenzen von a sind paarweise verschieden. In diesem Fall heißt [a] auch **unendliche monogene** Untergruppe.

(β) Es gibt r, s mit $r < s$ und $a^r = a^s$. Dann gilt $a^{s-r} = e$, also existiert hier eine Potenz von a mit positivem Exponenten, die gleich e ist. Sei q das *Minimum* aller positiven ganzen Zahlen j mit $a^j = e$; q heißt die **(endliche) Ordnung** des Elementes a. Die Menge der Potenzen ist hier endlich, nämlich:

(10) $\quad [a] = \{e, a, a^2, \ldots, a^{q-1}\},$

wobei alle aufgeschriebenen Elemente paarweise verschieden sind (sonst wäre q nicht minimal) und wobei $a^q = e$ ist. Zum Beweis der Inklusion $\subseteq$ von (10) wird die **Division mit Rest** in $\mathbf{Z}$ benötigt, die wir im folgenden Hilfssatz A formulieren. Es folgt damit für jedes $r \in \mathbf{Z}$: $a^r = a^{sq+t} = (a^q)^s a^t = a^t$. Hier heißt [a] **endliche monogene** oder **zyklische** Untergruppe von G.
Ist $G = [a]$ für ein $a \in G$, so werden die eingeführten Bezeichnungen auf G selbst angewandt.

Hilfssatz A. *Zu je zwei Zahlen* $r, q \in \mathbf{Z}$ *mit* $q \neq 0$ *existiert genau ein Paar von Zahlen* $s, t \in \mathbf{Z}$ *mit*

(11) $$r = sq + t, \quad 0 \leqq t \leqq |q| - 1.$$

Man nennt t den **Rest der Division** von r durch q, weil (11) auch in der Form geschrieben werden kann:

(12) $$\frac{r}{q} = s + \frac{t}{q}, \quad 0 \leqq t \leqq |q| - 1.$$

Für t ist auch die Bezeichnung **Rest von r modulo** q gebräuchlich.

Beweis von A. *Existenz:* Sei t das Minimum aller nichtnegativen ganzen Zahlen der Form $r - nq$ mit $n \in \mathbf{Z}$, etwa $t = r - sq$. Dann gilt (11), wobei nur noch $t \leqq |q| - 1$ nachzuweisen ist: Wäre $t > |q| - 1$, so ergäbe sich

(13) $$t > t - |q| = r - sq - |q| = r - \left(s + \frac{|q|}{q}\right) q \geqq 0,$$

was der Wahl von t widerspricht.
Eindeutigkeit: Gilt außer (11) auch noch $r = s'q + t'$ mit $0 \leqq t' \leqq |q| - 1$, so folgt $|t - t'| = |s - s'| \cdot |q|$ und $|t - t'| \leqq |q| - 1$. Wäre nun $t \neq t'$ oder $s \neq s'$, so würde aus der ersten Relation $t \neq t'$ und $s \neq s'$ sowie $|t - t'| \geqq |q|$ folgen, im Widerspruch zur zweiten Relation. □

Beispiele. 1. Unendliche monogene Gruppen sind in den Standardzahlbereichen einfach zu konstruieren. In $(\mathbf{R} \setminus 0, \cdot)$ bilden die Potenzen a^n einer Zahl $a \in \mathbf{R} \setminus \{1, -1\}$, in $(\mathbf{R}, +)$ die ganzzahligen Vielfachen nb einer Zahl $b \in \mathbf{R} \setminus 0$ jeweils eine unendliche monogene Untergruppe.

2. Zyklische Gruppen lassen sich besonders leicht im Körper $\mathbf{C}$ der komplexen Zahlen angeben, und zwar mit beliebig vorgegebener Ordnung n: Man nehme einfach die Menge der n-ten *Einheitswurzeln*, also $W_n := \{z \in \mathbf{C} \mid z^n = 1\}$, mit der Multiplikation als Verknüpfung. Dann besteht W_n genau aus den n verschiedenen komplexen Zahlen

(14) $$z_k := e^{i\frac{2k\pi}{n}} = \cos\frac{2k\pi}{n} + i \cdot \sin\frac{2k\pi}{n}, \quad k = 0, 1, \ldots, n-1.$$

Für $a := z_1$ gilt $a^n = 1$ aber $a^r \neq 1$, falls $1 \leqq r \leqq n-1$, also ist $W_n = [a]$ zyklische Gruppe der Ordnung n. Jedes Element $b \in W_n$, das wie a die Gruppe W_n erzeugt, nennt man eine **primitive** n-te Einheitswurzel. In W_4 etwa sind, wie man leicht nachrechnen kann, z_1, z_3 primitiv, dagegen z_0, z_2 nicht primitiv. □

Bei endlichen Gruppen bestehen starke Einschränkungen für die Ordnungen der möglichen Untergruppen: Wir werden sehen, daß die Ordnung einer jeden Untergruppe die Ordnung der Gesamtgruppe teilt. Als Vorbereitung hierzu dienen die folgenden Überlegungen, bei denen zunächst keine Endlichkeit vorausgesetzt wird.

Zunächst gibt jede Untergruppe Anlaß zu zwei ausgezeichneten Äquivalenzklassen in der Gruppe.

Satz und Definition B. *Sei* G *eine Gruppe und* H *eine Untergruppe von* G. *Sei ferner die Relation* R_H *auf* G *definiert durch*

(15) $\quad xR_Hy :\Longleftrightarrow xy^{-1} \in H,$

die Relation ${}_HR$ *auf* G *definiert durch*

(16) $\quad x{}_HRy :\Longleftrightarrow x^{-1}y \in H.$

Dann ist

(a) R_H *Äquivalenzrelation auf* G *mit den Äquivalenzklassen (den* ***Rechtsnebenklassen****)* $U_z := Hz, z \in G$;

(b) ${}_HR$ *Äquivalenzrelation auf* G *mit den Äquivalenzklassen (den* ***Linksnebenklassen****)* ${}_zU := zH, z \in G$;

(c) *die Abbildung*

(17) $$\begin{aligned} G/R_H &\longrightarrow G/{}_HR \\ Hz &\longmapsto z^{-1}H \end{aligned}$$

wohldefiniert und bijektiv.

Es sei hier an den Begriffen der Relation erinnert. Eine *Relation* R auf einer Menge M ist eine Teilmenge R des cartesischen Produktes $M \times M$. Genau wenn $(x, y) \in R$ gilt, sagt man, x und y *stehen* in der Relation R, und man schreibt $x R y$. Eine Relation R auf M heißt *Äquivalenzrelation*, wenn folgende Regeln erfüllt sind:

(R) *Reflexivität:* $x R x$

(S) *Symmetrie:* $x R y \Rightarrow y R x$

(T) *Transitivität:* $x R y, y R z \Rightarrow x R z.$

Manchmal schreibt man anstelle von $x R y$ auch $x \equiv y (\mathrm{mod}\, R)$, gelesen x *kongruent* y *modulo* R. Ist R Äquivalenzrelation auf M und a ein festes Element von M, so ist die *Äquivalenzklasse* U_a von a die Menge aller $x \in M$ mit $a R x$. Die Äquivalenzklassen bilden eine Zerlegung von M, d.h. jedes Element $a \in M$ liegt in genau einer Äquivalenzklasse, nämlich in U_a. Jedes $b \in U_a$ (für das dann ja $U_b = U_a$ gilt) heißt ein *Repräsentant* von U_a. Die Menge der Äquivalenzklassen wird durch M/R bezeichnet (gelesen M *modulo* R). Die Abbildung $\rho : M \to M/R$, die jedem Element $a \in M$ seine Äquivalenzklasse U_a zuordnet, ist die sog. *kanonische Projektion* von R. Die Menge M/R der Äquivalenzklassen heißt auch *Quotientenmenge* von M *modulo* R.

Beweis von B. *Zu* (a): Es müssen die drei Eigenschaften einer Äquivalenzrelation (Reflexivität, Symmetrie, Transitivität) nachgeprüft werden. *Reflexivität:* Diese besagt xR_Hx, d.h. $xx^{-1} \in H$; dies ist wegen $xx^{-1} = e$ und (UG.1) erfüllt. *Symmetrie:* Diese besagt $xR_Hy \Rightarrow yR_Hx$, d.h. $xy^{-1} \in H \Rightarrow yx^{-1} \in H$; dies ist wegen $yx^{-1} = (xy^{-1})^{-1}$ und (UG.3) erfüllt. *Transitivität:* Diese besagt xR_Hy und $yR_Hz \Rightarrow xR_Hz$, d.h. $xy^{-1} \in H$ und $yz^{-1} \in H \Rightarrow$ $\Rightarrow xz^{-1} \in H$; dies ist wegen $xz^{-1} = (xy^{-1})(yz^{-1})$ und (UG.2) erfüllt. Für die Äquivalenzklasse U_z von z folgt $U_z = \{x \mid xR_Hz\} = \{x \mid xz^{-1} \in H\} = \{x \mid x \in Hz\} = Hz$. Das vorletzte Gleichheitszeichen folgt mittels (6).

Zu (b): Dieser Nachweis verläuft analog zu dem von (a).

Zu (c): Zur Wohldefiniertheit ist nachzuweisen, daß die Vorschrift (17) dasselbe liefert, wenn anstelle von z ein anderes Element z′ zur Darstellung der Rechtsnebenklasse Hz verwendet wird. Dies folgt aus den Schlüssen

(18) $$Hz = Hz' \Longleftrightarrow zR_Hz' \Longleftrightarrow zz'^{-1} \in H \Longleftrightarrow z^{-1}\,{}_HRz'^{-1} \Longleftrightarrow z^{-1}H = z'^{-1}H$$

(man lese von links nach rechts). Daß (17) surjektiv ist, folgt, weil $z \mapsto z^{-1}$ eine Bijektion von G auf sich ist. Daß (17) injektiv ist, folgt wenn man (18) von rechts nach links liest. □

Bei kommutativen Gruppen gilt natürlich $R_H = {}_HR$.

In einer nichtkommutativen Gruppe G wird eine Rechtsnebenklasse im allgemeinen nicht auch Linksnebenklasse sein oder umgekehrt. Der eben bewiesene Teil (c) bedeutet aber, daß die beiden Sorten von Äquivalenzklassen in bestimmter Weise einander bijektiv zugeordnet sind. Diese Bijektivität rechtfertigt die folgende

Definition C. *Die Untergruppe* H *von* G *ist von* ***endlichem Index****, wenn* G/R_H *oder, äquivalent,* $G/{}_HR$ *endlich ist, und genau in diesem Fall schreibt man*

(19) $$\operatorname{ind}_G H := |G/R_H| = |G/{}_HR| < \infty.$$

Mit Betragszeichen um eine endliche Menge bezeichnen wir generell die Anzahl der Elemente. Der Index ist also die Anzahl der Rechtsnebenklassen (oder der Linksnebenklassen, da beide Anzahlen übereinstimmen).

Daß der Index auch bei unendlichem G oder H endlich sein kann, zeigt das folgende

Beispiel 3. Es sei $G = \mathbf{R} \setminus 0$ mit Multiplikation und $H = \mathbf{R}^+$. Hier ist $R_H = {}_HR =: R$ (Kommutativität) und $x\,R\,y$ genau dann, wenn $x\,y^{-1} \in \mathbf{R}^+$, also wenn x und y dasselbe Vorzeichen haben. Also ist $G/R = \{\mathbf{R}^+, \mathbf{R}^-\}$ und somit der Index von $\mathbf{R}^+$ in $\mathbf{R} \setminus 0$ gleich 2. □

Satz D (von Lagrange). *Sei* G *endliche Gruppe und* H *Untergruppe von* G. *Dann gilt*

(20) $$|G| = |H| \cdot \operatorname{ind}_G H, \quad \text{also} \quad |G/R_H| = |G/{}_HR| = \frac{|G|}{|H|},$$

insbesondere sind Ordnung und Index von H *Teiler der Ordnung von* G.

Beweis. Jede Rechtsnebenklasse Hz ist durch die Abbildung

(21) $$\begin{aligned} H &\longrightarrow Hz \\ x &\longmapsto xz \end{aligned}$$

bijektiv auf H bezogen. (Dasselbe gilt für jede Linksnebenklasse.) Daraus folgt, daß alle Rechtsnebenklassen (und alle Linksnebenklassen) dieselbe Anzahl von Elementen enthalten wie H selbst, etwa k Stück. Sei $j := \text{ind}_G H$ gesetzt. Da G disjunkte Vereinigung von j Rechtsnebenklassen ist, besitzt G insgesamt $k \cdot j$ Elemente. Das ist die Behauptung. □

Folgerung E. *Sei* G *eine endliche Gruppe der Ordnung* n *und* a *ein Element von* G *der endlichen Ordnung* q. *Dann ist* q *Teiler von* n *und* $a^n = e$.

Beweis. Nach Satz D und (10) ist $n = q \cdot j$, wobei j der Index von [a] in G ist. Nach Definition von q gilt $a^q = e$, also ist $a^n = a^{qj} = (a^q)^j = e^j = e$. □

Laut Definition ist eine **Primzahl** $p \in \mathbf{N}$ eine Zahl, die größer als 1 ist und außer 1 und p keine Teiler aus $\mathbf{N}$ besitzt. Die Folge der Primzahlen beginnt also mit 2, 3, 5, 7, 11, 13, 17, 19, ...

Folgerung F. *Jede endliche Gruppe* G, *deren Ordnung eine Primzahl* p *ist, ist zyklisch und besitzt keine echte Untergruppe.*

Beweis. Dies folgt mit Hilfe von Folgerung E so: Man wähle ein von e verschiedenes Element a von G; dann ist die Ordnung von a nicht 1 und, da sie Teiler von p sein muß, gleich p. Also ist $|[a]| = p$, also wegen $[a] \subseteqq G$ und $|G| = p$: $[a] = G$. Eine echte Untergruppe von G kann es nicht geben, da ihre Ordnung nach Satz D Teiler von p sein müßte. □

Aufgaben zu 0.1

1. In der Menge $\mathbf{Z} \times \mathbf{Z}$ der Paare ganzer Zahlen definiere man folgende Verknüpfungen $\top$:

a) $(a, b) \top (c, d) := (a + c, b + d)$

b) $(a, b) \top (c, d) := (a + c, b + d + 1)$

c) $(a, b) \top (c, d) := (a + c, b + 2d)$

d) $(a, b) \top (c, d) := (a + c, b + 10^a d)$.

Welche dieser Verknüpfungen machen $\mathbf{Z} \times \mathbf{Z}$ zu einer Gruppe, welche nicht? Im ersten Fall gebe man jeweils das Neutralelement und die Inversenbildung an und entscheide auch, ob die Gruppe kommutativ ist oder nicht.

2. Es sei G eine dreielementige Menge mit den Elementen e, a, b. Man vervollständige die Verknüpfungstabelle so, daß folgende Eigenschaften *gleichzeitig* erfüllt sind:

a) e ist Neutralelement;

b) jedes $x \in G$ besitzt genau ein Inverses;

c) G ist kommutativ;

d) G ist nicht assoziativ.

·	e	a	b
e	e	?	?
a	?	e	?
b	?	?	e

Bemerkung: Aus der eindeutigen Existenz von Neutralelement und Inversem eines Verknüpfungsgebildes folgt also nicht das Assiziativgesetz. Da aus dem Assoziativgesetz und der Existenz eines Neutralelementes auch nicht die Inversenexistenz gefolgert werden kann [Beispiel: $(\mathbf{Z}, \cdot)$], kann im obigen System der Gruppenaxiome weder (G.1) nach (G.3) weggelassen werden. Es ist aber möglich, die Axiome teilweise abzuschwächen; vgl. die folgende Aufgabe.

3. Es sei $(G, \cdot)$ ein Verknüpfungsgebilde, das folgende Axiome erfüllt:

(G'.1) $(ab)c = a(bc)$ für alle $a, b, c \in G$;

(G'.2) es gibt ein $e \in G$ so daß gilt:

(i) $ea = a$ für alle $a \in G$,

(ii) zu jedem $a \in G$ existiert ein $a^* \in G$ mit $a^*a = e$.

Man beweise, daß $(G, \cdot)$ eine Gruppe ist.

Hinweis: Man zeige $aa^* = e$ durch Betrachtung von a^*aa^* und leite daraus ab, daß e Neutralelement ist.

4. In der multiplikativen Gruppe $\mathbf{R}^+$ der positiven reellen Zahlen betrachte man folgende Teilmengen:

a) $H_1 = \{a + b\sqrt{2} \in \mathbf{R}^+ | a, b \in \mathbf{Q}\}$.

b) H_2 sei die Menge aller rationalen Zahlen r/s, wobei die Zahlen $r, s \in \mathbf{N}$ höchstens 10 Primteiler haben.

c) H_3 sei die Menge aller rationalen Zahlen r/s, wobei die Zahlen $r, s \in \mathbf{N}$ höchstens die ersten 10 Primzahlen als Primteiler haben.

Welche dieser Mengen sind Untergruppen von $(\mathbf{R}^+, \cdot)$, welche nicht?

5. Sei $(G, \cdot)$ Gruppe. Man zeige, daß eine nichtleere Teilmenge $H \subseteq G$ genau dann Untergruppe ist, wenn $HH^{-1} \subseteq H$ gilt. Aus $HH^{-1} \subseteq H$ deduziere mann $HH^{-1} = H$.

6. Man beweise, daß der Durchschnitt beliebig vieler Untergruppen einer Gruppe G wiederum Untergruppe von G ist.

7. Sei $G = [a]$ eine unendliche monogene Gruppe. Man beweise:

a) Ist $n \in \mathbf{Z} \setminus 0$, so ist $[a^n]$ unendliche monogene Untergruppe von G.

b) Ist H irgendeine Untergruppe von G, so existiert ein $n \in \mathbf{Z}$ mit $H = [a^n]$. Insbesondere ist jede echte Untergruppe einer unendlichen monogenen Gruppe selbst unendlich monogen.

8. Es sei $G = [a]$ eine unendliche monogene Gruppe und $b = a^r \in G$. Man beweise: Genau dann gilt $[a] = [b]$, wenn $r \in \{1, -1\}$.

9. Es sei $G = \{e, a, \ldots, a^{q-1}\}$ eine zyklische Gruppe der Ordnung q. Man beweise:

a) Ist H Untergruppe von G, so ist die Ordnung u von H Teiler von q.

b) Ist u irgend ein (positiver) Teiler von q, so existiert genau eine Untergruppe H von G der Ordnung u, nämlich $H = \{e, b, \ldots, b^{u-1}\}$, wobei $b := a^k$ mit $k := q/u$. Es gibt also genausoviele Untergruppen von G wie positive Teiler von q, und alle Untergruppen von G sind zyklisch.

0.2 Homomorphe Abbildungen und Faktorgruppen

Homomorphe Abbildungen sind die strukturverträglichen Abbildungen von Verknüpfungsgebilden. Wir formulieren hier die entsprechenden Begriffsbildungen für Gruppen (obwohl sie allgemein genauso gelten). Mit $G, G', G'', \ldots$ seien hier also stets Gruppen bezeichnet. Diese werden multiplikativ geschrieben, wenn nichts anderes gesagt ist.

Definition A. *Eine Abbildung* $h: G \to G'$ *heißt:*

(i) ***Homomorphismus,*** *wenn* $h(x \cdot y) = h(x) \cdot h(y)$ *für alle* $x, y \in G$;

(ii) ***Monomorphismus,*** *wenn* h *Homomorphismus und* h *injektiv;*

(iii) ***Epimorphismus,*** *wenn* h *Homomorphismus und* h *surjektiv;*

(iv) ***Isomorphismus,*** *wenn* h *Homomorphismus und* h *bijektiv;*

(v) ***Endomorphismus,*** *wenn* h *Homomorphismus und* $G = G'$;

(vi) ***Automorphismus,*** *wenn* h *Isomorphismus und* $G = G'$.

Im allgemeinen sind die Verknüpfungen in G und G' verschieden (obwohl wir sie der Einfachheit halber mit dem gleichen Symbol „·" bezeichnet haben). Bei (v) und (vi) wird jedoch in G ein und dieselbe Verknüpfung betrachtet. Statt der Substantive in Definition A werden auch die entsprechenden Adjektive gebraucht, z.B. **homomorph**, usw.. Der Begriff des Isomorphismus gibt Anlaß zur

Definition B. *Zwei Gruppen* G *und* G' *heißen* ***isomorph*** *(Symbol:* $G \cong G'$*), wenn ein Isomorphismus* $h: G \to G'$ *existiert.*

Die einfachen Beweise der folgenden Feststellungen seien dem Leser als Übungsaufgaben überlassen.

Satz C. *Es gilt:*

(i) *Sind* $h: G \to G'$ *und* $h': G' \to G''$ *Homomorphismen, so ist auch* $h' \circ h: G \to G''$ *Homomorphismus.*

(ii) *Ist* $h: G \to G'$ *Isomorphismus, so ist auch* $h^{-1}: G' \to G$ *Isomorphismus.*

(iii) $G \cong G$; $G \cong G' \Rightarrow G' \cong G$; $G \cong G'$ *und* $G' \cong G'' \Rightarrow G \cong G''$. □

Nach (iii) hat die Isomorphie die Eigenschaften einer Äquivalenzrelation.

Satz D. *Ist* $h: G \to G'$ *Homomorphismus, so ist* $h(e) = e'$ *das Neutralelement von* G', *und es gilt* $(h(x))^{-1} = h(x^{-1})$ *für alle* $x \in G$. *Insbesondere ist* Bild h = h(G) *eine Untergruppe von* G'.

Beweis. Aus $e \cdot e = e$ folgt $h(e) \cdot h(e) = h(e)$, also (durch Rechnen in G') $h(e) = (h(e)) \cdot (h(e))^{-1} = e'$. Entsprechend folgt aus $x \cdot x^{-1} = e$: $h(x) \cdot h(x^{-1}) = h(e) = e'$, also $h(x^{-1}) = (h(x))^{-1}$. Hieraus liest man ab, daß die Menge der Bilder h(x) mit $x \in G$ die Untergruppenaxiome (UG.1) bis (UG.3) [0.1] erfüllt. □

Beispiele. 1. Wir betrachten die additive reelle Gruppe $(\mathbf{R}, +)$ und die multiplikative Gruppe $(\mathbf{R}^+, \cdot)$ der positiven reellen Zahlen. Dann definiert die *Exponentialfunktion*

$$(1) \qquad \begin{aligned} h: \mathbf{R} &\longrightarrow \mathbf{R}^+ \\ x &\longmapsto e^x \end{aligned}$$

einen Homomorphismus; denn es gilt für alle $a, b \in \mathbf{R}$:

$$(2) \qquad h(a+b) = e^{a+b} = e^a e^b = h(a) \cdot h(b).$$

Dabei geht das Neutralelement bezüglich +, nämlich 0, über in das Neutralelement bezüglich ·, nämlich 1. Da h bijektiv ist (Analysis!), ist h sogar Isomorphismus. Der inverse Isomorphismus ist $y \mapsto \ln y$, die *Logarithmusfunktion.*

2. Ist a festes Element einer Gruppe (G, ·), so definiert die Vorschrift $h(r) := a^r$ einen Homomorphismus von $(\mathbf{Z}, +)$ in G. Das folgt unmittelbar aus der zweiten Regel in (8) [0.1]. Die Abbildung h ist injektiv (also ein Monomorphismus), genau wenn die Untergruppe $[a] \subseteq G$ unendlich monogen ist, und sie ist nicht injektiv, genau wenn [a] zyklisch ist. Im ersten Fall folgt also: *Jede unendliche monogene Gruppe ist isomorph zu* $(\mathbf{Z}, +)$. □

Nichtkommutative Gruppen definieren aus sich heraus bereits gewisse nichttriviale Automorphismen:

Satz und Definition E. *Sei* a *ein festes Element von* G. *Dann ist die Abbildung*

$$(3)\qquad \begin{aligned} h_a: G &\to G \\ x &\mapsto axa^{-1} \end{aligned}$$

ein Automorphismus von G. *Jede Abbildung* h_a *dieser Art heißt ein* ***innerer Automorphismus*** *von* G.

Beweis. h_a *ist homomorph:* Es gilt

$$(4)\qquad h_a(xy) = axya^{-1} = axa^{-1}aya^{-1} = h_a(x)\,h_a(y).$$

h *ist injektiv:* $axa^{-1} = aya^{-1} \Rightarrow x = y$ (multipliziere von links mit a^{-1}, von rechts mit a).

h *ist surjektiv:* Zu vorgegebenem $z \in G$ sei $x = a^{-1}za$ gewählt; dann ist x Urbild von z, da $h_a(x) = aa^{-1}zaa^{-1} = z$. Damit ergibt sich auch noch der

Zusatz zu E. *Es gilt* $(h_a)^{-1} = h_{a^{-1}}$. □

Aus E ergibt sich: Ist H Untergruppe von G, so ist $h_a(H) = aHa^{-1}$ für jedes a aus G ebenfalls Untergruppe von G; diese Untergruppen heißen die **konjugierten** Untergruppen von H (in G). Diejenigen Untergruppen H, die mit allen ihren Konjugierten zusammenfallen, sind besonders ausgezeichnet:

Definition und Satz F. *Eine Untergruppe* H *von* G *heißt* ***normale*** *Untergruppe oder* ***Normalteiler*** *von* G, *geschrieben* $H \lhd G$, *wenn eine der folgenden äquivalenten Bedingungen erfüllt ist:*

(a) $aHa^{-1} = H$ *für alle* a *aus* G;

(b) $aH = Ha$ *für alle* a *aus* G;

(c) $aHa^{-1} \subseteqq H$ *für alle* a *aus* G.

Beweis. Die behaupteten Äquivalenzen beweist man leicht mit den in 0.1 aufgestellten Regeln für die Komplexschreibweise. Als Muster sei der Schluß (c) ⇒ (a) vorgeführt: Aus $aHa^{-1} \subseteqq H$ folgt durch Multiplikation „von links" mit a^{-1} und „von rechts" mit a unter Berücksichtigung von (6) [0.1]: $H \subseteqq a^{-1}Ha$. Gilt dies für alle $a \in G$, so auch für a^{-1} anstelle von a, also folgt $H \subseteqq aHa^{-1}$. □

Die Bedingung (b) besagt, daß jede Rechtsnebenklasse auch Linksnebenklasse ist, und umgekehrt. Für *normale* Untergruppen entfällt also dieser Unterschied, und wir können einfach von **Nebenklassen** sprechen; es gilt somit: $G/R_H = G/{}_HR$.

Beispiele. 3. Die beiden trivialen Untergruppen von G sind auch Normalteiler.

4. Ist G abelsche Gruppe, so ist jede Untergruppe H von G Normalteiler, da jeder innere Automorphismus die Identität ist. □

Weitere Beispiele gewinnt man mit

Satz und Definition G. *Seien* G, G′ *Gruppen mit den Neutralelementen* e, e′ *und sei* $h: G \to G'$ *Homomorphismus. Dann ist der* ***Kern*** *von* h, *das ist die Menge*

(5) $\quad \operatorname{Kern} h := h^{-1}(e') = \{x \in G \mid h(x) = e'\},$

Normalteiler von G.

Beweis. Setze $H := h^{-1}(e')$.

H *ist Untergruppe von* G: Es sind die Eigenschaften (UG.1) – (UG.3) [0.1] nachzuweisen. (UG.1): Wegen $h(e) = e'$ (Satz D) ist $e \in H$. (UG.2): $a, b \in H \Rightarrow h(a) = h(b) = e' \Rightarrow h(ab) = h(a)\,h(b) = e' \Rightarrow ab \in H$. (UG.3): $a \in H \Rightarrow h(a) = e' \Rightarrow h(a^{-1}) = (h(a))^{-1} = e'^{-1} = e' \Rightarrow a^{-1} \in H$.

H *erfüllt* (c) *aus* F: $x \in H$ und $a \in G \Rightarrow h(axa^{-1}) = h(a)\,h(x)\,h(a^{-1}) = h(a)\,e'h(a^{-1}) = e' \Rightarrow axa^{-1} \in H$. □

Nach dem Resultat G ist der Kern jedes auf der Gruppe G definierten Homomorphismus ein Normalteiler von G. Umgekehrt kann man jeden Normalteiler H auf eine solche Weise erhalten. Die folgende Konstruktion lehrt, wie man die Menge der Nebenklassen eines Normalteilers zu einer Gruppe machen kann, auf die G selbst homomorph abgebildet ist, wobei der Kern gerade H wird.

Satz und Definition H. *Sei* H *Normalteiler von* G. *Dann gilt:*

(i) $R_H = {}_HR =: R$.

(ii) *Die Abbildung*

(6) $$\begin{aligned} (G/R) \times (G/R) &\longrightarrow G/R \\ (U, V) &\longmapsto UV \end{aligned} \qquad \textit{(Komplexmultiplikation)}$$

definiert eine Gruppenstruktur auf G/R. *Die Menge der Nebenklassen* G/R *zusammen mit dieser Verknüpfung heißt* ***Quotientengruppe*** *(oder* ***Faktorgruppe****)* ***von*** G ***modulo*** H *(Symbol:* G/H*).*

(iii) *Die kanonische Projektion*

(7) $$\begin{aligned} \pi: G &\longrightarrow G/H \\ z &\longmapsto zH = Hz \end{aligned}$$

ist ein Epimorphismus, insbesondere gilt Bild $\pi = G/H$.

(iv) *Es gilt* Kern $\pi = H$.

Beweis. *Zu* (i): Die Gleichheit der Äquivalenzrelationen R_H und ${}_HR$ folgt unmittelbar aus der Übereinstimmung der zugehörigen Äquivalenzklassen, die in F(b) ausgedrückt ist.

Zu (ii): Zunächst ist zu zeigen, daß mit U und V auch UV Nebenklasse von H ist. Sei hierzu U die Äquivalenzklasse von y, V die Äquivalenzklasse von z: U = yH, V = zH = Hz. Dann gilt

(8) $\quad UV = yHzH = yHHz = yHz = yzH,$

also ist UV die Äquivalenzklasse von yz. *Zwei Nebenklassen eines Normalteilers werden also multipliziert, indem man aus jeder Nebenklasse ein Element auswählt, diese (mit der Gruppenverknüpfung) multipliziert und vom Produkt die Nebenklasse bildet.* Das Ergebnis ist dabei unabhängig von der Auswahl der Elemente. Die Assoziativität dieser Verknüpfung folgt aus (4) [0.1], Neutralelement ist H, was man sieht, indem man in (8) U oder V gleich H (also y oder z gleich e) setzt. Schließlich ist zu U = yH die Nebenklasse y^{-1} H invers, wie man wiederum mittels (8) erkennt.

Zu (iii): π ist (wie jede kanonische Projektion einer Äquivalenzrelation) surjektiv, und da (8) auch in der Form $\pi(x)\,\pi(y) = \pi(yz)$ geschrieben werden kann, folgt die Homomorphieeigenschaft.

Zu (iv): Es gilt Kern $\pi = \{z \in G \mid zH = H\}$. Da zH = H wegen der Untergruppeneigenschaft von H genau für $z \in H$ gilt, ergibt sich daraus Kern π = H. □

Beispiel 5. Die beiden trivialen Untergruppen von G sind Normalteiler; es gilt $G/e \cong G$ und $G/G \cong e$. □

Mit der neuen Begriffsbildung der Faktorgruppe können wir einen Struktursatz aufstellen, der beschreibt, wie man einen beliebigen Homomorphismus in einen Epimorphismus und einen nachfolgenden Monomorphismus *faktorisieren* kann:

Satz I (Homomorphiesatz). *Sei* $h: G \to G'$ *ein Homomorphismus. Dann gilt:*

(i) *Es existiert ein Monomorphismus* $\bar{h}$, *so daß das Diagramm*

(9) 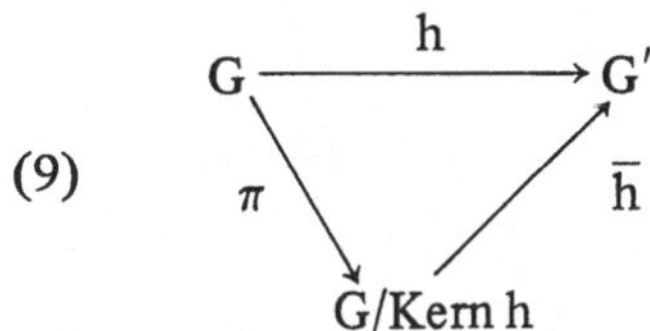

kommutiert, d. h. $h = \bar{h} \circ \pi$ *gilt.*

(ii) *Es gilt* G/Kern h $\cong$ Bild h.

Beweis. Wir setzen H := Kern h; H ist nach Satz G Normalteiler von G.

Zu (i): Wir legen $\bar{h}$ durch $\bar{h}(zH) := h(z)$ fest. Daß hierdurch $\bar{h}$ wohldefiniert ist, ergibt sich aus den Schlüssen: $zH = z'H \Rightarrow zz'^{-1} =: x \in H \Rightarrow z = xz'$ für ein $x \in H \Rightarrow h(z) = h(z')$ [das letzte wegen $h(x) = e'$]. Klar ist aus der Definition von $\bar{h}$, daß $h = \bar{h} \circ \pi$ gilt. $\bar{h}$ ist Homomorphismus; denn man rechnet: $\bar{h}(yH \cdot zH) = \bar{h}(yzH) = h(yz) = h(y)\,h(z) = \bar{h}(yH)\,\bar{h}(zH)$. Schließlich ist $\bar{h}$ injektiv: Dies ergibt sich aus den Schlüssen: $\bar{h}(zH) = \bar{h}(z'H) \Rightarrow h(z) = h(z') \Rightarrow h(zz'^{-1}) = h(z)\,(h(z'))^{-1} = e' \Rightarrow zz'^{-1} \in H \Rightarrow zH = z'H$.

Zu (ii): Es gilt G/Kern h $\cong$ Bild $\bar{h}$, da $\bar{h}$ injektiv ist, und Bild h = Bild $\bar{h}$, da π surjektiv und $\bar{h} \circ \pi = h$ ist. □

Nach den obigen Schlüssen ist $zH = z'H$ genau dann, wenn $h(z) = h(z')$. Zwei Elemente z, z' aus G liegen also genau dann in derselben Nebenklasse von Kern h, wenn sie unter h dasselbe Bild in G' haben. Mit anderen Worten: *Die Nebenklassen von* Kern h *sind genau die Urbildmengen der einzelnen Elemente von* Bild h *unter* h. Hieraus ergibt sich die

Folgerung J. *Eine Homomorphismus* $h: G \to G'$ *ist genau dann injektiv, wenn* $\text{Kern}\, h = e$ *gilt.* □

Das kann man natürlich auch leicht direkt beweisen, was dem Leser zur Übung empfohlen sei.

Beispiel 6. Die *symmetrische Gruppe* $\mathfrak{S}_n$ ist die Menge aller bijektiven Selbstabbildungen der Menge $\{1, \ldots, n\}$ mit der Komposition als Gruppenverknüpfung (vgl. 0.1). Jedes $\sigma \in \mathfrak{S}_n$ heißt eine *Permutation* der Ziffern von 1 bis n, und als Symbol für die Permutation σ wird auch ihre Wertetabelle verwendet:

$$(10)\qquad \sigma = \begin{pmatrix} 1 & \ldots & n \\ \sigma(1) & \ldots & \sigma(n) \end{pmatrix}.$$

Die *Signumsfunktion* $\text{sign}: \mathfrak{S}_n \to \{1, -1\}$ ist folgendermaßen definiert. Zu $\sigma \in \mathfrak{S}_n$ bestimmt man zunächst die *Fehlstandszahl* $\Phi(\sigma)$ als die Anzahl der Paare (i, j) mit $1 \leqq i < j \leqq n$ und $\sigma(i) > \sigma(j)$ und setzt dann $\text{sign}\,\sigma := (-1)^{\Phi(\sigma)}$. Man kann $\text{sign}\,\sigma$ als mehrfaches Produkt schreiben:

$$(11)\qquad \text{sign}\,\sigma = \prod_{1 \leqq i < j \leqq n} \frac{\sigma(j) - \sigma(i)}{j - i};$$

denn Zähler und Nenner des Gesamtproduktes enthalten bis aufs Vorzeichen dieselben Faktoren. Aus (11) deduziert man ohne Mühe:

$$(12)\qquad \text{sign}(\sigma \circ \tau) = \text{sign}\,\sigma \cdot \text{sign}\,\tau,$$

d.h. die Signumsfunktion ist ein Homomorphismus der Gruppe $(\mathfrak{S}_n, \circ)$ in die multiplikative Gruppe $(\{1, -1\}, \cdot)$. Der Kern dieses Homomorphismus ist also Normalteiler in $\mathfrak{S}_n$, die sog. *alternierende Gruppe*

$$(13)\qquad \mathfrak{A}_n := \{\sigma \in \mathfrak{S}_n \mid \text{sign}\,\sigma = 1\}.$$

Die Permutationen aus $\mathfrak{A}_n$ heißen *gerade*, die aus $\mathfrak{S}_n \setminus \mathfrak{A}_n$ *ungerade*. Ungerade Permutationen sind z.B. die *(Nachbar-) Transpositionen*, die dadurch definiert sind, daß sie zwei (benachbarte) Ziffern von $\{1, \ldots, n\}$ miteinander vertauschen, die übrigen Ziffern aber fest lassen. Für die Ordnungen gilt $|\mathfrak{S}_n| = n!$, falls $n \geqq 1$, und $|\mathfrak{A}_n| = n!/2$, falls $n \geqq 2$, sowie $|\mathfrak{A}_1| = 1$ (vgl. Satz D [0.1] und Satz I (ii); für $n \geqq 2$ ist die Signumsfunktion surjektiv). Es ist leicht zu sehen, daß bei $n \geqq 2$ jede Permutation σ als Komposition von Transpositionen (sogar von Nachbartranspositionen) darstellbar ist: $\sigma = \sigma_1 \circ \ldots \circ \sigma_N$. Da jede Transposition ungerade ist, folgt hieraus mit (12) $\text{sign}\,\sigma = (-1)^N$, d.h. unabhängig von der Art einer solchen Darstellung ist die Anzahl der benötigten Transpositionen bei geradem σ stets gerade und bei ungeradem σ stets ungerade. □

Zum Abschluß sei auf eine Konvention hingewiesen, die generell bei Verknüpfungsgebilden verwendet wird, aber hier für Gruppen formuliert sei: Hat man neben einer Gruppe $(G, \cdot)$ eine beliebige Menge M vorgegeben, so werden zwei Abbildungen Φ, ψ von M in G miteinander zu einer neuen Abbildung $\Phi \cdot \psi$ von M in G verknüpft, indem man festsetzt: $(\Phi \cdot \psi)(p) := \Phi(p) \cdot \psi(p)$ für alle $p \in M$. Man nennt dies die **argumentweise** Definition von

$\Phi \cdot \psi$. Gelegentlich schreibt man statt $\Phi \cdot \psi$ auch $\Phi\psi$ (muß dann aber aufpassen, dies nicht mit der Komposition zu verwechseln!).

Aufgaben zu 0.2

1. Es sei $(W_n, \cdot)$ die Gruppe der n-ten Einheitswurzeln. Ferner seien $a \in W_n$ und $m \in \mathbf{N}$ fest gewählt. Welche der Abbildungen

a) $h_m(z) = z^m, \quad z \in \mathbf{C}$

b) $h(z) = az, \quad z \in \mathbf{C}$

definiert einen Homomorphismus von W_n in W_n?

2. Man beweise:

a) Jeder Homomorphismus h von $(\mathbf{Q}, +)$ in $(\mathbf{Q}, +)$ ist von der Form $h(x) = ax$ mit festem $a \in \mathbf{Q}$.

b) Jeder Homomorphismus h von $(\mathbf{Q}, +)$ in $(\mathbf{R} \setminus 0, \cdot)$ ist von der Form $h(x) = b^x$ mit festem $b \in \mathbf{R}^+$.

3. Man betrachte die folgenden sechs Funktionen f von $\mathbf{R} \setminus \{0, 1\}$ in $\mathbf{R}$: $f_1(x) = x$, $f_2(x) = 1/x$, $f_3(x) = 1 - x$, $f_4(x) = 1/(1 - x)$, $f_5(x) = x/(x - 1)$, $f_6(x) = (x - 1)/x$.

Zeige:

a) $f_1, \ldots, f_6$ bilden bezüglich der Komposition eine Gruppe G.

b) Diese Gruppe G ist isomorph zu $\mathfrak{S}_3$.

4. Es seien G, G' Gruppen und $h : G \to G'$ ein Homomorphismus. Man zeige:

a) Ist U Untergruppe von G, so ist ihr Bild h(U) Untergruppe von G'. Wann gilt der Schluß $U \lhd G \Rightarrow h(U) \lhd G'$?

b) Ist U' Untergruppe von G', so ist ihr Urbild $h^{-1}(U')$ Untergruppe von G. Wann gilt der Schluß: $U' \lhd G' \Rightarrow h^{-1}(U') \lhd G$?

5. Sei M eine nichtleere Menge und $(\mathfrak{S}_M, \circ)$ ihre volle Permutationsgruppe, ferner N Teilmenge von M mit $\phi \neq N \neq M$. Zeige:

a) $H := \{\sigma \in \mathfrak{S}_M \mid \sigma(x) = x \text{ für alle } x \in N\}$ ist Untergruppe aber i.a. nicht Normalteiler von $\mathfrak{S}_M$.

b) Die Abbildung $h : \mathfrak{S}_{M \setminus N} \to H$, definiert durch

$$(h(\tau))(x) := \begin{cases} \tau(x) & \text{für } x \in M \setminus N \\ x & \text{für } x \in N \end{cases}$$

ist ein Isomorphismus von $\mathfrak{S}_{M \setminus N}$ auf H.

6. Es sei $(G, \cdot)$ eine Gruppe, und die Abbildung $f : G \to G$ sei definiert durch $f(x) = x^2$. Man zeige:

a) f ist Endomorphismus genau dann, wenn G kommutativ ist.

b) Ist G kommutativ und von endlicher ungerader Ordnung, dann ist f Automorphismus.

7. Im Körper $\mathbf{C}$ der komplexen Zahlen ist die *Einheitskreislinie* definiert durch $\mathbf{S}^1 = \{z \in \mathbf{C} \mid |z| = 1\}$. Man zeige:

a) $\mathbf{S}^1$ ist Untergruppe von $(\mathbf{C} \setminus 0, \cdot)$.

b) Die Exponentialfunktion $h(t) := e^{it} = \cos t + i \cdot \sin t$ liefert einen Epimorphismus von $(\mathbf{R}, +)$ auf $(\mathbf{S}^1, \cdot)$. Sein Kern ist die Menge aller ganzzahligen Vielfachen von 2π (die mit $2\pi\mathbf{Z}$ bezeichnet wird). Insbesondere ist h nicht injektiv.

c) Der Homomorphiesatz I liefert einen Isomorphismus $\bar{h}$ der additiven Faktorgruppe $\mathbf{R}/2\pi\mathbf{Z}$ auf $\mathbf{S}^1$.

8. Man zeige, daß jede Faktorgruppe einer zyklischen Gruppe selbst zyklisch ist. Genauer gilt: Ist $G = \{e, a, \ldots, a^{q-1}\}$ zyklisch von der Ordnung q und H Untergruppe von G der Ordnung u (wobei u Teiler von q), so gilt $G/H = \{H, aH, \ldots, (aH)^{k-1}\}$ und $|G/H| = k$, wobei $k := q/u$ (vgl. Aufgabe 9 [0.1]).

9. Man zeige, daß die folgenden 4 Elemente von $\mathfrak{S}_4$ einen Normalteiler von $\mathfrak{S}_4$ bilden:

$$\sigma_0 := \begin{pmatrix} 1 & 2 & 3 & 4 \\ 1 & 2 & 3 & 4 \end{pmatrix}, \quad \sigma_1 := \begin{pmatrix} 1 & 2 & 3 & 4 \\ 2 & 1 & 4 & 3 \end{pmatrix}, \quad \sigma_2 := \begin{pmatrix} 1 & 2 & 3 & 4 \\ 3 & 4 & 1 & 2 \end{pmatrix}, \quad \sigma_3 := \begin{pmatrix} 1 & 2 & 3 & 4 \\ 4 & 3 & 2 & 1 \end{pmatrix}.$$

Man nennt den Normalteiler $\{\sigma_0, \sigma_1, \sigma_2, \sigma_3\}$ von $\mathfrak{S}_4$ die **Kleinsche Vierergruppe.**

10. Zeige: Ist G eine Gruppe und sind H und K Normalteiler von G, so sind auch HK und $H \cap K$ Normalteiler von G.

0.3 Restklassen ganzer Zahlen

Allgemeine Theorien erweisen ihre Fruchtbarkeit, wenn man sie auf genügend viele konkrete Situationen anwenden kann. Ein Anwendungsgebiet der Gruppentheorie ist die Lehre von den ganzen Zahlen, die sog. *Zahlentheorie.* Wir konstruieren hier einige Gruppen, die eng mit der Menge $\mathbf{Z}$ der ganzen Zahlen verknüpft sind.

$\mathbf{Z}_n$ *mit Addition*

Die Menge $\mathbf{Z}$ ist mit der gewöhnlichen Addition eine unendliche monogene Gruppe mit der Erzeugenden 1. Untergruppen von $\mathbf{Z}$ erhält man so: Sei n eine feste ganze Zahl und

(1) $\quad n\mathbf{Z} := \{\ldots, -2n, -n, 0, n, 2n, \ldots\}$

die Menge der ganzzahligen Vielfachen von n. Dann ist $n\mathbf{Z}$ Untergruppe von $\mathbf{Z}$; denn es gilt $an + bn = (a+b)\,n$, $-(an) = (-a)\,n$ für alle a, b aus $\mathbf{Z}$. Wegen der Kommutativität ist $n\mathbf{Z}$ Normalteiler in $\mathbf{Z}$.

Definition A. *Die Faktorgruppe von* $(\mathbf{Z}, +)$, *definiert durch*

(2) $\quad \mathbf{Z}_n := \mathbf{Z}/n\mathbf{Z}$,

heißt ***additive Restklassengruppe modulo*** n [*Symbol:* $(\mathbf{Z}_n, +)$].

$\mathbf{Z}_n$ ist, wie jede Faktorgruppe einer abelschen Gruppe, selbst abelsch. Da $(-n)\,\mathbf{Z} = n\mathbf{Z}$, genügt es, $n \geqq 0$ zu betrachten. Für $n = 0{,}1$ ergeben sich die trivialen Fälle $\mathbf{Z}_0 = \mathbf{Z}/0 \cong \mathbf{Z}$, $\mathbf{Z}_1 = \mathbf{Z}/\mathbf{Z} \cong 0$. Also können wir von jetzt an $n \geqq 2$ voraussetzen.
Zwei ganze Zahlen a, a_1 liegen in der gleichen Nebenklasse von $n\mathbf{Z}$ genau dann, wenn $a - a_1 \in n\mathbf{Z}$ gilt, d.h. wenn $a - a_1$ durch n teilbar ist. Dies schreibt man in der Form

(3) $\quad a \equiv a_1 \pmod{n}$,

und man sagt: a ist **kongruent** a_1 **modulo** n. Eine Beziehung der Art (3) heißt eine **Kongruenz** (nach dem **Modul** n). Natürlich folgt aus der Gleichheit $a = a_1$ („Kongruenz modulo 1“) die Kongruenz $a \equiv a_1 \pmod{n}$, aber nicht umgekehrt.
Wird die Nebenklasse von a mit $\bar{a}$ bezeichnet

(4) $\quad \bar{a} := a + n\mathbf{Z}$,

so lautet die Addition in $\mathbf{Z}_n$ nach (6) [0.2]

(5) $$\begin{aligned} \mathbf{Z}_n \times \mathbf{Z}_n &\to \mathbf{Z}_n \\ (\overline{a}, \overline{b}) &\mapsto \overline{a} + \overline{b} := \overline{a+b}. \end{aligned}$$

Da diese Verknüpfung nicht von der Auswahl der Elemente abhängt, gilt:

(6) $$\begin{matrix} a \equiv a_1 \\ b \equiv b_1 \end{matrix} \pmod n \Rightarrow a + b \equiv a_1 + b_1 \pmod n,$$

was auch leicht direkt bestätigt werden kann.

Mittels der Division mit Rest (A [0.1]) ist nun leicht zu sehen, daß $a \equiv a_1 \pmod n$ gleichbedeutend damit ist, daß a und a_1 bei Division durch n denselben Rest haben. Dieser ist dann kongruent mit a und a_1. Daher existieren genau so viele Nebenklassen, wie es Reste gibt, d.h. n, und die Nebenklassen sind die der Reste:

(7) $$\mathbf{Z}_n = \{\overline{0}, \overline{1}, \overline{2}, \ldots, \overline{n-1}\}.$$

Die Nebenklassen heißen hier auch **Restklassen.** *Zwei Elemente* $\overline{r}_1, \overline{r}_2$ *von* $\mathbf{Z}_n$ *werden addiert, indem man* $r_1 + r_2$ *bildet (davon den Rest modulo* n*) und davon die Restklasse.*

Beispiel 1. Hiernach lautet die Verknüpfungstabelle für $(\mathbf{Z}_3, +)$ wie rechts angegeben:

+	$\overline{0}$	$\overline{1}$	$\overline{2}$
$\overline{0}$	$\overline{0}$	$\overline{1}$	$\overline{2}$
$\overline{1}$	$\overline{1}$	$\overline{2}$	$\overline{0}$
$\overline{2}$	$\overline{2}$	$\overline{0}$	$\overline{1}$

□

So wie $(\mathbf{Z}, +)$ ein Modell für jede unendliche monogene Gruppe ist (Beispiel 2 [0.2]), erweist sich nun $(\mathbf{Z}_n, +)$ als ein Modell für jede zyklische Gruppe der Ordnung n:

Satz B. (i) $(\mathbf{Z}_n, +)$ *ist zyklisch von der Ordnung* n *(mit Erzeugender* $\overline{1}$*).*

(ii) *Jede zyklische Gruppe der Ordnung* n *ist isomorph zu* $(\mathbf{Z}_n, +)$.

Beweis. *Zu* (i): Nach (5) und (7) ist $\mathbf{Z}_n = \{\overline{0}, \overline{1}, \overline{1} + \overline{1}, \ldots, \overline{1} + \overline{1} + \ldots + \overline{1}\}$ (das letzte Element mit (n − 1) Summanden), also ist $\mathbf{Z}_n$ die von $\overline{1}$ erzeugte zyklische Gruppe.

Zu (ii): Ist G eine multiplikativ geschriebene zyklische Gruppe $G = \{e, a, a^2, \ldots, a^{n-1}\}$ der Ordnung n ((10) [0.1]), so stellt man fest, daß durch $\overline{r} \mapsto a^r$, $r = 0, 1, \ldots, n-1$, ein Isomorphismus von $\mathbf{Z}_n$ auf G wohldefiniert ist. Die Wohldefiniertheit und die Injektivität ergeben sich dabei aus der Äquivalenz $\overline{r}_1 = \overline{r}_2 \Longleftrightarrow a^{r_1} = a^{r_2}$, die man leicht bestätigt. Die Surjektivität ist aus den obigen Darstellungen von $\mathbf{Z}_n$ und G klar, und die Homomorphieeigenschaft folgt mittels (8) [0.1]. Natürlich hat man dabei laufend zu verwenden, wie die Addition in $\mathbf{Z}_n$ definiert ist. □

$\mathbf{Z}_n$ *mit Multiplikation*

Die Menge $\mathbf{Z}$ ist mit der gewöhnlichen Multiplikation keine Gruppe, da sowohl $0 \cdot 1 = 0$ wie auch $0 \cdot 0 = 0$ gilt. Trotzdem ist es sinnvoll, auch die Multiplikation einzubeziehen.

Wir betrachten nach wie vor die Objekte $(\mathbf{Z}, +)$, $n\mathbf{Z}$, $\mathbf{Z}_n$, führen aber außerdem auf der Menge $\mathbf{Z}_n$ eine *multiplikative* Verknüpfung ein durch die Vorschrift

(8) $$\begin{aligned} \mathbf{Z}_n \times \mathbf{Z}_n &\to \mathbf{Z}_n \\ (\overline{a}, \overline{b}) &\to \overline{a} \cdot \overline{b} := \overline{a \cdot b}. \end{aligned}$$

Man multipliziert also die Restklassen $\overline{a}, \overline{b}$, *indem man* $a \cdot b$ *bildet (davon den Rest modulo* n*) und davon die Restklasse.* Daß diese Verknüpfung wohldefiniert ist, folgt aus der Regel

$$(9) \quad \begin{matrix} a \equiv a_1 \\ b \equiv b_1 \end{matrix} \pmod n \Rightarrow ab \equiv a_1 b_1 \pmod n,$$

die sich aus den folgenden Schlüssen ergibt:

$$(10) \quad \begin{matrix} a - a_1 = qn \\ b - b_1 = q_1 n \end{matrix} \Rightarrow \begin{matrix} a = a_1 + qn \\ b = b_1 + q_1 n \end{matrix} \Rightarrow ab - a_1 b_1 = (a_1 q_1 + b_1 q + q q_1 n)\, n.$$

Somit erhalten wir das Verknüpfungsgebilde $(\mathbf{Z}_n, \cdot)$.

Der Schluß in (9) ergänzt die Regel (6). *Man darf also Kongruenzen, die sich auf den gleichen Modul* n *beziehen, wie Gleichungen addieren und multiplizieren.*

Beispiel 2. Nach (1) lautet die Verknüpfungstabelle für $(\mathbf{Z}_3, \cdot)$ wie rechts angegeben:

(11)

$\cdot$	$\overline{0}$	$\overline{1}$	$\overline{2}$
$\overline{0}$	$\overline{0}$	$\overline{0}$	$\overline{0}$
$\overline{1}$	$\overline{0}$	$\overline{1}$	$\overline{2}$
$\overline{2}$	$\overline{0}$	$\overline{2}$	$\overline{1}$

□

Das Verknüpfungsgebilde $(\mathbf{Z}_n, \cdot)$ ist niemals eine Gruppe, weil neben $\overline{0} \cdot \overline{1} = \overline{0}$ auch $\overline{0} \cdot \overline{0} = \overline{0}$ gilt, also die Gleichung $\overline{0} \cdot x = \overline{0}$ in $\mathbf{Z}_n$ nicht eindeutig lösbar ist. Die übrigen Gruppenaxiome sind allerdings für $(\mathbf{Z}_n, \cdot)$ erfüllt: Es gelten zum einen die Assoziativ- und Kommutativgesetze

$$(12) \quad (\overline{r} \cdot \overline{s}) \cdot \overline{t} = \overline{r} \cdot (\overline{s} \cdot \overline{t}), \quad \overline{r} \cdot \overline{s} = \overline{s} \cdot \overline{r},$$

und ferner hat die Restklasse $\overline{1}$ die Eigenschaft eines Neutralelementes, d.h.

$$(13) \quad \overline{r} \cdot \overline{1} = \overline{r}.$$

Die Beweise für (12) und (13) ergeben sich unmittelbar aus den entsprechenden Regeln für ganze Zahlen, wenn man in diesen zu den Restklassen übergeht und die Definitionen (5) und (8) beachtet.

Allgemein bezeichnet man ein Verknüpfungsgebilde, für das das Assoziativgesetz erfüllt ist, als eine *Halbgruppe*. Demnach ist $(\mathbf{Z}_n, \cdot)$ eine kommutative Halbgruppe mit Neutralelement $\overline{1}$.

Man wird sich fragen, ob die Inversenbildung *allein* bei $\overline{0}$ gestört ist. Bezüglich dieser Frage ist das Verhalten von $(\mathbf{Z}_n, \cdot)$ unterschiedlich, je nach dem Wert von n. Ist n *nicht* Primzahl, also $n = n_1 \cdot n_2$ mit $n_1, n_2 \in \mathbf{N}$ und $1 < n_1 < n$, $1 < n_2 < n$, so gilt $\overline{n}_1 \cdot \overline{n}_2 = \overline{n} = \overline{0}$, also neben $\overline{1} \cdot \overline{n}_2 = \overline{n}_2$ auch $(\overline{n}_1 + \overline{1}) \cdot \overline{n}_2 = \overline{n}_2$, so daß die Gleichung $x \cdot \overline{n}_2 = \overline{n}_2$ mehrere Lösungen in $\mathbf{Z}_n$ besitzt. Anders sieht es aus, wenn der Modul n eine Primzahl ist, wie in dem folgenden Satz F nachgewiesen wird. Dazu benötigen wir einige Vorbereitungen.

Lemma C. *Es sei* $(G, \cdot)$ *eine endliche Halbgruppe mit Neutralelement* $e \in G$, *es gelte also* $(ab)c = a(bc)$ *und* $ae = ea = a$ *für alle* $a, b, c \in G$. *Ferner sei in* $(G, \cdot)$ *die* ***Rechtskürzregel*** *erfüllt, d.h. für jedes* $a \in G$ *gelte:*

$$(14) \quad xa = ya \Rightarrow x = y.$$

Dann ist $(G, \cdot)$ *eine Gruppe.*

Beweis. Es ist zu zeigen, daß jedes Element b von G ein Inverses besitzt: Da G endlich ist, gibt es in der Folge $e, b, b^2, \ldots$ wenigstens zwei gleiche Elemente; d.h. es existieren $r, s \in \mathbf{Z}$ mit $0 \leqq r < s$ und $b^r = b^s$. Mit $t := s - r \geqq 1$ folgt also $eb^r = b^r = b^s = b^{t+r} = b^t b^r$, also nach (14) $e = b^t$. Somit ist $e = b \cdot b^{t-1} = b^{t-1} \cdot b$, also b^{t-1} Inverses zu b. □

Für den nächsten Hilfssatz sei an den Begriff des *größten gemeinsamen Teilers* zweier Zahlen $a, b \in \mathbf{N}$ erinnert. Darunter versteht man die größte Zahl $g \in \mathbf{N}$, die sowohl a wie auch b (ohne Rest) teilt.

Lemma D. *Der größte gemeinsame Teiler* g *zweier Zahlen* $a, b \in \mathbf{N}$ *läßt sich als „ganzzahlige Linearkombination" von* a *und* b *darstellen, d. h. es existieren* $\alpha, \beta \in \mathbf{Z}$ *mit* $g = \alpha a + \beta b$.

Beweis. Die Konstruktion von α, β erfolgt mit dem **euklidischen Algorithmus.** Dieser ist ein explizites Verfahren, das in fortgesetzten Divisionen mit Rest im Sinne von Lemma A [0.1] besteht:

$$
\begin{aligned}
a &= q \cdot b + a_1, && 0 < a_1 < b \\
b &= q_0 \cdot a_1 + a_2, && 0 < a_2 < a_1 \\
a_1 &= q_1 \cdot a_2 + a_3, && 0 < a_3 < a_2 \\
&\vdots \\
a_{k-2} &= q_{k-2} \cdot a_{k-1} + a_k, && 0 < a_k < a_{k-1} \\
a_{k-1} &= q_{k-1} \cdot a_k + a_{k+1}, && 0 < a_{k+1} < a_k \\
a_k &= q_k \cdot a_{k+1}.
\end{aligned}
\tag{15}
$$

Hierin sind alle auftretenden Größen ganze Zahlen, und die restfreie Division, die in der letzten Gleichung ausgedrückt ist, muß sich nach endlich vielen Schritten ergeben, weil die Reste $a_1, a_2, \ldots$ streng monoton fallen und nichtnegativ sind.

Hieraus folgt zunächst, daß a_{k+1} gemeinsamer Teiler von a und b ist. Dazu hat man lediglich die Gleichungen (15), von unten nach oben fortschreitend, zu verfolgen. Weiter sieht man, daß a_{k+1} als ganzzahlige Linearkombination von a, b darstellbar ist, indem man, beginnend mit der *vorletzten* Gleichung und wiederum von unten nach oben gehend, die Reste a_j durch die mit niedrigerem Index ausdrückt. Es ergibt sich so mit gewissen Zahlen $\alpha, \beta \in \mathbf{Z}$:

(16) $a_{k+1} = \alpha a + \beta b.$

Schließlich folgt hieraus, daß a_{k+1} *größter* gemeinsamer Teiler von a und b ist; ist nämlich t irgendein gemeinsamer Teiler von a und b, so zeigt (16), daß t auch a_{k+1} teilt. Es folgt somit:

(17) $g = a_{k+1} = \alpha a + \beta b.$ □

Bemerkung 1. In der Praxis kann man den größten gemeinsamen Teiler mittels der *Primfaktorzerlegung* von a, b bestimmen; der euklidische Algorithmus hat jedoch den Vorzug, daß diese Primzahlzerlegungen nicht bekannt zu sein brauchen. □

Beispiel 3. Man finde den größten gemeinsamen Teiler g von 7623 und 9702 und stelle ihn als ganzzahlige Linearkombination von 7623 und 9702 dar. – ***Lösung:*** Der euklidische Algorithmus lautet:

$$\begin{aligned} 9702 &= 1\cdot 7623 + 2079\\ 7623 &= 3\cdot 2079 + 1386\\ 2079 &= 1\cdot 1386 + 693\\ 1386 &= 2\cdot 693. \end{aligned} \tag{18}$$

Demnach ist $g = 693$. (Dies ergäbe sich auch aus den Primfaktorzerlegungen $7623 = 3^2\cdot 7\cdot 11^2$ und $9702 = 2\cdot 3^2\cdot 7^2\cdot 11$ in Form des Produktes der gemeinsamen Primzahlpotenzen: $693 = 3^2\cdot 7\cdot 11$.) Die ersten drei Gleichungen von (18) liefern sukzessive, beginnend mit der dritten: $693 = 2079 - 1\cdot 1386 = 2079 - 1\cdot(7623 - 3\cdot 2079) = 4\cdot 2079 - 1\cdot 7623 = 4\cdot(9702 - 1\cdot 7623) - 1\cdot 7623 = 4\cdot 9702 - 5\cdot 7623$. □

Zwei Zahlen $a, b \in \mathbf{N}$ heißen *teilerfremd*, wenn ihr größter gemeinsamer Teiler 1 ist.

Folgerung E. *Sei* p *Primzahl und* $a, b \in \mathbf{N}$. *Ist* p *Teiler von* ab, *so ist* p *Teiler von* a *oder von* b.

Beweis. Ist p Teiler von a, so ist man fertig. Ist p nicht Teiler von a, so sind p und a teilerfremd, also ist ihr größter gemeinsamer Teiler von der Form $1 = \alpha a + \beta p$ mit $\alpha, \beta \in \mathbf{Z}$. Multiplikation hiervon mit b liefert $b = \alpha ab + \beta pb$, und hieraus liest man ab, daß p Teiler von b ist. □

Satz und Definition F. *Ist* p *Primzahl, so ist die Menge* $\mathbf{Z}_p \setminus \bar{0}$ *mit der multiplikativen Verknüpfung* (8) *eine kommutative Gruppe der Ordnung* $p - 1$, *die sog.* ***multiplikative Restklassengruppe*** $(\mathbf{Z}_p \setminus \bar{0}, \cdot)$ ***modulo*** p.

Beweis. Wir zeigen zunächst, daß in $\mathbf{Z}_p$ die folgende Kürzregel gilt:

$$\left.\begin{aligned} \bar{x}\cdot\bar{a} &= \bar{y}\cdot\bar{a}\\ \bar{a} &\neq \bar{0} \end{aligned}\right\} \Rightarrow \bar{x} = \bar{y}. \tag{19}$$

In der Tat: Die Voraussetzung besagt, daß p Teiler von $xa - ya = (x - y)\,a$, jedoch nicht von a ist; nach E ist dann p Teiler von $x - y$, also $\bar{x} = \bar{y}$.

Aus (19) folgt zunächst, daß mit $\bar{a}, \bar{b}$ auch $\bar{a}\cdot\bar{b}$ aus $\mathbf{Z}_p \setminus \bar{0}$ ist; wäre nämlich $\bar{a} \neq \bar{0}, \bar{b} \neq \bar{0}$, jedoch $\bar{a}\cdot\bar{b} = \bar{0}$, so wäre auch $\bar{a}\cdot\bar{b} = \bar{0}\cdot\bar{b}$, also $\bar{a} = \bar{0}$. Daher definiert die Restriktion von (8) auf $\mathbf{Z}_p \setminus \bar{0}$ eine Verknüpfung, unter der $\mathbf{Z}_p \setminus \bar{0}$ nach Satz A eine kommutative Halbgruppe mit Neutralelement $\bar{1}$ ist. Wegen (19) garantiert Lemma C die Gruppeneigenschaft von $(\mathbf{Z}_p \setminus \bar{0}, \cdot)$. □

Folgerung G („Kleiner" Satz von Fermat). *Ist* p *Primzahl und* $a \not\equiv 0 \pmod p$, *so gilt*

$$\boxed{a^{p-1} \equiv 1 \pmod p.} \tag{20}$$

Beweis. Nach Voraussetzung ist $\bar{a} \in \mathbf{Z}_p \setminus \bar{0}$, nach E [0.1] folgt $\bar{a}^{p-1} = \bar{1}$, da $p - 1$ die Ordnung von $\mathbf{Z}_p \setminus \bar{0}$ ist. Hieraus ergibt sich nach (8): $\overline{a^{p-1}} = \bar{1}$, und das ist äquivalent mit (20). □

Beispiel 4. Für p = 73 und a = 999 folgt, daß 999^{72} bei Division durch 73 den Rest 1 läßt. Wollte man dies explizit nachrechnen, so hätte man die 216-stellige Zahl 999^{72} zu ermitteln und sie durch 73 zu dividieren!

Aufgaben zu 0.3

1. Es sei $(W_n, \cdot)$ die Gruppe der n-ten Einheitswurzeln und zu einem $m \in \mathbf{N}$ sei $h_m : W_n \to W_n$ der Endomorphismus $h_m(z) = z^m$; vgl. Aufgabe 1 [0.2].

a) Zeige Kern $h_m = W_g$, wobei g der größte gemeinsame Teiler von m und n.

b) Für welche m, n ist h_m monomorph?

c) Für welche m, n ist h_m epimorph?

2. Es sei G = [a] zyklische Gruppe der Ordnung q und $b \in G$. Man zeige: Genau dann gilt G = [b], wenn eine zu q teilerfremde Zahl $r \in \mathbf{N}$ existiert mit $b = a^r$. Die Anzahl der erzeugenden Elemente einer zyklischen Gruppe der Ordnung q ist also gleich der Anzahl der zu q teilerfremden Zahlen $r \in \mathbf{N}$ mit $1 \leqq r \leqq q$. (Diese Anzahl wird $\varphi(q)$ genannt, und die so definierte Abbildung $\varphi : \mathbf{N} \to \mathbf{N}$ heißt **Eulersche φ-Funktion.**) Man folgere, daß eine n-te Einheitswurzel z_k, $1 \leqq k \leqq n$ (14) [0.1] genau dann primitiv ist, wenn k und n teilerfremd sind.

3. Die multiplikative Restklassengruppe $(\mathbf{Z}_p \setminus \bar{0}, \cdot)$ ist für jede Primzahl p zyklisch (der Beweis erfordert weitere Hilfsmittel der Zahlentheorie). Jede $\mathbf{Z}_p \setminus \bar{0}$ erzeugende Restklasse $\bar{r}$ (bzw. ihr Repräsentant r) heißt eine **Primitivwurzel modulo** p. Man finde durch explizites Aufstellen der Verknüpfungstabellen Primitivwurzeln für p = 3, 5, 7.

0.4 Ringe und Körper

Ringe und Körper sind Gebilde mit zwei Verknüpfungen, die durch Distributivgesetze miteinander gekoppelt sind. Beispiel für einen Ring ist die Menge $\mathbf{Z}$ der ganzen Zahlen, für einen Körper die Menge $\mathbf{R}$ der reellen Zahlen, jeweils mit der gewöhnlichen Addition und Multiplikation. Während man den Körperkalkül von den reellen Zahlen her gut kennt, ist beim Rechnen in einem Ring eine gewisse Vorsicht geboten, da es im allgemeinen keine Division gibt. Der Körperbegriff ist fundamental für die nachfolgende lineare Algebra.

Grundlagen

Wir betrachten eine nichtleere Menge M mit zwei Verknüpfungen, wovon die erste additiv, die zweite multiplikativ geschrieben wird. Jede dieser Verknüpfungen ordnet einem Paar (a, b) von Elementen M ein neues Element von M zu, wir bekommen also *zwei* Abbildungen des cartesischen Produktes M × M in M:

(1) $\quad + : M \times M \to M, \qquad \cdot : M \times M \to M.$

Zur Spezifizierung dieser Verknüpfungen schreiben wir (M, + , ·).

Man nennt (M, +, ·) einen *Ring*, wenn (M, +) eine abelsche Gruppe ist und wenn für alle $a, b, c \in M$ die beiden *Distributivgesetze* erfüllt sind:

(2) $\quad a(b + c) = ab + ac, \qquad (b + c)\,a = ba + ca.$

Gilt für (M, ·) das *Assoziativgesetz* (ab) c = a(bc) für alle $a, b, c \in M$, so heißt der Ring *assoziativ*, gilt für (M, ·) stets das *Kommutativgesetz* ab = ba, so heißt der Ring *kommuta-*

tiv. Existiert in M ein Element e mit der Eigenschaft $ae = ea = a$ für alle $a \in M$, so heißt dieses *Einselement* und wird meistens durch 1 bezeichnet.

In einem beliebigen Ring gelten die Regeln:

(3) $\quad a \cdot 0 = 0 \cdot a = 0$

(4) $\quad a(-b) = (-a)\,b = -(ab) =: -ab.$

Die erste ergibt sich aus den Distributivgesetzen (2), wenn dort $b = c = 0$ gesetzt wird, die zweite resultiert aus der Tatsache, daß alle drei Ausdrücke Lösungen der Gleichung $ab + x = 0$ sind.

Man nennt $(K, +, \cdot)$ einen *Körper*, wenn $(K, +)$ eine abelsche Gruppe (mit Neutralelement 0) und $(K \setminus 0, \cdot)$ eine abelsche Gruppe (mit Neutralelement 1) ist und die beiden Distributivgesetze (2) für alle $a, b, c \in K$ gelten. Es ist nicht schwer, aus diesen Annahmen die von den reellen Zahlen vertrauten Rechengesetze abzuleiten, soweit sie sich auf die Körperverknüpfungen beziehen, z.B. die Regeln des Bruchrechnens. Eine gewisse Vorsicht ist bei den ganzzahligen Vielfachen $n \cdot a$, $n \in \mathbf{Z}$, eines Körperelementes a vonnöten. Diese sind bereits in $(K, +)$ definierbar, und es kann – obwohl für *Körperelemente* die Nullteilerfreiheit erfüllt ist – geschehen, daß $n \cdot a = 0$ wird für ein $n \neq 0$ und ein $a \neq 0$. Der Körper K heißt von der *Charakteristik* 0, wenn $n \cdot 1 \neq 0$ für alle $n \in \mathbf{Z} \setminus 0$, und von der *Charakteristik* $p > 0$, wenn p die kleinste natürliche Zahl mit $p \cdot 1 = 0$ ist. Aus der Regel $(n \cdot 1) \cdot (m \cdot 1) = (nm) \cdot 1$ für $n, m \in \mathbf{Z}$ ergibt sich leicht, daß im zweiten Fall p eine *Primzahl* ist. Die Charakteristik von K wird durch $\operatorname{char}(K)$ bezeichnet.

Ist $\operatorname{char}(K) = 0$, so kann man von den ganzzahligen Vielfachen $n \cdot 1$ weitergehen zu den rationalen Vielfachen vermöge der Definition

(5) $$\frac{n}{m} \cdot 1 := \frac{n \cdot 1}{m \cdot 1}, \quad n, m \in \mathbf{Z}, m \neq 0.$$

Diese Definition ist sinnvoll, da man aus der Gleichheit $\frac{n}{m} = \frac{n'}{m'}$ $(m \neq 0, m' \neq 0)$ in $\mathbf{Q}$ leicht auf die Gleichheit $\frac{n \cdot 1}{m \cdot 1} = \frac{n' \cdot 1}{m' \cdot 1}$ in K schließt.

Weiterführung

Mit dem Begriff der monogenen Gruppe kann die Charakteristik neu ausgedrückt werden. Dazu beobachtet man, daß die ganzzahligen Vielfachen $n \cdot 1$ der $1 \in K$ einfach die Elemente der in $(K, +)$ von 1 erzeugten Untergruppe sind. Diese Untergruppe bezeichnen wir hier durch

(6) $\quad [1]_+ := \{n \cdot 1 \mid n \in \mathbf{Z}\}.$

K hat also die Charakteristik 0, wenn $[1]_+$ unendlich monogen ist, und die Charakteristik $p > 0$, wenn $[1]_+$ zyklisch ist (wobei im zweiten Fall p mit der Ordnung von $[1]_+$ übereinstimmt). Daß es zu jeder Primzahl p einen (sogar endlichen) Körper der Charakteristik p gibt, zeigen die Konstruktionen des vorangehenden Abschnittes:

Satz und Definition A. (i) *Für jedes* $n \in \mathbf{N}$ *ist* $(\mathbf{Z}_n, +, \cdot)$ *ein assoziativer und kommutativer Ring der Ordnung* n *mit Einselement, der* ***Restklassenring modulo*** n.

(ii) *Für jede Primzahl* $p \in \mathbf{N}$ *ist* $(\mathbf{Z}_p, +, \cdot)$ *ein Körper der Ordnung und Charakteristik* p, *der* ***Restklassenkörper modulo*** p.

Ist n keine Primzahl, so ist $(\mathbf{Z}_n \setminus \overline{0}, \cdot)$ nicht einmal ein Verknüpfungsgebilde, also $(\mathbf{Z}_n, +, \cdot)$ erst recht kein Körper.

Beweis von A. *Zu* (i): Alle nötigen Feststellungen sind bereits in 0.3 getroffen worden, bis auf das Distributivgesetz für Restklassen:

(7) $\quad (\overline{r} + \overline{s}) \cdot \overline{t} = \overline{r} \cdot \overline{t} + \overline{s} \cdot \overline{t},$

das sich jedoch aus dem Distributivgesetz $(r + s) \cdot t = r \cdot t + s \cdot t$ in $\mathbf{Z}$ ergibt, indem man zu den Restklassen übergeht.

Zu (ii): Auch hier ist die Arbeit bereits geleistet, insbesondere mit Satz F [0.3], wonach $\mathbf{Z}_p \setminus \overline{0}$ eine multiplikative Gruppe ist. □

Es gibt Körper der Charakteristik p, deren Ordnung nicht mit p übereinstimmt, darunter sogar unendliche Körper, wie in der Algebra gezeigt wird. Die Frage nach der Ordnung eines endlichen Körpers der Charakteristik p läßt sich gut mit den Mitteln der linearen Algebra behandeln, worauf wir später zurückkommen (Bemerkung 1 [1.1]). Endliche Körper nennt man auch **Galois-Felder**. Wir fragen einmal bei einem solchen Galois-Feld nach dem Produkt aller von Null verschiedenen Körperelemente:

Satz B. *Sei* $K = \{0, a_1, \ldots, a_m\}$ *endlicher Körper (die* a_i *seien paarweise und von* 0 *verschieden). Dann gilt:*

(8) $\quad a_1 \ldots a_m = -1.$

Beweis. Zu jedem a_i gibt es ein a_j mit $a_i a_j = 1$. Im allgemeinen ist $a_j \neq a_i$; es ist genau dann $a_i = a_j$, wenn $a_i^2 = 1$, also $(a_i - 1)(a_i + 1) = 0$, also wenn $a_i = 1$ oder $a_i = -1$. Daher ergibt sich durch geeignete Zusammenfassung der Faktoren in (8) $a_1 \ldots a_m = 1 \cdot (-1) \cdot 1 \ldots 1 = -1$, falls $1 \neq -1$ und $a_1 \ldots a_m = 1 \cdot 1 \ldots 1 = 1$, falls $1 = -1$, also stets (8). □

Wird dieser Satz auf $K = \mathbf{Z}_p$ angewandt, so folgt $\overline{1} \cdot \overline{2} \ldots \overline{(p-1)} = -\overline{1}$, also haben wir die

Folgerung C (Satz von Wilson). *Für jede Primzahl* p *gilt:*

(9) $\quad \boxed{(p-1)! \equiv -1 \pmod{p},}$

d.h. $(p-1)! + 1$ *ist durch* p *teilbar.* □

Beispiel 1. Für $p = 73$ folgt, daß $72! + 1$ durch 73 teilbar ist. Wollte man dies explizit nachrechnen, so hätte man die 104-stellige Zahl $72! + 1$ zu ermitteln und sie durch 73 zu teilen! □

Die Begriffe der Unterstruktur und der homomorphen, d.h. strukturverträglichen Abbildung werden bei Gebilden mit mehr als einer Verknüpfung im allgemeinen auf alle diese Verknüpfungen bezogen. (Ist dies nicht der Fall, so muß man dies durch geeignete Zusätze spezifizieren.) Wir geben die expliziten Definitionen für Körper; der Leser dürfte dann selbst in der Lage sein, entsprechende Begriffe für allgemeinere Gebilde zu formulieren.

Im Rest dieses Abschnitts bezeichnen K, K′ *stets Körper.* Ist L eine nichtleere Teilmenge von K, so nennt man L einen **Unterkörper**, wenn L mit den Verknüpfungen von K wiederum den Körperaxiomen (insbesondere der Abgeschlossenheit) genügt. Die Neutralelemente 0 und 1 sind dann dieselben wie in K. Ein **Homomorphismus** des Körpers $(K, +, \cdot)$ in den Körper $(K', +, \cdot)$ ist eine Abbildung $h: K \to K'$, so daß für alle $x, y \in K$ gilt:

(10) $\quad h(x + y) = h(x) + h(y), \quad h(xy) = h(x)\, h(y).$

Analog zu A [0.2] werden die Definitionen für **Monomorphismen** usw. gefaßt, wobei wiederum die entsprechenden Adjektive Verwendung finden. Entsprechendes gilt für die Isomorphie für Körper, die wiederum durch $K \cong K'$ bezeichnet sei. Für die Komposition gelten Aussagen, die zu denen bei Gruppen (Satz C [0.2]) völlig analog sind. Allerdings sind Homomorphismen hier stärker eingeschränkt:

Satz D. *Sei* $h: K \to K'$ *ein Homomorphismus. Dann ist entweder* $h(K) = 0$, *oder aber* Bild $h = h(K)$ *ist ein Unterkörper von* K′ *und* h *ist monomorph (also ein Isomorphismus von* K *auf* Bild h*).*

Beweis. Nach Satz D [0.2] ist $(h(K), +)$ kommutative Untergruppe von $(K', +)$.
Sei nun $h(K) \neq 0$ vorausgesetzt. Wir zeigen zunächst:

(11) $\quad a \neq 0 \Rightarrow h(a) \neq 0.$

Wäre $a \neq 0$, aber $h(a) = 0$, so schreibe man für jedes Element x von $K: x = (xa^{-1})\, a$. Hieraus folgte $h(x) = h(xa^{-1})\, h(a) = h(xa^{-1}) \cdot 0 = 0$, also $h(K) = 0$, im Widerspruch zu der Voraussetzung.

Aus (11) folgt, daß h einen multiplikativen Epimorphismus $h_1: K \setminus 0 \to h(K) \setminus 0$ (dieselbe Zuordnung wie h) induziert. Also ist $h(K) \setminus 0$ nach Satz D [0.2] eine multiplikative Gruppe [mit dem Neutralelement $h(1) = 1$]. Um h(K) als Unterkörper von K′ zu erkennen, bleiben nur noch die Distributivgesetze zu bestätigen. Diese ergeben sich aber sofort, wenn man h auf die Distributivgesetze in K anwendet und (10) benutzt. Schließlich ist h monomorph; denn nach (11) ist h additiver Homomorphismus mit dem Kern 0, also ist h nach Folgerung J [0.2] injektiv. □

Beispiel 2. Im Körper $\mathbf{C}$ der komplexen Zahlen ist die Konjugation $z = x + iy \mapsto \overline{z} = x - iy$ $(x, y \in \mathbf{R})$ ein Automorphismus; denn sie ist surjektiv und erfüllt die Regeln $\overline{z + w} = \overline{z} + \overline{w}$, $\overline{zw} = \overline{z}\,\overline{w}$.

Satz E. (i) *Ist* $\mathrm{char}(K) = 0$, *so definiert* $x \mapsto x \cdot 1$ *einen Monomorphismus des Körpers* $\mathbf{Q}$ *in* K.

(ii) *Ist* $\mathrm{char}(K) = p > 0$, *so definiert* $\overline{r} \to r \cdot 1$ *einen Monomorphismus des Körpers* $\mathbf{Z}_p$ *in* K.

Beweis. Die Abbildung heiße in beiden Fällen h. Die Homomorphieeigenschaft von h [und die Wohldefiniertheit bei (ii)] rechnet man ohne Mühe nach. Daß h injektiv ist, folgt aus $h(1) = 1 \neq 0$ bzw. $h(\bar{1}) = 1 \neq 0$ zusammen mit Satz D. □

Das Bild von h ist in beiden Fällen von Satz E ein Unterkörper von K, den man den **Primkörper** K_π von K nennt. Explizit lautet dieser:

$$(12) \qquad K_\pi = \begin{cases} \left\{ \dfrac{n \cdot 1}{m \cdot 1} \,\middle|\, n, m \in \mathbf{Z}, m \neq 0 \right\}, & \text{falls } \operatorname{char}(K) = 0 \\ \{n \cdot 1 \mid n \in \mathbf{Z}, 0 \leqq n \leqq p-1\}, & \text{falls } \operatorname{char}(K) = p > 0. \end{cases}$$

Im ersten Fall ist $K_\pi \cong \mathbf{Q}$, im zweiten ist $K_\pi \cong \mathbf{Z}_p$.
Ist L irgendein Unterkörper von K, so enthält L die 1, also alle ganzzahligen Vielfachen von 1, und – im Falle der Charakteristik 0 – auch alle rationalen Vielfachen von 1, insgesamt gilt: $L \supseteqq K_\pi$. Mit anderen Worten: Der Primkörper K_π von K ist der *kleinste* Unterkörper von K. Die Körper $\mathbf{Q}$ und $\mathbf{Z}_p$ sind natürlich ihre eigenen Primkörper; insbesondere enthalten beide keine echten Unterkörper.

Aufgaben zu 0.4

1. Man löse das „Kongruenzsystem“ für ganze Zahlen x, y, z

$$\begin{aligned} 2x + 5y \phantom{{}+ 12z} - z &\equiv 0 \\ 7x + y + 12z &\equiv 1 \qquad (\text{mod } 5), \\ 4x + y + z &\equiv 11 \end{aligned}$$

indem man es als lineares Gleichungssystem im Körper $\mathbf{Z}_5$ auffaßt.

2. Für die dreielementige Menge $N = \{0, 1, 2\}$ sollen Addition und Multiplikation teilweise gemäß folgenden Tabellen festgelegt sein:

+	0	1	2
0	0	1	2
1	1	2	0
2	2	0	1

·	0	1	2
0	0	?	?
1	0	1	2
2	0	2	1

Die Addition in N erfolgt also wie in $(\mathbf{Z}_3, +)$, die Multiplikation in $N \setminus 0$ wie in $(\mathbf{Z}_3, \cdot)$. Man zeige: Es ist möglich, die offengelassenen Plätze so zu besetzen, daß für $(N, +, \cdot)$ zwar das Distributivgesetz $a(b + c) = ab + ac$, nicht aber das Distributivgesetz $(b + c)a = ba + ca$ erfüllt ist. Dies zeigt, daß in der obigen Formulierung der Körperaxiome *beide* Distributivgesetze gefordert werden müssen.

3. Man zeige, daß es für den Körper $\mathbf{Q}$ nur die triviale „Exponentialfunktion“ gibt, d.h. ist h ein Gruppenhomomorphismus von $(\mathbf{Q}, +)$ in $(\mathbf{Q} \setminus 0, \cdot)$, so folgt $h(\mathbf{Q}) = 1$.

4. Analog zeige man, daß es für jeden Körper $\mathbf{Z}_p$ (p Primzahl) nur die triviale „Exponentialfunktion“ gibt, d.h. ist h ein Gruppenhomomorphismus von $(\mathbf{Z}_p, +)$ in $(\mathbf{Z}_p \setminus \bar{0}, \cdot)$, so folgt $h(\bar{r}) = \bar{1}$ für alle $\bar{r} \in \mathbf{Z}_p$.

5. Zeige: Der einzige von der Nullabbildung verschiedene Körperendomorphismus von $\mathbf{Q}$ ist die Identität.

1 Vektorräume

Mathematische und naturwissenschaftliche Erkenntnis war immer geleitet von der Suche nach einer einheitlichen, alles erklärenden Theorie. Wenn diesem Streben auch etwas Illusionäres anhaftet, so hat es sich doch als eine Art Kompaß erwiesen, der im Laufe der Zeit zwar nicht zu *einer*, wohl aber zu *einigen* fundamentalen Theorien geführt hat.

Unter den mathematischen Theorien nimmt die lineare Algebra aufgrund ihres Beziehungsreichtums und ihrer Durchsichtigkeit eine besondere Stellung ein. Wenn man ein Problem „linearisieren“ kann, so ist häufig ein erster, wichtiger Schritt zur Lösung getan. Demgemäß spielen Vektorräume und lineare Abbildungen entscheidend in viele Bereiche der Mathematik und ihrer Anwendungen hinein, z.B. in die Zahlentheorie, die Analysis und Geometrie sowie in die theoretische Physik, um nur einige zu nennen.

Besonders deutlich ist die universelle Rolle der linearen Algebra in der Geometrie zu erkennen, die ja lange Zeit in viele Teilgebiete aufgespalten war. Man betrieb z.B. projektive, euklidische, nichteuklidische, konforme Geometrie, usw., jeweils mit eigenen Grundsätzen und Methoden. Obwohl diese Disziplinen teilweise ihre Eigenständigkeit bewahrt haben, wissen wir heute, daß sie alle von der linearen Algebra aus zugänglich sind, so daß der Vektorraumbegriff auch hier eine gemeinsame Basis geschaffen hat.

Erstaunlich ist aber nicht bloß diese Spannweite der linearen Algebra, sondern ebensosehr die für den Lernenden erfreuliche Tatsache, daß alles aus wenigen, transparenten Axiomen gefolgert werden kann.

Unsere Ziele sind der Auf- und Weiterbau der linearen Algebra in einer allgemeinen Fassung, die unendliche Dimensionen einbezieht, der Brückenschlag zur Analysis und schließlich die Entwicklung einiger geometrischer Disziplinen auf dieser Grundlage. Dabei wollen wir das Rechnen mit Koordinaten und Matrizen nicht überstrapazieren, sondern lieber die basisfreien linearen Denkweisen und Konstruktionen hervorheben.

1.1 Grundlagen

In diesem Abschnitt rekapitulieren wir die fundamentalen Begriffe über Vektorräume und lineare Abbildungen.

Sei K ein Körper, dessen Elemente meistens mit kleinen griechischen Buchstaben $\alpha, \beta, \ldots$ bezeichnet und hier *Skalare* genannt werden; K heißt der *Grund-* oder *Skalarenkörper.*

Ein K-*Vektorraum* V ist eine kommutative Gruppe (in additiver Schreibweise), für die eine zusätzliche multiplikative Operation definiert ist, die jedem $\alpha \in K$ und $u \in V$ das Produkt $\alpha \cdot u = \alpha u \in V$ zuordnet, wobei folgende Regeln gelten:

(1) $(\alpha + \beta)\, u = \alpha u + \beta u, \qquad (\alpha\beta)\, u = \alpha(\beta u), \qquad 1 \cdot u = u, \qquad \alpha(u + v) = \alpha u + \alpha v.$

Hieraus deduziert man weitere beim Rechnen benötigte Regeln, z.B. $0 \cdot u = 0$.

Die Elemente von V werden *Vektoren* genannt und wie hier im allgemeinen durch kleine lateinische Buchstaben u, v, ... bezeichnet.

Ein endliches System $a_1, \ldots, a_k$ von Vektoren aus V der *Länge* k ist *linear abhängig*, wenn es Skalare $\alpha_1, \ldots, \alpha_k$ aus K gibt, die nicht alle Null sind und die Relation erfüllen: $\alpha_1 a_1 + \ldots + \alpha_k a_k = 0$. Folgt dagegen aus jeder Relation dieser Art zwangsläufig $\alpha_1 = \ldots = \alpha_k = 0$, so ist das Vektorsystem $a_1, \ldots, a_k$ *linear unabhängig*. Bei $k = 2$ sagt man statt „linear abhängig" auch *proportional*.

Der Vektorraum V hat *endliche Dimension* $n \in \mathbf{N}$, geschrieben $\dim V = n < \infty$, wenn n die maximale Länge aller linear unabhängigen Vektorsysteme aus V ist. Gleichwertig hiermit ist, daß in V eine *Basis* der Länge n existiert, d.h. ein Vektorsystem $a_1, \ldots, a_n$, so daß jeder Vektor $u \in V$ in der Form $u = x^1 a_1 + \ldots + x^n a_n$ mit eindeutig bestimmten Koeffizienten $x^1, \ldots, x^n \in K$ dargestellt werden kann. Die Koeffizienten sind dann die *Koordinaten* von u in der Basis $a_1, \ldots, a_n$. (Wie hier geschehen, werden zur Numerierung auch obere Indizes verwendet, die natürlich nicht mit Potenzen verwechselt werden dürfen.) Je n linear unabhängige Vektoren eines n-dimensionalen Vektorraumes V bilden eine Basis von V. Für den *Nullraum* $V = 0$ bleiben diese Tatsachen bei sinngemäßer Interpretation richtig, falls man ihm die Dimension 0 zuordnet.

Beispiel eines K-Vektorraumes der Dimension $n < \infty$ ist die Menge K^n aller n-Tupel $(x^1, \ldots, x^n)$ von Elementen von K mit den koordinatenweisen Verknüpfungen. Die häufig verwendete *Standardbasis* von K^n besteht aus den n-Tupeln $e_1, \ldots, e_n$ mit $e_i := (0, \ldots, 1, \ldots, 0)$ (1 an der i-ten Stelle, sonst lauter Nullen).

Eine Teilmenge U des K-Vektorraumes V ist *Untervektorraum*, wenn sie nicht leer ist und wenn gilt:

(2) $\qquad \alpha, \beta \in K, \quad u, v \in U \quad \Rightarrow \quad \alpha u + \beta v \in U.$

U ist dann selbst ein K-Vektorraum. Sind U_1, U_2 Untervektorräume von V, so ist der *Durchschnitt* $U_1 \cap U_2$ rein mengentheoretisch, die *Summe* durch $U_1 + U_2 := \{u \mid u = u_1 + u_2$ mit $u_1 \in U_1, u_2 \in U_2\}$ definiert; beide sind wieder Untervektorräume von V. Die Summe heißt *direkt*, geschrieben $U_1 + U_2 = U_1 \oplus U_2$, wenn jedes Element u von $U_1 + U_2$ auf genau eine Weise als $u_1 + u_2$ mit $u_1 \in U_1$, $u_2 \in U_2$ dargestellt werden kann. Notwendig und hinreichend für die Eindeutigkeit ist hierbei die Bedingung $U_1 \cap U_2 = 0$. Ist $a_1, \ldots, a_k$ ein Vektorsystem in V, so ist die Menge aller *Linearkombinationen* $\alpha_1 a_1 + \ldots + \alpha_k a_k$ mit $\alpha_1, \ldots, \alpha_k \in K$ ein Untervektorraum von V, der *Spann* $\mathrm{sp}(a_1, \ldots, a_k)$; $a_1, \ldots, a_k$ heißt dann ein *Erzeugendensystem* des Spanns. Ist $\dim V < \infty$, so gilt für jeden Untervektorraum $U \subseteqq V$: $\dim U \leqq \dim V$, wobei genau im Falle $U = V$ das Gleichheitszeichen steht. Hat man k linear unabhängige Vektoren $a_1, \ldots, a_k$ eines n-dimensionalen Vektorraumes V vorgegeben, so kann man diese durch Hinzunahme geeigneter weiterer Vektoren der Anzahl $n - k$ zu einer Basis $a_1, \ldots, a_k, a_{k+1}, \ldots, a_n$ von V ergänzen. Analog läßt sich zu jedem Untervektorraum U eines endlich dimensionalen Vektorraumes V ein Untervektorraum U' finden, so daß $V = U \oplus U'$ (*Ergänzungssätze*).

Werden in einem Zusammenhang mehrere Vektorräume gleichzeitig betrachtet, so sollen diese immer den gleichen Skalarenkörper besitzen, wenn nichts anderes gesagt ist.

Sind V und W Vektorräume über K, so heißt eine Abbildung $L: V \to W$ *linear*, wenn für alle $\alpha, \beta \in K$ und alle $u, v \in V$ gilt:

(3) $$L(\alpha u + \beta v) = \alpha L(u) + \beta L(v).$$

Zu jeder linearen Abbildung $L: V \to W$ ist der Untervektorraum $\text{Kern}\, L = \{u \in V \mid L(u) = 0\}$ von V und der Untervektorraum $\text{Bild}\, L = L(V)$ von W bestimmt. Wichtige Abbildungseigenschaften lassen sich an Kern L und Bild L ablesen; z.B. ist L injektiv, genau wenn $\text{Kern}\, L = 0$. Jede lineare Abbildung führt linear abhängige Vektoren in linear abhängige über, dagegen kann es vorkommen, daß die Bilder linear unabhängiger Vektoren linear abhängig werden; genau wenn L injektiv ist, passiert dies nie. Eine lineare Abbildung L hat den endlichen *Rang* $k \in \mathbf{N}_0$, geschrieben: $\text{Rang}\, L = k < \infty$, wenn $\dim(\text{Bild}\, L) = k < \infty$.

Es ist immer nützlich, neben den abstrakten Definitionen auch eine gewisse Anschauung mitzuentwickeln (die natürlich zum Beweisen *nicht* verwendet werden darf). Zur Anregung verweisen wir den Leser auf Bild 0, das die Wirkungsweise einer konkreten linearen Abbildung $L: \mathbf{R}^2 \to \mathbf{R}^2$ auf die Standardbasis und zwei einfache Punktmengen veranschaulicht.

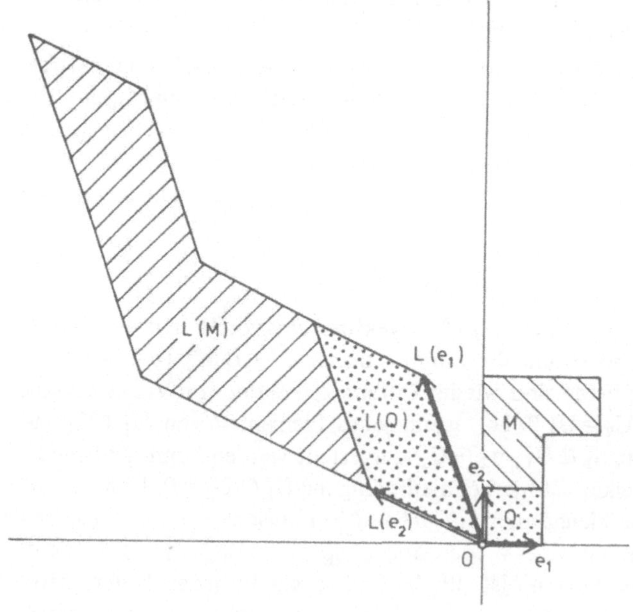

Bild 0
Wirkungsweise einer linearen Abbildung $L: \mathbf{R}^2 \to \mathbf{R}^2$

Bei den Funktionen von mehreren vektoriellen Veränderlichen sei der Fall einer *bilinearen* Abbildung hervorgehoben: Darunter versteht man eine Abbildung $F: V \times W \to Z$ des cartesischen Produktes zweier K-Vektorräume V, W in einen K-Vektorraum Z derart, daß die partiellen Abbildungen $v \mapsto F(v, w)$, w fest, und $w \mapsto F(v, w)$, v fest, stets linear sind. Im Falle $V = W$ nennt man F *symmetrisch* bzw. *schiefsymmetrisch* (= *antisymmetrisch*), wenn $F(v, w) = F(w, v)$ bzw. $F(v, w) = -F(w, v)$ für alle $v, w \in V$ gilt. Ist $Z = K$, so spricht man von *Bilinearformen*.

Jede Komposition von linearen Abbildungen ist wiederum linear. Außerdem kann man bei festen K-Vektorräumen V und W die Menge aller linearen Abbildungen von V in W zu einem neuen K-Vektorraum $\mathbf{L}(V, W)$ machen, indem man die Verknüpfungen (Addition und Multiplikation mit Skalaren) argumentweise definiert. Die einschlägigen Rechenregeln lassen sich in der Form ausdrücken, daß die Komposition als Abbildung $\circ : \mathbf{L}(V_1, V_2) \times \mathbf{L}(V_2, V_3) \to \mathbf{L}(V_1, V_3)$ mit $(L_1, L_2) \mapsto L_2 \circ L_1$ bilinear ist. Häufig schreibt man bei linearen Abbildungen: $L_2 \circ L_1 =: L_2 L_1$, $\alpha(L_2 \circ L_1) =: \alpha L_2 L_1$, $L(u) =: Lu$, und $(L_2 \circ L_1)(u) =: L_2 \circ L_1 u =: L_2 L_1 u$. Ferner setzt man $\mathbf{L}(V) := \mathbf{L}(V, V)$. Die linearen Selbstabbildungen $L \in \mathbf{L}(V)$ heißen auch *lineare Operatoren* oder *(Vektorraum-) Endomorphismen.* Je zwei solche $L, M \in \mathbf{L}(V)$ werden *vertauschbar* genannt, wenn $L \circ M = M \circ L$ gilt. Die Identität von V wird im allgemeinen durch I bezeichnet.

Zwei Vektorräume V, W heißen *isomorph*, geschrieben $V \cong W$, wenn eine bijektive lineare Abbildung $L : V \to W$ (ein *Isomorphismus* von V auf W) existiert. Die Isomorphie ist eine Äquivalenzrelation, d.h. es gelten die Regeln der Reflexivität: $V \cong V$, der Symmetrie: $V \cong W \Rightarrow W \cong V$ und der Transitivität: $V \cong W$, $W \cong Z \Rightarrow V \cong Z$. Diese folgen aus einfachen Eigenschaften von Isomorphismen. Die Menge aller Isomorphismen von V auf sich bildet mit der Komposition die *allgemeine lineare Gruppe* $\mathbf{GL}(V)$.

Jeder K-Vektorraum V der endlichen Dimension n ist isomorph zu K^n: Ist $a_1, \ldots, a_n$ eine Basis von V, so wird ein Isomorphismus durch die sog. *lineare Karte* $V \to K^n$ geliefert, die jedem Vektor $u = x^1 a_1 + \ldots + x^n a_n \in V$ das n-Tupel $(x^1, \ldots, x^n)$ seiner Koordinaten zuordnet.

Besitzen V und W endliche Dimension n und p, und ist in V eine Basis $a_1, \ldots, a_n$ und in W eine Basis $b_1, \ldots, b_p$ gewählt, so kann jeder linearen Abbildung $L : V \to W$ eine $(n \times p)$-*Matrix* zugeordnet werden, d.h. ein np-Tupel in der rechteckigen Anordnung:

$$(4) \qquad A = \begin{pmatrix} a_1^1 & \ldots & a_n^1 \\ \vdots & & \vdots \\ a_1^p & \ldots & a_n^p \end{pmatrix}.$$

Dieses enthält als Elemente der j-ten Spalte die Koordinaten von $L(a_j)$ in der Basis $b_1, \ldots, b_p$. Auf diese Weise werden bei fester Basiswahl die linearen Abbildungen $L \in \mathbf{L}(V, W)$ linear und bijektiv auf die $(n \times p)$-Matrizen von Elementen von K abgebildet, die ihrerseits einen K-Vektorraum $K^{(n,p)}$ der Dimension np bilden. Den Rechenregeln für lineare Abbildungen entspricht der *Matrizenkalkül.* Im Falle $V = W$ wird, wenn nichts anderes gesagt ist, in V als Definitions- und Zielraum dieselbe Basis verwendet. Die Identität I von V wird dann durch die *Einheitsmatrix* I dargestellt, deren Elemente durch das *Kronecker-Symbol* ($\delta_j^i = 1$ für $i = j$, $\delta_j^i = 0$ für $i \neq j$) gegeben sind. Der Gruppe $\mathbf{GL}(V)$ entspricht die *allgemeine lineare Gruppe* $\mathbf{GL}(n, K)$ der *regulären* $(n \times n)$-Matrizen mit Elementen aus K.

Jeder $(n \times n)$-Matrix $A \in K^{(n,n)}$ sind gewisse skalare Invarianten zugeordnet, von denen die *Spur* (Bezeichnung: spur A) und die *Determinante* (Bezeichnung: det A) die bekanntesten sind. Hat A die Gestalt (4) mit $p = n$, so gelten die folgenden Darstellungen für Spur und Determinante, wobei in (6) zunächst weitere übliche Schreibweisen angegeben sind:

(5) $$\operatorname{spur} A = \sum_{i=1}^{n} a_i^i$$

(6) $$\det A = \begin{vmatrix} a_1^1 & \dots & a_n^1 \\ \vdots & & \vdots \\ a_1^n & \dots & a_n^n \end{vmatrix} = \det(a_i^j)_{1 \leqq i, j \leqq n} = \det(a_i^j).$$

$$= \sum_{\sigma \in \mathfrak{S}_n} \operatorname{sign} \sigma \cdot a_{\sigma(1)}^1 \dots a_{\sigma(n)}^n.$$

Die Formel (6) erlaubt im Prinzip die Berechnung jeder Determinante.

Beide Begriffe existieren auch für einen Endomorphismus L eines n-dimensionalen K-Vektorraumes V, und sie werden analog durch spur L und det L bezeichnet. Wird L durch die Matrix A dargestellt, so gilt stets $\operatorname{spur} L = \operatorname{spur} A$ und $\det L = \det A$, wenn nur in V als Definitions- und Zielraum dieselbe Basis gewählt wird. Der Endomorphismus L ist genau dann bijektiv, wenn $\det L \neq 0$. Im Rahmen der multilinearen Algebra wird sich der Determinantenbegriff für Endomorphismen allgemeiner als hier charakterisieren lassen (vgl. 4.6).

Bemerkung 1. Daß die Begriffsbildungen der linearen Algebra auch für die Körpertheorie selbst nützlich sind, zeigt der Beweis des folgenden Satzes: *Die Anzahl der Elemente eines endlichen Körpers ist eine Potenz seiner Charakteristik* p. Hierzu bemerkt man zunächst, daß jeder Körper K als Vektorraum über seinem Primkörper K_π aufgefaßt werden kann. Ist $|K|$ endlich, so ist die Dimension dieses Vektorraumes endlich, da sonst K beliebig viele linear unabhängige Elemente, also speziell beliebig viele verschiedene Elemente enthielte. Sei in diesem Fall $a_1, \dots, a_n$ eine Basis von K. Dann kann jedes Element $x \in K$ eindeutig in der Form $x = x_1 a_1 + \dots + x_n a_n$ mit $x_i \in K_\pi$ dargestellt werden. Da hier jedes x_i insgesamt p Werte annehmen kann, gibt es p^n solche Linearkombinationen, also ist $|K| = p^n$. In der Algebra wird darüberhinaus gezeigt, daß je zwei endliche Körper mit gleicher Elementzahl isomorph sind und daß zu *jeder* Primzahlpotenz p^n ein Körper existiert, dessen Elementzahl p^n ist. □

Wir wollen nun etwas Licht auf die Frage werfen, wie es weitergeht. Hat man anfänglich Elemente von festen Vektorräumen betrachtet und zueinander in Beziehung gebracht, so geht man in der modernen Mathematik eine Stufe weiter und betrachtet Vektorräume selbst als Bausteine, die in Relationen zueinander stehen können. Ein wichtiger Schritt ist dabei, aus Vektorräumen neue Vektorräume zu erzeugen. Beispiel hierfür ist die Gewinnung des Vektorraumes **L**(V, W) aus den Vektorräumen V und W. Solche Zuordnungen nennt man unter gewissen Voraussetzungen „vektorielle Funktoren". Im folgenden führen wir einige wichtige vektorielle Funktoren elementarer Natur ein. Später folgen weitere Konstruktionen dieser Art in der multilinearen Algebra.*)

*) Der Begriff des vektoriellen Funktors wird hier ganz bewußt nur als *Sprechweise* für ein Leitprinzip gebraucht. Eine präzise Definition findet man bei *Bourbaki* [3], p. 78 ff.

Aufgaben zu 1.1

1. Für jedes Vektorsystem $a_1, \ldots, a_k$ in einem Vektorraum V mit $k \geqq 2$ zeige man: Das System $a_2 - a_1, a_3 - a_1, \ldots, a_k - a_1$ ist linear unabhängig, genau wenn das System $a_1 - a_k, a_2 - a_k, \ldots, a_{k-1} - a_k$ linear unabhängig ist.

2. Es sei $V = U_1 \oplus U_2$ direkte Summe von zwei Untervektorräumen und W ein weiterer Vektorraum. Man zeige: Zu je zwei linearen Abbildungen $L_1: U_1 \to W$ und $L_2: U_2 \to W$ existiert genau eine lineare Abbildung $L: V \to W$ mit den Restriktionen $L|U_1 = L_1$, $L|U_2 = L_2$.

Hinweis: Beim Existenzbeweis kann man die beiden ***Projektionen*** $P_1, P_2: V \to V$ verwenden, die mit der direkten Zerlegung $V = U_1 \oplus U_2$ verknüpft sind. Diese sind dadurch definiert, daß für alle $v \in V$ gilt: $v = P_1(v) + P_2(v)$ und $P_1(v) \in U_1$, $P_2(v) \in U_2$.

3. Für drei Untervektorräume U_1, U_2, U_2' des Vektorraumes V gelte $V = U_1 \oplus U_2 = U_1 \oplus U_2'$. Man beweise, daß U_2 und U_2' isomorph sind.

Hinweis: Ein Isomorphismus von U_2' auf U_2 wird geliefert durch die Projektion P_2, die zur Zerlegung $V = U_1 \oplus U_2$ gehört.

4. Es sei V ein K-Vektorraum und $P \in \mathbf{L}(V)$ mit $P^2 = P$ (man nennt P **idempotent**). Man zeige:

a) $V = \text{Bild}\, P \oplus \text{Kern}\, P$.

b) Mit $Q := I - P$ gilt $Q^2 = Q$ und $\text{Kern}\, Q = \text{Bild}\, P$ sowie $\text{Bild}\, Q = \text{Kern}\, P$.

c) P und Q sind die beiden Projektionen zur direkten Zerlegung in a).

5. Die lineare Abbildung $L: V \to W$ sei surjektiv und $\dim W < \infty$. Man beweise die Existenz eines Untervektorraumes $U \subsetneqq V$ mit der Eigenschaft, daß die Restriktion $L|U: U \to W$ ein Isomorphismus ist.

6. Es seien V und W Vektorräume gleicher endlicher Dimension und $T: V \to W$ ein Isomorphismus. Für jeden Endomorphismus $L \in \mathbf{L}(V)$ beweise man: $\det L = \det(T \circ L \circ T^{-1})$.

Hinweis: L und $T \circ L \circ T^{-1}$ werden bei geeigneter Basiswahl in V und W durch dieselbe Matrix dargestellt. L und $T \circ L \circ T^{-1}$ nennt man **konjugiert.**

1.2 Cartesische Produkte und Summen

Zu zwei Vektorräumen V, W über K betrachten wir das cartesische Produkt $V \times W$, d.h. die Menge aller Paare (v, w) mit $v \in V$ und $w \in W$. Definiert man für solche Paare Summe und Produkt mit $\alpha \in K$ komponentenweise:

$$(1) \qquad (v_1, w_1) + (v_2, w_2) := (v_1 + v_2, w_1 + w_2),$$

$$(2) \qquad \alpha \cdot (v, w) := (\alpha v, \alpha w),$$

so kann man leicht bestätigen, daß die Vektorraumaxiome erfüllt sind, wobei das Nullelement durch $0 := (0, 0)$ und das additive Inverse zu (v, w) durch $-(v, w) = (-v, -w)$ gegeben sind.

Satz und Definition A. *Mit den Verknüpfungen* (1), (2) *ist* $V \times W$ *ein* K-*Vektorraum, das* ***cartesische Produkt*** *oder die* ***externe direkte Summe*** *von* V *und* W. □

Um den begrifflichen Unterschied zur oben in 1.1 definierten Summe hervorzuheben, bezeichnet man *diese* auch als **interne Summe.**

Beispiel 1. Sei $V = K^n$ und $W = K^p$. Dann besteht $V \times W$ aus allen Paaren (v, w), wobei v selbst ein n-Tupel $v = (x_1, \ldots, x_n) \in K^n$ und w selbst ein p-Tupel $w = (y_1, \ldots, y_p) \in K^p$ ist. Wir können deswegen eine naheliegende Abbildung definieren durch

$$\begin{aligned} L: K^n \times K^p &\longrightarrow K^{n+p} \\ ((x_1, \ldots, x_n), (y_1, \ldots, y_p)) &\longmapsto (x_1, \ldots, x_n, y_1, \ldots, y_p). \end{aligned} \tag{3}$$

Man sieht ohne Mühe, daß L linear und bijektiv, also ein Isomorphismus ist. Deswegen wird das cartesische Produkt $K^n \times K^p$ häufig mit K^{n+p} identifiziert. □

Das cartesische Produkt ist eng verwandt mit der direkten Summe von Untervektorräumen. Um diesen Zusammenhang herzustellen, betrachten wir folgende Teilmengen von $V \times W$:

(4) $V \times 0 := \{(v, 0) \mid v \in V\}$,

(5) $0 \times W := \{(0, w) \mid w \in W\}$.

Man sieht unmittelbar, daß $V \times 0$ und $0 \times W$ Untervektorräume von $V \times W$ sind. Ferner gilt:

(6) $V \times W = (V \times 0) \oplus (0 \times W)$,

weil jedes Element $(v, w) \in V \times W$ auf genau eine Weise als Summe von Elementen aus $V \times 0$ und $0 \times W$ geschrieben werden kann, nämlich als:

(7) $(v, w) = (v, 0) + (0, w)$.

Mit dem cartesischen Produkt $V \times W$ sind auf natürliche Weise gewisse Abbildungen verbunden, nämlich einerseits die **kanonischen Projektionen**:

(8) $\pi_1: V \times W \to V, \quad \pi_1(v, w) := v$,

(9) $\pi_2: V \times W \to W, \quad \pi_2(v, w) := w$,

und andererseits die **kanonischen Injektionen**:

(10) $\iota_1: V \to V \times W, \quad \iota_1(v) := (v, 0)$,

(11) $\iota_2: W \to V \times W, \quad \iota_2(w) := (0, w)$.

Alle vier Abbildungen sind leicht als linear nachzurechnen. Weiter sieht man, daß V durch ι_1 bijektiv auf $V \times 0$ und W durch ι_2 bijektiv auf $0 \times W$ abgebildet wird. Deswegen hat man die Isomorphismen:

(12.a) $V \times 0 \cong V$,

(12.b) $0 \times W \cong W$.

Solche „naheliegenden" Isomorphismen, die ohne willkürliche Konstruktionselemente definiert werden können, nennt man **kanonisch**. Man sagt also etwa, $V \times 0$ sei **kanonisch isomorph** zu V.

Die Beziehungen (6) und (12) zeigen, daß die *externe* direkte Summe zweier Vektorräume V und W erhalten werden kann als *interne* direkte Summe zweier Untervektorräume, die selbst zu V und W kanonisch isomorph sind.

Gehen wir umgekehrt von einer *internen* direkten Summe $U_1 \oplus U_2$ zweier Untervektorräume U_1, U_2 des Vektorraumes V aus, so liegt es nahe, die Abbildung

$$(13)\qquad \begin{aligned} h: U_1 \times U_2 &\to U_1 \oplus U_2 \\ (u_1, u_2) &\mapsto u_1 + u_2 \end{aligned}$$

zu betrachten. Man rechnet leicht nach, daß h linear ist, und die Tatsache, daß jedes Element von $U_1 \oplus U_2$ auf genau eine Weise als solch eine Summe $u_1 + u_2$ erhalten werden kann, bedeutet gerade, daß h bijektiv ist. So erhält man wiederum einen kanonischen Isomorphismus

$$(14)\qquad U_1 \times U_2 \cong U_1 \oplus U_2 .$$

Jede *interne* direkte Summe ist also kanonisch isomorph zur *externen* direkten Summe ihrer Summanden.

Zur vollständigen Definition eines vektoriellen Funktors gehört außer einer Zuordnung der Art „Vektorräume $\mapsto$ Vektorraum" auch eine damit verträgliche Zuordnung „lineare Abbildungen $\mapsto$ lineare Abbildung". Hier wird diese durch das **cartesische Produkt von Abbildungen** gegeben: Zu $L_1 : V \to V'$ und $L_2 : W \to W'$ definiert man

$$(15)\qquad L_1 \times L_2 : V \times W \to V' \times W'$$

durch

$$(16)\qquad (L_1 \times L_2)(v, w) := (L_1(v), L_2(w)).$$

Mit L_1 und L_2 ist dann auch $L_1 \times L_2$ wieder linear, was man ohne Mühe nachrechnet. Das cartesische Produkt von Abbildungen hat die folgenden *funktoriellen* Eigenschaften, die seine Verträglichkeit mit dem cartesischen Produkt von Mengen ausdrücken:

(a) $id_V \times id_W = id_{V \times W}$.

(b) In der Situation

$$(17)\qquad \begin{matrix} V \xrightarrow{L_1} V' \xrightarrow{M_1} V'' \\ W \xrightarrow{L_2} W' \xrightarrow{M_2} W'' \end{matrix} \qquad \text{gilt: } (M_1 \times M_2) \circ (L_1 \times L_2) = (M_1 \circ L_1) \times (M_2 \circ L_2).$$

Der Beweis von (a) ist unmittelbar aus (16) klar. Zum Nachweis von (b) bemerkt man zunächst, daß beide Seiten der behaupteten Gleichung dieselbe Definitionsmenge $V \times W$, dieselbe Zielmenge $V'' \times W''$ und schließlich wegen (16) auch dieselbe Zuordnungsvorschrift $(v, w) \to (M_1 \circ L_1 v, M_2 \circ L_2 v)$ besitzen. Grob gesprochen besagt (b), daß die funktorielle Vorschrift (hier $\times$) mit der Komposition von Abbildungen verträglich ist. Diese Eigenschaft wird sich ähnlich auch für andere vektorielle Konstruktionen herausstellen.

Im endlich dimensionalen Fall gilt:

Satz B. *Aus* $\dim V < \infty$ *und* $\dim W < \infty$, *folgt* $\dim(V \times W) < \infty$, *und zwar ist*

$$(18)\qquad \boxed{\dim(V \times W) = \dim V + \dim W.}$$

Beweis. Ist $a_1, \dots, a_n$ eine Basis von V und $b_1, \dots, b_m$ eine Basis von W, so ist das neue System $(a_1, 0), \dots, (a_n, 0), (0, b_1), \dots, (0, b_m)$ eine Basis von $V \times W$. Denn jedes Paar $(v, w) \in V \times W$ mit $v = \alpha_1 a_1 + \dots + \alpha_n v_n$ und $w = \beta_1 b_1 + \dots + \beta_m b_m$ läßt sich auf genau eine Weise als Linearkombination des neuen Systems darstellen, nämlich als

(19) $$(v, w) = \alpha_1(a_1, 0) + \dots + \alpha_n(a_n, 0) + \beta_1(0, b_1) + \dots + \beta_m(0, b_m). \qquad \square$$

Die Kombination von (14) und (18) liefert den *Dimensionssatz für direkte Summen* endlich dimensionaler Untervektorräume:

(20) $$\dim(U_1 \oplus U_2) = \dim U_1 + \dim U_2,$$

wenn man beachtet, daß die Dimension als algebraisch definierte Größe bei Isomorphismen erhalten bleibt.

Völlig analog gestalten sich die Verhältnisse, wenn man anstelle von zwei Vektorräumen *endlich viele* betrachtet. (*Warnung*: Die Direktheit der Summe von Untervektorräumen läßt sich bei mehr als zwei Summanden nicht mehr dadurch kennzeichnen, daß der Gesamtdurchschnitt der Nullraum ist !)

Ist eine *beliebige* Familie $(V_\alpha)_{\alpha \in A}$ von K-Vektorräumen V_α mit einer (eventuell nicht endlichen) Indexmenge A gegeben, so besteht das *cartesische Produkt* $\bigtimes_{\alpha \in A} V_\alpha$ aus allen Abbildungen $f: A \to \bigcup_{\alpha \in A} V_\alpha$ mit $f(\alpha) \in V_\alpha$ für alle $\alpha \in A$, und die für Funktionen üblichen argumentweisen Verknüpfungen machen das cartesische Produkt wiederum zu einem K-Vektorraum. Dieser enthält nun einen weiteren, auf natürliche Weise erklärten Untervektorraum, nämlich die Menge aller dieser Funktionen f, für die $f(\alpha) \neq 0$ für höchstens endlich viele $\alpha \in A$. Dieser Untervektorraum von $\bigtimes_{\alpha \in A} V_\alpha$ sei durch $(\bigtimes)_{\alpha \in A} V_\alpha$ bezeichnet, und er ist es, der in diesem Falle als **externe direkte Summe** bezeichnet wird. Genau wenn die Indexmenge A selbst endlich ist, stimmen cartesisches Produkt $\bigtimes_{\alpha \in A} V_\alpha$ und externe direkte Summe $(\bigtimes)_{\alpha \in A} V_\alpha$ überein. Ist $V_\alpha = V$ für alle $\alpha \in A$, so schreibt man auch:

(21) $$\bigtimes_{\alpha \in A} V_\alpha =: V^A, \quad (\bigtimes)_{\alpha \in A} V_\alpha =: V^{(A)}.$$

Für eine beliebige Familie $(U_\alpha)_{\alpha \in A}$ von Untervektorräumen U_α eines Vektorraumes versteht man unter der **(internen) Summe** $\sum_{\alpha \in A} U_\alpha$ die Menge aller endlichen Summen $v_{\alpha_1} + \dots + v_{\alpha_t}$ mit paarweise verschiedenen $\alpha_\tau \in A$ und $v_{\alpha_\tau} \in U_{\alpha_\tau}$ für $1 \leqq \tau \leqq t$. Diese interne Summe ist leicht als Untervektorraum von V erkennbar. Man nennt sie **direkt**, und sie wird dann durch $\bigoplus_{\alpha \in A} U_\alpha$ bezeichnet, wenn die Gleichheit zweier endlicher Summen der genannten Art mit gleichem Indexsystem $(\alpha_1, \dots, \alpha_t)$ stets impliziert, daß entsprechende Summanden übereinstimmen (mit anderen Worten, wenn jede endliche Summe $U_{\alpha_1} + \dots + U_{\alpha_t}$ mit paarweise verschiedenen $\alpha_\tau \in A$ direkt ist).

Bemerkungen. 1. Die Verknüpfungen in einem Vektorraum V lassen sich allgemein auf endlich viele Teilmengen ausdehnen: Sind zunächst $U_1, \dots, U_p$ nichtleere Teilmengen von V, so versteht man unter der **(internen) Summe** $U_1 + \dots + U_p$ die Menge aller Vektoren $v \in V$, die sich in der Form $v = v_1 + \dots + v_p$ mit $v_j \in U_j$ für $1 \leqq j \leqq p$ darstellen lassen. Die interne Summe wird hier auch **Minkowski-Summe** genannt. Sie heißt wiederum **direkt**, und wird dann durch $U_1 \oplus \dots \oplus U_p$ bezeichnet, wenn die genannte Summendarstellung jedes ihrer Elemente v eindeutig bestimmt ist. Ist weiter S eine nichtleere Teilmenge von K und U eine nichtleere Teilmenge von V, so sei SU die Menge aller Vektoren der Form γu mit $\gamma \in S$ und $u \in U$. Wenn S bzw. U einelementig ist, z.B. $S = \{\gamma_0\}$ bzw. $U = \{u_0\}$, so schreibt man statt SU auch $\gamma_0 U$ bzw. Su_0; z.B. ist Ku_0 einfach gleich dem Spann $sp(u_0)$ von u_0.

2. Der Basisbegriff läßt sich auch für einen beliebigen Vektorraum V formulieren: Unter einer **Basis** von V versteht man eine Familie $(v_\alpha)_{\alpha \in A}$ von Vektoren $v_\alpha \in V$, so daß $V = \bigoplus_{\alpha \in A} sp(v_\alpha)$. Dies bedeutet also, daß jeder Vektor $v \in V$ als endliche Linearkombination $v = \lambda_1 v_{\alpha_1} + \dots + \lambda_t v_{\alpha_t}$ von Vektoren der gegebenen Familie dargestellt werden kann, wobei in folgendem Sinne Eindeutigkeit herrscht: Gilt $\lambda_1 v_{\alpha_1} + \dots + \lambda_t v_{\alpha_1} = \mu_1 v_{\alpha_1} + \dots + \mu_t v_{\alpha_t}$ mit paarweise verschiedenen $\alpha_1, \dots, \alpha_t$ aus A, so folgt $\lambda_1 = \mu_1, \dots, \lambda_t = \mu_t$. (Diese Eindeutigkeit läßt sich auch so ausdrücken, daß jeweils endlich viele Vektoren $v_{\alpha_1}, \dots, v_{\alpha_t}$ der gegebenen Familie mit paarweise verschiedenen Indizes linear unabhängig sind.) Die *Existenz* einer solchen Basis bei unendlicher Dimension von V läßt sich allerdings nur mit transfiniten Hilfsmitteln der Mengenlehre zeigen, weshalb wir hier nicht darauf eingehen. Es handelt sich dabei um einen reinen Existenzbeweis, so daß niemand in der Lage ist, z.B. eine Basis des Vektorraumes **R** über dem Körper **Q** der rationalen Zahlen (eine sog. **Hamel-Basis**) explizit anzugeben. In der mathematischen Anwendungen der linearen Algebra haben auch andere Basisbegriffe Bedeutung erlangt, nämlich solche, die auf einer topologischen Zusatzstruktur beruhen und anstelle endlicher Linearkombinationen konvergente unendliche Reihen verwenden. Innerhalb der linearen Algebra ist man bestrebt, die Probleme nach Möglichkeit *basisfrei* zu behandeln. □

Aufgaben zu 1.2

1. Sei $(U_\alpha)_{\alpha \in A}$ eine Familie von Untervektorräumen U_α von V. Man beweise:

a) Der Durchschnitt $\bigcap_{\alpha \in A} U_\alpha$ ist Untervektorraum von V.

b) Die Summe $\sum_{\alpha \in A} U_\alpha$ ist der kleinste Untervektorraum von V, der alle U_α enthält, d.h. die Summe ist gleich dem Durchschnitt aller Untervektorräume W von V, die alle U_α enthalten.

2. Es seien V, W K-Vektorräume und $\Phi: V \to W$ eine Abbildung. Unter dem **Graph** von Φ versteht man die Teilmenge $G(\Phi) := \{(v, \Phi(v)) \mid v \in V\}$ von $V \times W$. Man zeige: Φ ist linear genau dann, wenn $G(\Phi)$ Untervektorraum von $V \times W$ ist.

3. Unter der **Diagonale** in $V \times V$ versteht man die Menge $\Delta := \{(v, v) \mid v \in V\}$, unter der **Diagonalabbildung** die Zuordnung $D: V \to V \times V$ mit $D(v) := (v, v)$. Man zeige:

a) Ist V K-Vektorraum, so ist Δ Untervektorraum von $V \times V$ und D ist linear.

b) Sind $L_1: V \to W_1$ und $L_2: V \to W_2$ lineare Abbildungen, so ist auch $(L_1, L_2): V \to W_1 \times W_2$, definiert durch $(L_1, L_2)(v) := (L_1(v), L_2(v))$, eine lineare Abbildung. Beachte: $(L_1, L_2) = (L_1 \times L_2) \circ D$.

4. Für eine nichtleere Menge A bezeichnet man die externe direkte Summe $K^{(A)}$ als den *freien, von A erzeugten* K-Vektorraum. Für jedes $\beta \in A$ sei nun $f_\beta: A \to K$ die Funktion mit $f_\beta(\alpha) = 0$ für $\alpha \neq \beta$ und $f_\beta(\beta) = 1$. Man zeige, daß die Familie $(f_\beta)_{\beta \in A}$ eine (im allgemeinen unendliche) Basis von $K^{(A)}$ ist. Für welche Mengen A ist $\dim K^{(A)} < \infty$?

5. Man betrachte drei K-Vektorräume V, W und Z. Für eine Abbildung $F: V \times W \to Z$ existiert einerseits der Begriff der Bilinearität (1.1), andererseits der der Linearität, da $V \times W$ selbst K-Vektorraum ist. Man zeige, daß diese Begriffe im allgemeinen *nicht* äquivalent sind, indem man beweist: Ist F gleichzeitig bilinear und linear, so ist $F = 0$.

6. Es sei Π der Vektorraum aller Polynomfunktionen über einem Körper K mit unendlich vielen Elementen. (Eine *Polynomfunktion* ist eine Abbildung $f: K \to K$, deren Zuordnungsvorschrift von der Gestalt ist: $f(x) = a_0 + a_1x + \ldots + a_nx^n$ mit festen $a_i \in K$ und $n \in \mathbf{N}_0$.) Man beweise:

a) Π ist unendlich dimensional.

b) Die Familie $(f_n)_{n \in \mathbf{N}_0}$ der *Monome* $f_n(x) = x^n$ ist eine abzählbar unendliche Basis von Π.

Hinweis: Der Identitätssatz für Polynomfunktionen über einem nicht endlichen Körper darf verwendet werden (Bemerkung 4 [I, 1.4]). Er besagt: Gilt $a_0 + a_1x + \ldots + a_nx^n = b_0 + b_1x + \ldots + b_mx^m$ (mit $n \leq m$) für alle $x \in K$, so ist $a_i = b_i$ für $i \in \{0, \ldots, n\}$ und $b_i = 0$ für $i \in \{n+1, \ldots, m\}$. Statt Polynomfunktion sagt man dann auch *Polynom*. Für endliche Körper ist der Identitätssatz falsch. Wie hier trotzdem der Polynombegriff eingeführt werden kann, wird in der folgenden Aufgabe 8 beschrieben.

7. Es sei W ein K-Vektorraum, dessen Elemente hier mit A, B, ... bezeichnet seien. Man nennt W eine **K-Algebra**, wenn eine bilineare Abbildung $(A, B) \mapsto A \cdot B = AB$ von $W \times W$ in W als weitere (innere) Verknüpfung (*Produkt*) vorgegeben ist. Läßt man die Multiplikation mit Skalaren außer Betracht, so ist W also ein Ring, so daß die entsprechenden Begriffe von 0.4 anwendbar sind. Man zeige:

a) Sei M eine nichtleere Menge. Dann ist K^M (mit der argumentweisen Multiplikation) eine assoziative und kommutative K-Algebra mit Neutralelement. $K^{(M)}$ ist Unteralgebra von K^M.

b) Ist V ein K-Vektorraum, so ist $\mathbf{L}(V)$ mit der Komposition eine assoziative K-Algebra mit Neutralelement I.

c) Eine K-Algebra W heißt **Lie-Algebra**, wenn das Produkt schiefsymmetrisch ist und stets gilt: $A(BC) + B(CA) + C(AB) = 0$. Ein dreidimensionaler, orientierter euklidischer Vektorraum V ist mit dem zugehörigen Vektorprodukt (B [I, 5.6]) eine Lie-Algebra.

8. Die Elemente des Vektorraumes $K^{(\mathbf{N}_0)}$ sind die Folgen $A = (a_0, a_1, a_2, \ldots)$ mit Elementen $a_i \in K$, von denen jeweils höchstens endlich viele $\neq 0$ sind. Für $A, B \in K^{(\mathbf{N}_0)}$, wobei $B = (b_0, b_1, b_2, \ldots)$, definiert man das **Cauchy-Produkt** oder die **Faltung** $A \cdot B = AB = P = (p_0, p_1, p_2, \ldots)$ durch die Festsetzung $p_k := a_0b_k + a_1b_{k-1} + \ldots + a_kb_0$, $k \in \mathbf{N}_0$. Man zeige:

a) $K^{(\mathbf{N}_0)}$ ist (mit der Faltung) eine assoziative, kommutative K-Algebra mit Neutralelement $E := (1, 0, 0, \ldots)$.

b) Für das Element $X := (0, 1, 0, 0, \ldots) \in K^{(\mathbf{N}_0)}$ gilt $X(a_0, a_1, a_2, \ldots) = (0, a_0, a_1, a_2, \ldots)$. Man nennt X deswegen **Shift-Element.**

c) Die Potenzen $X^0 := E, X, X^2, \ldots$ bilden eine unendliche Basis von $K^{(\mathbf{N}_0)}$, d.h. jedes Element $A \in K^{(\mathbf{N}_0)}$ ist bis auf Nullsummanden eindeutig in der Form $A = a_0E + a_1X + \ldots + a_nX^n$ mit $n \in \mathbf{N}_0$ darstellbar. Für $A \neq 0$ ist diese Darstellung eindeutig, wenn n die größte Zahl aus $\mathbf{N}_0$ mit $a_n \neq 0$ ist; n heißt dann **Grad** von $A \neq 0$. Für $A = 0$ wird der **Grad** formal als $-\infty$ definiert.

d) Die Abbildung $a \mapsto aE$ definiert einen injektiven Algebrahomomorphismus von K in $K^{(\mathbf{N}_0)}$, aufgrund dessen man KE mit K identifizieren darf. Dann darf man schreiben: $a_0E + a_1X + \ldots + a_nX^n = a_0 + a_1X + \ldots + a_nX^n$. Man nennt deswegen $K^{(\mathbf{N}_0)}$ (mit der Faltung) die **Polynomalgebra** $K[X]$ über K und ihre Elemente **Polynome** mit Koeffizienten aus K. Das Shift-Element X wird auch **Unbestimmte** genannt (obwohl nichts unbestimmt daran ist).

1.3 Dualität

Immer wenn man in der Mathematik einen Raum untersucht, ist es nützlich, auch die auf ihm definierten skalaren Funktionen zu studieren. Ist V ein K-Vektorraum, so sind zunächst die *linearen* skalaren Funktionen $\lambda : V \to K$ von Interesse, die sog. *Linearformen* oder *linearen Funktionale* auf V. Die Menge der Linearformen bildet mit den argumentweisen Verknüpfungen

(1) $(\alpha\lambda + \beta\mu)(v) := \alpha \cdot \lambda(v) + \beta \cdot \mu(v), \quad v \in V$

selbst einen K-Vektorraum, den *Dualraum*

(2) $V^* := \mathrm{L}(V, K).$

Seine Elemente seien hier bevorzugt mit $\lambda, \mu, \ldots$ bezeichnet. Es geht hier um die Beziehung zwischen den beiden Vektorräumen V und V*.

Die Linearformen spielen bei der Anwendung in der Analysis eine wichtige Rolle, z.B. in der *Distributionentheorie*, wo man „verallgemeinerte Funktionen" exakt definieren kann, indem man sie als Linearformen auf Funktionenräumen auffaßt.

Beispiel 1. Ist $a_1, \ldots, a_n$ Basis eines endlich dimensionalen K-Vektorraumes V, so kann man bei festem $i \in \{1, \ldots, n\}$ jedem Vektor $v = x^1 a_1 + \ldots + x^n a_n \in V$ seine i-te Koordinate $\lambda^i(v) := x^i$ zuordnen, die ja linear von v abhängt. Die so definierten $\lambda^i \in V^*$ heißen die *Koordinatenformen* der gegebenen Basis. □

Wir ergänzen die Zuordnung der Vektorräume $V \mapsto V^*$ gleich durch die entsprechende Zuordnung für lineare Abbildungen.

Ist L eine lineare Abbildung von V in W und μ eine Linearform auf W,

(3) $V \xrightarrow{L} W \xrightarrow{\mu} K,$

so kann man die Komposition $\mu \circ L$ bilden. Diese ist wiederum linear, also eine Linearform auf V. Ferner ist die Zuordnung $\mu \mapsto \mu \circ L$ linear, wie aus den Rechenregeln für lineare Abbildungen folgt.

Definition A. *Zur linearen Abbildung* $L : V \to W$ *ist die* ***duale*** *lineare Abbildung* $L^* : W^* \to V^*$ *definiert durch:*

(4) $L^*\mu := \mu \circ L \quad$ für alle $\mu \in W^*$.

Für $\mu \in W^*$ und $v \in V$ gilt also

(5) $(L^*\mu)(v) = \mu(L(v)).$

Warnung: Man beachte die Umkehrung der Reihenfolge beim Übergang von $L : V \to W$ zu $L^* : W^* \to V^*$!

Satz B. *Für die nachstehend links aufgeführten linearen Abbildungen gelten die rechts angeschriebenen Regeln:*

(i) $V \underset{L_2}{\overset{L_1}{\rightrightarrows}} W$: $(L_1 + L_2)^* = L_1^* + L_2^*$

(ii) $V \underset{\alpha L}{\overset{L}{\rightrightarrows}} W, \quad \alpha \in K$: $(\alpha L)^* = \alpha L^*$

(iii) $V \xrightarrow{\mathrm{id}_V} V$: $(\mathrm{id}_V)^* = \mathrm{id}_{V^*}$

(iv) $V_1 \xrightarrow{L_1} V_2 \xrightarrow{L_2} V_3$: $(L_2 \circ L_1)^* = L_1^* \circ L_2^*$.

Beweis. Als Muster sei der Beweis von (iv) angeschrieben:

(6) $(L_2 \circ L_1)^* \mu = \mu \circ (L_2 \circ L_1) = (\mu \circ L_2) \circ L_1 = (L_2^* \mu) \circ L_1 = L_1^*(L_2^* \mu) = (L_1^* \circ L_2^*) \mu$.

Dabei ist $\mu \in V_3^*$. Die übrigen Beweise verlaufen analog. □

Die Regeln (iii) und (iv) besagen wiederum, daß die funktorielle Vorschrift (hier *) mit der Komposition verträglich ist, allerdings unter Umkehrung der Reihenfolge.

Folgerung C. *Ist* $L: V \to W$ *Isomorphismus, so ist auch* $L^*: W^* \to V^*$ *Isomorphismus, und es gilt:*

(7) $(L^*)^{-1} = (L^{-1})^*$.

Beweis. Dies ergibt sich durch Anwendung von B (iii), (iv) auf die Beziehungen $L \circ L^{-1} = \mathrm{id}_W$, $L^{-1} \circ L = \mathrm{id}_V$. □

Bei der Behandlung von V und V* ist es zweckmäßig, die folgende Schreibweise einzuführen:

(8.a) $\langle \lambda, v \rangle := \lambda(v)$.

Dabei ist $\lambda \in V^*$ und $v \in V$. Ein wichtiger Schritt besteht darin, diesen Ausdruck nicht nur als Funktion von v, sondern auch als Funktion von λ zu betrachten. Da man leicht nachrechnen kann, daß dieser Ausdruck von λ und v jeweils linear abhängt, definiert er eine *Bilinearform* auf $V^* \times V$:

(8.b) $\langle\,,\rangle : V^* \times V \to K$.

Wir werden bald sehen, daß V und V* in vielen Situationen gleichberechtigt sind. Diese Symmetrie wird dann durch die Schreibweise in (8.a) betont.

Jedem $\lambda \in V^*$ ist der Untervektorraum Kern λ von V zugeordnet. Das Bestehen der Gleichung $\langle \lambda, v \rangle = 0$ bedeutet, daß der Vektor v in diesem Untervektorraum liegt, oder wie man sagt, mit ihm **inzidiert**. Deswegen nennen wir die Bilinearform (8) das **Inzidenzprodukt**, und ein $\lambda \in V^*$ und ein $v \in V$ heißen **inzident**, wenn $\langle \lambda, v \rangle = 0$ gilt.
Die Gleichung (5) schreibt sich mit (8.a) in der Form:

(9) $\langle L^* \mu, v \rangle = \langle \mu, Lv \rangle$.

Definition und Satz D. *Ist* $U \neq \phi$ *Teilmenge von* V *und* $S \neq \phi$ *Teilmenge von* V^*, *so definiert man die* ***dualen Komplemente*** $U^\perp$ *und* $S^\perp$ *durch:*

(10) $\quad U^\perp := \{\lambda \in V^* \mid \langle\lambda, u\rangle = 0 \text{ für alle } u \in U\}$

(11) $\quad S^\perp := \{u \in V \mid \langle\lambda, u\rangle = 0 \text{ für alle } \lambda \in S\}$.

$U^\perp$ *ist Untervektorraum von* V^*, $S^\perp$ *ist Untervektorraum von* V.

Beweis. Die Untervektorraumeigenschaften ergeben sich unmittelbar aus der Bilinearität des Inzidenzproduktes. □

$U^\perp$ besteht aus allen Linearformen, die auf U verschwinden, deswegen kann man $U^\perp$ als **Annulator** von U bezeichnen. $S^\perp$ besteht aus allen Vektoren, auf denen alle Linearformen von S verschwinden, deswegen kann man $S^\perp$ das **Nullstellengebilde** von S nennen.

Warnung: Trotz der gleichen Bezeichnungsweise sind die Objekte (10) und (11) nur verwandt, aber nicht identisch mit den Orthogonalräumen der euklidischen Theorie, da *hier* U und $U^\perp$ in verschiedenen Vektorräumen enthalten sind.

Für $U^{\perp\perp} := (U^\perp)^\perp$ und $S^{\perp\perp} := (S^\perp)^\perp$ gilt trivialerweise:

(12.a) $\quad U \subseteqq U^{\perp\perp}, \quad S \subseteqq S^{\perp\perp}$.

Trivial sind auch die **Antimonotonieregeln:**

(12.b) $\quad \phi \neq U_1 \subseteqq U_2 \Rightarrow U_1^\perp \supseteqq U_2^\perp, \qquad \phi \neq S_1 \subseteqq S_2 \Rightarrow S_1^\perp \supseteqq S_2^\perp$.

Bemerkung 1. Die dualen Komplemente $U^\perp$ und $S^\perp$ sind vor allem wichtig, wenn U und S Untervektorräume sind. In diesem Fall kann man mit weitergehenden Hilfsmitteln beweisen, daß generell $U = U^{\perp\perp}$, aber im allgemeinen $S \neq S^{\perp\perp}$ gilt. Wir können hierauf nicht eingehen; wichtige Sonderfälle werden aber in den folgenden Sätzen K und F, H [1.4] genau behandelt. □

Satz E. *Für Untervektorräume* U_1, U_2 *von* V *und Untervektorräume* S_1, S_2 *von* V^* *gilt:*

(13) $\quad (U_1 + U_2)^\perp = U_1^\perp \cap U_2^\perp$

(14) $\quad (S_1 + S_2)^\perp = S_1^\perp \cap S_2^\perp$.

Beweis. Da beide Behauptungen völlig analog bewiesen werden können, genügt der Nachweis von (13). Dieser ergibt sich aus folgenden Äquivalenzen: $\lambda \in (U_1 + U_2)^\perp \Leftrightarrow$ $\Leftrightarrow \langle\lambda, u_1 + u_2\rangle = 0$ für alle $u_1 \in U_1, u_2 \in U_2 \Leftrightarrow \langle\lambda, u_1\rangle = 0$ für alle $u_1 \in U_1$ und $\langle\lambda, u_2\rangle = 0$ für alle $u_2 \in U_2 \Leftrightarrow \lambda \in U_1^\perp \cap U_2^\perp$. □

Satz F. *Ist* $L : V \to W$ *linear, so gilt:*

(15) $\quad \text{Kern } L^* = (\text{Bild } L)^\perp$.

Beweis. Die Behauptung ergibt sich aus folgenden Äquivalenzen: $\mu \in \text{Kern } L^* \Leftrightarrow L^*\mu = 0 \Leftrightarrow$ $\Leftrightarrow \langle L^*\mu, v\rangle = 0$ für alle $v \in V \Leftrightarrow \langle\mu, Lv\rangle = 0$ für alle $v \in V \Leftrightarrow \mu \in (\text{Bild } L)^\perp$. Dabei wurde beim vorletzten Schritt (9) verwendet. □

Eine völlig symmetrische Behandlung von V und V* ist nur bei endlicher Dimension möglich. *Daher machen wir für den Rest dieses Abschnittes folgende*

Generalvoraussetzung: Alle vorgegebenen Vektorräume haben endliche Dimension, insbesondere sei

(16) $\dim V = n.$

Dann gilt auch

(17) $\dim V^* = n.$

Dies folgt mittelbar aus der Definition (2), da $\dim \mathbf{L}(V, K) = \dim V \cdot \dim K = n \cdot 1 = n$.

Als weitere Beziehungen zwischen V und V* stellen wir folgendes fest: Sind $\lambda_0 \in V^*$ und $v_0 \in V$ feste Elemente, so gilt:

(18.a) $\langle \lambda_0, v \rangle = 0$ für alle $v \in V \quad \Rightarrow \quad \lambda_0 = 0$

(18.b) $\langle \lambda, v_0 \rangle = 0$ für alle $\lambda \in V^* \quad \Rightarrow \quad v_0 = 0.$

Hier ergibt sich (18.a) trivialerweise aus der Definition des Nullelementes von V*. Zum Nachweis von (18.b) nützt man die Voraussetzung speziell aus für die Koordinatenformen $\lambda = \lambda^i$ einer Basis (Beispiel 1). Dann folgt, daß alle Koordinaten von v_0 Null sind, also $v_0 = 0$.

Die Eigenschaften (18) wollen wir als die **Nichtausgeartetheit** des Inzidenzproduktes bezeichnen. *Im Folgenden stützen wir uns außer auf die endliche Dimension allein auf die Bilinearität und die Nichtausgeartetheit des Inzidenzproduktes.* Dann müssen zwar einige Beweise neu geführt werden. Aber dieses Vorgehen hat den großen Vorteil, daß diese Bedingungen völlig symmetrisch in V und V* sind, so daß auch die Konsequenzen automatisch richtig bleiben, wenn die Rollen von V und V* vertauscht werden. Mit anderen Worten: Man erhält aus jedem so gewonnenen, allgemeingültigen Satz durch diesen Rollentausch einen weiteren Satz, den sog. **Dualsatz**, ohne daß dieser erneut bewiesen werden muß. Das ist das **Dualitätsprinzip** der endlich dimensionalen Vektorräume.

Zunächst zeigen wir, wie die Koordinatenformen allein aus diesen Voraussetzungen gewonnen werden können:

Satz und Definition G. *Ist* $a_1, \ldots, a_n$ *Basis von* V, *so existiert genau ein Vektorsystem* $\lambda^1, \ldots, \lambda^n$ *in* V* *mit*

(19) $\langle \lambda^i, a_j \rangle = \delta^i_j, \quad 1 \leqq i, j \leqq n.$

$\lambda^1, \ldots, \lambda^n$ *ist Basis von* V*, *die* ***Dualbasis*** *zu* $a_1, \ldots, a_n$.

Beweis. Wir betrachten die Abbildung

(20)
$$P : V^* \to K^n$$
$$\lambda \mapsto P(\lambda) = (\langle \lambda, a_1 \rangle, \ldots, \langle \lambda, a_n \rangle).$$

P ist linear, wie man unmittelbar aus der Bilinearität des Inzidenzproduktes nachrechnet, ferner injektiv; denn aus $P(\lambda) = 0$ folgt $\langle \lambda, a_j \rangle = 0$ für $1 \leqq j \leqq n$ und daraus $\langle \lambda, v \rangle = 0$ für alle $v \in V$, also nach (18): $\lambda = 0$. Da $\dim P(V^*) = \dim V^* = n$, ist P bijektiv. Also existiert zum i-ten Vektor e_i der Standardbasis von K^n genau ein Urbild $\lambda^i : P(\lambda^i) = e_i$, $1 \leqq i \leqq n$. Dies ist äquivalent mit (19). Da P Isomorphismus ist, bilden $\lambda^1, \ldots, \lambda^n$ eine Basis von V^*. □

Wir setzen diese Überlegung fort, indem wir die Koordinaten eines beliebigen Elementes $\lambda \in V^*$ in der Basis $\lambda^1, \ldots, \lambda^n$ berechnen. Aus dem Ansatz

$$\lambda = \sum_{i=1}^{n} \beta_i \lambda^i. \tag{21}$$

erhält man durch Bildung des Inzidenzproduktes mit a_j:

$$\langle \lambda, a_j \rangle = \langle \sum_{i=1}^{n} \beta_i \lambda^i, a_j \rangle = \sum_{i=1}^{n} \beta_i \langle \lambda^i, a_j \rangle = \beta_j. \tag{22}$$

Hieraus ergibt sich die nachstehende Gleichung (23).
Als Anwendung des Dualitätsprinzips folgt, daß zu jeder Basis $\lambda^1, \ldots, \lambda^n$ von V^* genau eine Dualbasis $a_1, \ldots, a_n$ von V mit der Eigenschaft (19) existiert und daß für alle $v \in V$ die nachstehende Gleichung (24) gilt. Somit folgt der

Zusatz zu G. *Für alle* $\lambda \in V^*$ *und alle* $v \in V$ *gilt:*

$$\lambda = \sum_{j=1}^{n} \langle \lambda, a_j \rangle \lambda^j \tag{23}$$

$$v = \sum_{i=1}^{n} \langle \lambda^i, v \rangle a_i. \tag{24}$$

□

Weiter zeigen wir, daß V in gewisser Weise als Dualraum von V^* aufgefaßt werden kann, in dem wir den folgenden Darstellungssatz aufstellen (den man als eine Art *kleines Lemma von Riesz* ansehen kann):

Satz H. *Zu jeder Linearform* Λ *auf* V^* *existiert genau ein Vektor* $v \in V$, *so daß gilt:*

$$\Lambda(\lambda) = \langle \lambda, v \rangle \quad \text{für alle } \lambda \in V^*. \tag{25}$$

Beweis. *Existenz von* v: Anwendung von Λ auf (23) liefert

$$\Lambda(\lambda) = \Lambda\left(\sum_{j=1}^{n} \langle \lambda, a_j \rangle \lambda^j \right) = \sum_{j=1}^{n} \langle \lambda, a_j \rangle \cdot \Lambda(\lambda^j) = \langle \lambda, \underbrace{\sum_{j=1}^{n} \Lambda(\lambda^j)\, a_j}_{v} \rangle. \tag{26}$$

Mit der angegebenen Bedeutung von v ergibt sich also (25).

Eindeutigkeit von v: Gilt sowohl (25) als auch

$$\Lambda(\lambda) = \langle \lambda, v_1 \rangle \quad \text{für alle } \lambda \in V^*, \tag{27}$$

so folgt durch Subtraktion: $\langle\lambda, v\rangle - \langle\lambda, v_1\rangle = 0$, also $\langle\lambda, v - v_1\rangle = 0$ für alle $\lambda \in V^*$, also nach (18.b): $v - v_1 = 0$, d.h. $v = v_1$. Diese Eindeutigkeit zeigt, daß das im Existenzteil konstruierte v in Wirklichkeit unabhängig von der verwendeten Basis ist. □

Die hier betrachteten Elemente Λ gehören dem **Bidualraum** von V, d.h. dem Dualraum $V^{**} := (V^*)^*$ des Dualraumes V^* an. Wir definieren nun eine Abbildung

$$\text{(28.a)} \quad \begin{array}{l} V \longrightarrow V^{**} \\ v \longmapsto \Lambda_v \end{array}$$

durch die Festsetzung

$$\text{(28.b)} \quad \Lambda_v(\lambda) := \langle\lambda, v\rangle.$$

Diese Abbildung ist linear, wie aus der Bilinearität des Inzidenzproduktes folgt, und Satz H drückt gerade aus, daß diese Abbildung auch bijektiv ist:

Folgerung I. *Die Abbildung* (28) *definiert einen* <u>*kanonischen*</u> *Isomorphismus von* V *auf* V^{**}. □

Der kanonische Isomorphismus $V \to V^{**}$ von Folgerung I läßt sich kurz so beschreiben: *Jeder Vektor* $v \in V$ *wird aufgefaßt als Linearform auf* V^* *mit den Werten*

$$\text{(29)} \quad \boxed{v(\lambda) := \lambda(v) \quad \text{für alle } \lambda \in V^*.}$$

Bemerkung 2. Obwohl V und V^* von gleicher Dimension, also isomorph sind, gibt es keinen kanonischen Isomorphismus von V auf V^*. □

In Dualbasen drückt sich die Bildung des dualen Komplementes sehr einfach aus:

Lemma J. *Sind* $a_1, \ldots, a_n$ *und* $\lambda^1, \ldots, \lambda^n$ *Dualbasen von* V *und* V^*, *so gilt*

$$\text{(30)} \quad (\operatorname{sp}(a_1, \ldots, a_k))^\perp = \operatorname{sp}(\lambda^{k+1}, \ldots, \lambda^n).$$

Beweis. Die Behauptung ergibt sich aus den folgenden Äquivalenzen:
$\lambda \in (\operatorname{sp}(a_1, \ldots, a_k))^\perp \iff \langle\lambda, a_1\rangle = \ldots = \langle\lambda, a_k\rangle = 0 \iff \lambda \in \operatorname{sp}(\lambda^{k+1}, \ldots, \lambda^n)$. Dabei wurde zum Schluß (23) verwendet. □

Folgerung K. *Für jeden Untervektorraum* $U \subseteqq V$ *gilt:*

$$\boxed{\begin{array}{ll} \text{(31)} & \dim U + \dim U^\perp = n \\ \text{(32)} & U^{\perp\perp} = U. \end{array}}$$

Hierbei war $U^{\perp\perp} := (U^\perp)^\perp$.

Beweis von K. Dieser ergibt sich unmittelbar aus Lemma J, wenn man bedenkt, daß jeder Untervektorraum U von V als Spann eines Teilsystems einer Basis von V darstellbar ist (Basisergänzung) und daß Lemma J auch mit vertauschten Rollen von V und V^* gültig bleibt. □

Satz L. *Für je zwei Untervektorräume* $U_1, U_2 \subseteqq V$ *gilt:*

(33) $$(U_1 + U_2)^\perp = U_1^\perp \cap U_2^\perp, \quad (U_1 \cap U_2)^\perp = U_1^\perp + U_2^\perp.$$

Beweis. In Satz E war bereits für Untervektorräume $U_1, U_2 \subseteqq V$ und $S_1, S_2 \subseteqq V^*$ bewiesen worden:

(34) $$(U_1 + U_2)^\perp = U_1^\perp \cap U_2^\perp, \quad (S_1 + S_2)^\perp = S_1^\perp \cap S_2^\perp,$$

und zwar allein unter Benutzung der Bilinearität des Inzidenzproduktes. Setzt man $S_1 := U_1^\perp$, $S_2 := U_2^\perp$, so folgt mit (32): $(U_1^\perp + U_2^\perp)^\perp = U_1 \cap U_2$. Nochmalige Anwendung von (32) ergibt $U_1^\perp + U_2^\perp = (U_1 \cap U_2)^\perp$. □

Die Beziehungen (33) und die genauso für Untervektorräume S_1, S_2 von V^* gültigen Relationen stellen eine wichtige Konsequenz des Dualitätsprinzips dar: *Unter der Operation des dualen Komplementes entsprechen sich Summen und Durschnitte von Untervektorräumen in* V *und* V^* *gegenseitig.*

Die Definition der dualen Abbildung greifen wir neu auf:

Satz M. *Zu der linearen Abbildung* $L: V \to W$ *existiert genau eine Abbildung* $L^*: W^* \to V^*$ *mit:*

(35) $$\langle L^*\mu, v\rangle = \langle \mu, Lv\rangle \quad \textit{für alle } \mu \in W^*, v \in V,$$

und L^* *ist linear.*

Beweis. Bei festem $\mu \in W^*$ betrachten wir die Linearform $v \mapsto \langle \mu, Lv\rangle$ auf V. Nach dem Dualsatz zu H existiert genau ein $\lambda \in V^*$, so daß $\langle \mu, Lv\rangle = \langle \lambda, v\rangle$ für alle $v \in V$ gilt. Natürlich hängt λ vom gewählten μ ab: $\lambda =: L^*\mu$. Somit gilt (35) für alle $\mu \in W^*$ und $v \in V$. Die Linearität von L^* ergibt sich allein aus (35) aufgrund der Eindeutigkeit durch folgende Rechnung:

(36) $$\begin{aligned}&\langle L^*(\alpha_1\mu_1 + \alpha_2\mu_2), v\rangle = \langle \alpha_1\mu_1 + \alpha_2\mu_2, Lv\rangle = \alpha_1\langle \mu_1, Lv\rangle + \alpha_2\langle \mu_2, Lv\rangle = \\ &= \alpha_1\langle L^*\mu_1, v\rangle + \alpha_2\langle L^*\mu_2, v\rangle = \langle \alpha_1 \cdot L^*\mu_1 + \alpha_2 \cdot L^*\mu_2, v\rangle.\end{aligned}$$ □

Dual analog gibt es zu jeder linearen Abbildung $M: W^* \to V^*$ genau eine (automatisch lineare) Abbildung $M^*: V \to W$, so daß gilt:

(37) $$\langle M\mu, v\rangle = \langle \mu, M^*v\rangle \quad \text{für alle } \mu \in W^*, v \in V.$$

Satz N. *Für* $L, L_1, L_2 \in \mathbf{L}(V, W)$ *und* $\alpha_1, \alpha_2 \in K$ *sowie* $\tilde{L} \in \mathbf{L}(W, Z)$, *wobei* Z *ein weiterer* K-*Vektorraum endlicher Dimension ist, gilt:*

(a) $(\alpha_1 L_1 + \alpha_2 L_2)^* = \alpha_1 L_1^* + \alpha_2 L_2^*$

(b) $L = (L^*)^* =: L^{**}$

(c) $(\mathrm{id}_V)^* = \mathrm{id}_{V^*}$

(d) $(\tilde{L} \circ L)^* = L^* \circ \tilde{L}^*$.

Beweis. Alle Regeln außer (b) wurden oben bereits ausgesprochen. Worauf es hier ankommt ist, sie allein aus den gemachten Annahmen über das Inzidenzprodukt zu beweisen. Wir tun dies explizit für (b) und (d); nach diesen Mustern kann der Leser dies auch für (a) und (c) erledigen:

Zu (b): Setzt man in (37) speziell $M = L^*$, so folgt

(38) $\langle L^*\mu, v\rangle = \langle \mu, L^{**}v\rangle$ für alle $\mu \in V^*, v \in V$.

Der Vergleich mit (35) liefert wegen der Eindeutigkeitsaussage von Satz M die Behauptung.

Zu (d): Man rechnet für $\mu \in Z^*, v \in V$:

(39) $$\langle(\tilde{L} \circ L)^* \mu, v\rangle = \langle \mu, (\tilde{L} \circ L) v\rangle = \langle \mu, \tilde{L}(Lv)\rangle = \langle \tilde{L}^*\mu, Lv\rangle = \langle L^*(\tilde{L}^*\mu), v\rangle = \\ = \langle(L^* \circ \tilde{L}^*) \mu, v\rangle.$$

Vergleich des Anfangs- und Endterms liefert wiederum mit der Eindeutigkeitsaussage von Satz M die Behauptung. □

Setzt man für bijektives L in (d) $\tilde{L} = L^{-1}$ (also $Z = V$) und verwendet (c), so ergibt sich als Konsequenz wiederum, daß L^* bijektiv ist, und

(40) $(L^*)^{-1} = (L^{-1})^*$.

Zwischen Kernen und Bildern von L und L^* bestehen die folgenden interessanten Beziehungen:

Satz O. *Für die linearen Abbildungen* $L: V \to W$ *und* $L^*: W^* \to V^*$ *gilt:*

(i) $\operatorname{Kern} L^* = (\operatorname{Bild} L)^\perp$ (iii) $\operatorname{Bild} L = (\operatorname{Kern} L^*)^\perp$

(ii) $\operatorname{Kern} L = (\operatorname{Bild} L^*)^\perp$ (iv) $\operatorname{Bild} L^* = (\operatorname{Kern} L)^\perp$.

Beweis. (i) war bereits in F gezeigt worden, und zwar unter alleiniger Ausnutzung der Nichtausgeartetheit des Inzidenzproduktes. Aus (i) ergibt sich (ii) durch Ersetzen von L durch L^* und Anwendung von N. (iii) und (iv) folgen dann durch Übergang zum dualen Komplement, wobei (32) anzuwenden ist. □

Bemerkungen. 3. Aus Satz O kann man durch Kombination mit (31) und dem Dimensionssatz für lineare Abbildungen schließen, daß L und L^* denselben Rang haben. Wir werden das etwas allgemeiner in E [1.4] ausführen.

4. Mit weitergehenden Hilfsmitteln kann man bei unendlich dimensionalen Vektorräumen nachweisen, daß die Abbildung (28) noch injektiv, aber niemals surjektiv ist und daß alle vier Beziehungen von Satz O bestehen bleiben. □

Wir klären zum Schluß den Zusammenhang zwischen den *Matrizendarstellungen* von L und L^*. Dazu seien vorgegeben:

(41) duale Basen $a_1, \ldots, a_n$ von V und $\lambda^1, \ldots, \lambda^n$ von V^*,

(42) duale Basen $b_1, \ldots, b_p$ von W und $\mu^1, \ldots, \mu^p$ von W^*.

Ferner seien

$$(43)\qquad A = \begin{pmatrix} a_1^1 & \dots & a_n^1 \\ \vdots & & \vdots \\ a_1^p & \dots & a_n^p \end{pmatrix}, \qquad B = \begin{pmatrix} b_1^1 & \dots & b_1^p \\ \vdots & & \vdots \\ b_n^1 & \dots & b_n^p \end{pmatrix}$$

die Matrizen von L, L* bezüglich dieser Basen, d.h.

$$(44)\qquad La_i = \sum_{j=1}^{p} a_i^j b_j,$$

$$(45)\qquad L^*\mu^k = \sum_{j=1}^{n} b_j^k \lambda^j.$$

Dann folgt durch Multiplikation von (44) bzw. (45) mit μ^k bzw. a_i bezüglich dem Inzidenzprodukt:

$$(46)\qquad \langle \mu^k, La_i \rangle = \sum_{j=1}^{p} a_i^j \delta_j^k = a_i^k,$$

$$(47)\qquad \langle L^*\mu^k, a_i \rangle = \sum_{j=1}^{n} b_j^k \delta_i^j = b_i^k.$$

Da hier die linken Seiten nach (35) gleich sind, folgt $a_i^k = b_i^k$. Die Matrix B ist also gleich der *Transponierten* A^T der Matrix A, die aus A durch Vertauschen von Zeilen und Spalten hervorgeht. Damit hat sich ergeben:

Satz P. *Duale Abbildungen* L *und* L* *werden bezüglich dualer Basen durch transponierte Matrizen dargestellt.* □

Aufgrund dieses Sachverhaltes übertragen sich die Regeln von Satz N für die Bildung von L* auf das Transponieren von Matrizen; z.B. gilt für $A, \tilde{A} \in K^{(n,p)}$, $B \in K^{(p,q)}$, $\alpha, \tilde{\alpha} \in K$:

$$(48)\qquad (\alpha A + \tilde{\alpha}\tilde{A})^T = \alpha A^T + \tilde{\alpha}\tilde{A}^T, \qquad (BA)^T = A^T B^T$$

und, falls A außerdem *regulär* (und damit notwendigerweise n = p) ist:

$$(49)\qquad (A^T)^{-1} = (A^{-1})^T.$$

Selbstverständlich kann man diese Regeln auch einfach im Matrizenkalkül bestätigen.

Da zwei $(n \times n)$-Matrizen, die zueinander transponiert sind, die gleiche Determinante besitzen, folgt aus Satz P die Beziehung

$$(50)\qquad \boxed{\det L = \det L^*.}$$

Unser bisheriges Vorgehen ab (16) kann man in einem allgemeineren Rahmen völlig analog nachvollziehen:

Definition Q. *Ein **duales Raumpaar (endlicher Dimension)** besteht aus zwei* K*-Vektorräumen* V, V′ *mit* dim V = dim V′ < ∞ *und einer Bilinearform* ⟨,⟩ : V′ × V → K *mit den folgenden Eigenschaften der **Nichtausgeartetheit:***

(51.a) $\langle v'_0, v\rangle = 0$ *für alle* $v \in V \quad \Rightarrow \quad v'_0 = 0.$

(51.b) $\langle v', v_0\rangle = 0$ *für alle* $v' \in V' \quad \Rightarrow \quad v_0 = 0.$

Satz R. *Die obigen Sätze* G *(samt Zusatz) und* H *sowie* J *bis* P *bleiben für beliebige duale Raumpaare endlicher Dimension wörtlich erhalten, wenn jeweils* V*, W* *durch* V′, W′ *ersetzt werden. Auch Satz* I *bleibt hierfür gültig, wenn* V** *durch* V′* *ersetzt wird.* □

Bemerkung 5. Bei einem dualen Raumpaar ist es auch zugelassen, daß V′ = V gilt. Man nennt dann V (vermöge der nichtausgearteten Bilinearform ⟨,⟩ : V × V → K) **zu sich selbst dual.**

Aufgaben zu 1.3

Bei den folgenden Aufgaben besteht keine generelle Dimensionsbeschränkung. Gegebenenfalls werden Dimensionsannahmen explizit genannt.

1. Sei L : V → W linear. Beweise: Rang L = 1 gilt genau dann, wenn ein $a \in W \setminus 0$ und ein $\lambda \in V^* \setminus 0$ existieren, so daß $L(v) = \lambda(v) \cdot a$ für alle $v \in V$.

2. Man betrachte das lineare Gleichungssystem (G) und das *zugehörige homogene transponierte* System ($\widetilde{H}$):

$$(G)\begin{cases} a_{11}x_1 + \ldots + a_{1n}x_n = b_1 \\ \qquad\qquad\vdots \\ a_{p1}x_1 + \ldots + a_{pn}x_n = b_p \end{cases} \qquad (\widetilde{H})\begin{cases} a_{11}\xi_1 + \ldots + a_{p1}\xi_p = 0 \\ \qquad\qquad\vdots \\ a_{1n}\xi_1 + \ldots + a_{pn}\xi_p = 0 \end{cases} .$$

Man zeige: (G) ist dann und nur dann lösbar, wenn für alle Lösungs-p-Tupel $(\xi_1, \ldots, \xi_p)$ von ($\widetilde{H}$) gilt: $\xi_1 b_1 + \ldots + \xi_p b_p = 0$.

3. Man betrachte den Vektorraum $K^{(\mathbf{N})}$ aller Folgen $A = (a_1, a_2, \ldots)$ mit Elementen $a_i \in K$, von denen jeweils höchstens endlich viele ≠ 0 sind. Für jedes $i \in \mathbf{N}$ sei $\delta_i \in V^*$ die i-te *Koordinatenform*, definiert durch $\delta_i(A) := a_i$. Ferner sei S die Menge aller Elemente $\lambda \in V^*$, die sich als Linearkombination von jeweils endlich vielen δ_i darstellen lassen. Man zeige:

a) S ist Untervektorraum von V*.

b) $S^\perp = 0$.

c) $S^{\perp\perp} = V^* \neq S$.

4. Es sei C[a, b] der **R**-Vektorraum aller stetigen reellen Funktionen f, definiert auf dem abgeschlossenen Intervall $[a, b] \subset \mathbf{R}$. Man definiere für jedes $n \in \mathbf{N}_0$ die reelle Funktion $\lambda_n : C[a, b] \to \mathbf{R}$ als

$\lambda_n(f) := \int_a^b x^n f(x)\,dx$ und zeige hierüber:

a) Jedes λ_n ist eine Linearform.

b) Für jedes $n \in \mathbf{N}_0$ sind die Linearformen $\lambda_0, \ldots, \lambda_n$ linear unabhängig.

5. Ist $g \in C[a, b]$ (vgl. Aufgabe 4) vorgegeben, dann wird durch das Integral $\lambda_g(f) := \int_a^b f(x)\,g(x)\,dx$

eine Abbildung $\lambda_g : C[a, b] \to \mathbf{R}$ definiert, die wegen einfacher Rechenregeln für das Integral linear ist, d.h. $\lambda_g \in (C[a, b])^*$.

a) Man beweise: Aus $\lambda_g = \lambda_{\tilde{g}}$ folgt $g = \tilde{g}$, d.h. die Linearform λ_g kann als „Ersatz" für g dienen oder g „repräsentieren".

Ferner betrachte man zu einer vorgegebenen festen Stelle $\alpha \in [a, b]$ das sog. **Dirac-Funktional** δ_α: $C[a, b] \to \mathbf{R}$, definiert durch $\delta_\alpha(f) := f(\alpha)$. Dieses „pickt" also aus jeder Funktion f einen einzelnen Funktionswert heraus.

b) Man zeige, daß keine stetige Funktion $g \in C[a, b]$ existiert, so daß $\delta_\alpha = \lambda_g$, d.h. δ_α ist *nicht* durch eine Funktion repräsentierbar. (δ_α ist das einfachste Beispiel der Sorte von „verallgemeinerten Funktionen", die in der ***Distributionentheorie*** betrachtet werden.)

Hinweise: Bei a) darf man ohne Einschränkung $\tilde{g} = 0$ setzen, d.h. aus $\int_a^b f(x)\, g(x)\, dx = 0$ für alle $f \in C[a, b]$ muß $g = 0$ gefolgert werden: Dies ergibt sich, indem man $f = g$ wählt. Bei b) zeige man, daß die Annahme $\delta_\alpha(f) = \lambda_g(f)$ mit $f(x) := (x - \alpha)^2\, g(x)$ auf einen Widerspruch führt.

1.4 Quotientenräume und Codimension

In diesem Abschnitt besteht keine generelle Dimensionseinschränkung.

Ein Quotientenraum entsteht durch eine Klasseneinteilung aller Elemente eines Vektorraumes V. Zwei Elemente liegen dabei in der gleichen Klasse, wenn sie sich nur um einen Vektor eines vorgegebenen Untervektorraumes U unterscheiden. Ist die Dimension des Quotientenraumes endlich, so wird sie die Codimension von U genannt. Dieser Begriff erlaubt es, für „sehr große" Untervektorräume ein Maß für die Abweichung vom Gesamtraum anzugeben.

Gegeben sei ein K-Vektorraum V und ein Untervektorraum $U \subseteqq V$. Zwei Elemente $v_1, v_2 \in V$ nennt man **kongruent modulo** U, wenn

(1.a) $\quad v_1 - v_2 \in U,$

und man schreibt dies als

(1.b) $\quad v_1 \equiv v_2 \mod U.$

Hierdurch wird eine *Äquivalenzrelation* auf V definiert, d.h. es gelten die drei Eigenschaften:

(R) *Reflexivität:* $\quad v_1 \equiv v_1 \mod U,$

(S) *Symmetrie:* $\quad v_1 \equiv v_2 \mod U \Rightarrow v_2 \equiv v_1 \mod U,$

(T) *Transitivität:* $\quad v_1 \equiv v_2 \mod U,\ v_2 \equiv v_3 \mod U \Rightarrow v_1 \equiv v_3 \mod U.$

Die Beweise hierfür sind sehr einfach: (R) gilt, da $v_1 - v_1 = 0 \in U$; (S) gilt, da aus $v_1 - v_2 \in U$ folgt $v_2 - v_1 = -(v_1 - v_2) \in U$; (T) gilt, weil aus $v_1 - v_2 \in U$ und $v_2 - v_3 \in U$ folgt $v_1 - v_3 = (v_1 - v_2) + (v_2 - v_3) \in U$.

Wie jede Äquivalenzrelation, so bewirkt auch diese eine Zerlegung der Gesamtmenge in disjunkte Klassen. Die *Äquivalenzklasse* Γ_v von $v \in V$ ist die Menge aller $v' \in V$, die mit v in der betrachteten Relation stehen:

(2) $\quad \Gamma_v := \{v' \in V \mid v' \equiv v \mod U\}.$

Jeder Vektor von V liegt in genau einer Äquivalenzklasse, und je zwei Elemente von V bestimmen dieselbe Äquivalenzklasse, wenn sie in der betrachteten Relation stehen:

(3) $\Gamma_{v_1} = \Gamma_{v_2} \iff v_1 \equiv v_2 \mod U.$

Jedes Element von Γ_v, insbesondere v, heißt ein *Repräsentant* von Γ_v.
Die Menge der Äquivalenzklassen, die sog. *Quotientenmenge*, wird durch V/U bezeichnet (gelesen: „V **modulo** U"). Es gilt also

(4) $\boxed{V/U := \{\Gamma_v | v \in V\}.}$

Die Äquivalenzklasse Γ_v läßt sich mittels der Addition von Teilmengen (Bemerkung 1 [1.2]) in der Form

(5) $\boxed{\Gamma_v = v + U}$

darstellen (wobei statt v eigentlich {v} zu lesen ist): In (5) folgt die Inklusion $\subseteqq$ aus den Schlüssen: $v' \in \Gamma_v \Rightarrow v' - v =: u \in U \Rightarrow v' = v + u,\ u \in U$; die inverse Inklusion $\supseteqq$ ergibt sich so: $v' \in v + U \Rightarrow v' = v + u$ für ein $u \in U \Rightarrow v' - v \in U$.
Wegen (5) wird Γ_v auch als *Nebenklasse* von v *modulo* U bezeichnet: Γ_v *entsteht aus* v *durch Addition aller Vektoren von* U. Die Mengen Γ_v heißen die *affinen Unterräume* von V der Richtung U. (Die affinen Unterräume werden wir später als Grundbausteine der affinen Geometrie wieder antreffen.)

Die Zerlegung von V durch die Äquivalenzklassen der Relation (1) erfolgt also in Gestalt aller affinen Unterräume der Richtung U (vgl. Bild 1).

Die Äquivalenzrelation (1) ist mit den Vektorraumverknüpfungen verträglich, d.h. es gilt:

(A) $\left.\begin{matrix} v_1 \equiv v_1' \mod U \\ v_2 \equiv v_2' \mod U \end{matrix}\right\} \Rightarrow v_1 + v_2 \equiv v_1' + v_2' \mod U,$

(P) $\left.\begin{matrix} v_1 \equiv v_1' \mod U \\ \alpha \in K \end{matrix}\right\} \Rightarrow \alpha v_1 \equiv \alpha v_1' \mod U.$

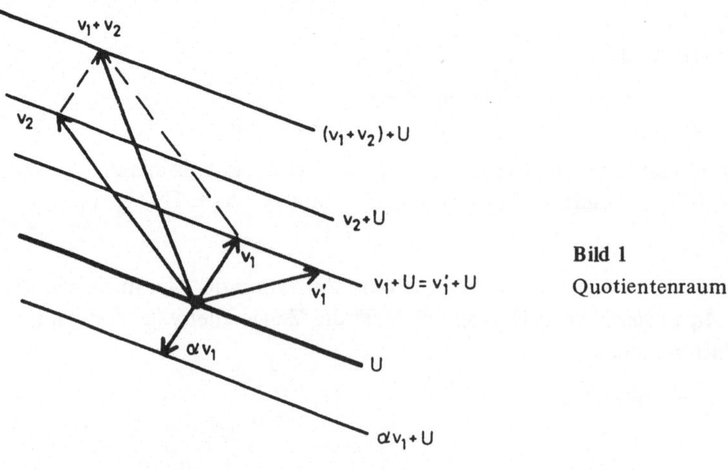

Bild 1
Quotientenraum

Diese Regeln folgen leicht durch Zurückgehen auf die Definition (1.a). Man kann also mit den „Kongruenzen“ (1.b) in diesem Sinne rechnen wie mit Gleichungen.

Die Quotientenmenge V/U läßt sich zu einem K-Vektorraum machen, indem für die Äquivalenzklassen folgende Verknüpfungen eingeführt werden:

(6) $$(v_1 + U) + (v_2 + U) := (v_1 + v_2) + U.$$

(7) $$\alpha(v_1 + U) := (\alpha v_1) + U.$$

Die Regeln (A) und (P) garantieren, daß diese Definition unabhängig von der Darstellung der Äquivalenzklassen mit Repräsentanten sind; z.B. folgt aus $v_1 + U = v_1' + U$ nach (3): $v_1 \equiv v_1' \mod U$, also nach (P) $\alpha v_1 \equiv \alpha v_1' \mod U$, also wieder nach (3): $(\alpha v_1) + U = (\alpha v_1') + U$. Auch das Nachprüfen der Vektorraumgesetze kann leicht mittels (A) und (P) erfolgen, wobei das Neutralelement in V/U die Klasse $0 + U = U$ und das Inverse zur Klasse $v + U$ die Klasse $(-v) + U$ ist. Wir fassen zusammen:

Satz und Definition A. *Ist* U *Untervektorraum von* V, *so wird die Quotientenmenge* V/U (4) *mit den Verknüpfungen* (6), (7) *zu einem Vektorraum, dem* ***Quotientenraum*** *(oder* ***Faktorraum****) von* V ***modulo*** U. □

Triviale *Spezialfälle* sind $U = 0$ und $U = V$. Die Äquivalenzklassen von V/0 sind die einelementigen Teilmengen von V, also kann man identifizieren:

(8) $$V/0 = V.$$

In V/V gibt es nur eine Äquivalenzklasse, die dann das Nullelement von V/V ist:

(9) $$V/V = 0.$$

Die Quotientenbildung V/U kann auf *Abbildungen* folgendermaßen ausgedehnt werden: Gegeben sei eine lineare Abbildung L und Untervektorräume U, R mit

(10) $$L : V \to W, \qquad U \subseteqq V, \qquad R \subseteqq W, \qquad L(U) \subseteqq R.$$

Dann wird eine lineare Abbildung

(11) $$\hat{L} : V/U \to W/R$$

induziert vermöge

(12) $$\hat{L}(v + U) := L(v) + R.$$

Diese ist wohldefiniert; denn es gilt: $v \equiv v' \mod U \Rightarrow v - v' \in U \Rightarrow L(v - v') \in R \Rightarrow L(v) \equiv L(v') \mod R$. Die Linearität von $\hat{L}$ ist ebenfalls leicht zu sehen.

Folgender Spezialfall ist von Bedeutung: Sei $V = W$, $L = I$, $U = 0$ und R Untervektorraum von V. Dann ist $\hat{L}$ die **kanonische Projektion**

(13) $$\begin{aligned} \pi : V &\longrightarrow V/R \\ v &\longmapsto v + R, \end{aligned}$$

die jedem Vektor $v \in V$ seine Äquivalenzklasse $v + R$ zuordnet*). π ist surjektiv und linear, und der Kern von π ist R.

Mit den folgenden drei Sätzen stellen wir einige fundamentale Isomorphismen zusammen, die die Objekte: Kern, Bild, Ergänzungsraum, Quotientenraum, Dualraum und duales Komplement miteinander verknüpfen.

Satz B (Homomorphiesatz). *Ist* $L: V \to W$ *linear, so gilt:*

(14) $$\boxed{V/\text{Kern}\, L \cong \text{Bild}\, L.}$$

Ein <u>*kanonischer*</u> *Isomorphismus wird gegeben durch* $\hat{L}: V/\text{Kern}\, L \to \text{Bild}\, L$ *mit***): $\hat{L}(v + \text{Kern}\, L) = L(v)$ *für alle* $v \in V$.

Beweis. Von den Isomorphieeigenschaften bleibt nur die Injektivität nachzuweisen. Dies erfolgt so: $\hat{L}(v + \text{Kern}\, L) = 0 \Rightarrow L(v) = 0 \Rightarrow v \in \text{Kern}\, L \Rightarrow v + \text{Kern}\, L = \text{Kern}\, L = \text{Nullelement}$ von $V/\text{Kern}\, L$. □

Satz C. *Ist* U_1 *ein Ergänzungsraum von* U, *also* $V = U \oplus U_1$, *so folgt*

(15) $$\boxed{U_1 \cong V/U.}$$

Ein <u>*kanonischer*</u> *Isomorphismus wird gegeben durch die Restriktion* $\pi | U_1 : U_1 \to V/U$.

Vorbemerkung: Die Behauptung beinhaltet insbesondere, daß jeder affine Unterraum von V der Richtung U den Untervektorraum U_1 genau einmal trifft. Dies ist auch intuitiv klar; vgl. Bild 2.

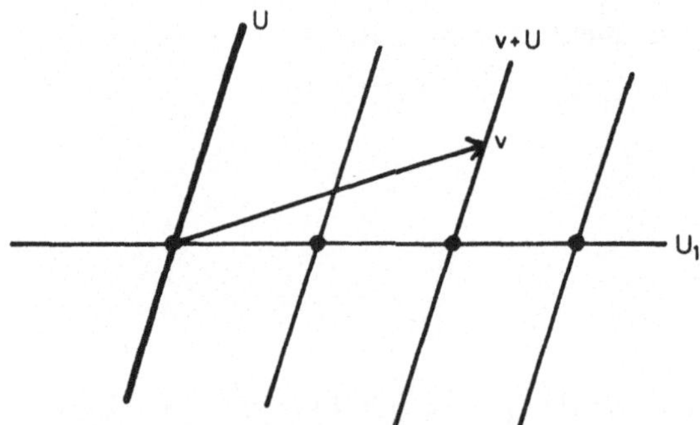

Bild 2
Ergänzungsraum und Quotientenraum

Beweis von C. Die Linearität von $\pi | U_1$ ist trivial. Injektivität von $\pi | U_1$: Gilt für $u_1 \in U_1$: $u_1 + U = U$ (= Nullelement von V/U), so folgt $u_1 \in U$, also $u_1 = 0$ wegen $U_1 \cap U = 0$. Surjektivität von $\pi | U_1$: Für gegebenes $v + U \in V/U$ sei $v = u + u_1$ mit $u \in U$ und $u_1 \in U_1$ geschrieben. Dann gilt $v + U = \pi(v) = \pi(u) + \pi(u_1) = \pi(u_1)$. □

*) Dabei ist für V die Identifikation (8) vorgenommen.

**) Dabei ist für W die Identifikation (8) vorgenommen.

Satz D. *Ist* U *Untervektorraum von* V, *so gilt*

(16) $\boxed{(V/U)^* \cong U^\perp.}$

Ein kanonischer Isomorphismus wird gegeben durch $\pi^*: (V/U)^* \to U^\perp$.

Beweis. Wir betrachten die kanonische Projektion π und ihre Dualabbildung π^*:

(17) $\pi: V \to V/U, \quad \pi^*: (V/U)^* \to V^*.$

Es ist zu zeigen: (i) Kern $\pi^* = 0$, (ii) Bild $\pi^* \subseteqq U^\perp$, (iii) $U^\perp \subseteqq$ Bild π^*.

Zu (i): $\mu \in \text{Kern}\, \pi^* \Rightarrow \pi^*\mu = 0 \Rightarrow \mu \circ \pi = 0 \Rightarrow \mu = 0$ (da π surjektiv).

Zu (ii): Zu $\lambda \in \text{Bild}\, \pi^*$ existiert ein $\mu \in (V/U)^*$ mit $\lambda = \pi^*\mu = \mu \circ \pi$. Hieraus folgt für alle $u \in U$: $\lambda(u) = \mu(u + U) = \mu(0) = 0$, also ist $\lambda \in U^\perp$.

Zu (iii): Für gegebenes $\lambda \in U^\perp$ sei $\mu \in (V/U)^*$ erklärt durch $\mu(v + U) := \lambda(v)$. μ ist wohldefiniert; denn aus $v + U = v' + U$ folgt $v - v' \in U$ also $\lambda(v - v') = 0$, da $\lambda \in U^\perp$, also $\lambda(v) = \lambda(v')$. Die Linearität von μ wird leicht verifiziert. Nach Definition von μ gilt $\mu \circ \pi = \lambda$, also $\lambda = \pi^*\mu \in \text{Bild}\, \pi^*$. □

Die aufgestellten Isomorphismen stellen in gewisser Weise einen Ersatz für die Dimensionsrelationen bei endlicher Dimension dar. Tatsächlich lassen sich die Dimensionssätze aus den obigen abstrakten Überlegungen deduzieren, was in den folgenden Bemerkungen durchgeführt wird.

Bemerkungen. 1. Sei V *endlich dimensional.* Dann folgt aus (15): $\dim(V/U) = \dim U_1$. Andererseits gilt wegen $V = U \oplus U_1$ nach (20) [1.2] $\dim V = \dim U + \dim U_1$. Somit ist hier

(18) $\dim(V/U) = \dim V - \dim U < \infty.$

2. Sei V wieder *endlich dimensional* und $L: V \to W$ linear. Wendet man (18) auf (14) an, so ergibt sich

(19) $\boxed{\dim(\text{Bild}\, L) = \dim V - \dim(\text{Kern}\, L) < \infty.}$

Das ist der *Dimensionssatz für lineare Abbildungen.*

3. Zu zwei Untervektorräumen $U, U' \subseteqq V$ definieren wir zwei lineare Abbildungen

(20.a) $U \cap U' \xrightarrow{L_1} U \times U' \xrightarrow{L_2} U + U'$

durch

(20.b) $L_1(u) := (u, -u), \quad L_2(u, u') := u + u'.$

Offensichtlich ist L_1 injektiv, L_2 surjektiv und Bild L_1 = Kern L_2 [man sagt für die letzte Eigenschaft, (20.a) sei **exakt** bei $U \times U'$]. Sind U, U' endlich dimensional, so sind es auch die drei Räume in (20.a), und der Dimensionssatz für L_2 (Bemerkung 2) liefert:

(21) $\dim(\text{Bild}\, L_2) + \dim(\text{Kern}\, L_2) = \dim(U \times U').$

Hierin ist Bild $L_2 = U + U'$, $\dim(\text{Kern } L_2) = \dim(\text{Bild } L_1) = \dim(U \cap U')$ und ferner nach Satz B [1.2]: $\dim(U \times U') = \dim U + \dim U'$. Damit geht (21) über in:

(22) $$\boxed{\dim(U + U') + \dim(U \cap U') = \dim U + \dim U'.}$$

Das ist der *Dimensionssatz für endlich dimensionale Unterverktorräume* $U, U' \subseteqq V$. □

Als weiteren Dimensionssatz zeigen wir:

Satz E. *Ist* $L : V \to W$ *linear und* $\dim W < \infty$, *so gilt*

(23) $$\boxed{\text{Rang } L^* = \text{Rang } L < \infty.}$$

Beweis. Da $\dim W^* = \dim W < \infty$, liefert der Dimensionssatz für L^* (Bemerkung 2) zusammen mit Satz F [1.3] und (31) [1.3]:

(24) $$\begin{aligned} \dim(\text{Bild } L^*) &= \dim W^* - \dim(\text{Kern } L^*) \\ &= \dim W \ \ - \dim(\text{Bild } L)^{\perp} \\ &= \dim(\text{Bild } L). \end{aligned}$$ □

Bemerkung 4. (23) gilt natürlich erst recht, wenn V und W beide endliche Dimension besitzen. Da in diesem Fall L und L^* gemäß Satz P [1.3] durch transponierte Matrizen dargestellt werden können, ergibt sich erneut die Übereinstimmung von Zeilen- und Spaltenrang einer jeden Matrix aus $K^{(n,p)}$ (Satz B [I, 3.2]). □

Wir kommen nun auf die in 1.3 angeschnittene Frage des „iterierten" dualen Komplementes zurück, und zwar zunächst für Untervektorräume von V^*:

Satz F. *Ist* S *Untervektorraum von* V^* *mit* $\dim S < \infty$, *so gilt:*

(25) $$S^{\perp\perp} = S.$$

Beweis. Bekannt ist bereits $S \subseteqq S^{\perp\perp}$; vgl. (12.a) [1.3]. Die inverse Inklusion folgt aus einer Dimensionsbetrachtung. Sei $q := \dim S$. Dann betrachten wir eine Basis $\lambda^1, \ldots, \lambda^q$ von S und die lineare Abbildung:

(26) $$\begin{aligned} L : V &\longrightarrow K^q \\ v &\longmapsto (\lambda^1(v), \ldots, \lambda^q(v)). \end{aligned}$$

Es gilt

(27) $$\text{Kern } L = S^{\perp}.$$

Nach dem Homomorphiesatz B folgt daraus

(28) $$V/S^{\perp} = V/\text{Kern } L \cong \text{Bild } L.$$

Nach Satz D gilt andererseits

(29) $$(V/S^{\perp})^* \cong S^{\perp\perp}.$$

Aus (28) und (29) folgt, weil Bild L endlich dimensional ist:

(30) $\quad \dim S^{\perp\perp} = \dim(\text{Bild } L) \leqq q = \dim S < \infty.$

Wegen $S^{\perp\perp} \supseteqq S$ folgt $S^{\perp\perp} = S$. Damit ist (25) bewiesen. Darüberhinaus steht in (30) das Gleichheitszeichen; wir erhalten also den folgenden

Zusatz zu F. *Ist* $\lambda^1, \ldots, \lambda^q$ *Basis von* S, *so ist die lineare Abbildung* (26) *surjektiv.* □

Satz und Definition G. *Sei* U *Untervektorraum von* V *und* $q \in \mathbf{N}_0$. *Dann sind äquivalent:*

(i) *Es gibt einen Untervektorraum* $U_1 \subseteqq V$ *mit* $V = U \oplus U_1$ *und* $\dim U_1 = q$.

(ii) $\dim(V/U) = q$.

(iii) *Es gibt einen Untervektorraum* $S \subseteqq V^*$ *mit* $U = S^\perp$ *und* $\dim S = q$.

Ist dies erfüllt, so heißt U *von* ***endlicher Codimension*** *und* q *die* ***Codimension*** *von* U *in* V, *geschrieben:*

(31) $\quad q = \operatorname{codim}_V U < \infty.$

Beweis. *Aus* (i) *folgt* (ii): Dies ergibt sich unmittelbar aus Satz C.

Aus (ii) *folgt* (iii): Wir weisen nach, daß $S := U^\perp$ das Verlangte leistet. Zunächst gilt nach Satz D:

(32) $\quad (V/U)^* \cong U^\perp = \text{Bild } \pi^*,$

also ist $\dim S = q$. Ferner gilt:

(33) $\quad v \in (\text{Bild } \pi^*)^\perp \iff \mu(\pi(v)) = 0 \text{ für alle } \mu \in (V/U)^* \iff \pi(v) = 0.$

Die letzte Äquivalenz folgt dabei aus (18.b) [1.3], da V/U endliche Dimension besitzt. Dies zeigt $S^\perp = (\text{Bild } \pi^*)^\perp = \text{Kern } \pi = U$.

Aus (iii) *folgt* (i): Die Ausgangssituation ist dieselbe wie bei Satz E und dem zugehörigen Beweis. Da $S = S^{\perp\perp}$, steht in (30) das Gleichheitszeichen. Somit ist die Abbildung (26) surjektiv. Daher gibt es einen Untervektorraum $U_1 \subseteqq V$ mit $\dim U_1 = q$ und $L(U_1) = K^q$; man kann U_1 als Spann von Urbildern einer Basis von K^q erhalten. Wir zeigen: $V = U \oplus U_1$, so daß U_1 das Verlangte leistet. Es gilt $U \cap U_1 = 0$; denn für $u \in U \cap U_1$ ist $L(u) = 0$, da $u \in U = S^\perp$, also $u = 0$, da $L|U_1$ injektiv. Es gilt $V = U + U_1$: Für ein gegebenes $v \in V$ kann man ein $u_1 \in U_1$ finden mit $L(v) = L(u_1)$. Dann gilt $u := v - u_1 \in \text{Kern } L = U$, also $v = u + u_1$. □

Folgerung H. *Ist* $\operatorname{codim}_V U < \infty$, *so gibt es genau einen Untervektorraum* $S \subseteqq V^*$ *mit* $U = S^\perp$, *nämlich* $S = U^\perp$, *und es gilt:*

(34) $\quad U = U^{\perp\perp}.$

Beweis. *Eindeutigkeit und* (34): Gilt $U = S^\perp$ für irgendeinen Untervektorraum $S \subseteqq V^*$, so folgt $U^\perp = S^{\perp\perp} \supseteqq S$. Da $U^\perp \cong (V/U)^*$, ist $U^\perp$ endlich dimensional, also $\dim S < \infty$. Nach Satz F folgt $S^{\perp\perp} = S$, also $U^\perp = S$. Hieraus folgt weiter $U^{\perp\perp} = S^\perp = U$.

Existenz: Diese folgt unmittelbar aus G (iii). □

Bemerkung 5. Ist $\dim V < \infty$, so gilt für jeden Untervektorraum $U \subseteqq V$:

(35) $\quad \operatorname{codim}_V U = \dim V - \dim U.$

Dies folgt aus der Charakterisierung G (i); vgl. auch Bemerkung 1. Die Codimension von U in V ist also hier einfach die „komplementäre" Dimension von U. □

An Untervektorräumen der Codimension 0 in V gibt es nur einen, nämlich V selbst; vgl. G (i). Der nächste Fall ist der der Codimension 1:

Definition I. *Ein Untervektorraum* $H \subseteqq V$ *heißt* ***Hyperebene*** *(durch* 0*), wenn* $\operatorname{codim}_V H = 1$ *gilt.*

Aus der Charakterisierung G (iii) liest man ab, daß eine Hyperebene als Kern einer Linearform $\lambda \neq 0$ dargestellt werden kann, wobei genau solche Linearformen zu ein und derselben Hyperebene gehören, die zueinander proportional sind.
Die Charakterisierung G (iii) von $\operatorname{codim}_V U = q$ bedeutet, daß es q linear unabhängige Linearformen $\lambda^1, \ldots, \lambda^q$ auf V gibt, so daß U der Lösungsraum des folgenden Gleichungssystems ist:

(36) $\quad \lambda^1(u) = \ldots = \lambda^q(u) = 0.$

Insbesondere kann jeder Untervektorraum U von V der Codimension q als Durchschnitt von q Hyperebenen geschrieben werden. Diese q Hyperebenen sind „linear unabhängig", d.h. $\lambda^1, \ldots, \lambda^q$ sind linear unabhängig in V^*. Zwar sind die Linearformen $\lambda^1, \ldots, \lambda^q$ durch U nicht eindeutig bestimmt, wohl aber nach H ihr Spann.

Wir stellen nun einige Aussagen über die Codimension auf:

Satz J. *Gilt für Untervektorräume*

(37) $\quad U \subseteqq U' \subseteqq V, \qquad \operatorname{codim}_V U < \infty,$

so ist auch

(38) $\quad \operatorname{codim}_{U'} U < \infty, \qquad \operatorname{codim}_V U' < \infty,$

und es gilt die ***Erweiterungsregel der Codimension:***

(39) $\quad \boxed{\operatorname{codim}_V U = \operatorname{codim}_{U'} U + \operatorname{codim}_V U'.}$

Insbesondere ist

(40) $\quad \operatorname{codim}_V U \geqq \operatorname{codim}_V U',$

und hierin steht genau dann das Gleichheitszeichen, wenn $U = U'$ *ist.*

Beweis. *Zu* (38): Sei $V = U \oplus U_1$. Dann gilt zunächst:

(α) $U' = U \oplus (U' \cap U_1)$;

(β) ist U'_1 ein Untervektorraum mit $U_1 = (U' \cap U_1) \oplus U'_1$, so gilt $V = U' \oplus U'_1$.

Bestätigung von (α): Die Summe rechts ist direkt, da $U \cap (U' \cap U_1) \subseteqq U \cap U_1 = 0$. Die Inklusion $\supseteqq$ von (α) ist trivial, die inverse Inklusion $\subseteqq$ folgt so: Ist $u' \in U'$, so gilt $u' = u + u_1$ für ein $u \in U$ und ein $u_1 \in U_1$. Hierbei gilt $u \in U'$, also $u_1 = u' - u \in U'$, also $u_1 \in U_1 \cap U'$.

Bestätigung von (β): Die Summe von U' und U_1' ist direkt; denn $U' \cap U_1' = U' \cap U_1' \cap U_1' \subseteqq$ $\subseteqq U' \cap U_1 \cap U_1' = 0$. Zum Nachweis von $V = U' + U_1'$ sei $v \in V$ gegeben. Dann gilt $v = u + u_1$ für ein $u \in U$ und ein $u_1 \in U_1$. Weiter gilt $u_1 = \tilde{u} + u_1'$ für ein $\tilde{u} \in U' \cap U_1$ und ein $u_1' \in U_1'$. Es folgt $v = (u + \tilde{u}) + u_1'$, wobei $u + \tilde{u} \in U'$ und $u_1' \in U_1'$.

Da mit U_1 auch $U' \cap U_1$ endlich dimensional ist, folgt der erste Teil von (38) aus (α) und der zweite Teil von (38) aus (β), wobei die Existenz von U_1' durch die endliche Dimension von U_1 gesichert ist.

Die bewiesenen Relationen (α) und (β) können durch Bild 3 veranschaulicht werden.

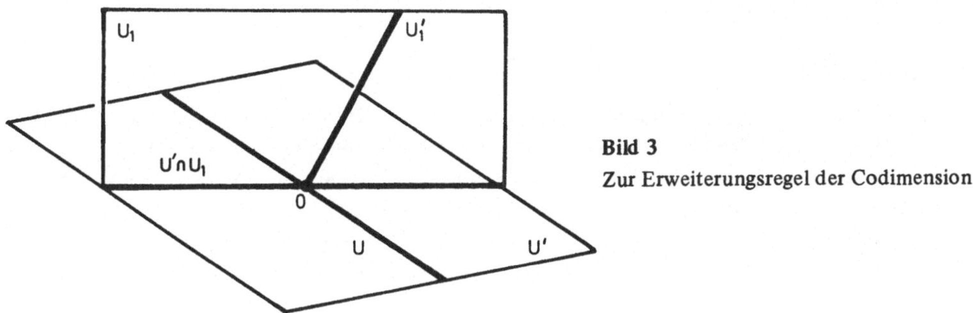

Bild 3
Zur Erweiterungsregel der Codimension

Zu (39): Die Kombination von (α), (β) liefert

(41) $\quad V = (U \oplus (U' \cap U_1)) \oplus U_1' = U \oplus ((U' \cap U_1) \oplus U_1')$,

also folgt gemäß G (i):

$$\begin{aligned} \operatorname{codim}_V U &= \dim((U' \cap U_1) \oplus U_1') \\ &= \dim(U' \cap U_1) + \dim U_1' \qquad (42) \\ &= \operatorname{codim}_{U'} U + \operatorname{codim}_V U'. \end{aligned}$$

□

Satz K (Codimensionssatz für Untervektorräume). *Sind* U_1, U_2 *Untervektorräume endlicher Codimension von* V, *so auch* $U_1 + U_2$ *und* $U_1 \cap U_2$, *und es gilt:*

(43) $$\boxed{\operatorname{codim}_V (U_1 + U_2) + \operatorname{codim}_V (U_1 \cap U_2) = \operatorname{codim}_V U_1 + \operatorname{codim}_V U_2.}$$

Beweis. Sei gemäß G (iii):

(44) $\quad U_1 = S_1^{\perp}, \quad U_2 = S_2^{\perp}$

mit endlich dimensionalen Untervektorräumen $S_1, S_2 \subseteqq V^*$. Dann gilt nach (14) [1.3]:

(45) $\quad U_1 \cap U_2 = S_1^{\perp} \cap S_2^{\perp} = (S_1 + S_2)^{\perp}$,

so daß auch $U_1 \cap U_2$ endliche Codimension besitzt. Weiter ist $U_1 + U_2 \supseteqq U_1$, also $U_1 + U_2$ nach Satz J von endlicher Codimension, und mit Folgerung H ergibt sich unter Benutzung von (13) [1.3]:

(46) $U_1 + U_2 = (U_1 + U_2)^{\perp\perp} = (U_1^\perp \cap U_2^\perp)^\perp = (S_1 \cap S_2)^\perp$.

Wegen (44) bis (46) geht der Dimensionssatz für S_1, S_2 (Bemerkung 3),

(47) $\dim(S_1 \cap S_2) + \dim(S_1 + S_2) = \dim S_1 + \dim S_2$,

in den behaupteten Codimensionssatz (43) für U_1, U_2 über. Damit ist Satz K bewiesen. Geht man in (45) zum dualen Komplement über und verwendet Satz F, so ergibt sich der folgende

Zusatz zu K. *Es gilt*

(48) $(U_1 \cap U_2)^\perp = U_1^\perp + U_2^\perp$. □

Aufgaben zu 1.4

1. Für k + 1 gegebene Linearformen $\lambda_1, \dots, \lambda_k, \lambda$ auf dem Vektorraum V gelte stets $\lambda_1(u) = \dots = \lambda_k(u) = 0 \Rightarrow \lambda(u) = 0$. Man beweise, daß λ eine Linearkombination von $\lambda_1, \dots, \lambda_k$ ist.

2. Gegeben seien k linear unabhängige Linearformen $\lambda_1, \dots, \lambda_k$ auf dem Vektorraum V. Man beweise, daß das Gleichungssystem

$$\begin{aligned} \lambda_1(u) &= \beta_1 \\ &\vdots \\ \lambda_k(u) &= \beta_k \end{aligned}$$

für beliebig gegebene Skalare $\beta_1, \dots, \beta_k$ eine Lösung $u \in V$ besitzt.

3. Sei H Hyperebene im Vektorraum V durch 0 und U ein Untervektorraum „zwischen" H und V, d.h. $H \subseteqq U \subseteqq V$. Man beweise: U = H oder U = V.

4. Durch jede der folgenden Bedingungen a) bis d) wird im **R**-Vektorraum $C^\infty[0,1]$ der beliebig oft im Intervall [0,1] differenzierbaren Funktionen $f: [0,1] \to \mathbf{R}$ eine Teilmenge definiert. Man entscheide jeweils, ob diese Menge ein Untervektorraum ist und bestimme gegebenenfalls dessen Dimension und Codimension:

a) $f(0) = f(1)$

b) $f(0) = f(1) = 1$

c) $f'(0) = f'''(0) = f^{(5)}(0) = \dots = 0$

d) $f(0) = f(1), \quad \int_0^1 \frac{f'(x)}{1 + (f(x))^2}\, dx = 0.$

5. Es seien $U_1, \dots, U_k$ Untervektorräume von V mit endlicher Codimension. Man beweise die Ungleichung

$$\operatorname{codim}_V (U_1 \cap \dots \cap U_k) \leqq \operatorname{codim}_V U_1 + \dots + \operatorname{codim}_V U_k$$

und zeige, daß in dieser genau dann das Gleichheitszeichen steht, wenn die Summe $U_1^\perp + \dots + U_k^\perp$ direkt ist.

6. Dem Dimensionssatz und dem Codimensionssatz (Bemerkung 3 und Satz K) kann man folgenden **Dimensions-Codimensionssatz für Untervektorräume** hinzufügen: Sind U_1, U_2 Untervektorräume von

V mit $\dim U_1 < \infty$ und $\operatorname{codim}_V U_2 < \infty$, so ist auch $\dim(U_1 \cap U_2) < \infty$ und $\operatorname{codim}_V (U_1 + U_2) < \infty$, und es gilt:

$$\boxed{\dim(U_1 \cap U_2) - \operatorname{codim}_V (U_1 + U_2) = \dim U_1 - \operatorname{codim}_V U_2.}$$

Man beweise dies.

Hinweis: Man behandle zunächst den Spezialfall $V = U_1 + U_2$, indem man einen Untervektorraum U_1' von U_1 konstruiert mit $V = U_1' \oplus U_2$ und $\dim U_1' = \operatorname{codim}_V U_2$ (verwende dafür die Projektion auf einen Ergänzungsraum von U_2 in V). Dann gilt $U_1 = U_1' \oplus (U_1 \cap U_2)$, woraus die Behauptung folgt. Den allgemeinen Fall $U_1 + U_2 \subsetneqq V$ führe man mit der Erweiterungsregel (39) auf den Spezialfall zurück.

7. Unter einer **Sequenz** versteht man eine (begrenzte oder unbegrenzte) Folge von linearen Abbildungen

$$\ldots \longrightarrow V_{i-1} \xrightarrow{L_{i-1}} V_i \xrightarrow{L_i} V_{i+1} \longrightarrow \ldots$$

zwischen K-Vektorräumen. Eine solche Sequenz heißt **exakt** bei V_i, wenn Bild L_{i-1} = Kern L_i gilt; sie heißt **exakt**, wenn sie bei allen V_i (die nicht am Rande stehen) exakt ist. Man zeige:

a) Die Sequenz $0 \longrightarrow V \xrightarrow{L} W$ ist exakt, genau wenn L *injektiv* ist. (Hier bezeichnet $0 \to V$ die einzige lineare Abbildung von 0 in V, nämlich diejenige, die den Nullvektor aus 0 auf den Nullvektor aus V abbildet.)

b) Die Sequenz $V \xrightarrow{L} W \longrightarrow 0$ ist exakt, genau wenn L *surjektiv* ist. (Hier bezeichnet $W \to 0$ die Nullabbildung von W auf 0.)

c) Sei $V = U_1 \oplus U_2$ direkte Summe der Untervektorräume U_1, U_2. Dann ist die folgende Sequenz exakt:

$$0 \longrightarrow U_1 \xrightarrow{J_1} V \xrightarrow{P_2} U_2 \longrightarrow 0.$$

Hierin ist J_1 die *Inklusionsabbildung* mit $J_1(v) = v$ für alle $v \in U_1$ und P_2 die zweite Projektion.

8. Es sei

$$0 \longrightarrow V_1 \longrightarrow V_2 \longrightarrow \ldots \xrightarrow{L_{k-1}} V_k \longrightarrow 0$$

eine exakte Sequenz (Aufgabe 7) mit endlich dimensionalen Vektorräumen V_i. Man beweise:

$$\sum_{i=1}^{k} (-1)^i \dim V_i = 0.$$

9. Es sei $R[a, b]$ der Vektorraum aller auf dem abgeschlossenen Intervall $[a, b] \subset \mathbf{R}$ mit $a < b$ beschränkten Funktionen $f: [a, b] \to \mathbf{R}$, die im Riemannschen (oder auch Lebesgueschen) Sinne integrierbar sind. Ferner sei $N \subset R[a, b]$ die Teilmenge der Funktionen f mit $\int_a^b |f(x)|\, dx = 0$. Man zeige:

a) N ist Untervektorraum von $R[a, b]$

b) N hat weder endliche Dimension noch endliche Codimension.

10. *Zerlegungslemma für nilpotente Operatoren.* Der Endomorphismus $T: V \to V$ sei *nilpotent* vom *Nilpotenzgrad* $\nu \in \mathbf{N}$, d.h. es sei $T^{\nu-1} \neq 0$, $T^\nu = 0$. Für zwei Untervektorräume G und H von V mit $\dim G = \operatorname{codim}_V H = 1$ und $T^{\nu-1} G \nsubseteq H$ betrachte man die Untervektorräume
$Z := G + T(G) + \ldots + T^{\nu-1}(G)$ und $D := H \cap T^{-1}(H) \cap \ldots \cap T^{-(\nu-1)}(H)$, wobei $T^j(G)$ das Bild von G, $T^{-j}(H)$ das Urbild von H unter T^j bezeichnet.

Man beweise:

a) $T(Z) \subseteq Z$, $T(D) \subseteq D$.

b) $\dim Z = \operatorname{codim}_V D = \nu$.

c) $V = Z \oplus D$.

11. Es seien V und V′ zwei Vektorräume und $\langle\,,\rangle : V \times V' \to K$ eine nichtausgeartete Bilinearform; d.h. sie besitze die Eigenschaften (51) [1.3]. Man zeige:

$$\dim V < \infty \iff \dim V' < \infty \Rightarrow \dim V = \dim V'.$$

Hinweis: Man betrachte die lineare Abbildung $V' \to V^*$, die jedem $v' \in V'$ die Linearform $v \mapsto \langle v, v' \rangle$ über V zuordnet.

12. Für eine Bilinearform $F : V \times V \to K$ sind **Links-** und **Rechtsradikal** definiert als die Untervektorräume $\operatorname{Rad}_\ell F := \{u \in V \mid F(u, v) = 0 \text{ für alle } v \in V\}$, $\operatorname{Rad}_r F := \{v \in V \mid F(u, v) = 0 \text{ für alle } u \in V\}$ von V. Man zeige:

a) Es gibt genau eine Abbildung $\hat{F} : (V/\operatorname{Rad}_\ell F) \times (V/\operatorname{Rad}_r F) \to K$ mit $\hat{F}(u + \operatorname{Rad}_\ell F, v + \operatorname{Rad}_r F) = F(u, v)$ für alle $u, v \in V$, und $\hat{F}$ ist bilinear und nichtausgeartet. Ist also $q := \operatorname{codim}_V (\operatorname{Rad}_\ell F) < \infty$, so gilt nach Aufgabe 11 auch $q = \operatorname{codim}_V (\operatorname{Rad}_r F) < \infty$, und F heißt von **endlichem Rang** q, geschrieben $q = \operatorname{Rang} F < \infty$.

b) Ist $n := \dim V < \infty$ und $a_1, \ldots, a_n$ Basis von V, so ist der Rang von F gleich dem Rang der $(n \times n)$-Matrix mit den Elementen $F(a_i, a_j)$.

Hinweis zu b): Man berechne $\operatorname{Rad}_\ell F$ in den Koordinaten bezüglich der gegebenen Basis.

13. Man zeige: Ist eine *schiefsymmetrische* Bilinearform $F : V \times V \to K$ von endlichem Rang q und $\operatorname{char}(K) \neq 2$, so ist q gerade.

Hinweis: Nach Aufgabe 12 a) genügt die Betrachtung des Falles: $\dim V < \infty$, $F : V \times V \to K$ nichtausgeartet. Nach Aufgabe 12 b) folgt dann, daß dim V gerade ist, weil die Determinante einer schiefsymmetrischen Matrix ungerader Ordnung stets verschwindet (Aufgabe 2 [I, 4.3]).

1.5 Normierte Vektorräume

Die Vektorräume, die bei den Anwendungen der linearen Algebra vorkommen, besitzen als Skalare meistens die reellen oder komplexen Zahlen, und sie sind häufig mit einer Zusatzstruktur ausgestattet, die es erlaubt, von Längen (= Normen), Distanzen, Umgebungen usw. zu sprechen. Wir behandeln hier explizit *reelle normierte Vektorräume*, weisen aber darauf hin, daß das meiste auf komplexe normierte Vektorräume fast wörtlich übertragbar ist (worauf wir in 3.1 zurückkommen). Die Theorie der normierten Vektorräume ist eines der wichtigen Felder, in denen sich lineare Algebra und Analysis durchdringen.

Sei also V ein Vektorraum über dem Körper **R** der reellen Zahlen.

Definition A. *Eine Norm auf dem Vektorraum* V *ist eine Abbildung* $\|\ \| : V \to \mathbf{R}$, *die folgenden Regeln genügt:*

(N.1) $\|v\| > 0$ für $v \neq 0$ ***(Definitheit)***

(N.2) $\|\alpha v\| = |\alpha| \cdot \|v\|$ ***(positive Homogenität)***

(N.3) $\|u + v\| \leq \|u\| + \|v\|$ ***(Dreiecksungleichung)***

Das Paar $(V, \|\ \|)$ *heißt dann* ***normierter Vektorraum*** *oder, falls* V *endlich dimensional ist, auch* ***Minkowski-Raum.***

Einfache Folgerungen: Setzt man in (N.2): $\alpha = 0$, so ergibt sich $\|0\| = 0$. Wegen (N.1) folgt also

(1) $\|v\| = 0 \Longleftrightarrow v = 0$.

Weiter deduziert man die **modifizierte Dreiecksungleichung:**

(2) $\|u + v\| \geqq |\|u\| - \|v\||$.

Dazu schreibt man unter Verwendung von (N.2) und (N.3):

(3) $\|u\| = \|(u + v) + (-v)\| \leqq \|u + v\| + \|-v\| = \|u + v\| + \|v\|$.

Hieraus folgt $\|u\| - \|v\| \leqq \|u + v\|$, und Vertauschung von u, v liefert (2).

Ist $(V, \| \ \|)$ ein normierter Vektorraum, und v ein Vektor aus V, so wird seine Norm $\|v\|$ auch als seine **Länge** bezeichnet. Für $u, v \in V$ heißt die Zahl $d(u, v) := \|u - v\|$ die **Entfernung** (der **Abstand**, die **Distanz**) von u, v (bezüglich der Norm $\| \ \|$). Aus den obigen Normeigenschaften folgen unmittelbar die Distanzeigenschaften:

(D.1) $d(u, v) = d(v, u)$

(D.2) $d(u, v) > 0$ für $u \neq v$

(D.3) $d(u, u) = 0$

(D.4) $d(u, w) \leqq d(u, v) + d(v, w)$.

Ist M irgendeine Menge und $d : M \times M \to \mathbf{R}$ eine Funktion, die den Regeln (D.1) bis (D.4) genügt, so nennt man d eine *Metrik* auf M und das Paar (M, d) einen *metrischen Raum*. Ein normierter Vektorraum ist also auch ein metrischer Raum.

Beispiele. 1. Ein *euklidischer Vektorraum* (oder *reeller Prähilbertraum*) ist ein $\mathbf{R}$-Vektorraum V zusammen mit einer symmetrischen positiv definiten Bilinearform $\langle \, , \rangle : V \times V \to \mathbf{R}$. Die *positive Definitheit* besagt:

(4) $\langle u, u \rangle > 0$ für alle $u \in V \setminus 0$.

Eine Konsequenz dieser Eigenschaften ist die *Cauchy-Schwarzsche Ungleichung*

(5) $\langle u, v \rangle^2 \leqq \langle u, u \rangle \cdot \langle v, v \rangle$,

in der genau dann das Gleichheitszeichen steht, wenn u, v linear abhängig sind. [Man erhält sie durch Betrachtung der reellen Funktion $t \mapsto \langle u - tv, u - tv \rangle$, indem man verwendet, daß diese nur nichtnegative Werte annimmt.] In einem euklidischen Vektorraum definiert die Festsetzung

(6) $|v| := \sqrt{\langle v, v \rangle}$

die zugehörige *euklidische Norm* (oder *Quadratnorm*). [Von den Normeigenschaften ist nur die Dreiecksungleichung (N.3) nichttrivial; sie ergibt sich aber durch „bilineares Ausrechnen" von $\langle u + v, u + v \rangle$ und Anwendungen der Cauchy-Schwarzschen Ungleichung auf das gemischte Glied.]

2. Für $V = \mathbf{R}^n$ verwendet man häufig eine der folgenden Normen; dabei sei $x = (x_1, \ldots, x_n) \in \mathbf{R}^n$:

(7) $$|x|_b := \sum_{\nu=1}^{n} |x_\nu|$$ **Betragssummennorm**

(8) $$|x| := \sqrt{\sum_{\nu=1}^{n} |x_\nu|^2}$$ **euklidische Norm**

(9) $$|x|_m := \max\{|x_1|, \ldots, |x_n|\}$$ **Maximumsnorm.**

Die Normeigenschaften von (7) und (9) kann man leicht bestätigen; (8) ist eine Spezialisierung von (6).

3. Eine gemeinsame Verallgemeinerung der Normen (7) bis (9) in $\mathbf{R}^n$ ist die sog. **ℓ^p-Norm**

(10) $$\|x\|_p := \sqrt[p]{\sum_{\nu=1}^{n} |x_\nu|^p}.$$

Dabei ist p eine feste reelle Zahl mit $p \geqq 1$. (Der Beweis der Dreiecksungleichung erfordert hier etwas mehr Analysis; vgl. z.B. *Blatter* I, p. 186.) Für $p = 1$ bzw. $p = 2$ erhält man die obige Betragssummennorm bzw. euklidische Norm. Die Maximumsnorm kann als Grenzfall der ℓ^p-Norm für $p \to \infty$ aufgefaßt werden; denn es gilt $\lim_{p\to\infty} \|x\|_p = |x|_m$. Man schreibt deswegen auch:

(11) $$|x|_b = \|x\|_1, \quad |x| = \|x\|_2, \quad |x|_m =: \|x\|_\infty.$$

4. Für *Funktionenräume*, die in der Analysis eine große Rolle spielen, kann man die obigen Definitionen nachahmen, indem man das Maximum durch das Supremum und die Summen durch Integrale ersetzt. So ist etwa auf dem $\mathbf{R}$-Vektorraum $C[a, b]$ aller auf dem abgeschlossenen Intervall $[a, b] \subset \mathbf{R}$ stetigen Funktionen $f: [a, b] \to \mathbf{R}$ die **Supremumsnorm** durch

(12) $$|f|_s := \sup\{|f(t)| \mid t \in [a, b]\}$$

und die **L^p-Norm** für $p \geqq 1$ durch

(13) $$\|f\|_p := \left(\int_a^b |f(t)|^p \, dt\right)^{1/p}$$

definiert, wobei die Sonderfälle $p = 1,2$ wieder ausgezeichnet sind. (Auch hier kann man $|\ |_s$ als Grenzfall von $\|\ \|_p$ für $p \to \infty$ auffassen.) □

Mit Hilfe einer Norm lassen sich die aus der elementaren Analysis bekannten Begriffe auf Vektorräume übertragen. Dazu gehören insbesondere die *topologischen Grundbegriffe* der Offenheit und Abgeschlossenheit von Mengen, des Grenzwertes von Folgen und der Stetigkeit von Abbildungen.

Ist $(V, \| \ \|)$ ein normierter Vektorraum, so seien zunächst bei gegebenem $a \in V$ und $r \in \mathbf{R}^+$ folgende Teilmengen von V eingeführt:

(14) $\quad B(a, r) := \{v \in V \mid \|v - a\| < r\}$

(15) $\quad S(a, r) := \{v \in V \mid \|v - a\| = r\}$

(16) $\quad \bar{B}(a, r) := \{v \in V \mid \|v - a\| \leqq r\} = B(a, r) \cup S(a, r).$

Für $a = 0$ schreiben wir auch

(17) $\quad B(0, r) =: B(r), \quad S(0, r) =: S(r), \quad \bar{B}(0, r) =: \bar{B}(r).$

Unter einer *Folge* in V versteht man eine Abbildung $\nu \mapsto u_\nu$ von $\mathbf{N}$ in V. Eine solche Folge wird auch durch $u_1, u_2, \ldots$ oder durch $(u_\nu)_{\nu \in \mathbf{N}}$ bezeichnet.

Definition B. *Sei* A *Teilmenge von* V *und* $(u_\nu)_{\nu \in \mathbf{N}}$ *eine Folge in* V.

(i) A *ist* ***offen****, wenn zu jedem* $a \in A$ *ein* $r > 0$ *existiert mit* $B(a, r) \subseteqq A$.

(ii) A *ist* ***abgeschlossen****, wenn* $V \setminus A$ *offen ist.*

(iii) A *ist* ***beschränkt****, wenn ein* $r > 0$ *existiert mit* $A \subseteqq B(0, r)$.

(iv) *Die Folge* $(u_\nu)_{\nu \in \mathbf{N}}$ *ist* ***konvergent*** *mit dem* ***Grenzwert*** $a \in V$, *wenn zu jedem* $r > 0$ *ein* $N \in \mathbf{N}$ *existiert mit* $u_\nu \in B(a, r)$ *für alle* $\nu > N$. *Man schreibt hierfür*

(18) $\quad \lim\limits_{\nu \to \infty} u_\nu = a \qquad$ *oder* $\qquad u_\nu \to a$ für $\nu \to \infty$.

Der Grenzwertbegriff in $(V, \| \ \|)$ läßt sich ganz mit dem in $\mathbf{R}$ formulieren; denn die Definition (iv) ist offensichtlich äquivalent mit $\lim\limits_{\nu \to \infty} \|u_\nu - a\| = 0$. Der Konvergenzbegriff für *Reihen* kann in der üblichen Art auf den für Folgen zurückgeführt werden, indem man die Folge der *Teilsummen* betrachtet.

Warnung: Im allgemeinen hängen diese Begriffe von der verwendeten Norm ab.

Beispiele. 5. Sei $\mathbf{R}^n$ mit der Maximumsnorm $| \ |_m$ versehen. Ist $(x_\nu)_{\nu \in \mathbf{N}}$ eine Folge in $\mathbf{R}^n$, so ist jedes Folgenglied ein n-Tupel $x_\nu = (x_{1\nu}, \ldots, x_{n\nu})$. Daraus ergibt sich: *Eine Folge in* $\mathbf{R}^n$ *ist äquivalent mit* n *reellen Folgen.* Wird der Grenzwert durch $a = (a_1, \ldots, a_n)$ bezeichnet, so ist wegen der speziellen Bauart der Maximumsnorm die vektorielle Grenzwertaussage $|x_\nu - a|_m \to 0$ äquivalent mit den n skalaren Grenzwertaussagen $|x_{j\nu} - a_j| \to 0$ $(1 \leqq j \leqq n)$. *Die Konvergenz in* $\mathbf{R}^n$ *bezüglich der Maximumsnorm ist also gleichwertig mit der Konvergenz der entsprechenden* n *reellen Folgen.*

6. Wird $C[a, b]$ mit der Supremumsnorm versehen, so sieht man analog aus deren Bauart, daß $f_\nu \to f$ äquivalent ist mit der *gleichmäßigen* Konvergenz $f_\nu(t) \to f(t)$.

7. Wird $C[a, b]$ mit der L^1-Norm versehen, so ist $f_\nu \to f$ äquivalent mit der Konvergenz der Integrale $\int\limits_a^b |f_\nu(t) - f(t)| \, dt \to 0$. Da man leicht Folgen nichtnegativer Funktionen f_ν konstruieren kann, die in $[a, b]$ nicht gleichmäßig gegen Null konvergieren, deren Integrale $\int\limits_a^b f_\nu(t) \, dt$ aber gleichwohl den Grenzwert 0 besitzen, führen die Normen $| \ |_s$ und $\| \ \|_1$ zu verschiedenen „Topologien" im Funktionenraum $C[a, b]$. □

Satz und Definition C. *Es gilt:* $B(a, r)$ *ist offen,* $S(a, r)$ *und* $\overline{B}(a, r)$ *sind abgeschlossen. Alle drei Mengen sind beschränkt. Man nennt* $B(a, r)$ *den* ***offenen Ball,*** $S(a, r)$ *die* ***Sphäre,*** $\overline{B}(a, r)$ *den* ***abgeschlossenen Ball*** *mit* ***Radius*** r *um* a *(oder mit* ***Zentrum*** *oder* ***Mittelpunkt*** a*). Für* $r = 1$ *spricht man von einem* ***Einheitsball*** *bzw. von einer* ***Einheitssphäre*** *(für* $a = 0$, $r = 1$ *von dem Einheitsball bzw. der Einheitssphäre).*

Beweis. $B(a; r)$ *ist offen:* Für ein $b \in B(a, r)$ gilt $\|b - a\| < r$. Man wähle ein s mit $0 < s < r - \|b - a\|$. Dann gilt $B(b, s) \subseteqq B(a, r)$; denn aus $\|c - b\| < s$ folgt $\|c - a\| \leqq \|c - b\| + \|b - a\| < s + \|b - a\| < r$.

$S(a, r)$ *ist abgeschlossen:* Für ein $b \notin S(a, r)$ gilt $\|b - a\| \neq r$. Man wähle ein s mit $0 < s < |r - \|b - a\||$. Dann gilt $B(b, s) \cap S(a, r) = \phi$; denn aus $\|c - b\| < s$ und $\|c - a\| = r$ würde folgen: $|r - \|b - a\|| = |\|a - c\| - \|b - a\|| \leqq \|b - c\| < s < |r - \|b - a\||$, ein Widerspruch.

$\overline{B}(a, r)$ *ist abgeschlossen:* Dies läuft über ähnliche Schritte wie bei $S(a, r)$ und sei dem Leser überlassen.

Alle drei Mengen sind beschränkt: Man wähle ein $s > r + \|a\|$. Dann gilt $\overline{B}(a, r) \subseteqq B(0, s)$; denn aus $\|c - a\| \leqq r$ folgt $\|c\| = \|c - a + a\| \leqq \|c - a\| + \|a\| \leqq r + \|a\| < s$. Erst recht gilt dann $B(a, r) \subseteqq B(0, s)$ und $S(a, r) \subseteqq B(0, s)$. □

Die Bilder 4 bis 6 zeigen die Bälle (schraffiert) und Sphären (dick ausgezogen) der drei Normen in $\mathbf{R}^2$ von Beispiel 2 für $a = 0$ und $r = 1$: Man sieht deutlich, daß diese Mengen stark von der verwendeten Norm abhängen!

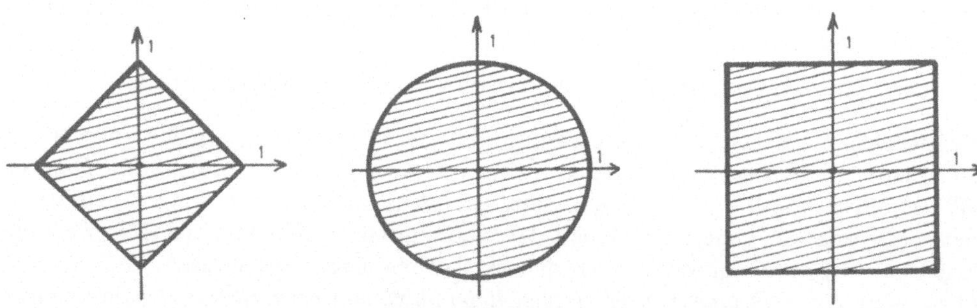

Bild 4 $\mathbf{R}^2$ mit Betragssummennorm **Bild 5** $\mathbf{R}^2$ mit euklidischer Norm **Bild 6** $\mathbf{R}^2$ mit Maximumsnorm

Seien nun V und W zwei normierte Vektorräume, A eine Teilmenge von V und $F : A \to W$ eine Abbildung. Die gegebenen Normen in V und W seien durch das gleiche Symbol $\|\ \|$ bezeichnet, solange keine Verwechslungsgefahr besteht.

Definition D. *Die Abbildung* $F : A \to W$ *heißt* ***stetig*** *in* $v_0 \in A$, *wenn zu jedem* $\epsilon > 0$ *ein* $\delta > 0$ *existiert mit* $F(B(v_0, \delta) \cap A) \subseteqq B(F(v_0), \epsilon)$, *d.h. mit:* $\|v - v_0\| < \delta$, $v \in A \Rightarrow \|F(v) - F(v_0)\| < \epsilon$. *Ist* F *stetig in allen* $v_0 \in A$, *so heißt* F ***stetig*** *(schlechthin).*

Beispiel für eine stetige Funktion $V \to \mathbf{R}$ ist die Norm selbst: $v \mapsto \|v\|$. Nach (2) gilt $|\|v\| - \|v_0\|| \leqq \|v - v_0\|$, so daß die Stetigkeitsdefinition mit $\delta = \epsilon$ erfüllt ist. ($\mathbf{R}$ wird durch den gewöhnlichen Betrag normiert.)

Satz E. *Eine lineare Abbildung* $L : V \to W$ *ist dann und nur dann stetig, wenn eine Konstante* $\ell \geqq 0$ *existiert mit:*

(19) $\|Lv\| \leqq \ell \cdot \|v\|$ *für alle* $v \in V$.

Beweis. *„Dann“:* Ohne Einschränkung kann (19) mit $\ell > 0$ vorausgesetzt werden. Zu $v_0 \in V$ und $\epsilon > 0$ sei $\delta := \epsilon/\ell$ gewählt. Dann folgt aus $\|v - v_0\| < \delta$ sofort $\|Lv - Lv_0\| = \|L(v - v_0)\| \leqq \ell \cdot \|v - v_0\| < \ell \cdot \delta = \epsilon$.

„Nur dann“: L ist speziell in $v_0 = 0$ stetig. Also gibt es zu $\epsilon = 1$ ein $\delta > 0$, so daß $\|u\| < \delta$ impliziert $\|Lu\| < 1$. Für beliebiges $v \neq 0$ aus V schreibe man $v = \alpha \cdot u$ mit $\alpha := 2\|v\|/\delta$, $u := v/\alpha$. Dann gilt $\|u\| = \|v\|/\alpha = \frac{1}{2}\delta < \delta$, also $\|Lv\| = \|\alpha L u\| = |\alpha| \cdot \|Lu\| < \alpha \cdot 1 = 2\|v\|/\delta$. Daraus folgt (19) mit $\ell := 2/\delta$. □

Aus der Definition der Stetigkeit oder aus Satz E ist leicht zu schließen, daß die Nullabbildung $0 : V \to W$ stetig ist und daß jede Linearkombination $\alpha_1 L_1 + \alpha_2 L_2$ stetiger linearer Abbildungen $L_1, L_2 : V \to W$ wiederum stetig ist. Mit anderen Worten: *Die stetigen linearen Abbildungen bilden einen Untervektorraum von* $\mathbf{L}(V, W)$, *der mit* $\mathscr{L}(V, W)$ *bezeichnet wird:*

(20) $\mathscr{L}(V, W) :\doteq \{L \in \mathbf{L}(V, W) \mid L \text{ stetig}\}$.

Für $W = \mathbf{R}$ entsteht der **topologische Dualraum** $\mathscr{L}(V, \mathbf{R})$ von V. Für $V = W$ schreibt man $\mathscr{L}(V, V) =: \mathscr{L}(V)$.

Definition F. *Zwei Normen* $\| \|_1$ *und* $\| \|_2$ *auf dem Vektorraum* V *heißen* ***äquivalent,*** *wenn es Konstanten* $\gamma_1, \gamma_2 > 0$ *gibt, so daß gilt*):*

(21) $\|v\|_1 \leqq \gamma_1 \cdot \|v\|_2, \qquad \|v\|_2 \leqq \gamma_2 \cdot \|v\|_1 \qquad$ für alle $v \in V$.

Man sieht leicht, daß hierdurch eine Äquivalenzrelation für die Normen auf einem festen Vektorraum definiert wird. Ebenso erkennt man durch einfache Ausnutzung der Abschätzungen (21), daß äquivalente Normen zu den gleichen topologischen Grundbegriffen führen. Dasselbe gilt für die Beschränktheit von Teilmengen.

Die Untersuchung normierter Vektorräume unendlicher Dimension ist ein zentrales Thema der *Funktionalanalysis*, das hier nicht weiter verfolgt wird (vgl. dazu etwa *Hirzebruch-Scharlau*).

Wir beschäftigen uns im Rest dieses Abschnittes mit einigen endlich dimensionalen Fällen. Dabei spielt der folgende Satz über die Existenz von Extremwerten eine wichtige Rolle.

---

*) Die Indizes bei den Normzeichen dienen hier der Unterscheidung der beiden Normen ; sie haben nichts mit den speziellen Normen der Beispiele 3 und 4 zu tun.

Satz G. *Sei* $A \neq \phi$ *eine abgeschlossene und beschränkte Teilmenge von* $\mathbf{R}^n$ *und* $f: A \to \mathbf{R}$ *eine stetige Funktion (alle Begriffe bezüglich der Maximumsnorm* $|\ |_m$*). Dann gibt es* $a_m \in A$ *und* $a_M \in A$ *mit:*

(22) $\quad f(a_m) \leqq f(a) \leqq f(a_M)$ *für alle* $a \in A$. □

Beweis. Obwohl die Behauptung zu den Standardsätzen der mehrdimensionalen Analysis gehört, sei zur Bequemlichkeit des Lesers ein Beweis angefügt: Man zeigt, daß die Bildmenge $f(A)$ beschränkt und abgeschlossen in $\mathbf{R}$ ist, also ihr Supremum und Infimum als Elemente enthält.

(a) $f(A)$ *ist beschränkt in* $\mathbf{R}$: Angenommen, dies wäre nicht so. Dann existiert zu jedem $\nu \in \mathbf{N}$ ein $x_\nu \in A$ mit $|f(x_\nu)| > \nu$. Die Folge $(x_\nu)_{\nu \in \mathbf{N}}$ in $\mathbf{R}^n$ enthält eine konvergente Teilfolge. Denn wegen der Beschränktheit von A bezüglich der Maximumsnorm sind die n zugehörigen skalaren Folgen $(x_{j\nu})_{\nu \in \mathbf{N}}$ beschränkt (Beispiel 5). Nach dem *Satz von Bolzano-Weierstraß* in $\mathbf{R}$ besitzt zunächst $(x_{1\nu})_{\nu \in \mathbf{N}}$ eine konvergente *Teilfolge* $(x_{1\nu_k})_{k \in \mathbf{N}}$. Dann existiert ebenso eine konvergente *Teilfolge* der Folge $(x_{2\nu_k})_{k \in \mathbf{N}}$, usw.. Durch sukzessive Auswahl von Teilfolgen für $(x_{3\nu})_{\nu \in \mathbf{N}}, \ldots, (x_{n\nu})_{\nu \in \mathbf{N}}$ erhält man nach n derartigen Schritten eine konvergente Teilfolge $(x_{\mu_\varrho})_{\varrho \in \mathbf{N}}$ von $(x_\nu)_{\nu \in \mathbf{N}}$, etwa mit dem Grenzwert $a \in \mathbf{R}^n$. Die Definition für die Abgeschlossenheit von A zeigt dann unmittelbar, daß $a \in A$ gilt, und die Stetigkeitsdefinition von f an der Stelle a liefert aus $x_{\mu_\varrho} \to a$ leicht $f(x_{\mu_\varrho}) \to f(a)$. Das steht aber im Widerspruch zu der Annahme, wonach $|f(x_{\mu_\varrho})| > \mu_\varrho \geqq \varrho$ für alle $\varrho \in \mathbf{N}$.

(b) $f(A)$ *ist abgeschlossen in* $\mathbf{R}$: Wir zeigen, daß $\mathbf{R} \setminus f(A)$ offen in $\mathbf{R}$ ist. Zu festem $w \in \mathbf{R} \setminus f(A)$ betrachte man die Funktion $g: A \to \mathbf{R}$ mit $g(x) := 1/(f(x) - w)$. Wie in der eindimensionalen Analysis zeigt man, daß g wiederum stetig ist (der Nenner ist stets $\neq 0$). Nach (a) folgt die Beschränktheit von g, also die Existenz eines $\gamma > 0$ mit $|g(x)| \leqq \gamma$ für alle $x \in A$. Dies impliziert $|f(x) - w| \geqq 1/\gamma$, d.h. $B(w, 1/\gamma) \subseteqq \mathbf{R} \setminus f(A)$. □

Satz H. *Je zwei Normen auf* $\mathbf{R}^n$ *sind äquivalent.*

Beweis. Es genügt der Nachweis, daß jede Norm $\|\ \|$ äquivalent zur Maximumsnorm $|\ |_m$ ist.

Jedes $x = (x_1, \ldots, x_n) \in \mathbf{R}^n$ kann als Linearkombination der Standardbasis $e_1, \ldots, e_n$ von $\mathbf{R}^n$ geschrieben werden. Hiermit folgt:

$$(23) \qquad \|x\| = \|\sum_{\nu=1}^{n} x_\nu e_\nu\| \leqq \sum_{\nu=1}^{n} |x_\nu| \cdot \|e_\nu\| \leqq \max\{|x_1|, \ldots, |x_n|\} \cdot \underbrace{\sum_{\nu=1}^{n} \|e_\nu\|}_{\gamma_1}.$$

Mit dem angegebenen Wert von γ_1 gilt also:

(24) $\quad \|x\| \leqq \gamma_1 \cdot |x|_m$.

Die Ungleichung in der anderen Richtung kann folgendermaßen aufgestellt werden. Zunächst erschließt man die Stetigkeit der reellen Funktion $x \mapsto \|x\|$ bezüglich der Norm $|\ |_m$ aus (24): Ist $x_0 \in \mathbf{R}^n$ und $\epsilon > 0$ vorgegeben, so sei $\delta := \epsilon/\gamma_1$ gewählt. Dann folgt aus

$|x - x_0|_m < \delta$ mittels (2): $|\|x\| - \|x_0\|| \leqq \|x - x_0\| \leqq \gamma_1 \cdot |x - x_0|_m < \gamma_1 \delta = \epsilon$. Nun sei die Menge betrachtet:

(25) $\quad A := \{x \in \mathbf{R}^n \,|\, |x|_m = 1\}$.

Diese ist die Sphäre um 0 vom Radius 1 bezüglich der Norm $|\ |_m$, also ist A bezüglich dieser Norm abgeschlossen und beschränkt (Satz C). Nach Satz G gibt es ein $x_m \in A$ mit: $\|x\| \geqq \|x_m\|$ für alle $x \in A$. Wegen $x_m \neq 0$ ist $r := \|x_m\| > 0$. Damit gilt bereits $\|x\| \geqq r \cdot |x|_m$ für alle $x \in A$. Aufgrund der positiven Homogenität beider Seiten dieser Ungleichung ist diese für alle $x \in \mathbf{R}^n$ erfüllt. Daraus folgt mit $\gamma_2 := 1/r$:

(26) $\quad |x|_m \leqq \gamma_2 \cdot \|x\| \quad$ für alle $x \in \mathbf{R}^n$. □

Satz I. *Seien* V, W *normierte Vektorräume und* $\dim V = n < \infty$. *Dann ist jede lineare Abbildung* $L: V \to W$ *stetig.*

Beweis. Wir wählen einen Vektorraum-Isomorphismus $\varphi: V \to \mathbf{R}^n$ und definieren mit seiner Hilfe*):

(27) $\quad \|x\|_1 := \|\varphi^{-1}(x)\|$

(28) $\quad \|x\|_2 := \|L \circ \varphi^{-1}(x)\| + \|x\|_1$

für $x \in \mathbf{R}^n$.

Beide Funktionen sind Normen auf $\mathbf{R}^n$. Wir zeigen dies explizit für $\|\ \|_1$: (N.1) gilt, da aus $x \neq 0$ folgt $\varphi^{-1}(x) \neq 0$. (N.2) und (N.3) folgert man so:

(29) $\quad \|\alpha x\|_1 = \|\varphi^{-1}(\alpha x)\| = \|\alpha \cdot \varphi^{-1}(x)\| = |\alpha| \cdot \|\varphi^{-1}(x)\| = \alpha \cdot \|x\|_1$

(30) $\quad \|x + y\|_1 = \|\varphi^{-1}(x + y)\| = \|\varphi^{-1}(x) + \varphi^{-1}(y)\| \leqq \|\varphi^{-1}(x)\| + \|\varphi^{-1}(y)\| = \|x\|_1 + \|y\|_1$

Für $\|\ \|_2$ werden die Normeigenschaften ähnlich nachgeprüft. Nach Satz H existiert ein $\gamma > 0$, so daß stets gilt: $\|x\|_2 \leqq \gamma \cdot \|x\|_1$. Dies bedeutet $\|L \circ \varphi^{-1}(x)\| + \|\varphi^{-1}(x)\| \leqq \gamma \cdot \|\varphi^{-1}(x)\|$. Da φ^{-1} surjektiv ist, folgt $\|Lv\| + \|v\| \leqq \gamma \cdot \|v\|$ für alle $v \in V$. Daraus ergibt sich $\gamma \geqq 1$ und

(31) $\quad \|Lv\| \leqq (\gamma - 1) \cdot \|v\| \quad$ für alle $v \in V$.

Die Stetigkeit von L folgt nunmehr aus Satz E. □

Folgerung J. *Ist* V *ein Vektorraum endlicher Dimension, so existiert auf* V *eine Norm, und je zwei Normen auf* V *sind äquivalent.*

Beweis. Die Existenz ergibt sich aus der eben erfolgten Konstruktion (27). Die Äquivalenz zweier beliebiger Normen $\|\ \|_1, \|\ \|_2$ auf V folgt durch Anwendung von Satz I auf die Identität $I: V \to V$, wobei einmal V als Definitionsraum durch $\|\ \|_2$ und als Zielraum durch $\|\ \|_1$ normiert wird, und umgekehrt: $\|Iv\|_1 \leqq \gamma_1 \cdot \|v\|_2$, $\|Iv\|_2 \leqq \gamma_2 \cdot \|v\|_1$. Hierin ist natürlich $\gamma_1 > 0$ und $\gamma_2 > 0$. □

*) Die Indizes bei den Normzeichen haben nichts mit den speziellen Normen der Beispiele 3 und 4 zu tun.

Aufgrund von Satz J brauchen wir bei der Betrachtung von topologischen Begriffen in einem endlich dimensionalen Vektorraum keine Normierung explizit vorzugeben.

Satz G verallgemeinert sich auf folgende Weise:

Satz K. *Sei* V *ein Vektorraum endlicher Dimension* n, $A \neq \phi$ *eine abgeschlossene und beschränkte Teilmenge von* V *und* $f: A \to \mathbf{R}$ *eine stetige Funktion. Dann besitzt* f *auf* A *ein* *Minimum und ein Maximum, d. h. es gibt* $a_m \in A$ *und* $a_M \in A$, *so daß gilt:*

(32) $\quad f(a_m) \leqq f(a) \leqq f(a_M)$ *für alle* $a \in A$.

Beweis. Wegen der Äquivalenz je zweier Normen in V genügt es, in V eine spezielle Norm zugrundezulegen. Diese wird zweckmäßig so gewählt: Es sei wieder $\varphi: V \to \mathbf{R}^n$ wie bei I und $\|v\| := |\varphi(v)|_m$ für $v \in V$. Die Normeigenschaften von $\| \ \|$ rechnet man leicht nach. Da φ aufgrund dieser Definition „normerhaltend" ist, folgt die Behauptung durch bloße Übersetzung der Situation in V vermöge φ auf die analoge Situation in $\mathbf{R}^n$, die in Satz G beschrieben ist. □

Auf Satz I beruhen Maximum- und Minimummethoden, die bei der Lösung verschiedener Probleme eine wichtige Rolle spielen. Eine solche Anwendung ist z.B. die Existenz von Eigenwerten bei symmetrischen linearen Selbstabbildungen (vgl. 2.2) oder der algebraische Fundamentalsatz (vgl. 3.2).

Aufgaben zu 1.5

1. Man verifiziere explizit die Äquivalenz der Betragssummennorm und der euklidischen Norm in $\mathbf{R}^n$, indem man für alle $x \in \mathbf{R}^n$ die folgenden Ungleichungen beweist:

$$|x| \leqq |x|_b \leqq \sqrt{n} \cdot |x|$$

2. Für je zwei offene Bälle B(a, r) und B(b, s) des normierten Vektorraumes $(V, \| \ \|)$ zeige man die Äquivalenz: $B(a, r) \cap B(b, s) \neq \phi \iff \|a - b\| < r + s$.

3. Zeige, daß die Komposition stetiger Abbildungen wiederum stetig ist.

4. Seien $a_1, \ldots, a_k$ linear unabhängige Elemente des normierten Vektorraumes V. Man beweise die Existenz einer Zahl $r > 0$ mit der Eigenschaft: Sind $b_1 \in B(a_1, r), \ldots, b_k \in B(a_k, r)$, so sind $b_1, \ldots, b_k$ ebenfalls linear unabhängig. Linear unabhängige Vektoren darf man also etwas „verwackeln", ohne die lineare Unabhängigkeit zu stören.

Hinweis: Man wähle $\gamma > 0$ so, daß $\|\alpha_1 a_1 + \ldots + \alpha_k a_k\| \geqq \gamma \cdot (|\alpha_1| + \ldots + |\alpha_k|)$ für alle $\alpha_i \in \mathbf{R}$ (dies ist nach Folgerung J möglich). Für jedes $r \in]0, \gamma]$ beweise man dann die Behauptung durch Antithese.

5. Ist M eine nichtleere Teilmenge des normierten Vektorraumes V und $a \in V$, so heißt $d(a, M) := \inf \{d(a, u) \mid u \in M\}$ die **Distanz** von a von M, und ein $a^* \in M$ mit $d(a, a^*) = d(a, M)$ wird, falls existent, ein **Proximum** oder ein **nächster Punkt** (auch **Fußpunkt**) von a in M genannt.

a) Man zeige: Ist U endlich dimensionaler Untervektorraum von V und $a \notin U$, so ist $d(a, U) > 0$ und a besitzt mindestens ein Proximum.

b) Daraus folgere man, daß jeder endlich dimensionale Untervektorraum U von V abgeschlossen ist.

6. Die Einheitssphäre des normierten Vektorraumes V sei durch k offene Bälle $B(a_i, r_i)$ mit Radien $r_i < 1$ überdeckt, d.h. $S(1) \subseteq \bigcap_{i=1}^{k} B(a_i, r_i)$. Daraus folgere man $V = sp(a_1, \ldots, a_k)$, also insbesondere $\dim V \leqq k < \infty$.

7. Sind V und W normierte Vektorräume (mit gleichbezeichneten Normen $\| \ \|$), so setze man für $(v, w) \in V \times W$: $\|(v, w)\| := \max\{\|v\|, \|w\|\}$. Man zeige:

a) Hierdurch wird $V \times W$ zu einem normierten Vektorraum. (Wenn nichts anderes gesagt ist, sei das *cartesische Produkt* stets mit dieser Norm versehen.)

b) Die kanonischen Projektionen und Injektionen (8)–(11) [1.2] sind stetig.

8. Sei V normierter Vektorraum. Man beweise die Stetigkeit der Addition $+ : V \times V \to V$, $(u, v) \mapsto u + v$ und der Multiplikation mit Skalaren $\cdot : \mathbf{R} \times V \to V$, $(\alpha, v) \mapsto \alpha v$. Dabei werden die cartesischen Produkte entsprechend Aufgabe 7 normiert.

9. Sei V normierter Vektorraum und U *abgeschlossener* Untervektorraum von V. Man zeige, daß der *Quotientenraum* V/U durch folgende Festsetzung zu einem normierten Vektorraum wird: $\|v + U\| :=$ $:= \inf\{\|v + u\| \mid u \in U\}$. Weiter zeige man, daß die kanonische Projektion $\pi : V \to V/U$ stetig ist.

10. Sei $L : V \to W$ eine lineare Abbildung zwischen normierten Vektorräumen von endlichem Rang. Man zeige: L ist genau dann stetig, wenn Kern L abgeschlossen ist.

Hinweis: Für die schwierigere Richtung benutze man Aufgabe 9 mit U := Kern L sowie den Homomorphiesatz B [1.4] und Satz I.

11. Für eine Linearform $h \neq 0$ auf dem reellen Prähilbertraum V zeige man die Äquivalenz der folgenden drei Bedingungen:

(i) $V = \text{Kern}\, h \oplus (\text{Kern}\, h)^{\perp}$.

(ii) $(\text{Kern}\, h)^{\perp} \neq 0$.

(iii) Es gibt ein $b \in V \setminus 0$, so daß $h(v) = \langle b, v \rangle$ für alle $v \in V$.

Hinweis: Das Symbol $^{\perp}$ bezeichnet den Orthogonalraum, d.h. $U^{\perp} := \{v \in V \mid \langle u, v \rangle = 0$ für alle $u \in U\}$. Zum Beweis der Implikation (ii) ⇒ (iii) wähle man ein $a \in (\text{Kern}\, h)^{\perp}$ mit $|a| = 1$ und zeige, daß (iii) mit $b := h(a)\, a$ erfüllt ist.

12. Seien V und W normierte Vektorräume (mit gleichbezeichneten Normen $\| \ \|$). Man zeige:

a) Der Vektorraum $\mathscr{L}(V, W)$ aller stetigen linearen Abbildungen $L : V \to W$ wird durch die Festsetzung $\|L\| := \sup\{\|L(v)\| \mid \|v\| \leqq 1\}$ zu einem normierten Vektorraum. (Wenn nichts anderes gesagt ist, sei $\mathscr{L}(V, W)$ stets mit dieser Norm versehen.)

b) Die Norm von a) kann äquivalent in der Form $\|L\| = \min\{\varrho \in \mathbf{R}_0^+ \mid \|L(v)\| \leqq \varrho \cdot \|v\|$ für alle $a \in V\}$ geschrieben werden, insbesondere gilt $\|L(v)\| \leqq \|L\| \cdot \|v\|$ für alle $v \in V$.

c) Die Abbildung $\mathscr{L}(V) \times V \to V$ mit $(L, v) \mapsto L(v)$ ist stetig.

13. Für je drei normierte Vektorräume V, W, Z zeige man:

a) $\|M \circ L\| \leqq \|M\| \cdot \|L\|$ für alle $L \in \mathscr{L}(V, W)$, $M \in \mathscr{L}(W, Z)$.

b) Die Komposition $\mathscr{L}(V, W) \times \mathscr{L}(W, Z) \to \mathscr{L}(V, Z)$, $(L, M) \mapsto M \circ L$ ist stetig.

Bemerkung: Die hier vorkommenden Vektorräume sind mit den in den Aufgaben 12 und 7 definierten Normen zu versehen.

14. Sei $\| \ \|$ eine Norm auf V und $||| \ |||$ eine Norm auf $\mathscr{L}(V)$, so daß $\|Lv\| \leqq |||L||| \cdot \|v\|$ für alle $v \in V$ und $L \in \mathscr{L}(V)$. Man zeige durch ein Gegenbeispiel, daß hieraus *nicht* folgt: $|||L_2 \circ L_1||| \leqq |||L_2||| \cdot |||L_1|||$ für alle $L_1, L_2 \in \mathscr{L}(V)$.

15. Für zwei normierte Vektorräume V, W zeige man:

a) Ist $\dim V < \infty$, so ist die Teilmenge der injektiven $L \in \mathscr{L}(V, W)$ offen in $\mathscr{L}(V, W)$.

b) Ist $\dim W < \infty$, so ist die Teilmenge der surjektiven $L \in \mathscr{L}(V, W)$ offen in $\mathscr{L}(V, W)$.

Hinweis: Man verwende Aufgabe 4.

16. Sei $h \neq 0$ eine stetige Linearform auf dem normierten Vektorraum V. Zeige: $d(a, \text{Kern}\, h) =$ $= |h(a)| / \|h\|$ für jedes $a \in V$.

17. Man betrachte einen reellen Prähilbertraum V mit Skalarprodukt $\langle\, ,\, \rangle$. Jedem $b \in V$ ordne man die Linearform λ_b mit $\lambda_b(v) := \langle b, v\rangle$ zu. Zeige:

a) Jedes λ_b ist stetig und die Abbildung $b \mapsto \lambda_b$ definiert eine injektive (und im Falle $\dim V < \infty$ surjektive) lineare Abbildung $V \to \mathscr{L}(V, \mathbf{R})$.

b) Für jdes $b \in V$ gilt $\|\lambda_b\| = |b|$.

c) Für $a, b \in V$ mit $b \neq 0$ gilt $d(a, \operatorname{Kern} \lambda_b) = |\langle a, b\rangle|/|b|$.

18. Sei A Teilmenge des normierten Vektorraumes V. Zwei Elemente $u, v \in A$ nennt man in A **verbindbar**, wenn es eine stetige Abbildung $t \mapsto c(t)$ eines reellen abgeschlossenen Intervalles $[a, b]$ in V (einen **Weg**) gibt mit: $c([a, b]) \subseteqq A$ und $c(a) = u$, $c(b) = v$. Man zeige, daß die Verbindbarkeit in A eine Äquivalenzrelation auf A ist. (Gibt es nur eine Äquivalenzklasse, d.h. sind *je* zwei Elemente $u, v \in A$ in A verbindbar, so heißt A **wegzusammenhängend.**)

19. Wird in Definition A das Axiom (N.1) ersetzt durch die schwächere Annahme: $(\overline{\text{N}}.1): \|v\| \geqq 0$ für alle $v \in V$, so nennt man $\|\ \|$ eine **Pseudonorm** auf V. Man zeige für eine solche:

a) Die Menge $Z := \{u \in V \mid \|u\| = 0\}$ ist ein Untervektorraum von V.

b) Der Quotientenraum V/Z wird durch die repräsentantenunabhängige Festsetzung $\|v + Z\| := \|v\|$ zu einem normierten Vektorraum.

c) Die Festsetzung (13) definiert auf dem Vektorraum $R[a, b]$ der beschränkten Riemann- (oder Lebesgue-) integrierbaren Funktion $f: [a, b] \to \mathbf{R}$ nur eine Pseudonorm, die jedoch auf $R[a, b]/Z$ eine Norm induziert, die sog. **L^p-Norm.**

20. Sei V endlich dimensional sowie $\|\ \|_1$ eine Pseudonorm (Aufgabe 19) und $\|\ \|_2$ eine Norm auf V. Zeige die Existenz einer Zahl $\varrho \in \mathbf{R}_0^+$ mit $\|v\|_1 \leqq \varrho \cdot \|v\|_2$ für alle $v \in V$.

Hinweis: Betrachte $v \mapsto \|v\|_1 + \|v\|_2$ und reduziere damit auf Satz I.

21. Sei A eine nichtleere offene Menge des normierten Vektorraumes V. Man beweise, daß sich jedes Element von V als Linearkombination von höchstens zwei Elementen aus A darstellen läßt.

2 Feinstruktur spezieller Endomorphismen euklidischer Vektorräume

Um die Feinstruktur eines Endomorphismus $L : V \to V$ zu verstehen, wird man versuchen, den Raum V in Untervektorräume zu zerlegen, auf denen L in besonders einfacher Weise operiert. Die entsprechende Matrixdarstellung von L wird dann eine übersichtliche Gestalt erhalten, z.B. im Falle der Existenz einer *Eigenbasis* eine *Diagonalgestalt*. Diese optimale Situation wird zwar nicht immer erreichbar sein, jedoch gibt es dann allgemeinere *Normalformen*, die die Wirkungsweise von L ebenfalls sehr gut beschreiben.

Wir behandeln hier unter diesem Aspekt verschiedene Typen von Endomorphismen euklidischer Vektorräume (endlicher Dimension), wobei es darauf ankommt, die Normalform nicht nur an den gegebenen Endomorphismus L, sondern auch an die euklidische Struktur von V anzupassen. Dabei stützen wir uns ausschließlich auf reelle Hilfsmittel, insbesondere auf die *Methode des Rayleigh-Quotienten* symmetrischer Endomorphismen, die in Form entsprechend verallgemeinerter Variationsprinzipien auch bei unendlicher Dimension große Bedeutung erlangt hat. Weitere Typen von Endomorphismen lassen sich auf den symmetrischen Fall zurückführen.

Auf das Normalformenproblem allgemeiner Endomorphismen kommen wir im folgenden Abschnitt 3.3 zurück, stellen aber hier bereits einige Grundlagen dafür zusammen. Natürlich dürfen wir stets $V \neq 0$ annehmen.

2.1 Hilfsmittel

Es sei V zunächst ein beliebiger K-Vektorraum. Wir untersuchen einen gegebenen Endomorphismus $L : V \to V$.

Die erste Etappe auf dem Wege zur Feinstruktur von L ist die *Eigenwerttheorie*: Ein Skalar $\lambda \in K$ heißt *Eigenwert* von L, wenn es ein $b \in V$ gibt mit $L(b) = \lambda b$ und $b \neq 0$. Jedes solche b heißt dann *Eigenvektor* von L (zum Eigenwert λ), und das Paar (λ, b) wird als *Eigenelement* bezeichnet. Die Menge der Eigenvektoren zum Eigenwert λ bildet zusammen mit dem Nullvektor einen Untervektorraum, den *Eigenraum* (zum Eigenwert λ):

(1) $\quad E_L(\lambda) := \text{Kern}(L - \lambda I).$

Ist seine Dimension endlich, so heißt sie die *geometrische Vielfachheit* $d_L(\lambda)$ des Eigenwertes λ. (Wenn der Endomorphismus aus dem Zusammenhang klar ist, werden die Symbole E und d auch ohne den Index L gebraucht.)

Auf jedem Eigenraum operiert L als Multiplikation mit einem festen Skalar, d.h. als *Streckung*. Das erklärt die besondere Bedeutung der Eigenwertüberlegungen.

Allgemeiner als der Begriff des Eigenraumes ist der des invarianten Untervektorraumes: Ein Untervektorraum U von V heißt *L-invariant* oder *invariant* (*unter* L), wenn $L(U) \subseteqq U$ gilt. Entsprechend heißt eine direkte Zerlegung

(2) $V = U_1 \oplus \ldots \oplus U_k$

L-invariant, wenn $U_1, \ldots, U_k$ selbst L-invariante Untervektorräume sind. Der Gesamtraum V wird *L-reduzibel* genannt, wenn es eine L-invariante Zerlegung $V = U_1 \oplus U_2$ mit $U_1 \neq 0$, $U_2 \neq 0$ gibt; sonst heißt V *L-irreduzibel*.

Zur Aufdeckung der Feinstruktur von L gehört auf jeden Fall eine L-invariante Zerlegung von V in Untervektorräume, die selbst irreduzibel sind (unter den zugehörigen Restriktionen von L), eine sog. *L-irreduzible Zerlegung*. Im allgemeinen ist damit aber das Normalformenproblem noch nicht gelöst, da weiter die Wirkungsweise von L in jedem irreduziblen Untervektorraum beschrieben werden muß.

Ist $V = U_1 \oplus \ldots \oplus U_k$ *irgendeine* direkte Zerlegung von V mit zugehörigen *endlichen* Dimensionen $n_j := \dim U_j$, so können wir eine solche Basis $a_1, \ldots, a_n$ von V wählen, daß ihre ersten n_1 Vektoren eine Basis von U_1, die nächsten n_2 Vektoren eine Basis von $U_2, \ldots$, schließlich die letzten n_k Vektoren eine Basis von U_k bilden. Es ist dann $a_1, \ldots, a_n$ die *zusammengefügte* Basis (der Einzelbasen von $U_1, \ldots, U_k$). In diesem Fall drückt sich die Invarianz der gegebenen Zerlegung dadurch aus, daß für jedes j die Bilder der Basisvektoren von U_j in U_j selbst liegen, d.h. daß die Matrix A von L bezüglich der zusammengefügten Basis $a_1, \ldots, a_n$ die Gestalt hat:

(3) $$A = \begin{pmatrix} \boxed{A_1} & & & 0 \\ & \boxed{A_2} & & \\ & & \ddots & \\ 0 & & & \boxed{A_k} \end{pmatrix},$$

wobei $A_1, A_2, \ldots, A_k$ quadratische *Blöcke* der Größen $n_1, n_2, \ldots, n_k$ sind, die sich Ecke an Ecke entlang der Hauptdiagonale aneinanderreihen, während außerhalb dieser Blöcke nur Nullen stehen. Der j-te Block enthält dabei jeweils die Matrix der Restriktion $L|U_j$. Einer invarianten Zerlegung entspricht so eine *Blockdarstellung* von L der Art (3) – und umgekehrt.

Für eine Blockmatrix der Gestalt (3) verwenden wir aus Gründen der Platzersparnis auch die Bezeichnung

(3′) $A =: \operatorname{diag}(A_1, A_2, \ldots, A_k)$.

Speziell kann eine *Diagonalmatrix* als $\operatorname{diag}(\mu_1, \ldots, \mu_n)$ geschrieben werden, wobei die $\mu_1, \ldots, \mu_n$ die Elemente der Hauptdiagonale sind.

Bemerkung 1. Ist V endlich dimensional, so ist ein $\lambda \in K$ genau dann Eigenwert von L, wenn die Gleichung $(L - \lambda I)\, u = 0$ eine Lösung $u = b \neq 0$ hat. Dies ist genau dann der Fall, wenn $L - \lambda I$ nicht bijektiv, d.h. wenn $\det(L - \lambda I) = 0$ ist. Die Eigenwerte von L sind also die Nullstellen des *charakteristischen Polynoms*

(4) $\mathrm{Ch}_L(\lambda) := \det(L - \lambda I)$,

soweit sie in K liegen. Zu jeder Nullstelle $\lambda \in K$ sind dann die zugehörigen Eigenvektoren die nichttrivialen Lösungen der Gleichung $L(b) = \lambda b$, die bezüglich einer Basis in ein homogenes lineares Gleichungssystem übergeht. [Wenn es klar ist, um welchen Endomorphismus es sich handelt, kann der Index L auf der linken Seite von (4) weggelassen werden.] □

Während diese Begriffe bei beliebigen Skalaren sinnvoll sind, sprechen wir jetzt über den euklidischen Fall und *machen dazu für den Rest des Abschnittes folgende*

Generalvoraussetzung: Es sei V ein reeller euklidischer Vektorraum der Dimension $n < \infty$ mit Skalarprodukt $\langle\, ,\rangle$ (Beispiel 1 [1.5]) und L ein Endomorphismus von V.

Das Paar V, V ist zusammen mit dem Skalarprodukt $\langle\, ,\rangle$ ein duales Raumpaar im Sinne von Definition Q [1.3]; denn die Eigenschaften der Nichtausgeartetheit (51) [1.3] sind erfüllt (man setze dort $v = v_0'$ und nütze die positive Definitheit aus). Dies drückt man häufig so aus: *Ein euklidischer Vektorraum ist zu sich selbst dual.* Demgemäß können wir aus 1.3 alle Eigenschaften übernehmen, die bloß die Nichtausgeartetheit des Skalarproduktes voraussetzen:

So existiert zu der linearen Abbildung $L: V \to V$ genau eine (automatisch lineare) Abbildung $L^*: V \to V$ derart, daß für alle $u, v \in V$ gilt:

(5) $$\boxed{\langle L^*u, v\rangle = \langle u, Lv\rangle.}$$

Man beachte, daß L^* hier wieder eine *Selbstabbildung* von V ist, da eben das Paar V, V mit *gleichen* Partnern betrachtet wird. Man nennt L^* die zu L **adjungierte** Abbildung. Die Eigenschaften aus Satz N [1.3] übertragen sich selbstverständlich (mit $V = W = Z$). (*Warnung:* Die adjungierte Abbildung hat zwar analoge Eigenschaften und das gleiche Symbol wie die duale Abbildung, die von V^* nach V^* läuft, darf aber mit dieser nicht verwechselt werden; die duale Abbildung selbst wird in diesem Zusammenhang nicht mehr gebraucht.)

Ist U Untervektorraum von V, so ist $U^\perp$ die Menge der zu U orthogonalen Vektoren, also der *Orthogonalraum* $U^\perp = \{v \in V \mid \langle u, v\rangle = 0$ für alle $u \in U\}$. Wegen $U \cap U^\perp = 0$ und (31) [1.3] gilt $V = U \oplus U^\perp$, d.h. in einem euklidischen Vektorraum bekommt man zu jedem Untervektorraum U gleich den Ergänzungsraum $U^\perp$ mitgeliefert; das ist einer der großen Vorteile der euklidischen Struktur.

Ein Paar *dualer* Basen $a_1, \ldots, a_n$ von V und $b_1, \ldots, b_n$ von V ist hier durch die Eigenschaft $\langle a_i, b_j\rangle = \delta_{ij}$, $1 \leqq i, j \leqq n$ charakterisiert. Bei der Betrachtung einer linearen Selbstabbildung $V \to V$ wollen wir in V als Definitions- und Zielraum *dieselbe* Basis verwenden, also $b_i = a_i$ für $i = 1, \ldots, n$ setzen. In diesem Fall bedeutet die Dualität einfach, daß $a_1, \ldots, a_n$ eine *Orthonormalbasis* (kurz: *ON-Basis*) von V ist: $\langle a_i, a_j\rangle = \delta_{ij}$, $1 \leqq i, j \leqq n$.

Lemma A. *Sei* U *Untervektorraum von* V *und* $L \in \mathbf{L}(V)$. *Dann gilt:*

(i) *Ist* U *invariant unter* L, *so ist* $U^\perp$ *invariant unter* L^*.

(ii) *Ist* U *invariant unter* L *und* L^*, *so gilt für die Restriktionen:* $(L|U)^* = L^*|U$.

Beweis. *Zu* (i): Unter Beachtung von $L(U) \subseteqq U$ gelten die Schlüsse: $v \in U^\perp \Rightarrow \langle u, v\rangle = 0$ für alle $u \in U \Rightarrow \langle Lu, v\rangle = 0$ für alle $u \in U \Rightarrow \langle u, L^*v\rangle = 0$ für alle $u \in U \Rightarrow L^*v \in U^\perp$.

Zu (ii): $L^*|U$ hat die definierende Eigenschaft von $(L|U)^*$; denn es gilt ja $\langle Lu, v\rangle = \langle u, L^*v\rangle$ speziell für alle $u, v \in U$. □

Die Existenz des Skalarproduktes in V bewirkt, daß jeder linearen Selbstabbildung $L: V \to V$ eine Bilinearform $F: V \times V \to \mathbf{R}$ zugeordnet ist, nämlich die mit den Werten

(6) $\quad F(u, v) := \langle u, Lv\rangle.$

Diese Zuordnung ist bijektiv:

Satz B. *Zu jeder Bilinearform* $F: V \times V \to \mathbf{R}$ *existiert genau eine Abbildung* $L: V \to V$, *so daß gilt:*

(7) $\quad F(u, v) = \langle u, Lv\rangle \quad$ *für alle* $u, v \in V$,

und L *ist linear.*

Beweis. *Existenz und Eindeutigkeit von* L: Bei festem $v \in V$ betrachten wir die Linearform $u \mapsto F(u, v)$ auf V. Nach dem kleinen Lemma von Riesz (H, R [1.3]) existiert genau ein $b \in V$, so daß $F(u, v) = \langle u, b\rangle$ für alle $u \in V$ gilt. Natürlich hängt b vom gewählten v ab: $b =: Lv$. Somit gilt (7).

Linearität von L: Diese ergibt sich allein aus (7) aufgrund der bewiesenen Eindeutigkeit von L, indem man v durch $\alpha_1 v_1 + \alpha_2 v_2$ ersetzt und die Bilinearität von F ausnutzt. Man vergleiche zu diesem Vorgehen die Rechnung in (36) [1.3]. □

Ein linearer Operator L und eine Bilinearform F, die in der Relation (6) stehen, wollen wir **assoziiert** nennen.

Wegen (5) kann man (6) auch ausdrücken als $F(u, v) = \langle L^*u, v\rangle = \langle v, L^*u\rangle$ oder, äquivalent, als

(8) $\quad F(v, u) = \langle u, L^*v\rangle,$

d.h. L^* *entspricht gerade der Bilinearform mit vertauschten Argumenten.*
Wir behandeln die *Matrixdarstellung* der drei Objekte L, L^* und F. Sei dazu:

(9) $\quad a_1, \ldots, a_n$ ON-Basis von V.

Ist die Matrix von L bezüglich dieser Basis gegeben,

(10) $$La_j = \sum_{k=1}^{n} a_{kj} a_k, \qquad A = \begin{pmatrix} a_{11} & \cdots & a_{1n} \\ \vdots & & \vdots \\ a_{n1} & \cdots & a_{nn} \end{pmatrix},$$

so gilt:

(11) $$F(a_i, a_j) = \langle a_i, La_j\rangle = \langle a_i, \sum_{k=1}^{n} a_{kj} a_k\rangle = \sum_{k=1}^{n} a_{kj} \underbrace{\langle a_i, a_k\rangle}_{\delta_{ik}} = a_{ij}.$$

Hieraus liest man ab:

Satz C. *Seien* F *und* L *assoziiert. Dann gilt bezüglich jeder ON-Basis* (9) *von* V: *Die Matrix von* L *ist gleich der Produkttabelle*

$$(12)\qquad \begin{pmatrix} F(a_1, a_1) & \dots & F(a_1, a_n) \\ \vdots & & \vdots \\ F(a_n, a_1) & \dots & F(a_n, a_n) \end{pmatrix}$$

von F; *die Matrizen von* L *und* L* *sind zueinander transponiert.* □

Der letzte Teil dieses Satzes folgt natürlich auch aus den Sätzen P, R [1.3].

Bemerkung 2. Da transponierte Matrizen dieselbe Determinante besitzen (Satz C [I, 4.3]), folgt $\det L = \det L^*$. Allgemeiner gilt für beliebiges $\lambda \in \mathbf{R}: (L - \lambda I)^* = L^* - \lambda I^* = L^* - \lambda I$ (N, R [1.3]), also haben L und L* dasselbe charakteristische Polynom:

$$(13)\qquad Ch_L(\lambda) = \det(L - \lambda I) = \det(L^* - \lambda I) = Ch_{L^*}(\lambda).$$

Dieses heißt auch das **charakteristische Polynom** von F bezüglich der **Grundform** $G := \langle\, ,\rangle$. Außerdem setzt man

$$(14)\qquad \det_G F := \det L = \det L^*$$

$$(15)\qquad \mathrm{spur}_G F := \mathrm{spur}\, L = \mathrm{spur}\, L^*.$$

Aus (13) folgt, daß L und L* dieselben *Eigenwerte* besitzen; diese nennt man auch die **Eigenwerte** von F bezüglich G. (Für die Eigenvektoren von L und L* gibt es keinen ähnlich einfachen Zusammenhang.) □

Mit Tabelle 1 (mittlere Spalte) führen wir die speziellen Endomorphismen ein, die im Anschluß untersucht werden sollen.

Bilinearform	Endomorphismus	Matrix
symmetrisch $F(u, v) = F(v, u)$ $\langle Lu, v\rangle = \langle u, Lv\rangle$	**symmetrisch** $L^* = L$	**symmetrisch** $A^T = A$
schiefsymmetrisch $F(u, v) = -F(v, u)$ $\langle Lu, v\rangle = -\langle u, Lv\rangle$	**schiefsymmetrisch** $L^* = -L$	**schiefsymmetrisch** $A^T = -A$
$\langle Lu, Lv\rangle = \langle u, v\rangle$ $\lvert Lu\rvert = \lvert u\rvert$	**isometrisch** $L^*L = I$ $LL^* = I$	**orthogonal** $A^TA = I$ $AA^T = I$
$\langle Lu, Lv\rangle = \langle L^*u, L^*v\rangle$ $\lvert Lu\rvert = \lvert L^*u\rvert$	**normal** $L^*L = LL^*$	**normal** $A^TA = AA^T$

Tabelle 1 Spezielle Endomorphismen euklidischer Vektorräume

Die erste und dritte Spalte von Tabelle 1 enthalten dabei entsprechende Bedingungen an die Bilinearform F bzw. an die Matrix A. Werden F, L, A wie in diesem Abschnitt gekoppelt, so sind jeweils die Bedingungen in einer Zeile dieser Tabelle zueinander äquivalent. Für die dritte Zeile ist dabei zu beachten, daß $\langle Lu, Lv\rangle$ nach (16) als $\langle u, L^*Lv\rangle$ geschrieben werden kann. Ähnlich hat man für die vierte Zeile die folgenden Gleichungen zu beachten: $\langle Lu, Lv\rangle = \langle u, L^*Lv\rangle$ und $\langle L^*u, L^*v\rangle = \langle u, LL^*v\rangle$. Die Bedingungen der ersten Spalte sind als Identitäten zu lesen, d.h. sie werden für alle $u, v \in V$ gefordert. Offensichtlich sind symmetrische, schiefsymmetrische und isometrische Endomorphismen Spezialfälle von normalen Operatoren. Ein isometrischer Endomorphismus heißt auch **Isometrie** oder **Drehung**. Jedes skalare Vielfache αL einer Isometrie L mit $\alpha \neq 0$ heißt **Ähnlichkeit** oder **Homothetie.**

Bemerkung 3. Einer jeden *Bilinearform* $(u, v) \mapsto F(u, v)$ ist die *quadratische Form* $u \mapsto Q(u) := F(u, u)$ zugeordnet. Wenn F symmetrisch ist, so kann F aus Q zurückgewonnen werden, z.B. mit der Formel

(16) $$2F(u, v) = Q(u + v) - Q(u) - Q(v).$$

Aufgaben zu 2.1

In den folgenden Aufgaben werden euklidische Vektorräume als endlich dimensional vorausgesetzt. Ansonsten bestehen keine generellen Dimensionsbeschränkungen.

1. Sei $L: V \to V$ ein Endomorphismus vom Rang 1, also L von der Form $L(v) = h(v) \cdot a$, wobei $a \in V \setminus 0$ und $h \in V^* \setminus 0$ (vgl. Aufgabe 1 [1.3]). Man zeige, falls $\dim V \geqq 2$:

a) L hat genau die Eigenwerte 0 und $h(a)$.

b) Ist $h(a) \neq 0$, so besteht die direkte Zerlegung $V = (\text{Kern } h) \oplus \text{sp}(a)$ in Eigenräume von L.

c) Ist $h(a) = 0$, so ist V irreduzibel, aber es existiert ein $b \notin \text{Kern } h$ mit $L(b) \in \text{Kern } h$, und es gilt die direkte Zerlegung $V = (\text{Kern } h) \oplus \text{sp}(b)$ (deren zweiter Summand aber nicht Eigenraum ist).

2. Sei $(V, \|\ \|)$ normierter Vektorraum, $\ell \in \mathbf{R}_0^+$ und $L \in \mathscr{L}(V)$ mit $\|Lv\| \leqq \ell \cdot \|v\|$ für alle $v \in V$. Für jeden Eigenwert λ von L beweise man: $|\lambda| \leqq \ell$. Man wende dies insbesondere auf die Normen (7) bis (9) [1.5] an, um für einen Endomorphismus L von $\mathbf{R}^n$ entsprechende *Eigenwertabschätzungen* aus der Matrix A von L zu gewinnen.

3. Für einen normalen Operator $L: V \to V$ des euklidischen Vektorraumes V beweise man:

a) Ist (λ, b) Eigenelement von L, so ist (λ, b) auch Eigenelement von L^*.

b) Ist (λ, b) Eigenelement von L, so ist neben $\text{sp}(b)$ auch $(\text{sp}(b))^\perp$ invariant unter L.

4. Es sei F eine Bilinearform auf dem euklidischen Vektorraum V und L der zu F assoziierte Endomorphismus von V. Man zeige für die beiden Radikale von F (Aufgabe 12 [1.4]):

$$\text{Rad}_\ell F = \text{Kern } L^*, \quad \text{Rad}_r F = \text{Kern } L.$$

5. Sei V euklidischer Vektorraum der Dimension n und $\mathbf{L}_{symm}(V)$ bzw. $\mathbf{L}_{alt}(L)$ die Menge der symmetrischen bzw. schiefsymmetrischen Endomorphismen $L \in \mathbf{L}(V)$. Man zeige:

a) Diese Mengen sind Untervektorräume von $\mathbf{L}(V)$, und es gilt $\mathbf{L}(V) = \mathbf{L}_{symm}(V) \oplus \mathbf{L}_{alt}(V)$.

b) $\dim \mathbf{L}_{symm}(V) = \frac{1}{2} n (n + 1)$, $\dim \mathbf{L}_{alt}(V) = \frac{1}{2} n (n - 1)$.

Hinweise: Zu a): Für jedes L gilt $L = \frac{1}{2}(L + L^*) + \frac{1}{2}(L - L^*)$. *Zu* b): Man betrachte die entsprechenden Matrizenmengen.

6. Sei V ein euklidischer Vektorraum der Dimension $n \geqq 2$. Auf $\mathbf{L}(V) \times \mathbf{L}(V)$ betrachte man die beiden folgenden reellen Funktionen:

$$\langle\langle L, M\rangle\rangle := \operatorname{spur}(LM^*), \qquad F(L, M) := \operatorname{spur}(LM)$$

und zeige:

a) $\langle\langle\, ,\, \rangle\rangle$ macht $\mathbf{L}(V)$ zu einem euklidischen Vektorraum (der Dimension n^2).

b) F ist symmetrische Bilinearform auf $\mathbf{L}(V)$.

c) Welches ist die zu F assoziierte lineare Abbildung $\Phi : \mathbf{L}(V) \to \mathbf{L}(V)$?

d) Die Eigenwerte von F bezüglich $\langle\langle\, ,\, \rangle\rangle$ sind 1 und -1 mit den geometrischen Vielfachheiten $d(1) = \frac{1}{2} n (n + 1)$ und $d(-1) = \frac{1}{2} n (n - 1)$.

Hinweis zu d): Man betrachte Φ auf den Untervektorräumen $\mathbf{L}_{symm}(V)$ und $\mathbf{L}_{alt}(V)$ von $\mathbf{L}(V)$; vgl. Aufgabe 5.

7. Sei V euklidischer Vektorraum und $R \in \mathbf{L}(V)$ schiefsymmetrisch. Man zeige:

a) $I + R$ ist bijektiv.

b) $Q := (I - R)(I + R)^{-1}$ ist isometrisch und besitzt nicht den Eigenwert -1.

c) Jeder isometrische Operator $Q \in \mathbf{L}(V)$, der nicht den Eigenwert -1 besitzt, kann mit geeignetem schiefsymmetrischen $R \in \mathbf{L}(V)$ so dargestellt werden. Man erhält R durch Umkehrung der Formel in b): $R = (I - Q)(I + Q)^{-1}$ **(Cayleysche Formeln).**

8. Bei einem *unendlich* dimensionalen Prähilbertraum V ist die Existenz adjungierter Endomorphismen nicht immer gewährleistet, jedoch die Eindeutigkeit nach wie vor gesichert. Man definiert: Der Endomorphismus $L \in \mathbf{L}(V)$ besitzt einen **adjungierten** Endomorphismus, wenn ein $L^* \in \mathbf{L}(V)$ existiert, so daß $\langle u, Lv\rangle = \langle L^*u, v\rangle$ für alle $u, v \in V$ gilt. Beweise:

a) Der adjungierte Endomorphismus L^* von L ist, falls existent, eindeutig bestimmt, und dann existiert auch $(L^*)^*$ und ist gleich L.

b) Existieren die adjungierten Endomorphismen von $L, M \in \mathbf{L}(V)$, so auch die von $L + M$ und αL ($\alpha \in \mathbf{R}$), und es gilt: $(L + M)^* = L^* + M^*$, $(\alpha L)^* = \alpha L^*$.

2.2 Symmetrische Endomorphismen

Gegeben sei ein euklidischer Vektorraum V mit

(1) $\qquad \dim V = n < \infty$

und ein *symmetrischer Endomorphismus*

(2) $\qquad L : V \to V.$

Das *Eigenwertproblem* für L hat eine sehr übersichtliche Lösung: Es wird sich herausstellen, daß für L eine Basis aus Eigenvektoren existiert, die sogar orthonormal gewählt werden kann.

Der wesentliche Schritt ist hierbei der Nachweis, daß es *mindestens* einen reellen Eigenwert von L gibt. Diese Existenzfrage läßt sich mit einem analytischen Prinzip angehen, nämlich über das Extremwertproblem einer gewissen reellen Funktion, des sog. *Rayleigh-Quotienten.* Dazu betrachtet man die zu L assoziierte symmetrische Bilinearform $F(u, v) = \langle u, Lv\rangle$ und setzt ihre quadratische Form ins Verhältnis zum Normquadrat:

(3) $$\boxed{R(v) := \frac{\langle v, Lv\rangle}{\langle v, v\rangle}, \quad v \in V \setminus 0.}$$

Der **Rayleigh-Quotient** R ist also eine reelle Funktion auf dem „punktierten" Vektorraum $V \setminus 0$. Er besitzt zwei Eigenschaften, die hier wesentlich sind: Für $v \neq 0$ und $\alpha \neq 0$ gilt offensichtlich $R(\alpha v) = R(v)$, d.h. R ist auf jeder Gerade sp(v) (außerhalb 0) konstant. Da jede Gerade sp(v) die Einheitssphäre

(4) $\quad S(1) = \{u \in V \mid \langle u, u\rangle = 1\}$

trifft (und zwar genau in $v/|v|$ und $-v/|v|$), sind die *Werte* des Rayleigh-Quotienten (3) dieselben wie die der Einschränkung auf S(1):

(5) $\quad R(u) := \langle u, Lu\rangle, \quad u \in S(1).$

Weiter gilt: Ist (λ, b) Eigenelement von L, so folgt

(6) $$R(b) = \frac{\langle b, Lb\rangle}{\langle b, b\rangle} = \frac{\langle b, \lambda b\rangle}{\langle b, b\rangle} = \lambda,$$

d.h. *wenn* Eigenwerte existieren, so liegen diese in der Bildmenge von R. Dies legt es nahe, Eigenwerte von L aus der Bildmenge von R heraus zu konstruieren.

Satz A. (a) *Der Rayleigh-Quotient* R *besitzt auf* $V \setminus 0$ *(mindestens) eine Minimalstelle* v_m *und Maximalstelle* v_M.
(b) $(R(v_m), v_m)$ *und* $(R(v_M), v_M)$ *sind Eigenelemente von* L.
(c) *Für jeden Eigenwert* λ *von* L *gilt:*

(7) $$\min_{v \neq 0} \frac{\langle v, Lv\rangle}{\langle v, v\rangle} = R(v_m) \leqq \lambda \leqq R(v_M) = \max_{v \neq 0} \frac{\langle v, Lv\rangle}{\langle v, v\rangle},$$

d.h. $R(v_m)$ *ist der kleinste und* $R(v_M)$ *ist der größte Eigenwert von* L.

Beweis. *Zu* (a): Wir zeigen, daß der Rayleigh-Quotient (5) auf S(1) stetig ist: Nach E, I [1.5] existiert ein $\ell \geqq 0$ mit $|Lv| \leqq \ell \cdot |v|$ für alle $v \in V$. Daraus ergibt sich unter Benutzung der Cauchy-Schwarzschen Ungleichung für $u_0, u \in S(1)$:

(8) $$\begin{aligned} |R(u) - R(u_0)| &= |\langle u, Lu\rangle - \langle u_0, Lu_0\rangle| \\ &= |\langle u, Lu\rangle - \langle u, Lu_0\rangle + \langle u, Lu_0\rangle - \langle u_0, Lu_0\rangle| \\ &= |\langle u, L(u - u_0)\rangle + \langle u - u_0, Lu_0\rangle| \\ &\leqq |u| \cdot |L(u - u_0)| + |u - u_0| \cdot |Lu_0| \\ &\leqq 1 \cdot \ell \cdot |u - u_0| + |u - u_0| \cdot \ell \cdot 1 = 2\ell \cdot |u - u_0|. \end{aligned}$$

Diese Abschätzung impliziert die Stetigkeit der Funktion (5). Da S(1) beschränkt und abgeschlossen ist (C [1.5]), folgt nach Satz K [1.5] die Existenz von Extremalstellen v_m und v_M zunächst für die Einschränkung (5) und nach den Vorbemerkungen auch für R auf $V \setminus 0$ selbst.

Zu (b): Wir führen als Muster den Beweis für v_m vor, wobei $|v_m| = 1$ angenommen werden kann: Für gegebenes $u \in V$ betrachten wir die reelle Funktion f der reellen Veränderlichen t:

(9) $$f(t) := R(v_m + tu) = \frac{g(t)}{h(t)}$$

mit

$$
\begin{aligned}
&g(t) := \langle v_m + tu, L(v_m + tu)\rangle \\
(10)\quad & = \langle v_m + tu, Lv_m + tLu\rangle \\
& = \langle v_m, Lv_m\rangle + t\cdot(\langle u, Lv_m\rangle + \langle v_m, Lu\rangle) + t^2\cdot\langle u, Lu\rangle,
\end{aligned}
$$

$$(11)\qquad h(t) := |v_m + tu|^2 = |v_m|^2 + 2t\langle v_m, u\rangle + t^2|u|^2.$$

Diese Ausdrücke zeigen, daß f für kleine $|t|$ definiert und differenzierbar ist, und wegen der Wahl von v_m hat f in $t = 0$ ein lokales Minimum. Mittels eindimensionaler Analysis folgt hieraus für die Ableitung

$$(12)\qquad 0 = f'(0) = \frac{h(0)\,g'(0) - g(0)\,h'(0)}{(h(0))^2},$$

also

$$(13)\qquad 0 = h(0)\,g'(0) - g(0)\,h'(0).$$

Mit den aus (10), (11) folgenden Werten

$$
(14)\qquad
\begin{aligned}
g(0) &= \langle v_m, Lv_m\rangle \\
g'(0) &= \langle u, Lv_m\rangle + \langle v_m, Lu\rangle = 2\langle Lv_m, u\rangle \\
h(0) &= |v_m|^2 = 1 \\
h'(0) &= 2\langle v_m, u\rangle
\end{aligned}
$$

bedeutet (13):

$$(15)\qquad 0 = \langle Lv_m, u\rangle - \langle v_m, Lv_m\rangle\langle v_m, u\rangle = \langle Lv_m - \langle v_m, Lv_m\rangle v_m, u\rangle.$$

Da dies für alle $u \in V$ richtig ist, folgt $Lv_m - \langle v_m, Lv_m\rangle v_m = 0$, also

$$(16)\qquad Lv_m = \langle v_m, Lv_m\rangle v_m.$$

Andererseits folgt aus (3)

$$(17)\qquad R(v_m) = \langle v_m, Lv_m\rangle$$

und somit

$$(18)\qquad Lv_m = R(v_m)\cdot v_m.$$

Zu (c): Dies war vorab bereits gezeigt worden. □

Hat man einen Eigenvektor a von L ermittelt, so ist der Untervektorraum $U = sp(a)$ unter L invariant, und dasselbe gilt nach Lemma A(i) [2.1] für das orthogonale Komplement $U^\perp$. Ferner ist klar, daß L auf $U^\perp$ wieder symmetrisch ist. Wegen $\dim U^\perp = n - 1$ ist damit das Eigenwertproblem auf eine kleinere Dimension zurückgeführt. Auf diesem *Reduktionsprinzip* beruht der folgende wichtige Satz.

Satz B. *Zu jedem symmetrischen Endomorphismus* $L: V \to V$ *existiert eine orthonormierte Eigenbasis* $a_1, \ldots, a_n$ *von* L *in* V. *Bezüglich dieser Basis hat also die Matrix von* L *die Diagonalgestalt*

(19) $$\boxed{A_0 = \operatorname{diag}(\lambda_1, \ldots, \lambda_n),}$$

wobei $\lambda_1, \ldots, \lambda_n$ *die zu* $a_1, \ldots, a_n$ *gehörenden (reellen) Eigenwerte sind.*

Man sagt kurz: L ist **orthogonal diagonalisierbar.** Die **Normalform** eines symmetrischen Endomorphismus hat also Diagonalgestalt.

Beweis von B. Wir führen eine *vollständige Induktion* nach der Dimension n aus.

Für $n = 1$ ist die Behauptung trivial, da jeder Endomorphismus eines eindimensionalen Vektorraumes skalares Vielfaches der Identität ist.

Der Schluß von $n-1$ auf n verläuft so: Nach Satz A existiert ein Eigenelement (λ_n, a_n) von L, ohne Einschränkung mit $|a_n| = 1$. Sei

(20) $$U := (\operatorname{sp}(a_n))^{\perp}$$

die zu a_n orthogonale Hyperebene. Dann gilt nach A [2.1]: $L(U) \subseteqq U$, und die Restriktion $L|U : U \to U$ ist wieder symmetrisch. Die Induktionsvoraussetzung, angewandt auf $L|U$, liefert die Existenz einer ON-Basis $a_1, \ldots, a_{n-1}$ von U aus Eigenvektoren mit Eigenwerten $\lambda_1, \ldots, \lambda_{n-1}$. Zusammen mit (λ_n, a_n) ergibt sich die Behauptung. □

Die Eigenschaften der so konstruierten Basis $a_1, \ldots, a_n$ implizieren für die symmetrischen Bilinearformen

(21) $$G(u, v) := \langle u, v\rangle, \quad F(u, v) = \langle u, Lv\rangle$$

die folgenden Eigenschaften:

(22) $$G(a_i, a_j) = \langle a_i, a_j\rangle = \delta_{ij}$$

(23) $$F(a_i, a_j) = \langle a_i, La_j\rangle = \langle a_i, \lambda_j a_j\rangle = \lambda_j \delta_{ij}.$$

Da *jede* symmetrische, positiv definite Bilinearform G eine euklidische Metrik definiert, ergibt sich somit:

Folgerung C (Simultane Diagonalisierung zweier quadratischer Formen). *Sei* V *ein beliebiger* $\mathbb{R}$-*Vektorraum der Dimension* n, *und seien* F, G *symmetrische Bilinearformen auf* V, *wobei* G *positiv definit ist. Dann existiert eine Basis* $a_1, \ldots, a_n$ *von* V, *bezüglich der die zugehörigen quadratischen Formen folgende Koordinatendarstellungen besitzen:*

(24) $$G(v, v) = (x_1)^2 + \ldots + (x_n)^2$$

(25) $$F(v, v) = \lambda_1 \cdot (x_1)^2 + \ldots + \lambda_n \cdot (x_n)^2$$

$$, v = x_1 a_1 + \ldots + x_n a_n.$$

Dabei sind $\lambda_1, \ldots, \lambda_n$ *die Eigenwerte von* F *bezüglich* G. □

Wegen einer später zu besprechenden Anwendung in der analytischen Geometrie nennt man diese Aussage auch den Satz über die **Hauptachsentransformation.**

Bemerkungen. 1. Ist $L : V \to V$ symmetrisch, so heißt L **positiv definit**, wenn die zugehörige quadratische Form $v \mapsto F(v, v) = \langle v, Lv\rangle$ positiv definit ist. Analoges gilt für die anderen Definitheitsbegriffe (vgl. Definition D [I, 5.1]). Diese Eigenschaften können nach (25) an den Eigenwerten $\lambda_1, \ldots, \lambda_n$ von L abgelesen werden; z.B. ist L positiv definit, wenn alle Eigenwerte positiv sind. Es sei jedoch darauf hingewiesen, daß die Definitheit auch ohne Kenntnis der Eigenwerte festgestellt werden kann (vgl. [I, 5.2]). Die positive Definitheit von L wird durch $L > 0$ bezeichnet, ähnlich die positive Semidefinitheit durch $L \geqq 0$, usw..

2. Bei $n \geqq 3$ existiert ein zu C ähnlicher Satz in der allgemeineren Situation, daß F, G symmetrisch sind und folgende Bedingung erfüllen: Für *kein* $v \in V \setminus 0$ gilt gleichzeitig $F(v, v) = 0$ und $G(v, v) = 0$. Vgl. *Greub* [1], 8.9.

3. In der Matrizensprache besagt Satz B, daß zu jeder symmetrischen Matrix $A = A^T \in \mathbf{R}^{(n,n)}$ eine orthogonale Matrix $S = (S^T)^{-1} \in \mathbf{R}^{(n,n)}$ existiert, so daß $SAS^{-1} = SAS^T$ Diagonalgestalt besitzt. Man betrachtet hierzu A als Matrix eines Endomorphismus von $\mathbf{R}^n$ mit der euklidischen Standardmetrik (bezüglich der Standardbasis). Das gewünschte S ist dann die Matrix der Koordinatentransformation von der Standardbasis zu der laut Satz B existierenden ON-Basis; vgl. (22) [I, 3.5] und E [I, 5.7].

4. Satz A dient der theoretischen Existenzsicherung reeller Eigenwerte. Zur *Eigenwertberechnung* kann man selbstverständlich auch hier die Nullstellen des charakteristischen Polynoms $Ch(\lambda) = \det(L - \lambda I)$ bestimmen, von denen man nunmehr a priori weiß, das sie alle reell sind. Es gibt aber auch andere Berechnungsmethoden (vgl. z.B. die folgenden Aufgaben 4 und 5).

Aufgaben zu 2.2

1. Bezüglich der Standardmetrik und Standardbasis von $\mathbf{R}^3$ beschreibt die Matrix

$$A = \begin{pmatrix} 0 & 1 & 2 \\ 1 & 2 & 0 \\ 2 & 0 & 1 \end{pmatrix}$$

einen symmetrischen Endomorphismus L von $\mathbf{R}^3$. Man bestimme die Eigenwerte und eine ON-Eigenbasis von L.

2. Man bestimme alle Eigenwerte und zugehörigen Eigenvektoren der $(n \times n)$-Matrix A mit den Elementen $a_{ij} := 1 - \delta_{ij}$.

3. Bezüglich der Standardbasis des $\mathbf{R}^3$ seien zwei quadratische Formen P, Q auf $\mathbf{R}^3$ gegeben durch

$$P(x) = x_1^2 + 2x_2^2 + 6x_3^2 - 2x_1x_2 + 4x_1x_3 - 6x_2x_3$$
$$Q(x) = 5x_1^2 + 12x_2^2 + 35x_3^2 - 18x_1x_2 + 28x_1x_3 - 42x_2x_3.$$

a) Man verifiziere, daß P positiv definit ist.

b) Man bestimme eine Basis des $\mathbf{R}^3$, die P und Q simultan diagonalisiert.

4. Für den größten Eigenwert λ_M eines symmetrischen positiv definiten Endomorphismus L von V beweise man:

a) $$\lambda_M = \lim_{k \to \infty} \frac{\langle v, L^k v\rangle}{\langle v, L^{k-1} v\rangle}.$$

b) Die Folge $(L^k v / |L^k v|)_{k \in \mathbf{N}}$ konvergiert gegen einen Eigenvektor $b \in E(\lambda_M)$.

Dabei sei v ein fester Vektor aus V, der nicht in $(E(\lambda_M))^\perp$ liegt. (Dieses Verfahren geht auf von Mises zurück.)

Hinweis: Man drücke alle Größen bezüglich einer ON-Eigenbasis von L aus.

Zahlenbeispiel: Man berechne hiermit Näherungen von λ_M und einem zugehörigen Eigenvektor für $1 \leqq k \leqq 6$ für die Matrix $A = \begin{pmatrix} 4 & 1 \\ 1 & 2 \end{pmatrix}$ mit $v = \begin{pmatrix} 1 \\ 1 \end{pmatrix}$ und vergleiche mit den exakten Werten.

Bemerkung: Ist der gegebene Endomorphismus nicht positiv definit, so kann dies durch Addition eines genügend großen positiven Vielfachen der Identität erzwungen werden.

5. Es sei L symmetrischer Endomorphismus von V, $a_1, \ldots, a_n$ eine ON-Eigenbasis von V bezüglich L, und es seien $\lambda_1, \ldots, \lambda_n$ die zugehörigen Eigenwerte, wobei die Numerierung so eingerichtet ist, daß $\lambda_1 \leqq \lambda_2 \leqq \ldots \leqq \lambda_n$ gilt. Man beweise für $1 \leqq k \leqq n-1$ die folgende Rekursionsformel:

$$\begin{aligned} \lambda_{n-k} &= \text{größter Eigenwert von } L \mid (\operatorname{sp}(a_n, \ldots, a_{n-k+1}))^{\perp} \\ &= \max \{R(v) \mid 0 \neq v, \langle a_n, v\rangle = \ldots = \langle a_{n-k+1}, v\rangle = 0\}. \end{aligned}$$

6. Man zeige, daß zu jedem symmetrischen positiv semidefiniten Endomorphismus L von V und zu jeder natürlichen Zahl k genau ein symmetrischer positiv semidefiniter Endomorphismus W von V existiert mit: $W^k = L$ (Eindeutige Existenz einer positiv semidefiniten k-ten **Wurzel** von L).

7. In $\mathbf{L}(V)$ seien die beiden Normen von Aufgabe 12 [1.5] und Aufgabe 6 [2.1] betrachtet, die zur Unterscheidung so bezeichnet seien:

$$\|L\|_m := \max \{|Lv| \mid |v| \leqq 1\}, \qquad \|L\|_s := (\operatorname{spur} LL^*)^{1/2}.$$

Man beweise:

a) $\|L\|_m \leqq \|L\|_s \leqq \sqrt{n} \cdot \|L\|_m$. In der ersten Abschätzung steht das Gleichheitszeichen, genau wenn $\operatorname{Rang} L \leqq 1$, in der zweiten, genau wenn $L = \rho \cdot L_0$, wobei $\rho \in \mathbf{R}$ und L_0 eine Isometrie ist.

b) Für $L, M \in \mathbf{L}(V)$ gilt $\|L \circ M\|_m \leqq \|L\|_m \cdot \|M\|_m$ und $\|L \circ M\|_s \leqq \|L\|_s \cdot \|M\|_s$.

c) Ist $L = L^*$ symmetrisch, so ist $\|L\|_m$ der Betrag des betragsgrößten Eigenwertes von L (der sog. **Spektralradius** und L) und $\|L\|_s = (\lambda_1^2 + \ldots + \lambda_n^2)^{1/2}$, wobei $\lambda_1, \ldots, \lambda_n$ die Eigenwerte von L sind.

8. Für symmetrisches, positiv definites $L \in \mathbf{L}(V)$ beweise man die Ungleichung

$$\boxed{\frac{1}{n} \operatorname{spur} L \geqq \sqrt[n]{\det L}}$$

und zeige, daß in dieser genau dann das Gleichheitszeichen steht, wenn L ein skalares Vielfaches der Identität (also eine *Streckung*) ist.

9. Es sei $\dim V = n = 2$, und L, M seien zwei symmetrische positiv definite Endomorphismen von V. Man beweise die Ungleichung

$$\det(\sqrt{\det M} \cdot L - \sqrt{\det L} \cdot M) \leqq 0$$

und zeige, daß in dieser genau dann das Gleichheitszeichen steht, wenn L und M proportional sind.

Hinweis: Man darf $\det M = \det L = 1$ annehmen (warum?). Dann rechne man in einer ON-Eigenbasis von $L - M$.

10. Für symmetrisches $L \in \mathbf{L}(V)$ beweise man die Äquivalenz folgender Eigenschaften:

(i) $L > 0$.

(ii) Für alle symmetrischen $M \in \mathbf{L}(V)$ mit $0 \neq M \geqq 0$ gilt $\operatorname{spur}(LM) > 0$.

11. Mit $\mathbf{L}^+_{\text{symm}}(V)$ sei die Menge aller positiv definiten symmetrischen $L \in \mathbf{L}(V)$ bezeichnet. Man zeige:

a) Aus $L_1, L_2 \in \mathbf{L}^+_{\text{symm}}(V)$ und $\alpha_1, \alpha_2 \in \mathbf{R}^+$ folgt $\alpha_1 L_1 + \alpha_2 L_2 \in \mathbf{L}^+_{\text{symm}}(V)$.

b) Daraus folgere man, daß $\mathbf{L}^+_{\text{symm}}(V)$ wegzusammenhängend ist (Aufgabe 18 [1.5]).

Hinweis zu b): Betrachte Wege der Art $t \mapsto (1-t) L_1 + t L_2$.

2.3 Isometrische Endomorphismen

Wir untersuchen hier einen isometrischen Endomorphismus L eines euklidischen Vektorraumes V der Dimension $n < \infty$:

(1) $L: V \to V$

(2) $\langle Lu, Lv \rangle = \langle u, v \rangle$ für alle $u, v \in V$.

Gleichwertig mit der Isometrieeigenschaft (2) ist jede (einzelne) der Bedingungen:

(3) $L^*L = I, \quad LL^* = I.$

Aus diesen folgt wegen (13) [2.1]: $(\det L)^2 = \det I = 1$, also $\det L = 1$ oder $\det L = -1$; im ersten Fall heißt L *eigentlich*, im zweiten *uneigentlich*. Im Falle $n = 1$ ist demgemäß $L = I$ bzw. $L = -I$, d.h. L ist die Identität $v \mapsto v$ oder die **Spiegelung** $v \mapsto -v$. Im Falle $n = 2$ besitzt jede eigentlich orthogonale Matrix A allein aufgrund ihrer definierenden Eigenschaften $AA^T = I$ und $\det A = 1$ die Gestalt:

(4) $$D(\Theta) = \begin{pmatrix} \cos\Theta & -\sin\Theta \\ \sin\Theta & \cos\Theta \end{pmatrix},$$

wobei Θ durch $-\pi < \Theta \leqq \pi$ fixiert werden kann. Daraus folgt, daß eine eigentliche Isometrie L eines zweidimensionalen euklidischen Vektorraumes bezüglich jeder ON-Basis durch eine solche *Drehmatrix* (4) dargestellt wird.

Die Identität und Spiegelung des eindimensionalen Falles und die eigentlichen Isometrien des zweidimensionalen Falles stellen sich nun als Bausteine für die höherdimensionale Situation heraus:

Satz A. *Zu jedem isometrischen Endomorphismus* $L: V \to V$ *eines* n*-dimensionalen euklidischen Vektorraumes existiert eine ON-Basis* $a_1, \ldots, a_n$ *von* V, *bezüglich der die Matrix von* L *die Form hat:*

(5) $$\boxed{B_0 = \operatorname{diag}(D(\Theta_1), \ldots, D(\Theta_r), \underbrace{1, \ldots, 1}_{s}, \underbrace{-1, \ldots, -1}_{t}),}$$

wobei $\Theta_1, \ldots, \Theta_r \in \mathbf{R}$.

Kommentar: Die Blockmatrix B_0 besteht aus einer Folge von r Drehmatrizen und einer sich daran anschließenden Folge von s Einsen und t Minuseinsen. Dabei gilt $2r + s + t = n$, wobei es zugelassen ist, daß $r = 0$ oder $s = 0$ oder $t = 0$ gilt (Nichtauftreten der betreffenden Sorte). Die reellen Zahlen $\Theta_1, \ldots, \Theta_r$ sind (bei festgehaltener Basis $a_1, \ldots, a_n$) bis auf ganzzahlige Vielfache von 2π eindeutig bestimmt und deswegen z.B. durch

(6) $-\pi < \Theta_\rho \leqq \pi, \quad \rho = 1, \ldots, r$

fixierbar. In der Gestalt von B_0 ist insbesondere ausgedrückt, daß V in eine direkte Summe von paarweise orthogonalen Untervektorräumen der Dimension 2 und 1 zerlegt werden kann, wobei jeder dieser Untervektorräume durch L in sich abgebildet wird, und zwar im ersten Fall durch eine (ebene) Drehung und im zweiten Fall durch die Identität oder die Spiegelung. Der folgende Beweis beruht auf einem ähnlichen *Reduktionsprinzip* wie bei Satz B [2.2].

Beweis von A. Wir führen *vollständige Induktion* nach der Dimension n durch.

Für $n = 1$ ist $L = I$ oder $L = -I$, also L bezüglich jeder Basis durch die (1×1)-Matrix (1) oder (-1) dargestellt.

Die Behauptung sei nun für alle Dimensionen $\leqq n-1$ vorausgesetzt und werde dann für die Dimension n bewiesen: Wir betrachten die *Hilfsabbildung*

(7) $\quad H := L + L^* = L + L^{-1}.$

Es ist $H^* = L^* + L^{**} = L^* + L = H$, also ist H symmetrisch. Daher existiert nach Satz A [2.2] ein Eigenelement (λ, a) von H. Aus $Ha = \lambda a$ folgt $La + L^{-1}a = \lambda a$, also durch Anwendung von $L: L^2a + a = \lambda La$, d.h.

(8) $\quad L^2 a = -a + \lambda La.$

Wir setzen

(9) $\quad U := sp(a, La).$

Dann gelten folgende Feststellungen:

(i) $1 \leqq \dim U \leqq 2$.

(ii) $L(U) = U$ [denn aus (8) folgt $L(U) \subseteqq U$, und hierin steht Gleichheit, da L bijektiv ist].

(iii) $L|U : U \to U$ ist Isometrie.

(iv) $\dim U^\perp \leqq n-1$ [aus (i)].

(v) $L(U^\perp) = U^\perp$ [aus Lemma A [2.1] folgt $L^*(U^\perp) \subseteqq U^\perp$, also $L^{-1}(U^\perp) \subseteqq U^\perp$, also $U^\perp \subseteqq L(U^\perp)$, und hierin steht Gleichheit, da L bijektiv ist].

(vi) $L|U^\perp : U^\perp \to U^\perp$ ist Isometrie.

Nun hat $L|U$ bezüglich irgendeiner ON-Basis von U die behauptete Form. Bei $\dim U = 1$ folgt dies aus obigem Induktionsanfang, bei $\dim U = 2$ ist (4) anwendbar; denn die Determinante von $L|U$ ist bei Berechnung bezüglich der Basis a, La von U nach (8) gleich

(10) $\quad \begin{vmatrix} 0 & -1 \\ 1 & \lambda \end{vmatrix} = 1,$

also $L|U$ eigentlich.

Weiter kann die Induktionsvoraussetzung auf $L|U^\perp$ angewendet werden, wie aus (iv), (v), (vi) hervorgeht. Somit existiert eine ON-Basis von $U^\perp$, bezüglich der $L|U^\perp$ durch eine Matrix der behaupteten Form dargestellt wird.

Fügt man die beiden Basen von U und $U^\perp$ zusammen, so folgt die Behauptung für L selbst. □

Die Matrix B_0 (5) heißt **Normalform** der zugehörigen Drehung L.

Bemerkung 1. Für die Normalform (5) kann man über (6) hinaus annehmen

(11) $0 < \Theta_\rho < \pi, \quad \rho = 1, \ldots, r.$

Denn bei Vertauschen der beiden jeweiligen Basisvektoren ändert sich das Vorzeichen von Θ_ρ, falls $\Theta_\rho \neq \pi$ ist, und $\Theta_\rho = 0$ bzw. $\Theta_\rho = \pi$ ist ausschließbar, da die zugehörigen Drehmatrizen zu den Einsen bzw. Minuseinsen von B_0 geschlagen werden können. Im Falle von (11) sind alle zur Blockmatrix B_0 gehörenden invarianten Untervektorräume irreduzibel unter L, denn die Restriktion von L auf die zweidimensionalen unter diesen Untervektorräumen besitzen keine (reellen) Eigenwerte. Es handelt sich also um eine irreduzible invariante Zerlegung von V unter L. Ferner sind dann die Anzahlen der Einsen bzw. Minuseinsen in B_0 bestimmt als die geometrischen Vielfachheiten d(1) bzw. d(−1) der Eigenwerte 1 bzw. −1 von L; damit liegt auch $2r = n - d(1) - d(-1)$ fest. Darüberhinaus wird sich im folgenden Abschnitt 3.3 ergeben, daß die Größen Θ_ρ unter der Bedingung (11) und die jeweiligen Anzahlen gleicher Drehmatrizen in B_0 durch L selbst bestimmt sind. Die *Reihenfolge* der Drehmatrizen in B_0 ist natürlich willkürlich.

Beispiele. 1. In der Dimension n = 2 ergeben sich als mögliche Normalformen einer Drehung nach Satz A mit den üblichen Bezeichnungen:

(E_2) $\begin{pmatrix} \cos\Theta & -\sin\Theta \\ \sin\Theta & \cos\Theta \end{pmatrix}$ (a) **Eigentliche Drehung** $\quad \begin{pmatrix} 1 & 0 \\ 0 & 1 \end{pmatrix}$ (b) **Identität** $\quad \begin{pmatrix} -1 & 0 \\ 0 & -1 \end{pmatrix}$ (c) **Punktspiegelung**

(U_2) $\begin{pmatrix} 1 & 0 \\ 0 & -1 \end{pmatrix}$ **Geradenspiegelung.**

Dabei stehen in der Zeile (E_2) die eigentlichen, in der Zeile (U_2) die uneigentlichen Fälle. Natürlich sind die beiden Fälle (b) und (c) von Zeile (E_2) für $\Theta = 0$ und $\Theta = \pi$ im Fall (a) enthalten.

2. In der Dimension n = 3 lauten die entsprechenden Normalformen nach Satz A so:

(E_3) $\begin{pmatrix} \cos\Theta & -\sin\Theta & 0 \\ \sin\Theta & \cos\Theta & 0 \\ 0 & 0 & 1 \end{pmatrix}$ (a) **Eigentliche Drehung** $\quad \begin{pmatrix} 1 & 0 & 0 \\ 0 & 1 & 0 \\ 0 & 0 & 1 \end{pmatrix}$ (b) **Identität** $\quad \begin{pmatrix} 1 & 0 & 0 \\ 0 & -1 & 0 \\ 0 & 0 & -1 \end{pmatrix}$ (c) **Geradenspiegelung**

(U_3) $\begin{pmatrix} \cos\Theta & -\sin\Theta & 0 \\ \sin\Theta & \cos\Theta & 0 \\ 0 & 0 & -1 \end{pmatrix}$ (a) **Drehspiegelung** $\quad \begin{pmatrix} 1 & 0 & 0 \\ 0 & 1 & 0 \\ 0 & 0 & -1 \end{pmatrix}$ (b) **Ebenenspiegelung** $\quad \begin{pmatrix} -1 & 0 & 0 \\ 0 & -1 & 0 \\ 0 & 0 & -1 \end{pmatrix}$ (c) **Punktspiegelung**

Die erste Zeile (E_3) enthält wieder die eigentlichen Typen, die zweite (U_3) die uneigentlichen. Auf die angegebenen naheliegenden Bezeichnungen sei hingewiesen.

Bemerkungen. 2. Die in diesen Beispielen auftretenden Spiegelungstypen sind Spezialfälle von Orthogonalspiegelungen an Untervektorräumen. Eine solche ist immer gekoppelt an eine orthogonale direkte Zerlegung $V = U \oplus U^{\perp}$, und zwar ist die *Orthogonalspiegelung* am Untervektorraum U der Endomorphismus S von V, welcher jedes $v = u' + u''$ mit $u' \in U$, $u'' \in U^{\perp}$ überführt in $S(v) := u' - u''$. Jede solche Spiegelung ist eine Isometrie mit $d(1) = \dim U$, $d(-1) = \dim U^{\perp}$, wie man leicht nachrechnet. Für $\dim U = 0, 1, 2$ bzw. $n-1$ spricht man von einer **Punkt-, Geraden-, Ebenen-** bzw. **Hyperebenenspiegelung.**

3. In der Matrizensprache besagt Satz A, daß zu jeder orthogonalen Matrix $A = (A^T)^{-1} \in \mathbf{R}^{(n,n)}$ eine orthogonale Matrix $S = (S^T)^{-1} \in \mathbf{R}^{(n,n)}$ existiert, so daß $SAS^{-1} = SAS^T$ die Gestalt B_0 besitzt (vgl. Bemerkung 3 [2.2]).

4. *Praktische Berechnung der Normalform einer Isometrie* L: Ist man nur an der Normalform B_0 von L interessiert, so genügt die Berechnung der Eigenwerte von $L + L^*$; denn die Normalform von $L + L^*$ liefert nach (5) und (11) die Größen Θ_ρ und die Anzahlen der Einsen und Minuseinsen in B_0. Benötigt man zusätzlich eine ON-Eigenbasis von L, so kann man das Beweisverfahren von Satz A benutzen, um wiederum mittels $L + L^*$ sukzessive invariante Untervektorräume der Dimension $\leqq 2$ abzuspalten. (Eine andere Berechnungsmöglichkeit mit „Durchgang durchs Komplexe“ wird in Beispiel 1 [3.3] beschrieben werden.)

Aufgaben zu 2.3

1. Man zeige, daß die Matrix

$$A = \frac{1}{3}\begin{pmatrix} -1 & 2 & 0 & 2 \\ 0 & -2 & 1 & 2 \\ 2 & 1 & 2 & 0 \\ 2 & 0 & -2 & 1 \end{pmatrix}$$

eine Isometrie L des $\mathbf{R}^4$ (bezüglich Standardmetrik und Standardbasis) beschreibt und ermittle die Normalform B_0 von L.

Hinweis: Betrachte $L + L^*$.

2. Man zeige, daß jede eigentliche Drehung einer euklidischen Ebene als Komposition von zwei Geradenspiegelungen dargestellt werden kann.

Hinweis: Man betrachte neben den Drehmatrizen $D(\Theta)$ (4) die Matrizen

$$U(\Theta) := \begin{pmatrix} \cos\Theta & \sin\Theta \\ \sin\Theta & -\cos\Theta \end{pmatrix}.$$

Jedes $U(\Theta)$ stellt eine uneigentliche Drehung, also eine Geradenspiegelung dar (Beispiel 1). Ferner gilt $U(\Theta)\cdot U(\Theta') = D(\Theta - \Theta')$, also mit $R := U(0)$: $D(\Theta) = U(\Theta)\cdot R$.

3. Man zeige, daß eine Isometrie L eines euklidischen Vektorraumes der Dimension n als Komposition von $n - d(1)$ Hyperebenenspiegelungen dargestellt werden kann [$d(1)$ ist die geometrische Vielfachheit des Eigenwertes 1 von L].

Hinweis: Man schreibe die Normalform B_0 von Satz A mit den in Aufgabe 2 eingeführten Größen als $B_0 = \mathrm{diag}(U(\Theta_1)\,R, \ldots, U(\Theta_r)\,R, 1, \ldots, 1, -1, \ldots, -1) =$
$= \mathrm{diag}(U(\Theta_1), \ldots, U(\Theta_r), 1, \ldots, 1)\cdot\mathrm{diag}(R, \ldots, R, 1, \ldots, 1, -1, \ldots, -1)$. Hierin gilt
$\mathrm{diag}(U(\Theta_1), \ldots, U(\Theta_r), 1, \ldots, 1) = \mathrm{diag}(U(\Theta_1), 1, \ldots, 1) \ldots \mathrm{diag}(1, \ldots, U(\Theta_r), 1, \ldots, 1)$ (r Faktoren). Jede Matrix der zuletzt auftretenden Art stellt eine Hyperebenenspiegelung dar. Jede Diagonalmatrix, die nur Einsen und Minuseinsen auf der Hauptdiagonale enthält, z. B. $\mathrm{diag}(R, \ldots, R, 1, \ldots, 1, -1, \ldots, -1)$, ist in einfacher Weise Produkt von Diagonalmatrizen, die genau eine Minuseins und sonst lauter Einsen

auf der Hauptdiagonale enthalten, also ebenfalls Hyperebenenspiegelungen darstellen. Die Abzählung aller so entstehenden Faktoren von B_0 liefert $n - d(1)$.

4. Sei V euklidischer Vektorraum der Dimension n. Man beweise, daß die *spezielle orthogonale Gruppe* $\mathbf{SO}(V) := \{L \in \mathbf{L}(V) \mid LL^* = I, \det L = 1\}$ wegzusammenhängend ist (vgl. Aufgabe 18 [1.5]).

Hinweis: Um die Verbindbarkeit zweier eigentlicher Drehungen L_1, L_2 in $\mathbf{SO}(V)$ nachzuweisen, genügt der Spezialfall $L_1 = I$, $L_2 = L$. Betrachte für L die Normalform B_0. Wegen $\det L > 0$ kann in der Normalform B_0 von L nur eine *gerade* Anzahl von Minuseinsen vorkommen, ohne Einschränkung ist also $B_0 = \operatorname{diag}(D(\Theta_1), \ldots, D(\Theta_r), 1, \ldots, 1)$ annehmbar. Definiere einen Weg von I nach L mittels der Matrizenschar $B(t) := \operatorname{diag}(D(t\Theta_1), \ldots, D(t\Theta_r), 1, \ldots, 1)$, $0 \leqq t \leqq 1$.

5. Man zeige, daß jeder reguläre Endomorphismus L eines euklidischen Vektorraumes V auf genau eine Weise in der Form $L = PQ$ dargestellt werden kann, wobei $P \in \mathbf{L}(V)$ symmetrisch und positiv definit und $Q \in \mathbf{L}(V)$ isometrisch ist (**polare Zerlegung** von L).

Hinweis: Existiert eine solche Zerlegung $L = PQ$, so folgere man daraus zwangsläufig: $LL^* = P^2$, $Q = P^{-1}L$; da $LL^* > 0$, ist P dann nach Aufgabe 6 [2.2] die positiv definite Quadratwurzel aus LL^*. Umgekehrt ist mit den so bestimmten P, Q die Behauptung erfüllt.

6. Sei V endlich dimensionaler $\mathbf{R}$-Vektorraum. Man beweise, daß die Gruppe $\mathbf{GL}^+(V)$ der $L \in \mathbf{L}(V)$ mit $\det L > 0$ offen in $\mathbf{L}(V)$ und wegzusammenhängend ist.

Hinweis: Die Offenheit folgt aus Aufgabe 4 [1.5]. Für den Wegzusammenhang verwende man die voranstehenden Aufgaben 4 und 5 und Aufgabe 11 [2.2]. Dazu muß V zuvor zu einem euklidischen Vektorraum gemacht werden.

7. Sei V endlich dimensionaler $\mathbf{R}$-Vektorraum. Zwei Basen $a_1, \ldots, a_n$ und $b_1, \ldots, b_n$ von V nennt man *gleichorientiert*, wenn die eindeutig bestimmte lineare Abbildung $L: V \to V$ mit $L(a_i) = b_i$ für $1 \leqq i \leqq n$ positive Determinante hat. Unter Zuhilfenahme der vorangehenden Aufgabe 6 beweise man die folgende determinantenfreie Kennzeichnung dieses Begriffes: Zwei Basen $a_1, \ldots, a_n$ und $b_1, \ldots, b_n$ von V sind genau dann gleichorientiert, wenn sie durch eine stetige Basenschar verbunden werden können, d.h. wenn es n stetige Abbildungen $t \mapsto v_i(t)$ des reellen Intervalles $[0,1]$ nach V gibt $(1 \leqq i \leqq n)$, so daß $v_i(0) = a_i$ und $v_i(1) = b_i$ für $1 \leqq i \leqq n$ und das System $v_1(t), \ldots, v_n(t)$ für alle $t \in [0,1]$ eine Basis von V ist.

2.4 Normale Endomorphismen

Wir betrachten einen *normalen Endomorphismus* L eines euklidischen Vektorraumes V der endlichen Dimension n:

(1) $\quad L: V \to V, \quad LL^* = L^*L.$

Die Feinstruktur eines solchen L kann durch Einführung der *Hilfsabbildung*

(2) $\quad K := LL^*$

auf die vorigen Fälle zurückgeführt werden. K ist symmetrisch: $K^* = L^{**}L^* = LL^* = K$.

Lemma A. *Ist* λ *Eigenwert von* $K = LL^*$ *und* $E := E_K(\lambda)$ *der zugehörige Eigenraum von* K, *so gilt:*

(i) E *und* $E^\perp$ *sind invariant unter* L *und* L^*.

(ii) *Die Restriktionen von* L *auf* E *und* $E^\perp$ *sind normal.*

Beweis. Zunächst gilt nach (1) und (2):

(3) $LK = LLL^* = LL^*L = KL$

(4) $L^*K = L^*LL^* = LL^*L^* = KL^*$.

L und L* sind also mit K vertauschbar.

Zu (i): Wir zeigen $L(E) \subseteqq E$ durch die Schlüsse: $u \in E \Rightarrow Ku = \lambda u \Rightarrow LKu = \lambda Lu \Rightarrow KLu = \lambda Lu \Rightarrow Lu \in E$. Analog wird $L^*(E) \subseteqq E$ nachgewiesen. Nach A (i) [2.1] folgt $L^*(E^\perp) \subseteqq E^\perp$ und analog $L^{**}(E^\perp) \subseteqq E^\perp$, also $L(E^\perp) \subseteqq E^\perp$.

Zu (ii): Dies folgt aus (i) unter Beachtung von A (ii) [2.1]. □

Ein ähnliches *Reduktionsprinzip* wie in 2.3 führt uns hier auf die folgende Normalform:

Satz B. *Zu jedem normalen Endomorphismus* $L: V \to V$ *eines* n-*dimensionalen euklidischen Vektorraumes* V *existiert eine ON-Basis* $a_1, \ldots, a_n$ *von* V, *bezüglich der die Matrix von* L *die Form besitzt*

$$(5) \qquad C_0 = \operatorname{diag}\left(\begin{pmatrix} \alpha_1 & -\beta_1 \\ \beta_1 & \alpha_1 \end{pmatrix}, \ldots, \begin{pmatrix} \alpha_r & -\beta_r \\ \beta_r & \alpha_r \end{pmatrix}, \lambda_{2r+1}, \ldots, \lambda_n\right)$$

wobei $\alpha_1, \beta_1, \ldots, \alpha_r, \beta_r, \lambda_{2r+1}, \ldots, \lambda_n \in \mathbf{R}$.

Kommentar: Die Blockmatrix C_0 besteht aus einer Folge von (2×2)-Matrizen der Anzahl r mit reellen Elementen der angegebenen Bauart und einer daran sich anschließenden Folge von reellen Zahlen auf der Hauptdiagonale. Es gilt $0 \leqq r \leqq n/2$ ($r = 0$ und $r = n/2$ ist zugelassen, letzteres aber nur bei geradem n). Demgemäß zerfällt V in eine direkte Summe von invarianten, paarweise orthogonalen Untervektorräumen der Dimension 2 und 1.

Beweis von B. Wir führen *vollständige Induktion* nach der Dimension n durch.

Für $n = 1$ ist die Behauptung trivial, da jede (1×1)-Matrix Hauptdiagonalgestalt besitzt (es ist $r = 0$).

Die Behauptung sei nun für alle Dimensionen $\leqq n - 1$ vorausgesetzt und werde dann für die Dimension n bewiesen: Sei wie oben $K = LL^*$ betrachtet. Da K symmetrisch ist, existiert nach Satz A [2.2] ein Eigenelement (λ, a) von K. Für den zugehörigen Eigenraum E von K gilt $1 \leqq \dim E \leqq n$.

Ist $\dim E = n$, so gilt $K = LL^* = \lambda I$. Dabei ist $\lambda \geqq 0$. Dies folgt aus der für alle $v \in V$ geltenden Rechnung

$$(6) \qquad 0 \leqq |L^*v|^2 = \langle L^*v, L^*v\rangle = \langle LL^*v, v\rangle = \langle Kv, v\rangle = \langle \lambda v, v\rangle = \lambda \cdot |v|^2 .$$

Ist $\lambda = 0$, so folgt hieraus $L^* = 0$, also $L = 0$, und die Behauptung stimmt. Ist $\lambda > 0$, so ist $\lambda^{-1/2} L$ Isometrie; denn $(\lambda^{-1/2} L)(\lambda^{-1/2} L)^* = \lambda^{-1/2} L \cdot \lambda^{-1/2} L = \lambda^{-1} \cdot LL^* = \lambda^{-1} \cdot \lambda I = I$. Also stimmt die Behauptung nach Satz A [2.3].

Ist $\dim E < n$, so gilt $V = E \oplus E^\perp$, wobei E und $E^\perp$ unter L und L* invariant und die Restriktionen von L auf E und $E^\perp$ normal sind (Lemma A). Wegen $\dim E < n$ und $\dim E^\perp < n$ ist die Induktionsvoraussetzung auf E und $E^\perp$ anwendbar, und sie liefert ON-Basen dieser

Räume, bezüglich der die Restriktionen von L die behauptete Gestalt besitzen. Fügt man beide Basen zusammen (und ordnet gegebenenfalls um), so ist die Matrix von L selbst von der behaupteten Form. □

Als Spezialfall ergibt sich die

Folgerung C. *Zu jedem* <u>*schiefsymmetrischen*</u> *Endomorphismus* $L: V \to V$ *eines* n-*dimensionalen euklidischen Vektorraumes* V *existiert eine ON-Basis* $a_1, \ldots, a_n$ *von* V, *bezüglich der die Matrix von* L *die Form besitzt*

$$(7) \qquad \boxed{D_0 = \operatorname{diag}\left(\begin{pmatrix} 0 & -\beta_1 \\ \beta_1 & 0 \end{pmatrix}, \ldots, \begin{pmatrix} 0 & -\beta_r \\ \beta_r & 0 \end{pmatrix}, 0, \ldots, 0\right),}$$

wobei $\beta_1, \ldots, \beta_r \in \mathbf{R}$. *Insbesondere ist der Rang von* L *stets gerade.* □

Die Matrizen C_0 und D_0 in (5) und (7) heißen wiederum **Normalformen** der zugehörigen Endomorphismen.

Bemerkungen. 1. Führt man wie in (21) [2.2] die Bilinearformen ein

$$(8) \qquad G(u, v) := \langle u, v\rangle, \quad F(u, v) := \langle u, Lv\rangle,$$

so drückt sich die Schiefsymmetrie von L durch die Schiefsymmetrie von F aus, d.h. durch

$$(9) \qquad F(u, v) = -F(v, u) \quad \text{für alle } u, v \in V.$$

Folgerung C besagt dann, daß zu jedem Paar von Bilinearformen F, G auf einem n-dimensionalen Vektorraum V mit symmetrischem, positiv definitem G und schiefsymmetrischem F eine Basis von V existiert, bezüglich der diese Bilinearformen folgende Koordinatendarstellungen besitzen:

$$(10) \qquad G(u, v) = x_1 y_1 + \ldots + x_n y_n$$

$$(11) \qquad F(u, v) = \beta_1(x_2 y_1 - x_1 y_2) + \ldots + \beta_r(x_{2r} y_{2r-1} - x_{2r-1} y_{2r}),$$

wobei $\beta_1, \ldots, \beta_r$ (mit $0 \leqq r \leqq n/2$) die reellen Konstanten von Folgerung C sind und

$$(12) \qquad u = x_1 a_1 + \ldots + x_n a_n, \quad v = y_1 a_1 + \ldots + y_n a_n$$

gesetzt ist.

2. Jeder in C_0 auftretende (2×2)-Block kann in der Form

$$(13) \qquad \begin{pmatrix} \alpha_r & -\beta_r \\ \beta_r & \alpha_r \end{pmatrix} = \mu_r \cdot \begin{pmatrix} \cos\Theta_r & -\sin\Theta_r \\ \sin\Theta_r & \cos\Theta_r \end{pmatrix} \qquad \text{mit } \mu_r := \sqrt{\alpha_r^2 + \beta_r^2}$$

geschrieben werden, stellt also eine *Ähnlichkeit* des entsprechenden zweidimensionalen Untervektorraumes dar. Man kann $\beta_\rho \neq 0$ annehmen, da sonst der Block zu den Skalaren auf der Hauptdiagonale geschlagen werden kann. Bei Vertauschung der beiden zugehörigen Basisvektoren ändert sich in dem Block lediglich das Vorzeichen außerhalb der Hauptdiagonale, so daß

$$(14) \qquad \beta_\rho > 0 \text{ oder äquivalent } 0 < \Theta_\rho < \pi \text{ für } \rho \in \{1, \ldots, r\}$$

angenommen werden kann. In diesem Fall existieren außer $\lambda_{2r+1}, \ldots, \lambda_n$ keine weiteren (reellen) Eigenwerte, so daß die zur Blockmatrix C_0 gehörenden invarianten Untervektorräume irreduzibel sind und die Zahl $n - 2r$ bestimmt ist als die Summe der geometrischen Vielfachheiten aller reellen Eigenwerte von L. Im folgenden Abschnitt 3.3 wird sich ergeben, daß die ganze Normalform (bis auf die Reihenfolge) eindeutig durch L bestimmt ist.

3. Satz B und sein Spezialfall in Folgerung C lassen sich wiederum in der Matrizensprache ausdrücken. Sei A eine reelle $(n \times n)$-Matrix, die normal ist, d.h. der Bedingung $AA^T = A^T A$ genügt. Dann existiert eine reelle orthogonale $(n \times n)$-Matrix $S = (S^T)^{-1}$, so daß $SAS^{-1} = SAS^T$ die Normalform C_0 besitzt. [Ist A schiefsymmetrisch $(A^T = -A)$, so ist SAS^T spezieller von der Normalform D_0.] Vgl. die Bemerkungen 3 [2.2] und 3 [2.3].

3 Komplexe Vektorräume

Nächst den reellen Vektorräumen besitzen die komplexen Vektorräume für die Anwendungen die größte Bedeutung.

Wir besprechen zunächst einige *Besonderheiten komplexer Vektorräume,* beweisen dann den *algebraischen Fundamentalsatz in* **C** und geben schließlich eine *Anwendung auf die Jordansche Normalform.* Soweit Überlegungen parallel zu früheren Entwicklungen laufen, werden wir uns hier etwas kürzer fassen.

Wichtig sind vor allem die *Wechselbeziehungen* zwischen reellen und komplexen Vektorräumen, da komplexe Probleme häufig durch *Realisation* und reelle Fragen durch *Komplexifizierung* vereinfacht werden können.

3.1 Komplexe und reelle Struktur

Eine komplexe Zahl ζ wird im allgemeinen mit Hilfe ihres *Real-* und *Imaginärteiles* in der Form $\zeta = \alpha + i\beta$ ($\alpha, \beta \in \mathbf{R}$) dargestellt. Man nennt dies die **RI-Zerlegung** von ζ und schreibt: $\alpha = \operatorname{Re}\zeta$, $\beta = \operatorname{Im}\zeta$. Das *konjugiert Komplexe* wird hier stets durch einen Querstrich bezeichnet: $\bar{\zeta} := \alpha - i\beta$.

Realisation

Wir starten mit einem **C**-Vektorraum Z, dessen Elemente im allgemeinen mit z (oder ähnlich) bezeichnet seien. Dann kann Z *auch* als **R**-Vektorraum aufgefaßt werden; denn es sind ja speziell die Produkte $\alpha \cdot z$ mit *reellen* α und $z \in Z$ bildbar, und man sieht leicht, daß hiermit die reellen Vektorraumaxiome erfüllt sind. Deswegen hat man prinzipiell Begriffe, die sich auf Z als komplexen bzw. reellen Vektorraum beziehen, genau zu unterscheiden. Wir tun dies in der Bezeichnung, indem wir die Marke **C** bzw. **R** anbringen.

Sind z.B. $c_1, \ldots, c_k$ Vektoren von Z, die **C**-linear unabhängig sind, so sind sie auch **R**-linear unabhängig; denn wenn es keine nichttriviale Abhängigkeitsrelation der gegebenen Vektoren mit **C**-Koeffizienten gibt, so erst recht auch keine mit **R**-Koeffizienten. Davon gilt *nicht* die Umkehrung, z.B. sind bei $Z = \mathbf{C}$ die Elemente $1, i$ **C**-linear abhängig ($i \cdot 1 - 1 \cdot i = 0$) aber **R**-linear unabhängig. ($\alpha \cdot 1 + \beta \cdot i = 0$ mit $\alpha, \beta \in \mathbf{R}$ impliziert $\alpha = \beta = 0$.)

Wir nennen die Abschwächung der komplexen Vektorraumstruktur auf Z zur reellen Vektorraumstruktur die **Realisation.** Man beachte, daß beiden Auffassungen dieselbe Menge Z zugrundeliegt, so daß also statt $Z_{\mathbf{R}}$ (reelle Auffassung von Z) auch Z geschrieben werden kann, wenn man „im Kopf behält", daß dabei die Struktur geändert wurde.

Die Realisation bewirkt im endlich dimensionalen Fall eine *Verdoppelung der Dimension:*

Satz A. *Aus* $\dim_{\mathbf{C}} Z < \infty$ *folgt*

(1) $\dim_{\mathbf{R}} Z = 2 \cdot \dim_{\mathbf{C}} Z < \infty.$

Genauer gilt: Ist

(2) $a_1, \ldots, a_n$ *eine* **C**-*Basis von* Z,

so ist

(3) $a_1, \ldots, a_n, ia_1, \ldots, ia_n$ *eine* **R**-*Basis von* Z.

Beweis. Tatsächlich ist unter der Voraussetzung (2) leicht zu sehen, daß jedes Element von V eindeutig als Linearkombination der Elemente von (3) mit *reellen* Koeffizienten geschrieben werden kann, indem man beachtet, daß für $\alpha, \beta \in \mathbf{R}$ stets gilt $(\alpha + \beta i) a_j = \alpha a_j + \beta(ia_j)$. □

Sind Z und W zwei **C**-Vektorräume, so nennt man eine Abbildung $L : Z \to W$ *additiv*, wenn $L(z_1 + z_2) = L(z_1) + L(z_2)$ für alle $z_1, z_2 \in Z$ gilt. Das Verhalten gegenüber der Multiplikation mit Skalaren kann nun unterschiedlich sein:

Definition B. *Gegeben seien zwei additive Abbildungen* $L, T : Z \to W$. *Man nennt:*

(i) L ***C-linear***, *wenn* $L(\gamma z) = \gamma L(z)$ *für alle* $\gamma \in \mathbf{C}$ *und* $z \in Z$,

(ii) L ***C-antilinear***, *wenn* $L(\gamma z) = \overline{\gamma} L(z)$ *für alle* $\gamma \in \mathbf{C}$ *und* $z \in Z$,

(iii) T ***R-linear***, *wenn* $T(\alpha z) = \alpha T(z)$ *für alle* $\alpha \in \mathbf{R}$ *und* $z \in Z$ *gilt.*

Ist eine Abbildung **C**-linear oder **C**-antilinear, so ist sie auch **R**-linear, aber im allgemeinen nicht umgekehrt. Die einzige Abbildung, die zugleich **C**-linear und **C**-antilinear ist, ist die Nullabbildung; tatsächlich gilt:

Satz C. *Jede* **R**-*lineare Abbildung* $T : Z \to W$ *ist eindeutig als Summe einer* **C**-*linearen Abbildung* $T_\ell : Z \to W$ *und einer* **C**-*antilinearen Abbildung* $T_a : Z \to W$ *darstellbar:*

(4) $T = T_\ell + T_a.$

T_ℓ *bzw.* T_a *heißt der* ***lineare*** *bzw.* ***antilineare Anteil*** *von* T. *Ferner gilt:*

(5) T **C**-*linear* $\iff T_a = 0$

(6) T **C**-*antilinear* $\iff T_\ell = 0.$

Beweis. *Eindeutigkeit:* Angenommen, man besitzt bereits die gewünschte Darstellung (4). Dann folgt für alle $z \in Z$:

(7) $T(z) = T_\ell(z) + T_a(z)$

(8) $T(iz) = T_\ell(iz) + T_a(iz) = iT_\ell(z) - iT_a(z)$

(9) $iT(iz) = -T_\ell(z) + T_a(z).$

Subtraktion und Addition der Gleichungen (7) und (9) liefern dann

$$T_{\ell}(z) = \frac{1}{2}(T(z) - iT(iz)) \tag{10}$$

$$T_a(z) = \frac{1}{2}(T(z) + iT(iz)), \tag{11}$$

so daß T_{ℓ}, T_a hierdurch eindeutig bestimmt sind.

Existenz: Man verifiziert unmittelbar durch Rechnung, daß die Ausdrücke (10), (11) das Gewünschte leisten.

Zu (5), (6): Die nichttrivialen Richtungen folgen aus der bewiesenen Eindeutigkeit. □

Bemerkung 1. Wird ein komplexer Vektorraum Z als reeller Vektorraum betrachtet, so definiert die Multiplikation mit i eine **R**-lineare Abbildung J von Z in sich: $J(z) := iz$, und für diese gilt $J^2 = -I$. Umgekehrt sieht man leicht: Ist ein *reeller* Vektorraum Z vorgegeben sowie eine **R**-lineare Selbstabbildung $J: Z \to Z$ mit $J^2 = -I$, so kann Z zu einem komplexen Vektorraum gemacht werden, indem die Multiplikation mit komplexen Zahlen $\alpha + i\beta$ ($\alpha, \beta \in \mathbf{R}$) durch $(\alpha + i\beta)z := \alpha z + \beta J(z)$ festgesetzt wird. Man nennt ein solches Paar (Z, J) eine **komplexe Struktur in reeller Fassung.** Komplexe Vektorräume erscheinen in dieser Sicht als spezielle reelle Vektorräume (und könnten auch als solche behandelt werden).

Hermitesche Struktur

Wir bauen nun die Begriffe auf, mit denen die komplexen Analoga der euklidischen Vektorräume definierbar sind. Sei Z wiederum ein **C**-Vektorraum. Außer den *Bilinearformen* auf Z spielen gewisse andere skalarwertige Funktionen zweier Argumente aus Z eine große Rolle:

Definition D. *Eine Abbildung*

$$\begin{aligned} H: Z \times Z &\longrightarrow \mathbf{C} \\ (z, w) &\longmapsto H(z, w) \end{aligned} \tag{12}$$

heißt ***Sesquilinearform*** *auf* Z, *wenn die partiellen Abbildungen* $z \mapsto H(z, w)$ *jeweils* **C***-linear und die partiellen Abbildungen* $w \mapsto H(z, w)$ *jeweils* **C***-antilinear sind.*

Eine Sesquilinearform heißt ***hermitesche Form,*** *wenn für alle* $z, w \in Z$ *gilt:*

$$H(z, w) = \overline{H(w, z)}. \tag{13}$$

Diese Eigenschaft wird auch als ***hermitesche Symmetrie*** *bezeichnet.*

Setzt man bei einer hermiteschen Form in (13) $z = w$, so ergibt sich, daß $H(z, z)$ stets reell ist. Daher sind für eine hermitesche Form H *Definitheitsbegriffe* sinnvoll, z.B. heißt H **positiv definit**, wenn $H(z, z) > 0$ für alle $z \in Z \setminus 0$ gilt.

Beispiel 1. Für $z = (z_1, \ldots, z_n) \in \mathbf{C}^n$ und $w = (w_1, \ldots, w_n) \in \mathbf{C}^n$ sei gesetzt:

(14) $$H(z, w) = \sum_{j=1}^{n} z_j \overline{w}_j .$$

Offensichtlich erfüllt H die Regeln für eine hermitesche Form auf $\mathbf{C}^n$. Weiter ist H positiv definit, da $z_j \overline{z}_j = |z_j|^2$. Man nennt H die **hermitesche Standardmetrik** auf $\mathbf{C}^n$. □

Wie für komplexe Skalare kann man auch für komplexwertige Abbildungen stets die RI-Zerlegung ansetzen.

Für eine *Sesquilinearform* $H : Z \times Z \to \mathbf{C}$ sei die RI-Zerlegung in der Form geschrieben:

(15) $$H(z, w) = H_0(z, w) + iH_1(z, w), \quad z, w \in Z,$$

wobei also $H_0(z, w)$ und $H_1(z, w)$ stets reell sind. Man schreibt auch:

(16) $$H_0 =: \operatorname{Re} H, \quad H_1 =: \operatorname{Im} H.$$

Definition D impliziert dann unmittelbar, daß H_0 und H_1 $\mathbf{R}$-Bilinearformen auf Z sind. Ist H außerdem *hermitesch*, so schreibt sich die Bedingung (13) mittels (15) als $H_0(z, w) + iH_1(z, w) = H_0(w, z) - iH_1(w, z)$, d.h. als

(17) $$H_0(z, w) = H_0(w, z)$$

(18) $$H_1(z, w) = -H_1(w, z).$$

H_0 ist also symmetrisch, H_1 schiefsymmetrisch. Die RI-Zerlegung einer hermiteschen Form produziert somit ein Paar reeller Bilinearformen, von denen die eine symmetrisch, die andere schiefsymmetrisch ist. Wegen $H_1(z, z) = 0$ gilt dabei

(19) $$\boxed{H(z, z) = H_0(z, z).}$$

Ersetzt man weiter in (15) z, w durch z, iw bzw. iz, iw, so folgt analog durch Vergleich von Real- und Imaginärteil:

(20) $$H_1(z, w) = H_0(z, iw)$$

(21) $$H_0(iz, iw) = H_0(z, w).$$

Die Formel (20) ist sehr bemerkenswert; denn sie erlaubt es, H_1 aus H_0 und damit auch die hermitesche Form H selbst aus ihrem Realteil H_0 zurückzugewinnen:

(22) $$\boxed{H(z, w) = H_0(z, w) + iH_0(z, iw).}$$

Geht man umgekehrt aus von einer symmetrischen $\mathbf{R}$-Bilinearform H_0 auf Z, die (21) erfüllt, so ist leicht nachzurechnen, daß durch (22) eine hermitesche Form H auf Z definiert wird. *Die Vorgabe einer hermiteschen Form auf einem* $\mathbf{C}$*-Vektorraum* Z *ist also äquivalent zur Vorgabe einer symmetrischen* $\mathbf{R}$*-Bilinearform auf* Z*, die gegen Multiplikation mit* i *invariant ist.* Hermitesche Formen erscheinen somit als Spezialfälle von reellen symmetrischen Bilinearformen.

Definition E. *Ein* **C**-*Vektorraum* Z, *zusammen mit einer positiv definiten hermiteschen Form* H *auf* Z *heißt* ***unitärer Raum*** *oder* ***komplexer Prähilbertraum.*** H *wird dann als* ***hermitesches Skalarprodukt*** *oder* ***hermitesche Metrik*** *bezeichnet.*

Bei endlicher Dimension wird der Name „unitärer Raum“ bevorzugt, bei unendlicher Dimension der Name „komplexer Prähilbertraum“; jedoch soll dies keine scharfe Festlegung sein.

Ein komplexer Prähilbertraum Z mit dem hermiteschen Skalarprodukt H ist wegen (19) automatisch ein reeller Prähilbertraum mit dem reellen Skalarprodukt $H_0 = \operatorname{Re} H$. Deswegen kann man aus der reellen Theorie bekannte *metrische Folgebegriffe* einfach mittels H_0 auf Z übertragen. So ist die **unitäre Norm** in Z gegeben durch

$$(23) \qquad \boxed{|z| := \sqrt{H_0(z,z)} = \sqrt{H(z,z)}}$$

und der **Winkel** φ zwischen $z, w \in Z \setminus 0$ durch

$$(24) \qquad \boxed{\cos\varphi = \frac{H_0(z,w)}{|z|\cdot|w|}, \quad 0 \leqq \varphi \leqq \pi.}$$

Im Gegensatz zu (23) kann in (24) H_0 *nicht* durch H ersetzt werden.

Für die unitäre Norm sind die Normregeln (N.1) – (N.3) von Definition A [1.5] erfüllt, da es sich um die Quadratnorm eines reellen Prähilbertraumes handelt [*erste* Darstellung in (23)]. Darüberhinaus gilt die positive Homogenität (N.2) auch für komplexe Skalare in der Form $|\gamma z| = |\gamma|\cdot|z|$ ($\gamma \in \mathbf{C}$, $z \in Z$), wie sich unmittelbar aus der *zweiten* Darstellung in (23) ergibt. Insgesamt erfüllt die unitäre Norm die Regeln:

$(\tilde{N}.1) = (N.1)$ $\qquad |z| > 0$ für alle $z \in Z \setminus 0$

$(\tilde{N}.2)$ $\qquad |\gamma z| = |\gamma|\cdot|z|$ für alle $\gamma \in \mathbf{C}, z \in Z$

$(\tilde{N}.3) = (N.3)$ $\qquad |z+w| \leqq |z| + |w|$ für alle $z, w \in Z$.

Die **Cauchy-Schwarzsche Ungleichung** ist in einem unitären Raum nicht nur für H_0, sondern auch für H selbst gültig, und zwar in der Form

$$(25) \qquad \boxed{|H(z,w)| \leqq |z|\cdot|w|,}$$

wobei das Gleichheitszeichen genau dann eintritt, wenn z, w **C**-linear abhängig sind. Der Beweis könnte analog zum reellen Fall geführt werden, jedoch kann man auch folgendermaßen schließen: Für jedes $\gamma \in \mathbf{C}$ sieht man leicht: $|\gamma| = \max\{\operatorname{Re}(e^{it}\gamma) \mid t \in \mathbf{R}\}$. Setzt man $\gamma = H(z,w)$, so ergibt sich

$$(26) \qquad |H(z,w)| = \max_{\alpha,\beta \in \mathbf{R}} H_0(e^{i\alpha}z, e^{i\beta}w).$$

Nach der *reellen* Cauchy-Schwarzschen Ungleichung (5) [1.5] gilt weiter $H_0(e^{i\alpha}z, e^{i\beta}w) \leqq |e^{i\alpha}z|\cdot|e^{i\beta}w| = |z|\cdot|w|$, woraus (25) folgt. Hierbei erscheint das Gleichheitszeichen genau dann, wenn für geeignete $\alpha, \beta \in \mathbf{R}$ die Vektoren $e^{i\alpha}z$, $e^{i\beta}w$ mit einem nichtnegativen Faktor proportional sind, was mit der **C**-linearen Abhängigkeit von z, w äquivalent ist.

Die *Orthogonalitätsbegriffe* in einem unitären Raum (Z, H) werden üblicherweise nicht mit H_0, sondern mit H formuliert; z.B. ist der **unitäre Orthogonalraum** $U^\perp$ einer nichtleeren Teilmenge $U \subseteqq Z$ definiert durch

(27) $U^\perp := \{z \in Z \mid H(u, z) = 0 \text{ für alle } u \in U\}$.

Ist allerdings U ein **C**-Untervektorraum von Z, so kann man hierbei H äquivalent durch H_0 ersetzen; dies folgt mittels der Gleichung (22). (Liegt ansonsten eine derartige Äquivalenz nicht vor, so sollte man Orthogonalitätsbegriffe bezüglich H durch den Zusatz **unitär** von den gewöhnlichen Orthogonalitätsbegriffen bezüglich H_0 unterscheiden.)
Ein höchstens abzählbares Vektorsystem $a_1, a_2, a_3, \ldots$ eines komplexen Prähilbertraumes (Z, H) heißt **unitär**, wenn für alle seine Vektoren $H(a_j, a_k) = \delta_{jk}$ gilt. Ist $\dim_{\mathbf{C}} Z < \infty$, so kann man durch vollständige Induktion nach der Dimension erkennen, daß es in Z stets eine **unitäre C-Basis** (kurz: **UN-Basis**) gibt.

Bemerkungen. 2. Wie im Reellen kann man auch hier das *Schmidtsche Orthogonalisierungsverfahren* für H ansetzen, um aus einem höchstens abzählbaren System von Vektoren, von denen jeweils endlich viele immer **C**-linear unabhängig sind, ein entsprechendes unitäres System (**UN-System**) zu konstruieren (vgl. Satz C [I, 5.4]). □

3. Mit den obigen Feststellungen vor Definition E ergibt sich, daß ein komplexer Prähilbertraum (Z, H) *rein reell auffaßbar* ist als ein Tripel (Z, H_0, J), bestehend aus einem reellen Prähilbertraum (Z, H_0) und einer **R**-Isometrie J von (Z, H_0), die $J^2 = -I$ erfüllt. Komplexe Prähilberträume erscheinen somit als Spezialfälle von reellen Prähilberträumen.

Spezielle Endomorphismen

Gegeben sei hier immer ein unitärer Raum (Z, H) mit

(28) $\dim_{\mathbf{C}} Z = n < \infty$.

Sei $L: Z \to Z$ eine **C**-lineare Selbstabbildung von Z. Betrachtet man den euklidischen Vektorraum (Z, H_0) mit $H_0 = \operatorname{Re} H$, so existiert nach (5) [2.1] genau eine Abbildung $L^*: Z \to Z$ mit

(29) $H_0(L^*z, w) = H_0(z, Lw)$, für alle $z, w \in Z$.

Hieraus folgt mittels (22)

(30) $H(L^*z, w) = H(z, Lw)$, für alle $z, w \in Z$.

Es ist also egal, ob die definierende Bedingung für L^* *mit* H_0 *oder* H *formuliert wird.* Aus (30) folgt aber genau wie in (36) [1.3] die **C**-Linearität der Abbildung L^*, die auch hier als **adjungierte Abbildung** von L bezeichnet wird.

Die *Matrixdarstellungen* von L und L^* bezüglich einer ON-Basis von (Z, H_0) sind selbstverständlich transponiert zueinander (Satz C [2.1]). Es ist allerdings häufig zweckmäßiger, die Matrizen auf eine UN-Basis $a_1, \ldots, a_n$ von (Z, H) zu beziehen. Den entsprechenden Zusammenhang zwischen den Matrizen leiten wir folgendermaßen ab: Gilt für L und L^*

(31) $La_j = \sum_{k=1}^{n} \alpha_{kj} a_k, \quad L^*a_j = \sum_{k=1}^{n} \beta_{kj} a_k,$

so ergibt sich durch skalare Multiplikation von rechts mit a_ϱ:

(32) $\quad H(La_j, a_\varrho) = \alpha_{\varrho j}, \qquad H(L^*a_j, a_\varrho) = \beta_{\varrho j}.$

Wegen $H(L^*a_j, a_\varrho) = \overline{H(a_\varrho, L^*a_j)} = \overline{H(La_\varrho, a_j)}$ folgt $\beta_{\varrho j} = \overline{\alpha}_{j\varrho}$, d.h. die Matrix B von L* entsteht aus der Matrix A von L durch Konjugieren aller Elemente *und* Transponieren, kurz: $B = \overline{A}^T$. Man nennt $\overline{A}^T$ die zu A **adjungierte** Matrix. *Die adjungierten* **C**-*linearen Endomorphismen* L *und* L* *werden also bezüglich einer UN-Basis durch adjungierte Matrizen* A *und* $\overline{A}^T$ *dargestellt.*

Wie im Euklidischen kann man jedem **C**-Endomorphismus $L : Z \to Z$ eines unitären Raumes (Z, H) eine **assoziierte** Sesquilinearform

(33) $\quad F(z, w) := H(z, Lw)$

zuordnen, wobei man wiederum *jede* Sesquilinearform über V (mit genau einem **C**-Endomorphismus L) erhält.

Die von der euklidischen Situation bekannten *Typen spezieller Endomorphismen* sind hier bezüglich H_0 genauso definiert, man kann sie aber wegen der Gleichwertigkeit von (29) und (30) wahlweise, jedoch äquivalent, auch auf H beziehen. Allerdings sind etwas andere Namen üblich. Wir stellen diese Begriffe in Tabelle 2 zusammen, wobei parallel die entsprechenden Begriffe für die assoziierten Sesquilinearformen F und die Matrizen A bezüglich UN-Basen aufgeführt sind (vgl. auch Tabelle 1 in 2.1).

Sesquilinearform	**C**-Endomorphismus	Matrix
hermitesch $F(z, w) = \overline{F(w, z)}$ $H(Lz, w) = H(w, Lz)$	**symmetrisch** $L^* = L$	**hermitesch** $\overline{A}^T = A$
schiefhermitesch $F(z, w) = -\overline{F(w, z)}$ $H(Lz, w) = -H(z, Lw)$	**schiefsymmetrisch** $L^* = -L$	**schiefhermitesch** $\overline{A}^T = -A$
$H(Lz, Lw) = H(z, w)$ $\lvert Lz \rvert = \lvert z \rvert$	**unitär** $L^*L = I$ $LL^* = I$	**unitär** $\overline{A}^T A = I$ $A\overline{A}^T = I$
$H(Lz, Lw) = H(L^*z, L^*w)$ $\lvert Lz \rvert = \lvert L^*z \rvert$	**normal** $L^*L = LL^*$	**normal** $\overline{A}^T A = A\overline{A}^T$

Tabelle 2 Spezielle Endomorphismen unitärer Räume (äquivalent kann in der linken Spalte überall H durch H_0 ersetzt werden)

Die Menge aller unitären **C**-linearen Selbstabbildungen von Z bzw. aller unitären Matrizen aus $\mathbf{C}^{(n,n)}$ ist bezüglich der Komposition bzw. der Matrizenmultiplikation eine Gruppe, die sog. **unitäre Gruppe U(Z)** bzw. **U**(n). Untergruppen sind die **speziellen unitären Grup-**

pen **SU**(Z) bzw. **SU**(n), die von den entsprechenden Elementen mit der Determinante 1 gebildet werden.

Über *Normalformen* normaler Abbildungen gilt hier die folgende, sehr übersichtliche Aussage:

Satz F. *Eine* **C**-*lineare Selbstabbildung* L *des unitären Raumes* (Z, H) *endlicher Dimension ist dann und nur dann normal, wenn in* Z *eine UN-Basis aus Eigenvektoren von* L *(eine* ***unitäre Eigenbasis****) existiert.*

Beweis. *„Dann“:* Dieser triviale Teil ergibt sich mit Rücksicht auf die Matrizencharakterisierung der Normalität aus der Vertauschbarkeit je zweier Diagonalmatrizen.

„Nur dann“: Wir müssen zu einer vorgegebenen normalen Abbildung $L: Z \to Z$ eine unitäre Eigenbasis von Z konstruieren. Wie im Reellen verläuft dies in den beiden folgenden Schritten:

1. Schritt: Existenz eines Eigenelementes. Da L bezüglich dem euklidischen Skalarprodukt $H_0 = \operatorname{Re} H$ normal ist, existiert nach dem entsprechenden reellen Satz (B [2.4]) entweder ein *reeller* Eigenwert oder ein invarianter zweidimensionaler **R**-Untervektorraum $U \subseteqq Z$ und eine **R**-Basis a, b von U, bezüglich der die Restriktion $L|U$ durch

(34) $\quad La = \alpha a + \beta b, \quad Lb = -\beta a + \alpha b$

mit reellen Konstanten α, β dargestellt wird. In diesem zweiten Fall kann aus a, b ein *komplexer* Eigenvektor aufgebaut werden. Dazu berechnet man:

(35) $\quad L(a + ib) = La + iLb = \alpha a + \beta b + i(-\beta a + \alpha b) = (\alpha - i\beta)(a + ib)$

(36) $\quad L(a - ib) = La - iLb = \alpha a + \beta b - i(-\beta a + \alpha b) = (\alpha + i\beta)(a - ib).$

Hiernach sind beide Vektoren $a + ib$ und $a - ib$ Kandidaten für einen Eigenvektor. Allerdings muß ein solcher $\neq 0$ sein. Aber da nicht gleichzeitig $a + ib = 0$ *und* $a - ib = 0$ sein kann (dies würde $a = b = 0$ implizieren), ist zumindest einer der Vektoren $a + ib$, $a - ib$ Eigenvektor von L.

2. Schritt: Reduktion. Nach dem 1. Schritt existiert zumindest ein Eigenelement (λ, c) von L. Dieses ist dann auch Eigenelement von L^*; denn aus $|(L - \lambda I)\, c|^2 = 0$ folgt durch Rechnung unter Ausnutzung der Normalität $|(L^* - \bar{\lambda} I)\, c|^2 = 0$. Somit ist $\operatorname{sp}_{\mathbf{C}}(c)$ unter L und L^* invariant, und dasselbe folgt dann für das orthogonale Komplement $(\operatorname{sp}_{\mathbf{C}}(c))^{\perp}$, was direkt aus Lemma A [2.1] entnommen werden kann. Da L auf dem Komplement normal ist und dieses die komplexe Dimension $n - 1$ besitzt, folgt die Behauptung durch vollständige Induktion. □

Bemerkungen. 4. Der erste Schritt im obigen Beweis ließe sich alternativ mit dem Fundamentalsatz der Algebra erledigen, den wir im nächsten Abschnitt beweisen werden.

5. Als **Normalformen** für die speziellen Endomorphismen der Tabelle 2 erhalten wir die Typen der Tabelle 3. Die genaue Aussage ist jeweils die, daß es eine *unitäre* Basis gibt, bezüglich der die Matrix von L die angegebene Gestalt besitzt. Diese Normalformen ergeben sich unmittelbar aus Satz F, wenn man die entsprechenden Matrizencharakterisierungen (Tabelle 2) berücksichtigt. In der Matrizensprache bedeutet dieses Resultat, daß zu jeder

Endomorphismus	Normalform	
L normal	diag $(\lambda_1, \ldots, \lambda_n)$,	$\lambda_j \in \mathbf{C}$
L symmetrisch	diag $(\mu_1, \ldots, \mu_n)$,	$\mu_j \in \mathbf{R}$
L schiefsymmetrisch	diag $(i\mu_1, \ldots, i\mu_n)$,	$\mu_j \in \mathbf{R}$
L unitär	diag $(e^{i\Theta_1}, \ldots, e^{i\Theta_n})$,	$\Theta_j \in \mathbf{R}$

Tabelle 3 Normalformen spezieller Endomorphismen unitärer Räume

Matrix $A \in \mathbf{C}^{(n,n)}$ der vier Typen eine unitäre Matrix $S = (\bar{S}^T)^{-1} \in \mathbf{C}^{(n,n)}$ existiert, so daß $SAS^{-1} = SA\bar{S}^T$ die betreffende Normalform annimmt.

Normierte **C**-*Vektorräume*

Für komplexe Vektorräume läßt sich der Normbegriff analog fassen wie in A [1.5], wobei das Axiom (N.2) auch für *komplexe* Skalare gefordert wird [s. o. $(\tilde{N}.1) - (\tilde{N}.3)$], und es ergeben sich analoge Eigenschaften. Im allgemeinen folgt die komplexe Version direkt aus der reellen, wenn man beachtet, daß ein normierter **C**-Vektorraum automatisch auch normierter **R**-Vektorraum ist.

Komplexifizierung

Jedem reellen Vektorraum V kann man auf kanonische Weise einen komplexen Vektorraum V^c, seine **Komplexifizierung**, zuordnen. Die Definition lautet:

(37) $\quad V^c := \{u + iv \mid u, v \in V\}$.

Dabei sind die Symbole u + iv zunächst nicht erklärt, man kann sie aber – wie bei der Einführung der komplexen Zahlen selbst – aus dem cartesischen Produkt $V \times V$ heraus konstruieren. Im Endeffekt kann man mit den Elementen u + iv einfach nach den naheliegenden Regeln rechnen:

(38) $\quad u_1 + iv_1 = u_2 + iv_2 \iff u_1 = u_2$ und $v_1 = v_2$

(39) $\quad (u_1 + iv_1) + (u_2 + iv_2) = u_1 + u_2 + i(v_1 + v_2)$

(40) $\quad (\alpha + i\beta) \cdot (u + iv) = \alpha u - \beta v + i(\alpha v + \beta u)$.

Da die Konstruktion von V^c aus V völlig analog verläuft zu der von **C** aus **R**, seien die Einzelheiten hier übergangen. Weiterhin sind die Axiome von V^c als **C**-Vektorraum mühelos durch direkte Rechnung nachzuprüfen.

Die Darstellung eines Elementes von V^c als u + iv mit $u, v \in V$ nennen wir wieder **RI-Zerlegung** mit u als **Realteil** und v als **Imaginärteil.**

Der gegebene **R**-Vektorraum V erscheint als der reelle Untervektorraum von V^c, der von allen u + iv mit v = 0 gebildet wird. Man nennt deswegen V^c auch die **komplexe Erweiterung** von V.

Tatsächlich ist V^c die direkte Summe der beiden **R**-Untervektorräume V und iV:

(41) $V^c = V \oplus iV.$

Im endlich dimensionalen Fall bleibt hier (im gegensatz zur Realisation) die Dimension erhalten:

Satz G. *Aus* $\dim_{\mathbf{R}} V < \infty$ *folgt*

(42) $\dim_{\mathbf{C}} V^c = \dim_{\mathbf{R}} V.$

Genauer gilt: Ist $a_1, \dots, a_n$ *eine* **R***-Basis von* V, *so ist* $a_1, \dots, a_n$ *auch* **C***-Basis von* V^c; *eine solche heißt eine* ***reelle Basis*** *von* V^c.

Beweis. Ohne Mühe überzeugt man sich, daß jedes Element $u + iv$ von V^c eindeutig als Linearkombination der Vektoren $a_1, \dots, a_n$ mit komplexen Koeffizienten geschrieben werden kann, indem man u, v einzeln als Linearkombinationen dieser Vektoren mit rellen Koeffizienten darstellt. □

Für lineare Abbildungen verläuft die Komplexifizierung folgendermaßen: Sind reelle Vektorräume V und X sowie eine **R**-lineare Abbildung $L: V \to X$ gegeben, so definiert man die **komplexe Fortsetzung** $L^c: V^c \to X^c$ von L durch

(43) $L^c(u + iv) := Lu + iLv, \quad u, v \in V.$

Man rechnet ohne Schwierigkeit nach, daß L^c dann **C**-linear ist.

Analog wie in **C** ist auch in V^c eine **Konjugation** definiert, die jedem Vektor $z = u + iv$ in RI-Zerlegung den **konjugiert komplexen** Vektor $\bar{z} := u - iv$ zuordnet. Hierfür gelten die einfachen Regeln:

(44) $\bar{\bar{z}} = z, \quad \overline{z + w} = \bar{z} + \bar{w}, \quad \overline{\gamma z} = \bar{\gamma}\bar{z},$

d.h. die Konjugation ist ein involutorischer **C**-antilinearer Isomorphismus von V^c auf sich. Für eine Teilmenge M von V^c sei $\overline{M} := \{\bar{z} \mid z \in M\}$.

Entsteht ein **C**-Untervektorraum W von V^c durch **Komplexifizierung** aus einem **R**-Untervektorraum U von V, d.h. gilt $W = U \oplus iU$, so folgt natürlich $W = \overline{W}$. Das läßt sich auch umkehren:

Lemma H. *Ist* W *ein* **C***-Untervektorraum von* V^c *mit* $\overline{W} = W$, *so existiert genau ein* **R***-Untervektorraum* U *von* V *mit* $W = U \oplus iU$, *nämlich* $U = V \cap W$.

Beweis. *Eindeutigkeit:* Für jeden **R**-Untervektorraum U von V gilt trivialerweise $U = V \cap (U \oplus iU)$.

Existenz: Zum gegebenen $W = \overline{W}$ definieren wir $U := V \cap W$. Dann ist U **R**-Untervektorraum von V und natürlich $U \oplus iU \subseteq W$. Um $W \subseteq U \oplus iU$ zu zeigen, schreibt man für gegebenes $w \in W$:

(45) $w = \dfrac{w + \bar{w}}{2} + i\,\dfrac{w - \bar{w}}{2i}.$

Werden die beiden Brüche rechts mit u und v bezeichnet, so gilt $u, v \in W = \overline{W}$ sowie $u, v \in V$, also $u, v \in U$, und aus (45) folgt $w \in U \oplus iU$. □

Ist $\Phi: V^c \to X^c$ irgendeine Abbildung, so kann man die **konjugiert komplexe Abbildung** $\overline{\Phi}: V^c \to X^c$ definieren durch

(46) $\overline{\Phi}(z) := \overline{\Phi(\overline{z})}$.

Ist speziell $T: V^c \to X^c$ **C**-linear, so auch $\overline{T}$ [das machen die doppelten Querstriche rechts in (46)!]. Ferner sieht man für **C**-lineare $T, T_1, T_2: V^c \to X^c$, $S: X^c \to Y^c$ und $\gamma \in \mathbf{C}$:

(47) $\overline{\overline{T}} = T, \quad \overline{T_1 + T_2} = \overline{T}_1 + \overline{T}_2, \quad \overline{\gamma T} = \overline{\gamma}\,\overline{T}, \quad \overline{S \circ T} = \overline{S} \circ \overline{T}$

(48) $\overline{\text{Kern } T} = \text{Kern } \overline{T}$.

Ist schließlich $T = L^c$ die komplexe Fortsetzung einer **R**-linearen Abbildung $L: V \to X$, so gilt

(49) $\overline{L^c} = L^c$.

Alle diese Regeln sind so einfach, daß ihre Nachrechnung dem Leser überlassen werden kann.

Aufgaben zu 3.1

1. Es sei $L: Z \to Z$ eine **R**-lineare Selbstabbildung des komplexen, endlich dimensionalen Vektorraumes Z und $a_1, \dots, a_n$ eine **C**-Basis von Z. Mit C sei die (reelle) Matrix von L bezüglich der **R**-Basis $a_1, \dots, a_n, ia_1, \dots, ia_n$ von Z bezeichnet. Man zeige:

a) L ist **C**-linear, genau wenn $C = \left(\begin{array}{c|c} A & -B \\ \hline B & A \end{array}\right)$ mit $A, B \in \mathbf{R}^{(n,n)}$.

b) L ist **C**-antilinear, genau wenn $C = \left(\begin{array}{c|c} A & B \\ \hline B & -A \end{array}\right)$ mit $A, B \in \mathbf{R}^{(n,n)}$.

Bemerkung: a) ist die algebraische Fassung der sog. *Cauchy-Riemannschen Differentialgleichungen.*

2. Sei Z ein **C**-Vektorraum endlicher Dimension und $L: Z \to Z$ eine **C**-lineare Abbildung. Man beweise folgende Relation zwischen den Determinanten von L als **R**- bzw. **C**-lineare Abbildung:

$$\det_{\mathbf{R}} L = |\det_{\mathbf{C}} L|^2.$$

Insbesondere sind reguläre **C**-lineare Selbstabbildungen bei reeller Auffassung stets orientierungstreu (C [I, 4.6]). Weiter überlege man, daß jeder **C**-Vektorraum Z bei reeller Auffassung eine **kanonische Orientierung** trägt, die dadurch definiert ist, daß sie jede aus einer **C**-Basis (2) entstehende **R**-Basis (3) enthält.

Hinweis: Man bringe die Matrix aus Aufgabe 1a) durch geeignete Zeilen- und Spaltenumformungen mit komplexen Koeffizienten (B, D [I, 4.3]) auf die Gestalt $\left(\begin{array}{c|c} A + iB & 0 \\ \hline B & A - iB \end{array}\right)$.

3. Sei Z ein komplexer Prähilbertraum mit Skalarprodukt H. Für zwei Vektoren $z, w \in Z \setminus 0$ liegt der Quotient $q := |H(z,w)| / (|z| \cdot |w|)$ nach (25) im reellen Intervall [0,1]. Daher existiert genau ein $\omega \in [0, \pi/2]$ mit $\cos \omega = q$. Wir nennen ω die **Öffnung** von z und w. Zeige:

a) ω ist invariant gegen Multiplikation von z oder w mit einer komplexen Zahl $\neq 0$.

b) ω ist das *Minimum* aller Winkel $\sphericalangle(z', w')$, wobei z' bzw. w' alle Elemente $\neq 0$ der reellen Ebene $\text{sp}_{\mathbf{C}}(z)$ bzw. $\text{sp}_{\mathbf{C}}(w)$ durchläuft.

c) $\omega = 0$ gilt genau dann, wenn z, w **C**-linear abhängig sind, d.h. die reellen Ebenen $sp_{\mathbf{C}}(z)$ und $sp_{\mathbf{C}}(w)$ einen Vektor $\neq 0$ gemeinsam haben.

d) $\omega = \pi/2$ gilt genau dann, wenn z, w unitär orthogonal [oder äquivalent: die reellen Ebenen $sp_{\mathbf{C}}(z)$, $sp_{\mathbf{C}}(w)$ orthogonal] sind.

4. Es sei $(a_j)_{j \in \mathbf{N}}$ ein abzählbares UN-System des komplexen Prähilbertraumes (Z, H), d.h. $H(a_j, a_k) = \delta_{jk}$ für alle $j, k \in \mathbf{N}$. Für festes $k \in \mathbf{N}$ sei $U := sp_{\mathbf{C}}(a_1, \ldots, a_k)$ gesetzt. Es gilt dann $Z = U \oplus U^{\perp}$ (Satz F [I, 5.4]), und P_1, P_2 seien die zugehörigen senkrechten Projektionen. Man beweise:

a) Für alle $z \in Z$ gilt

$$P_1 z = \sum_{j=1}^{k} H(z, a_j) a_j.$$

Die Größen $H(z, a_j)$ nennt man die (komplexen) **Fourier-Koeffizienten** von z bezüglich $(a_j)_{j \in \mathbf{N}}$.

b) Für alle $\xi_1, \ldots, \xi_k \in \mathbf{C}$ und $z \in Z$ gilt:

$$\left| z - \sum_{j=1}^{k} \xi_j a_j \right|^2 \geqq \left| z - \sum_{j=1}^{k} H(z, a_j) a_j \right|^2 = |z|^2 - \sum_{j=1}^{k} |H(z, a_j)|^2 \geqq 0,$$

wobei in der ersten Ungleichung genau dann das Gleichheitszeichen steht, wenn $\xi_j = H(z, a_j)$ für $1 \leqq j \leqq k$.

c) Es gilt die **Besselsche Ungleichung**

$$\sum_{j=1}^{\infty} |H(z, a_j)|^2 \leqq |z|^2.$$

Hinweis: Man gehe wie im Reellen vor (I, 5.4).

5. Man zeige: Ist $T: V^c \to X^c$ eine **C**-lineare Abbildung mit $\overline{T} = T$, so existiert genau eine **R**-lineare Abbildung $L: V \to X$ mit $T = L^c$, nämlich $L = T | V$.

6. Was passiert, wenn man die Realisation und die Komplexifizierung hintereinander ausübt, oder kurz, was ist die *Komplexifizierung eines komplexen Vektorraumes*? Diese Frage läßt sich übersichtlich behandeln, wenn der Ausgangsraum als **R**-Vektorraum V mit einer komplexen Struktur J in reeller Fassung betrachtet wird (Bemerkung 1). Die gesuchte Komplexifizierung ist dann ausdrückbar als das Paar (V^c, J^c), wobei die komplexe Fortsetzung J^c von J ebenfalls die Gleichung $(J^c)^2 = -I$ erfüllt. Man zeige:

a) J^c besitzt genau die Eigenwerte i und $-$i.

b) Für die zugehörigen Eigenräume gilt $E_{J^c}(i) = \text{Bild}(I - iJ^c)$, $E_{J^c}(-i) = \text{Bild}(I + iJ^c)$ und $V^c = E_{J^c}(i) \oplus E_{J^c}(-i)$.

Bemerkung: Der Zerlegung von V^c in **R**-Untervektorräume gemäß (41) steht also hier die weitere Zerlegung von V^c in **C**-Untervektorräume gemäß b) gegenüber. Wird ein $z \in V^c$ entsprechend der direkten Summe in b) als $z = z' + z''$ dargestellt, so nennt man z' (bzw. z'') den **holomorphen** (bzw. **antiholomorphen) Anteil** von z, und die Formel $z = z' + z''$ kann als **HA-Zerlegung** von z bezeichnet werden. Die Komplexifizierung eines komplexen Vektorraumes besitzt somit eine reichhaltige Zerlegungsstruktur (die in der Theorie der *komplexen Mannigfaltigkeiten* eine große Rolle spielt).

7. Sei $(V, \langle\,,\rangle)$ ein reeller Prähilbertraum. Man zeige, daß es genau eine hermitesche Form $\langle\,,\rangle^c$ auf V^c gibt, so daß $\langle u, v\rangle^c = \langle u, v\rangle$ für alle $u, v \in V$ gilt. $\langle\,,\rangle^c$ macht V^c zu einem komplexen Prähilbertraum, in den V hierdurch „isometrisch eingebettet" ist.

3.2 Der algebraische Fundamentalsatz in C

Dieser Satz sagt aus, daß jedes (nichtkonstante) Polynom mit komplexen Koeffizienten wenigstens eine komplexe Nullstelle besitzt. Der erste Beweis dieses Satzes wurde von C. F. Gauß im Alter von 22 Jahren erbracht. Wir stellen hier eine andere, besonders elementare Beweisanordnung vor, die auf J. R. Argand (1768–1822) zurückgeht.

Satz A (algebraischer Fundamentalsatz in C). *Zu jedem Polynom* $f: \mathbf{C} \to \mathbf{C}$ *vom Grad* $n \geqq 1$ *mit komplexen Koeffizienten,*

(1) $\quad f(z) = a_0 + a_1 z + \ldots + a_n z^n \quad (a_j \in \mathbf{C}, a_n \neq 0, n \geqq 1),$

existiert ein $z_0 \in \mathbf{C}$ *mit* $f(z_0) = 0$.

Beweis. Die Idee besteht darin, eine Minimalstelle des reellen Betrags $z \mapsto |f(z)|$ in $\mathbf{C}$ zu suchen und nachzuweisen, daß diese Minimalstelle sogar Nullstelle von f ist. Dabei wird die Definitionsmenge $\mathbf{C}$ mit dem reellen $\mathbf{R}^2$ identifiziert [vermöge der Zuordnung $z = x + iy \mapsto (x, y)$]. Der Betrag in $\mathbf{C}$ fällt zusammen mit der euklidischen Norm in $\mathbf{R}^2$: $|z| = (x^2 + y^2)^{1/2}$.

Zunächst ist die Betragsfunktion $(x, y) \to |f(x + iy)|$ *stetig auf* $\mathbf{R}^2$: Sie ist nämlich von der Bauart

(2) $$|f(x+iy)| = (f(z)\overline{f(z)})^{1/2} = \left(\sum_{k,\ell=0}^{2n} \alpha_{k\ell}\, x^k y^\ell \right)^{1/2}$$

mit $\alpha_{k\ell} \in \mathbf{R}$, wie man unmittelbar sieht, wenn man sich die Größe $f(z)\,\overline{f(z)}$ mittels (1) ausgerechnet denkt und beachtet, daß ihr Imaginärteil verschwindet. Da x und y die Werte der beiden Koordinatenfunktionen von $\mathbf{R}^2$ sind, und da Produkte, Summen und Wurzeln stetiger reeller Funktionen wiederum stetig sind, folgt die Behauptung.

Weiter wird $|f(z)|$ *für große* $|z|$ *beliebig groß*, d.h. zu gegebenem $M > 0$ existiert ein $r > 0$, so daß $|f(z)| \geqq M$ für alle $|z| \geqq r$. (Natürlich hängt r außer von M auch vom betreffenden Polynom, insbesondere seinem Grad n, ab.) Man erkennt dies etwa mit vollständiger Induktion nach dem Grad n: Für n = 1 gilt $|f(z)| = |a_0 + a_1 z| \geqq |a_1| \cdot |z| - |a_0|$, also wird $|f(z)| \geqq M$ falls $|a_1| \cdot |z| - |a_0| \geqq M$, also falls $|z| \geqq (M + |a_0|)/|a_1| =: r_1$. Beim Induktionsschluß von n − 1 auf n für $n \geqq 2$ verwendet man die Abschätzung

(3) $$\begin{aligned} |f(z)| &= |a_0 + a_1 z + \ldots + a_n z^n| \\ &\geqq |z| \cdot |a_1 + \ldots + a_n z^{n-1}| - |a_0| \\ &\geqq |z| \cdot M - |a_0| \quad \text{für } |z| \geqq r_{n-1}. \end{aligned}$$

Es folgt dann $|f(z)| \geqq M$, falls $|z| \geqq \max \left\{ 1 + \frac{|a_0|}{M}, r_{n-1} \right\} =: r_n$.

Hieraus schließen wir auf ein Minimum der Betragsfunktion $|f(z)|$ *in* $\mathbf{C}$: Sei m zunächst das Infimum der Betragsfunktion

(4) $\quad m := \inf\{ |f(z)| \mid z \in \mathbf{C} \}.$

Dann existiert ein $r > 0$ mit $|f(z)| \geqq m + 1$ für alle $|z| \geqq r$. Also gilt:

(5) $\quad m = \inf\{|f(z)| \mid z \in \mathbf{C}\} = \inf\{|f(z)| \mid |z| \leqq r\}$.

Nun ist die Kreisscheibe $\overline{B}(r) := \{z \mid |z| \leqq r\}$ beschränkt und abgeschlossen, also existiert ein $z_0 \in \overline{B}(r)$ mit $|f(z_0)| = \inf\{|f(z)| \mid z \in \overline{B}(r)\}$ (B, G [1.5]), also mit:

(6) $\quad |f(z_0)| = \inf\{|f(z)| \mid z \in \mathbf{C}\}$.

Schließlich zeigen wir die Hauptsache: $f(z_0) = 0$. Ohne Einschränkung dürfen wir hierfür $z_0 = 0$ annehmen [sonst kann man anstelle von f das Polynom mit $g(z) := f(z + z_0)$ betrachten]. Angenommen, es wäre

(7) $\quad f(0) = a_0 \neq 0$.

Dann sei a_k der Koeffizient mit niedrigstem Index $k \geqq 1$, der $\neq 0$ ist, so daß also

(8) $\quad f(z) = a_0 + a_k z^k + z^{k+1} h(z)$,

wobei h ein nicht näher interessierendes neues Polynom bezeichnet. Wir betrachten die Hilfsgleichung aus dem „Anfangsstück" von (8): $a_0 + a_k z^k = 0$. Diese hat genau k Lösungen, nämlich die komplexen k-ten Wurzeln aus $-a_0/a_k$. Wir greifen irgendeine dieser Wurzeln, etwa z_1, heraus, so daß also

(9) $\quad z_1^k = -\dfrac{a_0}{a_k}$

gilt, und verfolgen das Verhalten von f längs der Gerade $\{tz_1 \mid t \in \mathbf{R}\}$:

(10) $\quad f(tz_1) = a_0 + a_k t^k z_1^k + t^{k+1} z_1^{k+1} h(tz_1) = a_0 \left[1 - t^k + t^{k+1} \cdot \dfrac{z_1^{k+1}}{a_0} h(tz_1)\right]$.

Die angegebene Gestalt dieser Funktion legt es nahe, daß für kleine t auch Werte vom Betrag $< |a_0|$ angenommen werden. Tatsächlich kann man $f(tz_1)$ für $0 \leqq t \leqq 1$ folgendermaßen abschätzen, wenn man beachtet, daß wegen der Stetigkeit der reellen Funktion $t \mapsto |h(tz_1)|$ auf $[0,1]$ eine Konstante $C > 0$ existiert, so daß

(11) $\quad \left|\dfrac{z_1^{k+1}}{a_0} h(tz_1)\right| \leqq C \quad$ für $0 \leqq t \leqq 1$.

Damit folgt für $0 \leqq t \leqq 1$:

(12) $\quad |f(tz_1)| \leqq |a_0| \cdot [1 - t^k + Ct^{k+1}] = |a_0| \cdot [1 - t^k(1 - Ct)]$.

Die letzte eckige Klammer wird < 1 für $0 < t < 1/C$, also wird insgesamt:

(13) $\quad |f(tz_1)| < |a_0| \quad$ für $0 < t < \min\left\{1, \dfrac{1}{C}\right\}$,

im Widerspruch dazu, daß $|f(0)| = |a_0|$ das Minimum aller $|f(z)|$ ist. □

Eine unmittelbare Folge des algebraischen Fundamentalsatzes ist, daß jedes Polynom f vom Grad $n \geqq 1$ mit komplexen Koeffizienten vollständig in Potenzen von komplexen Linearfaktoren zerfällt:

(14) $$f(z) = a \cdot (z - z_1)^{\nu_1} \dots (z - z_r)^{\nu_r},$$

wobei $a = a_n$ der *Leitkoeffizient* von f und $\nu_1, \dots, \nu_r$ natürliche Zahlen mit der Summe n sind. Diese Tatsache ergibt sich durch vollständige Induktion nach n. Zunächst existiert nämlich zu gegebenem f vom Grad $n \geqq 1$ eine Nullstelle $z_1 \in \mathbf{C}$, und das elementare *Divisionsverfahren* zeigt, daß die Division von $f(z)$ durch $z - z_1$ „aufgeht", d.h. daß ein Polynom h vom Grad $n - 1$ existiert mit $f(z) = (z - z_1) \cdot h(z)$. Auf h kann also die Induktionsvoraussetzung angewendet werden, und für $n = 1$ ist die Behauptung sowieso klar. Ist (14) so aufgeschrieben, daß $z_1, \dots, z_r$ paarweise verschieden sind, so stellen die natürlichen Zahlen $\nu_1, \dots, \nu_r$ die *Vielfachheiten* der Nullstellen $z_1, \dots, z_r$ von f dar.

Eine andere einfache Tatsache bezieht sich auf Polynome $f: \mathbf{C} \to \mathbf{C}$ mit *reellen* Koeffizienten. Diese brauchen keine reellen Nullstellen zu besitzen, aber die beim Grad $n \geqq 1$ sicher vorhandenen komplexen Nullstellen treten immer in Paaren konjugierter auf, d.h. mit $f(z_0) = 0$ ist auch $f(\overline{z}_0) = 0$. Dies folgt aus der Identität $f(z) = \overline{f(\overline{z})}$, die sich direkt aus (1) ergibt, indem man die Realität der Koeffizienten a_j beachtet. Wendet man diese Identität auf (14) an, so sieht man, daß dann die Vielfachheiten von z_0 und $\overline{z}_0$ als Nullstellen von f dieselben sind.

Ein reelles Polynom $g: \mathbf{R} \to \mathbf{R}$ mit der Funktionsvorschrift $g(x) = a_0 + a_1 x + \dots + a_n x^n$ ($a_j \in \mathbf{R}$) kann stets zu einem komplexen Polynom $g: \mathbf{C} \to \mathbf{C}$ mit reellen Koeffizienten fortgesetzt werden: $g(z) := a_0 + a_1 z + \dots + a_n z^n$, $z \in \mathbf{C}$. Da das Ausgangspolynom hieraus durch Restriktion eindeutig zurückgewonnen werden kann, sind reelle Polynome einerseits und komplexe Polynome mit reellen Koeffizienten andererseits im wesentlichen als gleiche Objekte betrachtbar.

Aufgabe zu 3.2

1. Man zeige, daß für jede Nullstelle z_0 des Polynoms (1) gilt:
$|z_0| \leqq \max\{1, (|a_0| + \dots + |a_{n-1}|)/|a_n|\}$.

3.3 Anwendung auf die Jordansche Normalform

Wir beschäftigen uns hier erneut mit der Feinstruktur einer linearen Selbstabbildung L in einem Vektorraum V *endlicher Dimension*, indem wir nach einer möglichst einfachen Matrixdarstellung von L, einer sog. *Normalform*, suchen.

Für spezielle Endomorphismen euklidischer oder unitärer Vektorräume haben wir solche Normalformen (die zudem an die metrische Struktur angepaßt sind) an früherer Stelle konstruiert (2.2–2.4, 3.1). Für einen Endomorphismus L eines *beliebigen* Vektorraumes existiert die *Jordansche Normalform*, vorausgesetzt das charakteristische Polynom von L zerfällt in K (in Potenzen von Linearfaktoren). Das genaue Resultat, das wir gleich anführen werden, wurde bereits im Einführungsband I bewiesen. *Wegen des algebraischen*

Fundamentalsatzes in **C** (3.2) *existiert die Jordansche Normalform für jeden Endomorphismus eines komplexen Vektorraumes.*

Das Ziel dieses Abschnittes ist die Ausdehnung der Jordanschen Normalform auf einen beliebigen Endomorphismus eines reellen Vektorraumes. Der Weg, den wir einschlagen werden, ist ein typisches Beispiel für den „Durchgang durchs Komplexe“: Man ordnet dem gegebenen reellen Endomorphismus seine komplexe Fortsetzung zu, wendet auf diese die Jordansche Normalform an und übersetzt das Resultat zurück ins Reelle.

Wir stützen uns auf folgende Hauptaussagen über die Jordansche Normalform (vgl. Satz A [I, 6.6] und Satz B [I, 6.7]: Hierin sei K ein beliebiger Körper mit unendlich vielen Elementen*).

Existenz der Jordanschen Normalform: *Sei* W *ein* K-*Vektorraum endlicher Dimension und* $L: W \to W$ *ein Endomorphismus mit zerfallendem charakteristischen Polynom* $\lambda \mapsto \det(L - \lambda I)$. *Dann existiert eine direkte Zerlegung*

(1) $$W = W_1 \oplus \dots \oplus W_t$$

in L-*invariante, irreduzible Untervektorräume* W_τ, *derart daß bei geeigneter Basiswahl in jedem* W_τ *die Matrix von* L *in der zusammengefügten Basis die* ***Jordansche Normalform***

(2) $$\boxed{\operatorname{diag}(J(\nu_1, \gamma_1), \dots, J(\nu_t, \gamma_t))}$$

besitzt. Dabei ist $\{\gamma_1, \dots, \gamma_t\}$ *die Menge der Eigenwerte von* L *in* K *(eventuell mit Mehrfachnennungen), und jedes* $J(\nu_\tau, \gamma_\tau)$ *ist ein* ***elementarer Jordanblock*** *der Größe* ν_τ *von der Form:*

(3) $$J(\nu_\tau, \gamma_\tau) = \begin{pmatrix} \gamma_\tau & & & 0 \\ 1 & \ddots & & \\ & \ddots & \ddots & \\ 0 & & 1 & \gamma_\tau \end{pmatrix}.$$ □

Jede Basis von W, bezüglich der die Matrix von L von der Form (2) ist, wird eine **Jordanbasis** für L genannt. Eine solche ist im allgemeinen nicht eindeutig bestimmt, wohl aber gilt die

Eindeutigkeit der Jordanschen Normalform: *Unter den gleichen Voraussetzungen an* W *und* $L: W \to W$ *ist die Jordansche Normalform* (2) *bis auf die Reihenfolge ihrer elementaren Jordanblöcke eindeutig durch* L *bestimmt.* □

Wir behandeln nun einen *reellen Endomorphismus*

(4) $$L: V \to V, \qquad V\ \mathbf{R}\text{-Vektorraum}, \qquad \dim_{\mathbf{R}} V = n < \infty,$$

der ein für allemal fest vorgegeben sei. Zu L bilden wir die komplexe Fortsetzung

*) Existenz und Eindeutigkeit der Jordanschen Normalform bleiben, wie formuliert, auch für endliche Körper richtig, und zwar einschließlich Beweis. Man hat lediglich einen allgemeineren Polynombegriff zugrunde zu legen (vgl. Aufgabe 8 [1.2]).

(5) $L^c: V^c \to V^c$, V^c **C**-Vektorraum, $\dim_{\mathbf{C}} V^c = n < \infty$.

Dann existiert eine direkte Summenzerlegung

(6) $V^c = W_1 \oplus \ldots \oplus W_t$

in **C**-Untervektorräume und eine zugehörige Jordansche Normalform von L^c,

(7) $\operatorname{diag}(J(\nu_1, \gamma_1), \ldots, J(\nu_t, \gamma_t))$,

wie oben beschrieben. Das Problem ist, aus der zu L^c gehörenden Jordanbasis, die im allgemeinen eine *komplexe* Basis von V^c ist, auf möglichst einfachem Wege eine *reelle* Basis von V so aufzubauen, daß nicht allzuviel von der Jordanschen Normalform von L^c verloren geht. Wir tun dies getrennt für die reellen bzw. nichtreellen Eigenwerte von L^c.

Von vornherein ist klar, daß L und L^c dasselbe charakterische Polynom besitzen, da L und L^c bezüglich einer **R**-Basis von V dieselbe Matrix besitzen. Insbesondere treten die nichtreellen Eigenwerte von L^c in Paaren konjugiert komplexer Zahlen auf.

Fall eines reellen Eigenwertes

Eine isolierte Behandlung eines einzelnen elementaren Jordanblockes $J(\nu_\tau, \gamma_\tau)$ mit reellem γ_τ ist im allgemeinen nicht möglich, da der entsprechende **C**-Untervektorraum W_τ zu wenige reelle Vektoren enthalten könnte. Wir betrachten deswegen einen festen reellen Eigenwert γ von L^c und dazu *alle* Räume W_τ mit $\gamma_\tau = \gamma$. Es sei

(8) $W := \bigoplus_{\gamma_\tau = \gamma} W_\tau, \qquad \nu := \max_{\gamma_\tau = \gamma} \nu_\tau.$

Aus der Jordanschen Normalform (2) liest man ab: Das charakteristische Polynom der Restriktion $L^c | W$ ist eine Potenz des Linearfaktors $\gamma - \lambda$. Die Jordansche Normalform von $L^c | W$ besteht aus den Blöcken $J(\nu_\tau, \gamma_\tau)$ von (2) mit $\gamma_\tau = \gamma$, und es gilt

(9) $W = \operatorname{Kern}(L^c - \gamma I)^\nu$.

Hieraus folgt sofort $W = \overline{W}$ (man verwende (47)–(49) [3.1]), so daß W die Komplexifizierung eines **R**-Untervektorraumes U von V ist (Lemma H [3.1]):

(10) $W = U \oplus iU$.

Dann gilt $L(U) \subseteqq U\,[u \in U \Rightarrow Lu = L^c u \in U]$ und $(L|U)^c = L^c|W$, so daß $L|U$ dasselbe charakteristische Polynom wie $L^c|W$ hat. Demnach besitzt $L|U$ eine *reelle* Jordansche Normalform des Typs $\operatorname{diag}(J(\nu_1', \gamma), \ldots, J(\nu_T', \gamma))$ bezüglich einer reellen Basis von U. Diese ist dann auch Jordanbasis von W mit derselben Jordanschen Normalform $\operatorname{diag}(J(\nu_1', \gamma), \ldots, J(\nu_T', \gamma))$ für $L^c|W$. Wegen der Eindeutigkeit der Jordanschen Normalform stimmen deren Blöcke bis auf Permutation mit den ursprünglichen Blöcken $J(\nu_\tau, \gamma)$ überein, so daß W eine *reelle* Basis besitzt, bezüglich der L^c die gleiche Jordansche Normalform hat wie die zu Beginn angegebene.

Fall eines komplexen Eigenwertes

Hier hat man die Jordanblöcke von (2), die zu einem Eigenwert und seinem Konjugierten gehören, *zusammen* zu betrachten. Zunächst überlegt man, daß mit einem Jordanblock

$J(\nu_\tau, \gamma_\tau)$, wobei $\gamma_\tau \in \mathbf{C} \setminus \mathbf{R}$, auch der Jordanblock $J(\nu_\tau, \bar{\gamma}_\tau)$ in (2) vorkommen muß, nämlich so: Geht man von der Basis von V^c, auf die sich (2) bezieht, zur konjugiert komplexen Basis über, so entsteht die neue Matrix von L^c durch Konjugieren aller Elemente von (2), ist also wieder eine Jordansche Normalform. Wegen deren Eindeutigkeit stimmt diese konjugierte Matrix bis auf Permutation mit (2) überein. Die Jordanblöcke zu echt komplexen, zueinander konjugierten Eigenwerten von L^c treten also paarweise in gleicher Größe auf.*)

Sei nun $\gamma \in \mathbf{C} \setminus \mathbf{R}$ ein fester Eigenwert von L^c und, ähnlich wie eben:

(11) $$W := \bigoplus_{\gamma_\tau = \gamma} W_\tau, \qquad \nu := \max_{\gamma_\tau = \gamma} \nu_\tau$$

(12) $$W' := \bigoplus_{\gamma_{\tau'} = \bar{\gamma}} W_{\tau'}, \qquad \nu = \max_{\gamma_{\tau'} = \bar{\gamma}} \nu_{\tau'}$$

Es ist dann wieder aus (2) abzulesen, daß

(13) $$W = \mathrm{Kern}\,(L^c - \gamma I)^\nu$$

(14) $$W' = \mathrm{Kern}\,(L^c - \bar{\gamma} I)^\nu,$$

und hieraus folgt $\overline{W} = W'$ und $\overline{W'} = W$, d.h. W und W' entsprechen sich unter Konjugation. Eine Jordanbasis für $L^c \mid W$ geht dabei in eine Jordanbasis für $L^c \mid W'$ über. *Die letztere möge die ursprünglich in W' gewählte Jordanbasis ersetzen*, und die Zerlegung in (12) schreibt sich *dann* als

(15) $$W' = \bigoplus_{\gamma_\tau = \gamma} \overline{W}_\tau,$$

d.h. es entsprechen sich nunmehr sogar die einzelnen direkten Summanden von W und W' unter Konjugation.

Jetzt genügt die Betrachtung eines Paares $W_\tau, \overline{W}_\tau$ zum Eigenwert γ. Der Raum $W_\tau \oplus \overline{W}_\tau$ geht dann beim Konjugieren in sich über, ist also Komplexifizierung eines $\mathbf{R}$-Untervektorraumes U_τ von V (Lemma H [3.1]:

(16) $$W_\tau \oplus \overline{W}_\tau = U_\tau \oplus iU_\tau.$$

Sei $c_1, \dots, c_k$ mit $k := \nu_\tau$ eine Jordanbasis von $L^c \mid W_\tau$ und $\bar{c}_1, \dots, \bar{c}_k$ die entsprechende Jordanbasis von $L^c \mid \overline{W}_\tau$, so daß die entsprechenden Matrizen lauten:

(17) $$J(k, \gamma) \quad \text{und} \quad J(k, \bar{\gamma}).$$

Aus diesen Basen lassen sich auf verschiedene Weise $\mathbf{R}$-Basen von U_τ (die dann automatisch $\mathbf{C}$-Basen von $W_\tau \oplus \overline{W}_\tau$ sind) gewinnen.

*) Beim Übergang zum charakteristischen Polynom folgt daraus, daß konjugiert komplexe Eigenwerte von gleicher algebraischer Vielfachheit sind (was für jedes reelle Polynom zutrifft).

1. Art: Man betrachte die RI-Zerlegungen*)

(18) $c_j = a_j + ib_j, \qquad 1 \leqq j \leqq k$

(19) $\gamma = \alpha - i\beta \qquad$ (wobei ja $\beta \neq 0$).

Dann bilden die Vektoren

(20) $$\boxed{a_1, b_1, a_2, b_2, \ldots, a_k, b_k}$$

eine **R**-Basis von U_τ, wie man am einfachsten mit den Darstellungen

(21) $$a_j = \frac{1}{2}(c_j + \bar{c}_j), \quad b_j = \frac{1}{2i}(c_j - \bar{c}_j)$$

nachrechnet. Nach (17) gilt $L^c c_j = \gamma c_j + c_{j+1}$ für $1 \leqq j < k$ und $L^c c_k = \gamma c_k$. Setzt man hier nach (18) und (19) ein und vergleicht Real- und Imaginärteile, so folgt $La_j = L^c a_j = = \alpha a_j + \beta b_j + a_{j+1}$ und $Lb_j = L^c b_j = -\beta a_j + \alpha b_j + b_{j+1}$ für $1 \leqq j < k$ sowie $La_k = L^c a_k = = \alpha a_k + \beta b_k$ und $Lb_k = L^c b_k = -\beta a_k + \alpha b_k$. Die Matrix von $L \mid U_\tau$ (und ebenso die Matrix von $L^c \mid W_\tau \oplus \overline{W}_\tau$) bezüglich der Basis (20) erhält also die Gestalt:

(22) $$S_1^1(k;\alpha,\beta) := \begin{pmatrix} \alpha & -\beta & & & & & & \\ \beta & \alpha & & & & & & \\ 1 & 0 & \alpha & -\beta & & & & \\ 0 & 1 & \beta & \alpha & & & & \\ & & 1 & 0 & \alpha & -\beta & & \\ & & 0 & 1 & \beta & \alpha & & \\ & & & & \ddots & \ddots & \ddots & \\ & & & & 1 & 0 & \alpha & -\beta \\ & & & & 0 & 1 & \beta & \alpha \end{pmatrix}.$$

Wir nennen eine solche reelle $(2k) \times (2k)$-Matrix (wobei $\beta \neq 0$) einen **verallgemeinerten elementaren Jordanblock** des **Typs** S_1^1 [das letzte soll auf die Anordnung der Einsen in dem gestrichelten **Begleitband** von (22) hinweisen].

2. Art: Faßt man die Linearfaktoren $\lambda - \gamma$ und $\lambda - \bar{\gamma}$ aus dem charakteristischen Polynom von L^c zusammen, so entsteht der reelle quadratische Faktor

(23) $$(\lambda - \gamma)(\lambda - \bar{\gamma}) = \lambda^2 - (\gamma + \bar{\gamma})\lambda + \gamma\bar{\gamma} = \lambda^2 + p\lambda + q,$$

wobei

(24) $$p := -(\gamma + \bar{\gamma}) = -2\alpha, \quad q := \gamma\bar{\gamma} = \alpha^2 + \beta^2.$$

*) Die Vorzeichenwahl in (19) ist eine (willkürliche) Konvention.

Dies legt es nahe, *in* U_τ den reellen Endomorphismus

(25) $\quad T := L^2 + pL + qI$

einzuführen, wobei rechts die eigentlich gemeinte *Restriktion auf* U_τ der Einfachheit halber nicht geschrieben ist (im Augenblick spielt sich alles in $W_\tau \oplus \overline{W}_\tau$ ab). In Analogie zu (23) gilt *in* $W_\tau \oplus \overline{W}_\tau$:

(26) $\quad (L^c - \gamma I)(L^c - \overline{\gamma} I) = (L^c)^2 - (\gamma + \overline{\gamma}) L^c + \gamma\overline{\gamma} I = (L^2 + pL + qI)^c = T^c.$

Hieraus folgt $(T^c)^j = (L^c - \gamma I)^j (L^c - \overline{\gamma} I)^j$, da $L^c - \gamma I$ und $L^c - \overline{\gamma} I$ vertauschbar sind. Mit (17) impliziert dies in $W_\tau \oplus \overline{W}_\tau$: $(T^c)^k = 0, (T^c)^{k-1} \neq 0$, also in U_τ:

(27) $\quad T^k = 0, \quad T^{k-1} \neq 0.$

Man sagt hierfür, daß T in dem reellen (2k)-dimensionalen Vektorraum U_τ *nilpotent* vom *Nilpotenzgrad* k ist.

Mittels den *rein reellen* Endomorphismen L und T von U_τ kann nun eine spezielle Basis von U_τ aufgebaut werden:

Lemma A. *Ist* a *ein Vektor von* U_τ *mit* $T^{k-1} a \neq 0$, *so ist*

(28) $\quad \boxed{a, La, Ta, TLa, \ldots, T^{k-1}a, T^{k-1}La}$

eine **R**-*Basis von* U_τ, *bezüglich der die Matrix von* $L | U_\tau$ *die Gestalt besitzt:*

(29) $$R^1(k;p,q) := \begin{pmatrix} 0 & -q & & & & & & \\ 1 & -p & & & & & & \\ 0 & 1 & 0 & -q & & & & \\ 0 & 0 & 1 & -p & & & & \\ & & 0 & 1 & 0 & -q & & \\ & & 0 & 0 & 1 & -p & & \\ & & & & \ddots & & \ddots & \\ & & & & 0 & 1 & 0 & -q \\ & & & & 0 & 0 & 1 & -p \end{pmatrix}$$

Wir nennen eine solche reelle (2k) × (2k)-Matrix (wobei $q > p^2/4$) einen **verallgemeinerten elementaren Jordanblock** des **Typs** R^1. [Die Bedingung $q > p^2/4$ ist vermöge (24) äquivalent mit $\beta \neq 0$.]

Beweis von A. Eine reelle Abhängigkeitsrelation zwischen den Vektoren von (28) kann in der Form geschrieben werden:

$$(30)\qquad \sum_{j=0}^{k-1} \lambda_j T^j a = \sum_{j=0}^{k-1} \mu_j T^j La,$$

wobei $\lambda_j, \mu_j \in \mathbf{R}$. (Man beachte übrigens stets, daß L und T vertauschbar sind.) Um das Verschwinden der Koeffizienten von (30) nachzuweisen, wendet man zunächst T^{k-1} auf (30) an und erhält wegen (27): $\lambda_0 T^{k-1} a = \mu_0 T^{k-1} La$, also

$$(31)\qquad L(\mu_0 T^{k-1} a) = \lambda_0 T^{k-1} a.$$

Wäre $\mu_0 \neq 0$, so wäre $(\lambda_0/\mu_0, T^{k-1} a)$ reelles Eigenelement von L in U_τ, also auch von L^c in $W_\tau \oplus \overline{W}_\tau$, während das charakteristische Polynom von $L^c | W_\tau \oplus \overline{W}_\tau$, wie aus (17) abzulesen ist, nur die nichtreellen Nullstellen $\gamma, \overline{\gamma}$ besitzt. Also folgt $\mu_0 = 0$ und damit aus (31): $\lambda_0 = 0$. Analog folgt aus (30) durch Anwendung fallender Potenzen von T sukzessive: $\lambda_1 = \mu_1 = 0, \dots, \lambda_{k-1} = \mu_{k-1} = 0$.

Die Gestalt (29) der Matrix von $L | U_\tau$ erhält man direkt aus den „selbstreproduzierenden" Eigenschaften der Basis (28), indem man beachtet, daß wegen (25) *auf* U_τ gilt $L^2 = T - pL - qI$:

$$(32)\qquad \begin{aligned} LT^j a &= T^j La \\ LT^j La &= T^j L^2 a = T^j (T - pL - qI) a = T^{j+1} a - pT^j La - qT^j a. \end{aligned}$$ □

Bemerkung 1. Ein Vektor a, auf den Lemma A anwendbar ist, existiert in U_τ stets, da nach (27): $T^{k-1} \neq 0$. Eine konkrete Wahl für a ergibt sich z.B. mittels dem Vektor c_1 aus (18): Aus (17) berechnet man zunächst $(L^c - \gamma I)^{k-1} c_1 = c_k$, also mit (26): $(T^c)^{k-1} c_1 = (L^c - \overline{\gamma} I)^{k-1} c_k = ((L^c - \gamma I) + (\gamma - \overline{\gamma}) I)^{k-1} c_k = (\gamma - \overline{\gamma})^{k-1} c_k$, wobei zum Schluß zu beachten ist, daß wegen (17) gilt: $(L^c - \gamma I) c_k = 0$. Mit $\gamma - \overline{\gamma} = -2i\beta$ und (18) folgt: $(T^c)^{k-1}(a_1 + ib_1) = (-2i\beta)^{k-1}(a_k + ib_k)$, inbesondere $T^{k-1} a_1 \neq 0$ und $T^{k-1} b_1 \neq 0$. Man kann also stets

$$(33)\qquad a := a_1$$

wählen. Daraus resultieren dann wohlbestimmte (allein von α, β abhängende) Formeln für den Basiswechsel von $c_1, \dots, c_k, \overline{c}_1, \dots, \overline{c}_k$ zu (28), auf deren genaue Bauart es allerdings hier nicht ankommt. □

Setzt man bei Lemma A

$$(34)\qquad a' := La$$

so schreibt sich die Basis (28) als

$$(35)\qquad \boxed{a, a', Ta, Ta', \dots, T^{k-1} a, T^{k-1} a'.}$$

3. Art: Mit den Festsetzungen

(36) $a'' := \frac{1}{\beta}(-\alpha a + a'), \quad S := \frac{1}{\beta} T \qquad (\text{auf } U_\tau)$

erhält man das etwas abgeänderte Vektorsystem

(37) $\boxed{a, a'', Sa, Sa'', \ldots, S^{k-1}a, S^{k-1}a''.}$

Da man $T^j a$ und $T^j a'$ mittels (36) mühelos als reelle Linearkombinationen von $S^j a$ und $S^j a''$ schreiben kann, ist mit (35) auch (37) eine **R**-Basis von U_τ. Um die Bilder dieser Basis unter L zu berechnen, beachtet man zunächst, daß $La'' = \beta^{-1}(-\alpha La + La') = \beta^{-1}(-\alpha a' - qa - pa' + Ta) = -\beta a + \alpha a'' + Sa$ [man verwende der Reihe nach: (36), (29) und (24)]. Damit folgt

$$(38) \qquad \begin{aligned} LS^j a &= S^j La = S^j a' = S^j(\alpha a + \beta a'') = \alpha S^j a + \beta S^j a'' \\ LS^j a'' &= S^j(-\beta a + \alpha a'' + Sa) = -\beta S^j a + \alpha S^j a'' + S^{j+1} a, \end{aligned}$$

so daß die Matrix von $L | U_\tau$ bezüglich der neuen Basis (37) lautet:

$$(39) \qquad S^1(k; \alpha, \beta) := \left(\begin{array}{cc|cc|cc|c|cc} \alpha & -\beta & & & & & & & \\ \beta & \alpha & & & & & & & \\ \hline 0 & 1 & \alpha & -\beta & & & & & \\ 0 & 0 & \beta & \alpha & & & & & \\ \hline & & 0 & 1 & \alpha & -\beta & & & \\ & & 0 & 0 & \beta & \alpha & & & \\ \hline & & & & & & \ddots & & \\ \hline & & & & & & 0 \;\; 1 & \alpha & -\beta \\ & & & & & & 0 \;\; 0 & \beta & \alpha \end{array} \right).$$

Wir nennen eine solche reelle $(2k) \times (2k)$-Matrix (wobei $\beta \neq 0$) einen **verallgemeinerten elementaren Jordanblock** des **Typs** S^1.

Bevor wir diese Ergebnisse zusammenfassen, überlegen wir noch folgendes:

Der **R**-*Vektorraum* U_τ *ist* **R**-*irreduzibel unter* $L | U_\tau$: Angenommen nämlich, U_τ besitze eine L-invariante Zerlegung in zwei **R**-Untervektorräume $U_\tau^1 \neq 0$ und $U_\tau^2 \neq 0$. Dann führt diese sofort auf eine entsprechende L^c-invariante Zerlegung von $W_\tau \oplus \overline{W}_\tau = U_\tau \oplus iU_\tau$, nämlich in die **C**-Untervektorräume $U_\tau^1 \oplus iU_\tau^1$ und $U_\tau^2 \oplus iU_\tau^2$. Setzt man die Jordanschen Normalformen der Restriktionen von L^c auf diese beiden **C**-Untervektorräume an und fügt sie zu einer Jordanschen Normalform von $U_\tau \oplus iU_\tau$ zusammen, so erkennt man wegen deren Eindeutigkeit, daß als Jordansche Normalformen für die genannten Restriktionen nur $J(k, \gamma)$ und $J(k, \overline{\gamma})$ in Frage kommen, woraus (bis auf Vertauschung der

Indizes 1,2) $U_\tau^1 \oplus iU_\tau^1 = \text{Kern } (L^c - \gamma I)^k = W_\tau$ und $U_\tau^2 \oplus iU_\tau^2 = \text{Kern } (L^c - \bar{\gamma} I)^k = \overline{W}_\tau$ folgt. Dies impliziert $U_\tau^1 = U_\tau^2$, im Widerspruch zur Annahme.

Man beachte, daß die Jordansche Normalform $\text{diag}(J(k, \gamma), J(k, \bar{\gamma}))$ und die Normalformen (22), (29), (39) denselben Endomorphismus $L^c \mid W_\tau \oplus \overline{W}_\tau$ (nur bezüglich verschiedener Basen) darstellen.

Weiterhin kann man aus jeder der Normalformen (22), (29), (39) von $L \mid U_\tau$ die Jordansche Normalform $\text{diag}(J(k, \gamma), J(k, \bar{\gamma}))$ von $L^c \mid W_\tau \oplus \overline{W}_\tau$ zurückgewinnen*), indem man die angegebenen Basiswechsel rückgängig macht. Wegen der Eindeutigkeit der Jordanschen Normalform folgt daraus, daß ein **R**-Endomorphismus, der bezüglich einer **R**-Basis seines Definitionsraumes durch eine der Matrizen (22), (29), (39) dargestellt wird, nach komplexer Fortsetzung die komplexe Jordansche Normalform $\text{diag}(J(k, \gamma), J(k, \bar{\gamma}))$ oder $\text{diag}(J(k, \bar{\gamma}), J(k, \gamma))$ besitzt. Dabei führen lediglich zwei solche Normalformen des Types (22) zur gleichen komplexen Jordanschen Normalform (bis auf Blockvertauschung), die sich höchstens im Vorzeichen von β unterscheiden. Analoges gilt für den Typ (39), während beim Typ (29) nur gleiche Matrizen zur gleichen komplexen Jordanschen Normalform (bis auf Blockvertauschung) führen.

Zusammenfassung

Die vorgenannten Prozeduren sind für jeden reellen und komplexen Eigenwert getrennt durchzuführen. Durch Zusammenfügen der jeweils gewonnenen reellen Basen ergibt sich dann:

Satz B (über die reelle Jordansche Normalform). *Zu jedem Endomorphismus* $L: V \to V$ *eines endlich dimensionalen reellen Vektorraumes* V *existiert eine direkte Zerlegung*

$$V = V_1 \oplus \ldots \oplus V_r \oplus V_{r+1} \oplus \ldots \oplus V_{r+s} \tag{40}$$

in L*-invariante, irreduzible Unterverktorräume von* V, *so daß bei geeigneter Basiswahl in jedem Summanden die Matrix von* L *in der zusammengefügten Basis die Gestalt besitzt:*

$$\boxed{\tilde{A} = \text{diag}(J(\nu_1, \alpha_1), \ldots, J(\nu_r, \alpha_r), S^1(k_{r+1}; \alpha_{r+1}, \beta_{r+1}), \ldots, S^1(k_{r+s}; \alpha_{r+s}, \beta_{r+s})).} \tag{41}$$

Dabei ist $\{\alpha_1, \ldots, \alpha_r\}$ *die Menge der reellen Eigenwerte von* L *und* $\{\alpha_{r+1} - i\beta_{r+1}, \ldots, \alpha_{r+s} - i\beta_{r+s}\} \cup \{\alpha_{r+1} + i\beta_{r+1}, \ldots, \alpha_{r+s} + i\beta_{r+s}\}$ *die Menge der komplexen, nichtreellen Eigenwerte von* L^c, *jeweils eventuell mit Mehrfachnennungen, wobei im zweiten Fall die Aufzählung so gewählt werden kann, daß stets gilt:*

$$\beta_{r+\sigma} > 0. \tag{42}$$

Ferner sind die $J(\nu_\rho, \alpha_\rho)$ *elementare Jordanblöcke des Typs* (3) *und die* $S^1(k_{r+\sigma}; \alpha_{r+\sigma}, \beta_{r+\sigma})$ *erweiterte elementare Jordanblöcke des Typs* (39).

---

*) Das ist bezüglich (22) selbst dann der Fall, wenn die Koppelung (33) nicht vorgenommen wird, da die Relation zwischen zwei Matrizen, die den gleichen Endomorphismus bezüglich verschiedener Basen darstellen, allein von den Koeffizienten des zugehörigen Basiswechsels bestimmt wird („Ähnlichkeitstransformation“).

Jeder einzelne der Jordanblöcke $S^1(k_{r+\sigma}; \alpha_{r+\sigma}, \beta_{r+\sigma})$ *ist auch ersetzbar durch einen der anderen Typen* $S_1^1(k_{r+\sigma}; \alpha_{r+\sigma}, \beta_{r+\sigma})$ (22) *oder* $R^1(k_{r+\sigma}; p_{r+\sigma}, q_{r+\sigma})$ (29) *mit* $p_{r+\sigma} := -2\alpha_{r+\sigma}$, $q_{r+\sigma} := \alpha_{r+\sigma}^2 + \beta_{r+\sigma}^2$.

Bei fester Typenwahl ist die ***reelle Jordansche Normalform*** $\tilde{A}$ (41) *bis auf die Reihenfolge ihrer elementaren Jordanblöcke eindeutig durch* L *bestimmt* [*wenn im Falle eines Typs* S^1 *oder* S_1^1 *die Forderung* (42) *berücksichtigt ist*]. □

Bemerkungen. 2. Anstelle unserer Jordanschen Normalform $\tilde{A}$ wird manchmal die transponierte Matrix $\tilde{A}^T$ verwendet. Man kann diese modifizierte Normalform für $L: V \to V$ gewinnen, indem man für den *dualen* Operator $L^*: V^* \to V^*$ (A [1.3]) unsere Normalform aufstellt und dann L selbst in der dualen Basis darstellt (Satz P [1.3]).

3. Wie üblich, kann das Resultat wieder in der Matrizensprache ausgedrückt werden: Zu jeder Matrix $A \in \mathbf{R}^{(n,n)}$ existiert eine Matrix $S \in \mathbf{GL}(n, \mathbf{R})$, so daß $\tilde{A} := SAS^{-1}$ reelle Jordansche Normalform (41) hat. Ferner sind zwei Matrizen $A_1, A_2 \in \mathbf{R}^{(n,n)}$ genau dann ähnlich, wenn die zugehörigen reellen Jordanschen Normalformen bis auf Permutation der Reihenfolge und unter eventueller Beachtung von (42) übereinstimmen (vgl. Bemerkung 1 [I, 6.7]). Dies bezieht sich auf eine feste Typenwahl.

4. Zur *praktischen Herstellung der reellen Jordanschen Normalform* von L verschafft man sich zunächst die komplexe Jordansche Normalform von L^c und ersetzt dann jedes vorkommende Paar gleichgroßer und echt komplexer elementarer Jordanblöcke mit konjugiert komplexen Eigenwerten durch eine der entsprechenden reellen Normalformen (22), (29) oder (39) (**Reellisierung**). Ist man überdies an einer entsprechenden *Jordanbasis* interessiert, so muß man die oben beim Beweis durchgeführten Schritte konkret nachvollziehen.

Beispiele. 1. Die Normalformen der speziellen Endomorphismen aus den Abschnitten 2.2–2.4 und 3.1 sind, wie der Augenschein lehrt, spezielle Normalformen der hier erreichten Art, wobei stets $k = 1$ gilt, also überhaupt keine Begleitbänder auftreten. Sie sind somit ebenfalls bis auf Blockpermutation durch ihre Endomorphismen eindeutig bestimmt. Tatsächlich kann man die reellen Normalformen der Abschnitte 2.2–2.4 berechnen, in dem man zunächst die komplexen Normalformen herstellt (die alle Diagonalgestalt haben) und auf diese das Reellisierungsverfahren (Bemerkung 4) anwendet.

2. Sei V ein **R**-Vektorraum der Dimension 3. Welche reellen Jordanschen Normalformen sind für ein $L \in \mathbf{L}(V)$ möglich (etwa unter Verwendung des Typs S^1)? – ***Lösung:*** Mögliche elementare Jordanblöcke bei einem reellen Eigenwert sind:

$$(43) \qquad \boxed{\alpha} \qquad \boxed{\begin{matrix} \alpha & \\ 1 & \alpha \end{matrix}} \qquad \boxed{\begin{matrix} \alpha & & \\ 1 & \alpha & \\ & 1 & \alpha \end{matrix}}$$

Mögliche verallgemeinerte elementare Jordanblöcke des Typs S^1 bei einem Paar konjugiert komplexer Eigenwerte sind nur

$$(44) \qquad \boxed{\begin{matrix} \alpha & -\beta \\ \beta & \alpha \end{matrix}}\,, \quad \beta \neq 0,$$

weil in beiden Fällen die Zeilenzahl durch 3 nach oben beschränkt ist. Die möglichen reellen Jordanschen Normalformen ergeben sich in Form aller durch Kombination aus (43), (44) aufbaubaren (3 × 3)-Matrizen (bis auf Blockpermutation) als:

$$(45)\qquad \begin{pmatrix} a & & \\ & b & \\ & & c \end{pmatrix}, \quad \begin{pmatrix} a & & \\ 1 & a & \\ & & b \end{pmatrix}, \quad \begin{pmatrix} a & & \\ 1 & a & \\ & 1 & a \end{pmatrix}, \quad \begin{pmatrix} a & -\beta & \\ \beta & a & \\ & & c \end{pmatrix}.$$

$$a, b, c, \beta \in \mathbf{R} \qquad\qquad \beta > 0$$

3. *Zahlenbeispiel für eine Reellisierung:*

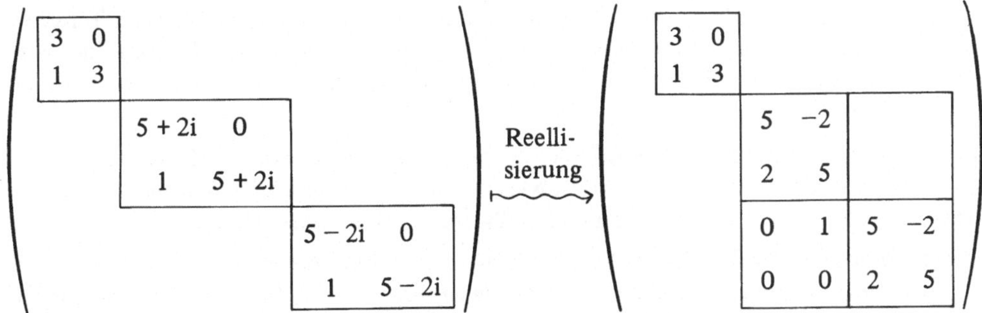

Dabei wurde der reelle Typ S^1 verwendet und γ als $5 - 2i$ (*nicht* $5 + 2i$) gewählt.

Aufgaben zu 3.3

1. Von den folgenden Endomorphismen $L : \mathbf{R}^n \to \mathbf{R}^n$ sei jeweils das charakteristische Polynom bekannt. Man schreibe alle noch möglichen reellen Jordanschen Normalformen auf:

a) $n = 3, \mathrm{Ch}(\lambda) = (\lambda - 5)^3$

b) $n = 4, \mathrm{Ch}(\lambda) = (\lambda - 3)^2 (\lambda + 1)^2$

c) $n = 4, \mathrm{Ch}(\lambda) = (\lambda^2 - 2\lambda + 2)^2$

d) $n = 5, \mathrm{Ch}(\lambda) = (\lambda^2 + 4)^2 (\lambda + 5)$.

2. Für eine Matrix $A \in \mathbf{C}^{(n,n)}$ gelte $A^k = I$ für ein $k \in \mathbf{N}$. Man zeige, daß A diagonalisierbar ist und gebe die noch möglichen komplexen Jordanschen Normalformen von A an.

3. Für eine Matrix $A \in \mathbf{R}^{(n,n)}$ gelte $A^k = I$ für ein $k \in \mathbf{N}$. Man bestimme die möglichen reellen Jordanschen Normalformen von A.

4. Ist $f(\lambda) = \alpha_0 + \alpha_1 \lambda + \ldots + \alpha_N \lambda^N$ ein Polynom mit Koeffizienten aus einem Körper K und ist L Endomorphismus eines K-Vektorraumes V, so versteht man unter f(L) den Endomorphismus $f(L) := \alpha_0 I + \alpha_1 L + \ldots + \alpha_N L^N$. Man beweise, daß jeder Endomorphismus L eines komplexen oder reellen Vektorraumes V (endlicher Dimension) seiner eigenen charakteristischen Gleichung genügt: $\mathrm{Ch}_L(L) = 0$ (**Satz von Cayley-Hamilton**).

Hinweis: Man verifiziere die entsprechende Matrizengleichung für die Jordansche Normalform von L.

5. Man beweise, daß die einzigen *stetigen* Invarianten komplexer Matrizen gegen Ähnlichkeit die Koeffizienten des charakteristischen Polynoms sind. Genauer: Ist $f : \mathbf{C}^{(n,n)} \to \mathbf{C}$ stetig und invariant gegen Ähnlichkeit, d.h. $f(SAS^{-1}) = f(A)$ für alle $A \in \mathbf{C}^{(n,n)}$ und $S \in \mathbf{GL}(n, \mathbf{C})$, so gilt: $\mathrm{Ch}_{A_1} = \mathrm{Ch}_{A_2} \Rightarrow f(A_1) = f(A_2)$.

Hinweis: Man zeige mittels der Jordanschen Normalform, daß jede Matrix $A \in \mathbf{C}^{(n,n)}$ zu Matrizen $A_t \in \mathbf{C}^{(n,n)}$, $t \in \mathbf{C}$, ähnlich ist, die für $t \to 0$ gegen eine *diagonalisierbare* Matrix mit gleichem charakteristischem Polynom wie A konvergieren.

6. Gilt dasselbe wie in Aufgabe 5 auch für *reelle* Matrizen?

4 Multilineare Algebra

Die multilineare Algebra ist die moderne Fassung der *Tensorrechnung*. Zum ersten Mal traten Tensoren in der Physik und Mechanik auf, und zwar als Objekte, die komplizierter waren als Vektoren, aber sich noch ähnlich verhielten. Zum Beispiel dienten Tensoren dazu, richtungsabhängige Spannungszustände in einem Medium zu beschreiben. Im Laufe der Zeit hat es sich herausgestellt, daß Tensoren mathematisch als multilineare Abbildungen erfaßt werden können.

Heute spielen Tensoren und Tensorfelder oft eine grundlegende Rolle, z.B. in der globalen Analysis und Differentialgeometrie sowie in einigen fortgeschrittenen physikalischen Theorien wie der Elektrodynamik und der allgemeinen Relativitätstheorie.

Die multilineare Algebra beschäftigt sich mit den *multilinearen Abbildungen* und den Operationen für diese, insbesondere dem *Tensorprodukt* und dem schiefsymmetrischen Tensorprodukt, dem sog. *Dachprodukt*. In enger Beziehung zu diesen Operationen für Abbildungen stehen entsprechende Konstruktionen für Vektorräume selbst. Diese vektoriellen Funktoren der multilinearen Algebra werden hier für den Fall endlicher Dimension explizit angegeben.

Wie üblich, haben alle gleichzeitig betrachteten Vektorräume denselben Skalarenkörper K. Zunächst wird keine Dimensionseinschränkung gemacht.

4.1 Multilineare Abbildungen und Multilinearformen

Gegeben seien $r + 1$ Vektorräume $V_1, \dots, V_r$ und Z. Wir betrachten eine Abbildung

$$(1) \qquad \begin{aligned} \Phi: V_1 \times \dots \times V_r &\longrightarrow Z \\ (v_1, \dots, v_r) &\longmapsto \Phi(v_1, \dots, v_r). \end{aligned}$$

Es handelt sich also um eine vektorielle Funktion von mehreren vektoriellen Veränderlichen.*)

Definition A. *Die Abbildung* Φ (1) *heißt* ***multilinear*** *(genauer:* r*-****linear****), wenn* $\Phi(v_1, \dots, v_r)$ *von jedem einzelnen Argument linear abhängt, d.h. wenn für alle* ρ *mit* $1 \leqq \rho \leqq r$ *und alle* $(v_1, \dots, v_r) \in V_1 \times \dots \times V_r$, $v'_\rho \in V_\rho$ *und* $\alpha_\rho, \alpha'_\rho \in K$ *gilt:*

$$(2) \qquad \Phi(v_1, \dots, \alpha_\rho v_\rho + \alpha'_\rho v'_\rho, \dots, v_r) = \alpha_\rho \Phi(v_1, \dots, v_\rho, \dots, v_r) + \alpha'_\rho \Phi(v_1, \dots, v'_\rho, \dots, v_r).$$

*) Das cartesische Produkt $V_1 \times \dots \times V_r$ ist rein mengentheoretisch zu verstehen. Es spielt hier keine Rolle, daß $V_1 \times \dots \times V_r$ mit einer Vektorraumstruktur versehen werden kann.

Für $r = 1$ *kommt man auf den Begriff der* ***linearen*** *Abbildung zurück. Bei* $r = 2, 3, 4$ *spricht man von* ***bilinearen, trilinearen, quadrilinearen*** *Abbildungen.*

Ist bei *gleichen* Vektorräumen $V_1, \ldots, V_r$ und Z eine weitere r-lineare Abbildung

(3) $\Psi : V_1 \times \ldots \times V_r \longrightarrow Z$

gegeben, so kann man die *Summe* $\Phi + \Psi$ und das *skalare Vielfache* $\alpha \cdot \Phi = \alpha\Phi$ für $\alpha \in K$ wie üblich argumentweise definieren:

(4) $(\Phi + \Psi)(v_1, \ldots, v_r) := \Phi(v_1, \ldots, v_r) + \Psi(v_1, \ldots, v_r)$

(5) $(\alpha\Phi)(v_1, \ldots, v_r) := \alpha \cdot \Phi(v_1, \ldots, v_r).$

Dann sind $\Phi + \Psi$ und $\alpha\Phi$ leicht als r-lineare Abbildungen von $V_1 \times \ldots \times V_r$ in Z nachzurechnen, und ebenso bestätigt man ohne Mühe die Vektorraumgesetze für diese Verknüpfungen, wobei das Nullelement die Nullabbildung ist:

Satz und Definition B. *Bei gegebenen Vektorräumen* $V_1, \ldots, V_r$ *und Z bildet die Menge der r-linearen Abbildungen von* $V_1 \times \ldots \times V_r$ *in Z mit den Verknüpfungen* (4), (5) *einen Vektorraum, genannt* $\mathbf{L}(V_1, \ldots, V_r; Z)$.

Im Falle $V_1 = \ldots = V_r = V$ *schreibt man statt* $\mathbf{L}(V_1, \ldots, V_r; Z)$ *kurz* $\mathbf{L}_r(V; Z)$. □

Wir betrachten nun den Fall $Z = K$ *weiter.* Eine r-lineare Abbildung

(6) $$\begin{aligned} F : V_1 \times \ldots \times V_r &\longrightarrow K \\ (v_1, \ldots, v_r) &\longmapsto F(v_1, \ldots, v_r) \end{aligned}$$

heißt auch eine **Multilinearform** (oder genauer: r-**Linearform**). Für $r = 1$ kommt man auf den Begriff der *Linearform* und des *Dualraumes* zurück:

(7) $\mathbf{L}(V; K) = V^*.$

Bei Formen ergibt sich neben den Verknüpfungen (4) und (5) in naheliegender Weise eine multiplikative Verknüpfung. Dazu sei neben (6) eine weitere Multilinearform

(8) $$\begin{aligned} G : W_1 \times \ldots \times W_s &\longrightarrow K \\ (w_1, \ldots, w_s) &\longmapsto G(w_1, \ldots, w_s) \end{aligned}$$

betrachtet.

Definition C. *Zu* $F \in \mathbf{L}(V_1, \ldots, V_r; K)$ *und* $G \in \mathbf{L}(W_1, \ldots, W_s; K)$ *ist das* ***Tensorprodukt*** $F \otimes G \in \mathbf{L}(V_1, \ldots, V_r, W_1, \ldots, W_s; K)$ *definiert durch*

(9) $$\boxed{(F \otimes G)(v_1, \ldots, v_r, w_1, \ldots, w_s) := F(v_1, \ldots, v_r) \cdot G(w_1, \ldots, w_s).}$$

Man sieht unmittelbar, daß $F \otimes G$ multilinear [genauer: $(r + s)$-linear] ist.

Beispiel 1. Für $r = s = 1$ und $\lambda \in \mathbf{L}(V; K) = V^*$, $\mu \in \mathbf{L}(W; K) = W^*$ ist $\lambda \otimes \mu \in \mathbf{L}(V, W; K)$ die Bilinearform $\lambda \otimes \mu : V \times W \to K$ mit den Werten:

(10) $(\lambda \otimes \mu)(v, w) = \lambda(v) \cdot \mu(w)$ für alle $v \in V$, $w \in W$.

Satz D. *Bei gegebenen Vektorräumen* $V_1, \dots, V_r$ *und* $W_1, \dots, W_s$ *ist die Zuordnung* $(F, G) \mapsto F \otimes G$ *bilinear, d.h. für alle* $F, F_1, F_2 \in \mathsf{L}(V_1, \dots, V_r; K)$ *und* $G, G_1, G_2 \in \mathsf{L}(W_1, \dots, W_s; K)$ *sowie* $\alpha_1, \alpha_2, \beta_1, \beta_2 \in K$ *gilt:*

(11) $\quad (\alpha_1 F_1 + \alpha_2 F_2) \otimes G = \alpha_1 \cdot F_1 \otimes G + \alpha_2 \cdot F_2 \otimes G$

(12) $\quad F \otimes (\beta_1 G_1 + \beta_2 G_2) = \beta_1 \cdot F \otimes G_1 + \beta_2 \cdot F \otimes G_2.$

Auf der rechten Seite von (11), (12) müßten die Tensorprodukte $F_1 \otimes G$ usw. strenggenommen in Klammern gesetzt werden. Wir lassen diese Klammern der Einfachheit halber weg, behandeln also die Operation $\otimes$ bezüglich der Beklammerung wirklich als Produkt.

Beweis von D. Es handelt sich um eine reine Schreibarbeit, wobei man lediglich die Definitionen (4), (5), (9) zu verwenden hat. Die Durchführung sei dem Leser überlassen. □

Als Muster für eine Rechnung dieser Art kann der Beweis des folgenden Satzes dienen, den wir explizit vorführen werden:

Satz E. *Bei gegebenen Vektorräumen* $V_1, \dots, V_r$ *und* $W_1, \dots, W_s$ *sowie* $Z_1, \dots, Z_t$ *ist das Tensorprodukt assoziativ; d.h. für alle* $F \in \mathsf{L}(V_1, \dots, V_r; K)$ *und* $G \in \mathsf{L}(W_1, \dots, W_s; K)$ *sowie* $H \in \mathsf{L}(Z_1, \dots, Z_t; K)$ *gilt:*

(13) $\quad (F \otimes G) \otimes H = F \otimes (G \otimes H) =: F \otimes G \otimes H.$

Aufgrund dieses Sachverhaltes kann man mehrfache Tensorprodukte, wie rechts in (13) angedeutet, ohne Klammern schreiben*).

Beweis von E. Für $v_\rho \in V_\rho, w_\sigma \in W_\sigma, z_\tau \in Z_\tau$ gilt einerseits

$$\begin{aligned} &((F \otimes G) \otimes H)(v_1, \dots, v_r, w_1, \dots, w_s, z_1, \dots, z_t) \\ (14) \quad &= (F \otimes G)(v_1, \dots, v_r, w_1, \dots, w_s) \cdot H(z_1, \dots, z_t) \\ &= (F(v_1, \dots, v_r) \cdot G(w_1, \dots, w_s)) \cdot H(z_1, \dots, z_t) \end{aligned}$$

und andererseits

$$\begin{aligned} &(F \otimes (G \otimes H))(v_1, \dots, v_r, w_1, \dots, w_s, z_1, \dots, z_t) \\ (15) \quad &= F(v_1, \dots, v_r) \cdot (G \otimes H)(w_1, \dots, w_s, z_1, \dots, z_t) \\ &= F(v_1, \dots, v_r) \cdot (G(w_1, \dots, w_s) \cdot H(z_1, \dots, z_t)). \end{aligned}$$

Da die rechten Seiten von (14) und (15) wegen des multiplikativen Assoziativgesetzes in K übereinstimmen, tun es auch die linken Seiten, und zwar für alle Argumentvektoren. Daraus folgt die Behauptung (nach der Definition der Gleichheit von Abbildungen). □

*) Bezüglich der Definitionsmengen für die Abbildungen in (13) sei vereinbart, daß mehrfache cartesische Produkte unter Weglassung von Klammern identifiziert werden; z.B. sei $(V \times W) \times Z = V \times W \times Z$ gesetzt, indem jedes Element $((v, w), z)$ als (v, w, z) aufgefaßt wird, usw.

Bei festen Vektorräumen V_ρ usw. ist klar, daß auch mehrfache Tensorprodukte die Multilinearitätseigenschaft besitzen; z.B. ist die Abbildung $(F, G, H) \mapsto F \otimes G \otimes H$ trilinear. Ein Element der Form $F = \lambda^1 \otimes \ldots \otimes \lambda^r$ mit $\lambda^1 \in V_1^*, \ldots, \lambda^r \in V_r^*$ wird **zerlegbar** in $\mathbf{L}(V_1, \ldots, V_r; K)$ genannt.

Aufgaben zu 4.1

1. Für $F, F_1 \in \mathbf{L}(V_1, \ldots, V_r; K)$ und $G, G_1 \in \mathbf{L}(W_1, \ldots, W_s; K)$ beweise man folgende Implikationen:
a) Aus $F \otimes G = 0$ folgt $F = 0$ oder $G = 0$ (**Nullteilerfreiheit**).
b) Aus $F \otimes G = F_1 \otimes G_1 \neq 0$ folgt, daß mit geeigneten Skalaren $\alpha, \beta \in K$ gilt: $F_1 = \alpha F$, $G_1 = \beta G$, wobei $\alpha\beta = 1$.

2. Sind neben Z weitere Vektorräume Z′ und U sowie eine bilineare Abbildung $P: Z \times Z' \to U$ (ein „Produkt") vorgegeben, so kann für $F \in \mathbf{L}(V_1, \ldots, V_r; Z)$ und $G \in \mathbf{L}(W_1, \ldots, W_s; Z')$ das **verallgemeinerte Tensorprodukt** $F \otimes_P G \in \mathbf{L}(V_1, \ldots, V_r, W_1, \ldots, W_s; U)$ definiert werden durch

$$(F \otimes_P G)(v_1, \ldots, v_r, w_1, \ldots, w_s) := P(F(v_1, \ldots, v_r), G(w_1, \ldots, w_s)).$$

Man beweise in Verallgemeinerung von Satz D, daß die Zuordnung $(F, G) \to F \otimes_P G$ bilinear ist. [Für $Z = Z' = K$, $P(\alpha, \beta) = \alpha \cdot \beta$ kommt man auf das gewöhnliche Tensorprodukt (9) zurück.]

3. Zeige, daß eine Bilinearform $F: V \times V \to K$ genau dann von endlichem Rang $\leqq 1$ ist (Aufgabe 12 [1.4], wenn F in $\mathbf{L}(V, V; K)$ zerlegbar ist.

4.2 Tensorprodukt endlich dimensionaler Vektorräume

In diesem Abschnitt seien alle vorgegebenen Vektorräume, insbesondere $V_1, \ldots, V_r$, von *endlicher Dimension*. Dasselbe gilt dann für die zugehörigen Dualräume, die hier immer mitbetrachtet werden müssen:

$$(1) \qquad \dim V_\rho = \dim V_\rho^* =: n_\rho < \infty, \qquad 1 \leqq \rho \leqq r.$$

Konventionen:

1) Für eine *Familie* von Elementen p_j einer Menge M wird i.a. die Bezeichnung $(p_j)_{j \in J}$ gebraucht; dabei ist J die *Indexmenge*. Ist J durch Bedingungen (z.B. Ungleichungen) beschreibbar, so wird in dem Symbol $(u_j)_{j \in J}$ der Teil „$j \in J$" durch diese Bedingungen ersetzt. Ist die Indexmenge aus dem Zusammenhang klar, so wird manchmal statt $(p_j)_{j \in J}$ einfach (p_j) geschrieben.

2) Wie in 1.3 werden Elemente eines Dualraumes durch Buchstaben $\lambda, \mu, \ldots$ bezeichnet. Numerierungsindizes für Elemente in einem Vektorraum werden unten, solche für Elemente im zugehörigen Dualraum oben geschrieben. Dies gilt insbesondere, wenn die betreffenden Elemente eine Basis bilden. In diesem Fall verwenden wir statt der Buchstaben $\lambda, \mu, \ldots$ auch $f, g, \ldots$, und für die Koordinaten gelten die inversen Indexstellungen. Ist z.B. $(a_j)_{1 \leqq j \leqq n}$ Basis von V und $(f^j)_{1 \leqq j \leqq n}$ Basis von V^*, so schreiben wir die Koordinatendarstellungen beliebiger Elemente $v \in V$ und $\mu \in V^*$ etwa in der Form

$$(2) \qquad v = \sum_{j=1}^{n} x^j a_j, \qquad \mu = \sum_{j=1}^{n} \alpha_j f^j.$$

3) In Summenformeln wird manchmal auf die Angabe des Laufbereiches verzichtet, wenn dieser aus dem Zusammenhang klar ist, oder es wird die *Einsteinsche Summenkonvention* verwendet, d.h. das Summenzeichen wird ganz weggelassen und verabredet, über doppelt vorkommende Indizes automatisch zu summieren. Die Formeln (2) schreiben sich dann z.B. als

(2′) $\quad v = x^j a_j, \quad \mu = \alpha_j f^j.$

Wir beginnen, indem wir für den Raum $\mathsf{L}(V_1, \ldots, V_r; K)$ eine Basis konstruieren:

Satz A. *Ist*

$$(3) \qquad \begin{array}{l} (f_1^{j_1})_{1 \leqq j_1 \leqq n_1} \textit{ Basis von } V_1^*, \\ \ldots\ldots\ldots\ldots\ldots\ldots \\ (f_r^{j_r})_{1 \leqq j_r \leqq n_r} \textit{ Basis von } V_r^*, \end{array}$$

so ist

(4) $\quad (f_1^{j_1} \otimes \ldots \otimes f_r^{j_r})_{1 \leqq j_1 \leqq n_1, \ldots, 1 \leqq j_r \leqq n_r}$ *Basis von* $\mathsf{L}(V_1, \ldots, V_r; K)$.

Beweis. Zur Vereinfachung der Schreibarbeit sei $r = 2$ gewählt. Sei

(5) $\quad (f^i)$ Basis von V_1^* mit Dualbasis (a_i) von V_1

(6) $\quad (g^j)$ Basis von V_2^* mit Dualbasis (b_j) von V_2.

Dann gelten für beliebige Elemente $v_1 \in V_1$, $v_2 \in V_2$ Basisdarstellungen der Art

$$(7) \qquad v_1 = \sum_i x^i a_i \quad \text{mit} \quad x^k = f^k(v_1),$$

$$(8) \qquad v_2 = \sum_j y^j b_j \quad \text{mit} \quad y^\ell = g^\ell(v_2).$$

Dabei folgen die rechtsstehenden Zusätze durch Anwendung von f^k bzw. g^ℓ auf die Darstellungen von v_1 bzw. v_2; vgl. auch (24) [1.3]. Wir zeigen jetzt für die Familie $(f^i \otimes g^j)$: (i) Sie ist linear unabhängig in $\mathsf{L}(V, W; K)$. (ii) Sie ist Erzeugendensystem von $\mathsf{L}(V, W; K)$. Aus (i) und (ii) folgt, daß jedes Element von $\mathsf{L}(V, W; K)$ auf genau eine Weise als Linearkombination der $f^i \otimes g^j$ dargestellt werden kann.

Zu (i): Für Skalare $\alpha_{k\ell}$ gelten folgende Schlüsse:

$$(9) \qquad \begin{aligned} &\sum_{k,\ell} \alpha_{k\ell} f^k \otimes g^\ell = 0 \\ &\Rightarrow \Big(\sum_{k,\ell} \alpha_{k\ell} f^k \otimes g^\ell\Big)(v_1, v_2) = 0 \qquad \text{für alle } v_1, v_2 \\ &\Rightarrow \sum_{k,\ell} \alpha_{k\ell} (f^k \otimes g^\ell)(v_1, v_2) = 0 \qquad \text{für alle } v_1, v_2 \\ &\Rightarrow \sum_{k,\ell} \alpha_{k\ell} f^k(v_1) \cdot g^\ell(v_2) = 0 \qquad \text{für alle } v_1, v_2. \end{aligned}$$

Setzt man $v_1 = a_i$ und $v_2 = b_j$, so folgt weiter nach (7), (8):

(10) $$0 = \sum_{k,\ell} \alpha_{k\ell}\,\delta_i^k\,\delta_j^\ell = \alpha_{ij}.$$

Zu (ii): Für beliebiges $F \in \mathsf{L}(V_1, V_2; K)$ schreiben wir unter Beachtung von (7), (8):

$$\begin{aligned} F(v_1, v_2) &= F\Big(\sum_i x^i a_i, \sum_j y^j b_j\Big) \\ &= \sum_{i,j} x^i y^j \cdot F(a_i, b_j) \\ &= \sum_{i,j} F(a_i, b_j) \cdot f^i(v_1) \cdot g^j(v_2) \qquad (11) \\ &= \sum_{i,j} F(a_i, b_j) \cdot (f^i \otimes g^j)(v_1, v_2) \\ &= \Big(\sum_{i,j} F(a_i, b_j) \cdot f^i \otimes g^j\Big)(v_1, v_2) \end{aligned}$$

Da dies für alle v_1, v_2 gilt, folgt

(12) $$F = \sum_{i,j} \underbrace{F(a_i, b_j)}_{\in K} \cdot f^i \otimes g^j.$$ □

Bemerkung 1. Man beachte die in (12) enthaltene *Berechnungsvorschrift:* Die Koordinaten von F bezüglich der Basis $(f^i \otimes g^j)$ erhält man als die Werte von F auf den entsprechenden dualen Basisvektoren a_i, b_j. Dies gilt analog für beliebiges r. □

Mit Rücksicht auf (4) führen wir nun eine neue Bezeichnungsweise ein:

Definition B. *Der Raum* $\mathsf{L}(V_1, \ldots, V_r; K)$ *heißt das **Tensorprodukt** von* $V_1^*, \ldots, V_r^*$; *dual hierzu heißt der Raum* $\mathsf{L}(V_1^*, \ldots, V_r^*; K)$ *das **Tensorprodukt** von* $V_1, \ldots, V_r$. *Man schreibt*

(13) $$\mathsf{L}(V_1, \ldots, V_r; K) =: V_1^* \otimes \ldots \otimes V_r^*,$$

(14) $$\mathsf{L}(V_1^*, \ldots, V_r^*; K) =: V_1 \otimes \ldots \otimes V_r.$$

Konsequenterweise müßte die Definition (14) eigentlich so lauten:

(15) $$\mathsf{L}(V_1^*, \ldots, V_r^*; K) = V_1^{**} \otimes \ldots \otimes V_r^{**}.$$

Man identifiziert jedoch in diesem Zusammenhang stets den Bidualraum V^{**} *mit* V *selbst, indem man jedes Element* $v \in V$ *auffaßt als Element von* V^{**} *mit der Wirkung* $v(\lambda) := \lambda(v)$ *für alle* $\lambda \in V^*$; vgl. Folgerung I und (29) [1.3].

Beispiel 1. Für $v \in V$ und $w \in W$ ist $v \otimes w \in \mathsf{L}(V^*, W^*; K) = V \otimes W$ die Bilinearform $v \otimes w : V^* \times W^* \to K$ mit den Werten

(16) $(v \otimes w)(\lambda, \mu) = v(\lambda) \cdot w(\mu) = \lambda(v) \cdot \mu(w)$ für alle $\lambda \in V^*$, $\mu \in W^*$.

Diese Formel ist völlig *dual* zu der in (10) [4.1]. □

Wir werden hauptsächlich das Tensorprodukt $V_1 \otimes \cdots \otimes V_r$ weiterbehandeln. Die Untersuchung von $V_1^* \otimes \ldots \otimes V_r^*$ verläuft wegen der vollständigen Symmetrie zwischen endlich dimensionalen Vektorräumen und ihren Dualräumen analog; vgl. das *Dualitätsprinzip* in 1.3.

Definition C. *Jedes Element der Gestalt* $v_1 \otimes \ldots \otimes v_r$ *mit* $v_\rho \in V_\rho$ *für* $1 \leqq \rho \leqq r$ *heißt* ***zerlegbar*** *in* $V_1 \otimes \ldots \otimes V_r$.

Nach Satz A ist jedes Element von $V_1 \otimes \ldots \otimes V_r$ Linearkombination von zerlegbaren Elementen: Ist jeweils $(a_{i_\rho})_{1 \leqq i_\rho \leqq n_\rho}$ Basis von V_ρ, so ist ja die Familie $(a_{i_1} \otimes \ldots \otimes a_{i_r})_{1 \leqq i_1 \leqq n_1, \ldots, 1 \leqq i_r \leqq n_r}$ Basis von $V_1 \otimes \ldots \otimes V_r$. Da die Anzahl der Elemente dieser Familie gleich $n_1 \cdot \ldots \cdot n_r$ ist, ergibt sich als

Folgerung D. *Es gilt:*

(17) $$\boxed{\dim(V_1 \otimes \ldots \otimes V_r) = \dim V_1 \cdot \ldots \cdot \dim V_r.}$$ □

Für $r \geqq 2$ ist nicht jedes Element von $V_1 \otimes \ldots \otimes V_r$ zerlegbar. Dies wird durch das folgende Beispiel deutlich:

Beispiel 2. Sei $r = 2$, $V_1 = V_2 = V$, $\dim V = 2$ und a_1, a_2 Basis von V. Dann ist $a_1 \otimes a_1 + a_2 \otimes a_2$ unzerlegbar in $V \otimes V$. Wäre nämlich

(18) $$a_1 \otimes a_1 + a_2 \otimes a_2 = u \otimes v$$

für

(19) $$u = \alpha_1 a_1 + \alpha_2 a_2, \quad v = \beta_1 a_1 + \beta_2 a_2,$$

so müßte gelten:

(20) $$\begin{aligned} & a_1 \otimes a_1 + a_2 \otimes a_2 = (\alpha_1 a_1 + \alpha_2 a_2) \otimes (\beta_1 a_1 + \beta_2 a_2) = \\ & = \alpha_1\beta_1 a_1 \otimes a_1 + \alpha_1\beta_2 a_1 \otimes a_2 + \alpha_2\beta_1 a_2 \otimes a_1 + \alpha_2\beta_2 a_2 \otimes a_2 . \end{aligned}$$

Da $a_1 \otimes a_1, a_1 \otimes a_2, a_2 \otimes a_1, a_2 \otimes a_2$ Basis von $V \otimes V$ ist, folgt aus (20) durch Koeffizientenvergleich

(21) $$\alpha_1\beta_1 = 1, \quad \alpha_2\beta_2 = 1, \quad \alpha_1\beta_2 = 0, \quad \alpha_2\beta_1 = 0.$$

Diese Gleichungen enthalten offensichtlich einen Widerspruch.

Bemerkung 2. Die Menge der zerlegbaren Elemente in einem Tensorprodukt $V_1 \otimes \ldots \otimes V_r$ heißt ein **Segre-Kegel** (ein solcher ist nicht Untervektorraum!). Die Segre-Kegel spielen eine wichtige Rolle in der *algebraischen Geometrie*. □

Mit dem Tensorprodukt kann man *multilineare* Abbildungen auf *lineare* Abbildungen zurückführen. Wichtige Teilschritte hierzu sind enthalten in den beiden folgenden Isomorphiesätzen E und G. Dabei ist Z ein weiterer Vektorraum endlicher Dimension.

Zunächst reduzieren wir vektorwertige multilineare Abbildungen auf Multilinearformen.

Satz E. *Es gibt eine* <u>*kanonische*</u> *Isomorphie:*

(22) $$\boxed{\mathsf{L}(V_1, \dots, V_r; Z) \cong \mathsf{L}(V_1, \dots, V_r, Z^*; K) = V_1^* \otimes \dots \otimes V_r^* \otimes Z.}$$

Beweis. Wir definieren eine Abbildung der linken Seite von (22) in die rechte, indem wir jeder r-linearen Abbildung $(v_1, \dots, v_r) \mapsto \Phi(v_1, \dots, v_r)$ die $(r+1)$-Linearform $(v_1, \dots, v_r, \zeta) \mapsto \zeta(\Phi(v_1, \dots, v_r))$ zuordnen. Dabei gilt jeweils $v_\rho \in V_\rho$ für $1 \leqq \rho \leqq r$ und $\zeta \in Z^*$. Diese Zuordnung ist leicht als linear nachzurechnen. Ferner ist diese Zuordnung bijektiv. Das ist eine Folge der in H [1.3] bewiesenen Variante des kleinen Lemmas von Riesz: Eine beliebige $(r+1)$-Linearform F auf $V_1 \times \dots \times V_r \times Z^*$ läßt sich danach eindeutig in der Gestalt schreiben

(23) $$F(v_1, \dots, v_r, \zeta) = \langle \zeta, \Phi(v_1, \dots, v_r) \rangle = \zeta(\Phi(v_1, \dots, v_r)),$$

wobei man aus dem Bestehen dieser Identität folgert, daß Φ eine r-lineare Abbildung ist; vgl. die Schlußweise in (36) [1.3]. □

Durch Übergang zu den Dimensionen ergibt sich mittels Folgerung D:

Folgerung F. *Es gilt:*

(24) $$\dim \mathsf{L}(V_1, \dots, V_r; Z) = \dim V_1 \dots \dim V_r \cdot \dim Z.$$ □

Bemerkung 3. Für $r = 1$, $V_1 = V$ ergibt sich als Spezialfall von (22) die kanonische Isomorphie

(25) $$\boxed{\mathsf{L}(V, Z) \cong \mathsf{L}(V, Z^*; K) = V^* \otimes Z.}$$

Dabei wird jede lineare Abbildung $L \in \mathsf{L}(V; Z)$ überführt in die Bilinearform $(v, \zeta) \mapsto \zeta(Lv)$ auf $V \times Z^*$. Für $Z = K$ bzw. $Z = V$ bzw. $Z = V^*$ und Rollentausch von V und V^* ergeben sich aus (25) die folgenden kanonischen Isomorphien:

(26.a)	$V^* \cong V^* \otimes K$	(26.b)	$V \cong V \otimes K$
(27.a)	$\mathsf{L}(V) \cong V^* \otimes V$	(27.b)	$\mathsf{L}(V^*) \cong V \otimes V^*$
(28.a)	$\mathsf{L}(V, V^*) \cong V^* \otimes V^*$	(28.b)	$\mathsf{L}(V^*, V) \cong V \otimes V.$

Liest man z.B. (28.a) von rechts nach links, so sieht man, daß jede *Bilinearform* $F: V \times V \to K$ identifizierbar ist mit einer *linearen* Abbildung $L: V \to V^*$. Die linearen Abbildungen von V nach V^* nennt man **Korrelationen.** □

Nunmehr erfolgt die Reduktion multilinearer Abbildungen auf lineare Abbildungen. Dazu betrachten wir das folgende Diagramm (29). In diesem ist die Abbildung π definiert als das r-fache Tensorprodukt:

(29) $$\begin{array}{ccc} V_1 \times \dots \times V_r & \overset{\Phi}{\searrow} & \\ \pi \downarrow & & Z \\ V_1 \otimes \dots \otimes V_r & \underset{\tilde{\Phi}}{\nearrow} & \end{array}$$

(29.a) $$\pi(v_1, \dots, v_r) := v_1 \otimes \dots \otimes v_r$$

(29.b) $$\Phi := \tilde{\Phi} \circ \pi.$$

π ist selbst r-linear. Ist $\tilde{\Phi}$ als *lineare* Abbildung gegeben, so können wir dieser eine Abbildung Φ so zuordnen, daß das Diagramm kommutativ wird, d.h. wir setzen $\Phi := \tilde{\Phi} \circ \pi$. Aus den Linearitätseigenschaften von π und $\tilde{\Phi}$ folgt leicht die *Multilinearität* von Φ.

Es ist üblich, in solchen Diagrammen gegebene Abbildungen durch ausgezogene, zu konstruierende Abbildungen durch unterbrochene Pfeile zu markieren.

Satz G. *In der Situation* (29) *gilt:*

(30) $$\boxed{\mathbf{L}(V_1 \otimes \ldots \otimes V_r, Z) \cong \mathbf{L}(V_1, \ldots, V_r; Z).}$$

Ein kanonischer Isomorphismus wird gegeben durch $\tilde{\Phi} \mapsto \tilde{\Phi} \circ \pi$.

Beweis. Daß die angegebene Abbildung von $\mathbf{L}(V_1 \otimes \ldots \otimes V_r, Z)$ nach $\mathbf{L}(V_1, \ldots, V_r; Z)$ linear ist, folgt durch eine einfache Rechnung. Weiter ist die Zuordnung $\tilde{\Phi} \mapsto \tilde{\Phi} \circ \pi$ injektiv; denn aus $\tilde{\Phi} \circ \pi = 0$ folgt, da das Bild von π nach dem Dualsatz zu A eine Basis enthält, $\tilde{\Phi} = 0$. Schließlich haben Definitions- und Zielraum die gleiche Dimension:

(31)
$$\begin{aligned} \dim \mathbf{L}(V_1 \otimes \ldots \otimes V_r; Z) &= \dim (V_1 \otimes \ldots \otimes V_r) \cdot \dim Z && 1.1 \\ &= \dim V_1 \ldots \dim V_r \cdot \dim Z && (17) \\ &= \dim \mathbf{L}(V_1, \ldots, V_r; Z) && (24) \end{aligned}$$

Aus diesen Tatsachen folgt die Bijektivität unserer Zuordnung $\tilde{\Phi} \mapsto \tilde{\Phi} \circ \pi$; vgl. den Dimensionssatz (Bemerkung 2 [1.4]). □

Die Bijektivität der Abbildung von Satz G ist hier die entscheidende Tatsache; sie besagt explizit:

Folgerung H. *Zu jeder multilineraren Abbildung*

(32) $\Phi: V_1 \times \ldots \times V_r \longrightarrow Z$

existiert genau eine lineare Abbildung

(33) $\tilde{\Phi}: V_1 \otimes \ldots \otimes V_r \longrightarrow Z,$

so daß gilt:

(34) $\Phi(v_1, \ldots, v_r) = \tilde{\Phi}(v_1 \otimes \ldots \otimes v_r)$ *für alle* $v_\rho \in V_\rho, \rho = 1, \ldots, r$. □

Damit sind multilineare Abbildungen vollständig auf das Tensorprodukt und lineare Abbildungen zurückgeführt. Man nennt die Folgerung H die **universelle Eigenschaft** des Tensorproduktes $V_1 \otimes \ldots \otimes V_r$.

Bemerkung 4. Für $Z = K$ ergibt sich als Spezialfall von (30) die *kanonische* Isomorphie,

(35) $$\boxed{(V_1 \otimes \ldots \otimes V_r)^* \cong V_1^* \otimes \ldots \otimes V_r^*.}$$

Dabei wird jede Linearform $\tilde{\Phi}$ auf $V_1 \otimes \ldots \otimes V_r$ überführt in die r-Linearform $(v_1, \ldots, v_r) \mapsto \tilde{\Phi}(v_1 \otimes \ldots \otimes v_r)$.

Aufgaben zu 4.2

1. Man zeige: Es gibt genau eine lineare Abbildung $\kappa: V_1 \otimes V_2 \to V_2 \otimes V_1$ mit $\kappa(v_1 \otimes v_2) = v_2 \otimes v_1$, und κ ist Isomorphismus. Daraus folgt eine kanonische Isomorphie $V_1 \otimes V_2 \cong V_2 \otimes V_1$ („Kommutativität").

Hinweis: Man wende Folgerung H auf das folgende Diagramm an:

$$\begin{array}{ccc} V_1 \times V_2 & \xrightarrow{\Phi} & V_2 \otimes V_1, \\ \downarrow \pi & \nearrow \kappa & \\ V_1 \otimes V_2 & & \end{array} \qquad \Phi(v_1, v_2) := v_2 \otimes v_1.$$

Weiter zeige man $(\kappa F)(\lambda^2, \lambda^1) = F(\lambda^1, \lambda^2)$ für alle $F \in V_1 \otimes V_2$ und $\lambda^1 \in V_1^*, \lambda^2 \in V_2^*$.

2. Man zeige: Es gibt genau eine lineare Abbildung $\alpha: V_1 \otimes V_2 \otimes V_3 \to (V_1 \otimes V_2) \otimes V_3$ mit $\alpha(v_1 \otimes v_2 \otimes v_3) = (v_1 \otimes v_2) \otimes v_3$, und α ist Isomorphismus.

Hinweis: Man wende Folgerung H auf das folgende Diagramm an:

$$\begin{array}{ccc} V_1 \times V_2 \times V_3 & \xrightarrow{\Psi} & (V_1 \otimes V_2) \otimes V_3, \\ \downarrow \pi & \nearrow \alpha & \\ V_1 \otimes V_2 \otimes V_3 & & \end{array} \qquad \Psi(v_1, v_2, v_3) := (v_1 \otimes v_2) \otimes v_3.$$

Weiter folgere man kanonische Isomorphien $(V_1 \otimes V_2) \otimes V_3 \cong V_1 \otimes V_2 \otimes V_3 \cong V_1 \otimes (V_2 \otimes V_3)$ („Assoziativität").

3. Die Vektorraumkonstruktion, die je r Vektorräumen $V_1, \ldots, V_r$ das Tensorprodukt $V_1 \otimes \ldots \otimes V_r$ zuordnet, kann folgendermaßen auf lineare Abbildungen ausgedehnt (und damit zu einem vektoriellen Funktor gemacht) werden:

a) Sind r lineare Abbildungen $L_1: V_1 \to V_1', \ldots, L_r: V_r \to V_r'$ gegeben, so existiert genau eine lineare Abbildung, genannt $L_1 \otimes \ldots \otimes L_r$, von $V_1 \otimes \ldots \otimes V_r$ nach $V_1' \otimes \ldots \otimes V_r'$, so daß $(L_1 \otimes \ldots \otimes L_r)(v_1 \otimes \ldots \otimes v_r) = (L_1 v_1) \otimes \ldots \otimes (L_r v_r)$ für alle $v_1 \in V_1, \ldots, v_r \in V_r$.

Hinweis: Man wende Folgerung H auf das folgende Diagramm an:

$$\begin{array}{ccc} V_1 \times \ldots \times V_r & \xrightarrow{\Omega} & V_1' \otimes \ldots \otimes V_r', \\ \downarrow \pi & \nearrow \tilde{\Omega} & \\ V_1 \otimes \ldots \otimes V_r & & \end{array} \qquad \Omega(v_1, \ldots, v_r) := (L_1 v_1) \otimes \ldots \otimes (L_r v_r).$$

Ferner zeige man die funktoriellen Eigenschaften:

b) $\mathrm{id}_{V_1} \otimes \ldots \otimes \mathrm{id}_{V_r} = \mathrm{id}_{V_1 \otimes \ldots \otimes V_r}$.

c) $(L_1' \circ L_1) \otimes \ldots \otimes (L_r' \circ L_r) = (L_1' \otimes \ldots \otimes L_r') \circ (L_1 \otimes \ldots \otimes L_r)$.

Hierbei sind $L_i': V_i' \to Z_i$ weitere lineare Abbildungen.

4. Jeder Korrelation $L: V \to V^*$ entspricht nach Bemerkung 3 eine Bilinearform $F: V \times V \to K$ vermöge $F(u, v) = (Lu)(v) = \langle Lu, v\rangle$ (die spitzen Klammern bezeichnen das Inzidenzprodukt). Man zeige:

a) Rang L = Rang F (vgl. Aufgabe 12 [1.4]).

Die Korrelation L heißt ein **Nullsystem,** wenn jedes $u \in V$ mit dem Kern der zugeordneten Linearform Lu inzidiert, d.h. wenn $\langle Lu, u\rangle = 0$ für alle $u \in V$ gilt. Man beweise hierüber unter der Voraussetzung $\mathrm{char}(K) \neq 2$:

b) L ist Nullsystem genau dann, wenn F schiefsymmetrisch ist.

c) Der Rang eines Nullsystems ist stets gerade.

d) Ist L reguläres Nullsystem (d.h. L bijektiv), so ist dim V gerade.

Hinweis zu c): Man kombiniere a) mit Aufgabe 13 [1.4].

4.3 Tensoralgebra über einem endlich dimensionalen Vektorraum

In diesem Abschnitt betrachten wir einen endlich dimensionalen K-Vektorraum V:

(1) $\dim V = n < \infty$,

sowie die speziellen Tensorprodukte

(2) $$\boxed{T^r_s(V) := \underbrace{V \otimes \ldots \otimes V}_{r} \otimes \underbrace{V^* \otimes \ldots \otimes V^*}_{s}.}$$

Jedes $F \in T^r_s(V)$ ist eine $(r+s)$-Linearform mit Werten $F(\lambda^1, \ldots, \lambda^r, v_1, \ldots, v_s)$, wobei $\lambda^\rho \in V^*$ und $v_\sigma \in V$; ein solches F heißt **Tensor** über V der **Varianz** (r, s) oder r-**fach kontravariant** und s-**fach kovariant**; r + s heißt die **Stufe** von F. Bei festem (r, s) ist $T^r_s(V)$ ein Vektorraum (B [4.1]) der Dimension (D [4.2]):

(2') $$\boxed{\dim T^r_s(V) = n^{r+s}.}$$

Man nennt $T^r_s(V)$ den **Tensorraum** über V der **Varianz** (r, s).

Konvention: Sind $F \in T^r_s(V)$ und $G \in T^{r'}_{s'}(V)$ gegeben, so fassen wir hier $F \otimes G$ als Element von $T^{r+r'}_{s+s'}(V)$ auf, indem wir *gleichartige* Argumente zusammenschreiben, d.h. $F \otimes G$ hat die Werte

(3) $$\begin{aligned}&(F \otimes G)(\lambda^1, \ldots, \lambda^{r+r'}, v_1, \ldots, v_{s+s'}) = \\ &\quad = F(\lambda^1, \ldots, \lambda^r, v_1, \ldots, v_s) \cdot G(\lambda^{r+1}, \ldots, \lambda^{r+r'}, v_{s+1}, \ldots, v_{s+s'}).\end{aligned}$$

Bemerkung 1. Bei strenger Anwendung von Definition C [3.1] wäre $F \otimes G$ Element von $\underbrace{V \otimes \ldots \otimes V}_{r} \otimes \underbrace{V^* \otimes \ldots \otimes V^*}_{s} \otimes \underbrace{V \otimes \ldots \otimes V}_{r'} \otimes \underbrace{V^* \otimes \ldots \otimes V^*}_{s'}$. □

Das *Tensorprodukt* ist hier also eine *bilineare Abbildung*

(4) $$\begin{aligned}\otimes : T^r_s(V) \times T^{r'}_{s'}(V) &\longrightarrow T^{r+r'}_{s+s'}(V) \\ (F, G) &\longmapsto F \otimes G.\end{aligned}$$

Für r = s = 0 setzt man

(5) $T^0_0(V) := K$,

und das Tensorprodukt mit den Elementen von $T^0_0(V)$ sei einfach die Skalarmultiplikation mit den Körperelementen.

Es ist unmittelbar klar, daß die in (3) ausgedrückte Neufassung des Tensorproduktes nichts an dessen algebraischen Eigenschaften ändert.

Bemerkungen. 2. Für mehrfache cartesische Produkte bzw. Tensorprodukte eines Vektorraumes mit sich selbst verwenden wir die Schreibweisen:

(6) $V^s := V \times \ldots \times V$ (s Faktoren)

(7) $\bigotimes^r V := V \otimes \ldots \otimes V$ (r Faktoren)

(8) $\bigotimes^s V^* := V^* \otimes \ldots \otimes V^*$ (s Faktoren).

Die Räume (7) und (8) werden als **tensorielle Potenzen** bezeichnet. Die Elemente von $\bigotimes^r V$ heißen **rein kontravariant** (von der Stufe r), die von $\bigotimes^s V^*$ **rein kovariant** (von der Stufe s). Die Menge der zerlegbaren Element von $\bigotimes^r V$ der Form $v \otimes \ldots \otimes v$ (r gleiche Faktoren) heißt ein **Veronese-Kegel**. Ein solcher ist also Teil des entsprechenden Segre-Kegels (vgl. Bemerkung 2 [4.2]).

3. In Verallgemeinerung der Konvention (3) ist es generell möglich, ein Tensorprodukt von Vektorräumen, bei dem alle Faktoren gleich V oder gleich V* sind, mit dem entsprechenden Produkt (2) mit der *gleichen* Anzahl von Faktoren zu identifizieren, und zwar vermöge des Zusammenschreibens gleichartiger Argumente [in der durch (2) „normierten" Reihenfolge]. So ist (2) mit $V^* \otimes \ldots \otimes V^* \otimes V \otimes \ldots \otimes V$ (s Faktoren V*, r Faktoren V) und der Raum in Bemerkung 1 mit $V \otimes \ldots \otimes V \otimes V^* \otimes \ldots \otimes V^*$ (r + r′ Faktoren V, s + s′ Faktoren V*) identifizierbar. Für rein kontravariante und rein kovariante Tensoren $F \in \bigotimes^r V$ und $G \in \bigotimes^s V^*$ macht man demgemäß keinen Unterschied zwischen $F \otimes G$ und $G \otimes F$, und man schreibt dafür auch $F \cdot G = FG = GF = G \cdot F$.

4. Für niedrige Stufen bestehen die folgenden Beziehungen:

(9) $T_1^0(V) = V^*, \qquad T_0^1(V) = V$

(10) $T_2^0(V) = V^* \otimes V^* \cong \mathbf{L}(V, V^*)$

(11) $T_1^1(V) = V \otimes V^* \cong \mathbf{L}(V^*)$
$\cong V^* \otimes V \cong \mathbf{L}(V)$

(12) $T_1^2(V) = V \otimes V \cong \mathbf{L}(V^*, V)$.

Die kanonischen Isomorphien in (10) bis (12) ergeben sich als Spezialfälle von (25) [4.2]; vgl. auch Bemerkung 3 bzgl. (11). □

Wir beschreiben nun *Koordinatendarstellungen* in den Tensorräumen $T_s^r(V)$. Dazu sei vorgegeben:

(13) (a_i) Basis von V,

(14) (f^j) Basis von V*.

Dann lautet die Koordinatendarstellung eines $F \in T_s^r(V)$ nach Satz A [4.2] so:

(15) $F = x_{j_1 \ldots j_s}^{i_1 \ldots i_r} a_{i_1} \otimes \ldots \otimes a_{i_r} \otimes f^{j_1} \otimes \ldots \otimes f^{j_s}$.

Die Skalare $x_{j_1 \ldots j_s}^{i_1 \ldots i_r}$ heißen **Tensorkomponenten** von F.
Dabei sei in diesem Abschnitt die *Einsteinsche Konvention* verwendet, d.h. über doppelt vorkommende Indizes ist jeweils zu summieren; alle Indizes laufen von 1 bis n.

Bemerkung 5. Sind die Basen (13), (14) *dual*, so können die Tensorkomponenten nach A [4.2] so ausgedrückt werden:

(16) $x_{j_1 \ldots j_s}^{i_1 \ldots i_r} = F(f^{i_1}, \ldots, f^{i_r}, a_{j_1}, \ldots, a_{j_s})$. □

Ist außer F ein weiterer Tensor $G \in T^{r'}_{s'}(V)$ gegeben:

(17) $$G = y^{k_1 \dots k_{r'}}_{\ell_1 \dots \ell_{s'}} a_{k_1} \otimes \dots \otimes a_{k_{r'}} \otimes f^{\ell_1} \otimes \dots \otimes f^{\ell_{s'}},$$

so folgt für das Tensorprodukt $F \otimes G$ unter Anwendung der obigen Konvention (3) die Basisdarstellung:

(18) $$F \otimes G = x^{i_1 \dots i_r}_{j_1 \dots j_s} y^{k_1 \dots k_{r'}}_{\ell_1 \dots \ell_{s'}} a_{i_1} \otimes \dots \otimes a_{i_r} \otimes a_{k_1} \otimes \dots \otimes a_{k_{r'}} \otimes f^{j_1} \otimes \dots \otimes f^{j_s} \otimes f^{\ell_1} \otimes \dots \otimes f^{\ell_{s'}}.$$

In Tensorkomponenten drückt sich also das *Tensorprodukt* kurz so aus:

(19) $$„x^{i_1 \dots i_r}_{j_1 \dots j_s}, y^{k_1 \dots k_{r'}}_{\ell_1 \dots \ell_{s'}} \overset{\otimes}{\longmapsto} x^{i_1 \dots i_r}_{j_1 \dots j_s} \cdot y^{k_1 \dots k_{r'}}_{\ell_1 \dots \ell_{s'}}“.$$

Die analoge Vorschrift bei $(r, s) = (r', s')$ für die *Tensorsumme* lautet:

(20) $$„x^{i_1 \dots i_r}_{j_1 \dots j_s}, y^{i_1 \dots i_r}_{j_1 \dots j_s} \overset{+}{\longmapsto} x^{i_1 \dots i_r}_{j_1 \dots j_s} + y^{i_1 \dots i_r}_{j_1 \dots j_s}“,$$

da generell die Addition von Vektoren, die in der gleichen Basis dargestellt sind, durch koordinatenweise Addition der Komponenten erfolgt.

Wir leiten die *Umrechnungsformeln* für die Tensorkomponenten *bei Basiswechseln* in V und V* gemäß

(21) $$a_i = s^p_i \tilde{a}_p, \quad f^j = t^j_q \tilde{f}^q$$

her, indem wir (21) einfach in (15) einsetzen:

(22) $$\begin{aligned} F &= x^{i_1 \dots i_r}_{j_1 \dots j_s} s^{p_1}_{i_1} \tilde{a}_{p_1} \otimes \dots \otimes s^{p_r}_{i_r} \tilde{a}_{p_r} \otimes t^{j_1}_{q_1} \tilde{f}^{q_1} \otimes \dots \otimes t^{j_s}_{q_s} \tilde{f}^{q_s} \\ &= x^{i_1 \dots i_r}_{j_1 \dots j_s} s^{p_1}_{i_1} \dots s^{p_r}_{i_r} t^{j_1}_{q_1} \dots t^{j_s}_{q_s} \tilde{a}_{p_1} \otimes \dots \otimes \tilde{a}_{p_r} \otimes \tilde{f}^{q_1} \otimes \dots \otimes \tilde{f}^{q_s}. \end{aligned}$$

Also berechnen sich die Tensorkomponenten von F bezüglich der Basis $(\tilde{a}_{p_1} \otimes \dots \otimes \tilde{a}_{p_r} \otimes \tilde{f}^{q_1} \otimes \dots \otimes \tilde{f}^{q_s})$ nach der Regel:

(23) $$\tilde{x}^{p_1 \dots p_r}_{q_1 \dots q_s} = s^{p_1}_{i_1} \dots s^{p_r}_{i_r} \cdot t^{j_1}_{q_1} \dots t^{j_s}_{q_s} \cdot x^{i_1 \dots i_r}_{j_1 \dots j_s}.$$

Die Gesetze (19), (20) und (23) stellen den wesentlichen Kern der „klassischen“ Tensorrechnung dar, in der hauptsächlich mit den indexbehafteten Tensorkomponenten gerechnet wurde.

Bemerkung 6. Häufig werden die Basen (13), (14) in V und V* dual zueinander gewählt, d.h. mit

(24) $$f^j(a_i) = \delta^j_i.$$

Trifft dasselbe auch für die Basen mit der Marke $\tilde{}$ zu:

(25) $$\tilde{f}^q(\tilde{a}_p) = \delta^q_p,$$

so folgt:

(26) $$\delta^j_i = f^j(a_i) = t^j_q \tilde{f}^q(s^p_i \tilde{a}_p) = t^j_q s^p_i \underbrace{\tilde{f}^q(\tilde{a}_p)}_{\delta^q_p} = s^p_i t^j_p,$$

d.h. die Koeffizientenmatrizen

$$(27) \qquad S = \begin{pmatrix} s_1^1 & \dots & s_n^1 \\ \vdots & & \vdots \\ s_1^n & \dots & s_n^n \end{pmatrix}, \qquad T = \begin{pmatrix} t_1^1 & \dots & t_n^1 \\ \vdots & & \vdots \\ t_1^n & \dots & t_n^n \end{pmatrix}$$

sind in diesem Fall invers zueinander:

$$(28) \qquad T = S^{-1}.$$

□

Eine wichtige Besonderheit der Tensorräume über V ist der *Verjüngungsoperator* von $T_s^r(V)$ in $T_{s-1}^{r-1}(V)$. Seine Definition erfolgt am elegantesten mit der universellen Eigenschaft des Tensorprodukts (Folgerung H [4.2]). Für festes $r \geqq 1$, $s \geqq 1$ und für ein festes Paar (ρ, σ) natürlicher Zahlen mit $1 \leqq \rho \leqq r$, $1 \leqq \sigma \leqq s$ betrachten wir das Diagramm:

$$(29) \qquad \begin{array}{ccc} V^r \times V^{*s} & \xrightarrow{\ \Phi\ } & T_{s-1}^{r-1}(V) \\ \pi \downarrow & \nearrow_{V_\sigma^\rho} & \\ T_s^r(V) & & \end{array} .$$

In diesem ist π das mehrfache Tensorprodukt

$$(29.a) \qquad \pi(v_1, \dots, v_r, \lambda^1, \dots, \lambda^s) := v_1 \otimes \dots \otimes v_r \otimes \lambda^1 \otimes \dots \otimes \lambda^s$$

und Φ die Abbildung mit

$$(29.b) \qquad \begin{aligned} &\Phi(v_1, \dots, v_r, \lambda^1, \dots, \lambda^s) := \\ &:= \lambda^\sigma(v_\rho) \cdot v_1 \otimes \dots \otimes \widehat{v_\rho} \otimes \dots \otimes v_r \otimes \lambda^1 \otimes \dots \otimes \widehat{\lambda^\sigma} \otimes \dots \otimes \lambda^s. \end{aligned}$$

Offensichtlich ist Φ multilinear. Daher existiert wegen der genannten universellen Eigenschaft genau eine lineare Abbildung V_σ^ρ mit $\Phi = V_\sigma^\rho \circ \pi$. Explizit bedeutet dies:

Satz und Definition A. *Für* $r \geqq 1$, $s \geqq 1$ *und* $1 \leqq \rho \leqq r$ *und* $1 \leqq \sigma \leqq s$ *existiert genau eine lineare Abbildung*

$$(30) \qquad V_\sigma^\rho : T_s^r(V) \to T_{s-1}^{r-1}(V),$$

die die Regel erfüllt)*:

$$(31) \qquad \begin{aligned} &V_\sigma^\rho(v_1 \otimes \dots \otimes v_r \otimes \lambda^1 \otimes \dots \otimes \lambda^s) = \\ &= \lambda^\sigma(v_\rho) \cdot v_1 \otimes \dots \otimes \widehat{v_\rho} \otimes \dots \otimes v_r \otimes \lambda^1 \otimes \dots \otimes \widehat{\lambda^\sigma} \otimes \dots \otimes \lambda^s. \end{aligned}$$

V_σ^ρ *heißt* ***Verjüngung*** [*nach dem Paar* (ρ, σ)]. □

Durch (31) ist V_σ^ρ insbesondere in einfacher Weise auf den zerlegbaren Basiselementen von $T_s^r(V)$ erklärt. Um V_σ^ρ mit den Tensorkomponenten auszudrücken, sei in V und V*

*) In (31) ist die Einsteinsche Konvention nicht angewendet (und auch nicht anwendbar). Das Dachzeichen über einem Symbol in einer numerierten Anordnung bedeutet dessen Auslassung.

ein Basispaar (13), (14) gewählt, das *dual* zueinander ist $[f^i(a_j) = \delta^i_j]$. Dann folgt durch Anwendung von V^ρ_σ auf (15) unter Beachtung von (31):

(32)
$$V^\rho_\sigma(F) = \underbrace{x^{i_1\ldots i_r}_{j_1\ldots j_s} \cdot \underbrace{f^{j_\sigma}(v_{i_\rho})}_{\delta^{j_\sigma}_{i_\rho}}}_{x^{i_1\ldots i_{\rho-1}\, i\, i_{\rho+1}\ldots i_r}_{j_1\ldots j_{\sigma-1}\, i\, j_{\sigma+1}\ldots j_s}} \cdot a_{i_1} \otimes \ldots \otimes \widehat{a_{i_\rho}} \otimes \ldots \otimes a_{i_r} \otimes f^{j_1} \otimes \ldots \otimes \widehat{f^{j_\sigma}} \otimes \ldots \otimes f^{j_s}.$$

Bei Bezug auf Dualbasen erhält man also die Komponenten des verjüngten Tensors $V^\rho_\sigma(F)$ *aus denen des Ausgangstensors* F, *indem man den* ρ*-ten oberen und den* σ*-ten unteren Index gleichsetzt und darüber summiert.*

Bemerkung 7. Zwei weitere Auffassungen der Tensoren über V der Varianz (r, s) drücken sich in den kanonischen Isomorphien

(33) $$T^r_s(V) \cong \mathbf{L}_s(V, \otimes^r V)$$

(34) $$T^r_s(V) \cong \mathbf{L}(\otimes^s V, \otimes^r V)$$

aus. Nach (33) ist ein $F \in T^r_s(V)$ identifizierbar mit einer s-linearen Abbildung von V^s nach $\otimes^r V$, nach (34) ist F identifizierbar mit einer linearen Abbildung von $\otimes^s V$ nach $\otimes^r V$. Die genauen Definitionen der zu (33), (34) gehörenden Isomorphismen lauten: Ist $\tilde{F}$ aus der rechten Seite von (33) gegeben, so sei F das Element der linken Seite mit $F(\lambda^1, \ldots, \lambda^r, v_1, \ldots, v_s) := (\tilde{F}(v_1, \ldots, v_s))\,(\lambda^1, \ldots, \lambda^r)$. Ist $\tilde{G}$ aus der rechten Seite von (34) gegeben, so sei G das Element der linken Seite mit: $G(\lambda^1, \ldots, \lambda^r, v_1, \ldots, v_s) := (\tilde{G}(v_1 \otimes \ldots \otimes v_s))\,(\lambda^1, \ldots, \lambda^r)$. Der Nachweis für die Isomorphie der Zuordnungen $\tilde{F} \mapsto F$ und $\tilde{G} \mapsto G$ erfolgt analog wie im Beweis von Satz G [4.2]. □

Aufgaben zu 4.3

1. Nach (11) entspricht jedem Tensor $F \in T^1_1(V)$ eine lineare Abbildung $L: V \to V$ vermöge $F(\zeta, v) = \zeta(Lv)$ für alle $(\zeta, v) \in V^* \times V$. Man zeige: $V^1_1(F) = \operatorname{spur} L$.

2. Man zeige für den Verjüngungsoperator (30):

$$(V^\rho_\sigma(F))\,(\lambda^1, \ldots, \widehat{\lambda^\rho}, \ldots, \lambda^r, v_1, \ldots, \widehat{v_\sigma}, \ldots, v_s) = \sum_{i=1}^{n} F(\lambda^1, \ldots, \underset{\rho}{f^i}, \ldots, \lambda^r, v_1, \ldots, \underset{\sigma}{a_i}, \ldots, v_s),$$

wobei (a_i), (f^i) ein Paar von Dualbasen von V, V* ist.

3. Eine lineare Abbildung $L: V \to W$ und ihre duale Abbildung $L^*: W^* \to V^*$ induzieren lineare Abbildungen (**tensorielle Potenzen**) $\otimes^r L := L \otimes \ldots \otimes L$ (r Faktoren) und $\otimes^s L^* := L^* \otimes \ldots \otimes L^*$ (s Faktoren) des Typs $\otimes^r L: \otimes^r V \to \otimes^r W$ und $\otimes^s L^*: \otimes^s W^* \to \otimes^s V^*$, vgl. Aufgabe 3 [4.2]. Man zeige:

$$((\otimes^r L)(F))\,(\mu^1, \ldots, \mu^r) = F(L^*\mu^1, \ldots, L^*\mu^r)$$

$$((\otimes^s L^*)(G))\,(v_1, \ldots, v_s) = G(Lv_1, \ldots, Lv_s)$$

für alle $F \in \otimes^r V$, $G \in \otimes^s W^*$, $\mu^\rho \in W^*$, $v_\sigma \in V$.

4.4 Alternierende multilineare Abbildungen und Formen

Unter den multilinearen Abbildungen sind solche ausgezeichnet, die gewisse Vertauschbarkeitseigenschaften hinsichtlich ihrer vektoriellen Argumente besitzen. Wir behandeln hier die *schiefsymmetrischen* Abbildungen und Formen. Diese spielen in verschiedenen Bereichen eine wichtige Rolle, z.B. in der globalen Analysis (Satz von Stokes, Satz von De Rham).

Der Grundkörper K habe stets die *Charakteristik Null.* Die Dimension der betrachteten Vektorräume wird zunächst nicht eingeschränkt, jedoch seien alle Räume $\neq 0$.

Für zwei gegebene K-Vektorräume V und Z betrachten wir eine multilineare Abbildung

$$(1) \qquad \begin{aligned} \Phi: V^s &\longrightarrow Z \\ (v_1, \dots, v_s) &\longmapsto \Phi(v_1, \dots, v_s). \end{aligned}$$

Die Menge dieser Abbildungen wird so bezeichnet:

$$(2) \qquad \mathbf{L}_s(V; Z) := \mathbf{L}(\underbrace{V, \dots, V}_{s}; Z).$$

Die Vertauschbarkeit formulieren wir mit Hilfe der *symmetrischen Gruppe* $\mathfrak{S}_s$ (vgl. Beispiel 5 [0.2]):

Definition A. *Eine multilineare Abbildung* Φ (1) *heißt* ***alternierend*** *(oder* ***schiefsymmetrisch*** *oder* ***antisymmetrisch****), wenn für alle Permutationen* $\sigma \in \mathfrak{S}_s$ *die Regel gilt:*

$$(3) \qquad \Phi(v_{\sigma(1)}, \dots, v_{\sigma(s)}) = \operatorname{sign} \sigma \cdot \Phi(v_1, \dots, v_s).$$

Bemerkungen. 1. Äquivalent mit der Eigenschaft (3) ist jede einzelne der folgender Regeln:

$$(4) \qquad \Phi(\dots, v, v, \dots) = 0$$

$$(5) \qquad \Phi(\dots, v, w, \dots) = -\Phi(\dots, w, v, \dots)$$

$$(6) \qquad \Phi(\dots, v, \dots, w, \dots) = -\Phi(\dots, w, \dots, v, \dots)$$

$$(7) \qquad \Phi(\dots, v, \dots, v, \dots) = 0$$

$$(8) \qquad v_1, \dots, v_s \text{ linear abhängig} \Rightarrow \Phi(v_1, \dots, v_s) = 0.$$

Die Äquivalenz der Regeln (4) bis (8) untereinander ist leicht durch einen Ringschluß zu erbringen (vgl. I, 4.2). Weiter gilt die Implikation (3) $\Rightarrow$ (5), da eine Nachbartransposition stets ungerade ist. Schließlich deduziert man die Implikation (5) $\Rightarrow$ (3) aus der Tatsache, daß jede Permutation Komposition von Nachbartranspositionen ist.

2. Fordert man anstelle von (3) die Regel

$$(9) \qquad \Phi(v_{\sigma(1)}, \dots, v_{\sigma(s)}) = \Phi(v_1, \dots, v_s),$$

so heißt Φ **symmetrisch.** Diese Eigenschaft wird hier nicht weiter betrachtet. □

Die Summe zweier schiefsymmetrischer Abbildungen $\Phi: V^s \to Z$ und $\Psi: V^s \to Z$ ist natürlich wieder schiefsymmetrisch, und Analoges gilt für skalare Vielfache. Daraus folgt

Satz und Definition B. *Die Menge der* s-*linearen alternierenden Abbildungen von* V^s *in* Z *ist ein Untervektorraum von* $\mathbf{L}_s(V;Z)$, *genannt* $\mathbf{A}_s(V;Z)$. □

Für s = 1 ist

(10) $\mathbf{A}_1(V;Z) = \mathbf{L}_1(V;Z) = \mathbf{L}(V;Z)$,

für s = 0 setzt man

(11) $\mathbf{A}_0(V;Z) := \mathbf{L}_0(V;Z) := Z.$

Eine fundamentale Rolle spielt hier ein Operator, der aus einer beliebigen s-linearen Abbildung Φ eine *alternierende* s-lineare Abbildung macht:

Definition C. *Der* ***Alternierungsoperator*** *ist erklärt durch*

$$(\mathrm{Alt}\,\Phi)(v_1, \dots, v_s) := \frac{1}{s!} \sum_{\sigma \in \mathfrak{S}_s} \operatorname{sign}\sigma \cdot \Phi(v_{\sigma(1)}, \dots, v_{\sigma(s)}). \tag{12}$$

Beispiele 1. Für s = 1 ist Alt $\Phi = \Phi$ (ebenso für s = 0).

2. Für s = 2 und eine gegebene bilineare Abbildung $\Phi: V \times V \to Z$ gilt:

$$(\mathrm{Alt}\,\Phi)(u,v) = \frac{1}{2}(\Phi(u,v) - \Phi(v,u)). \tag{13}$$

Satz D. *Es gilt:*

(a) *Für* $\Phi \in \mathbf{L}_s(V;Z)$ *ist* Alt Φ *alternierend, d.h. der Alternierungsoperator definiert eine Abbildung*

(14) $\mathrm{Alt}: \mathbf{L}_s(V;Z) \to \mathbf{A}_s(V;Z).$

(b) Alt *ist linear.*

(c) *Für* $\Psi \in \mathbf{A}_s(V;Z)$ *ist* Alt $\Psi = \Psi$.

Beweis. *Zu* (a): Aus (12) sieht man, daß mit Φ auch Alt Φ multilinear ist. Weiter ist nun für Alt Φ (anstelle von Φ) die Eigenschaft (3) zu bestätigen: Für $\tau \in \mathfrak{S}_s$ rechnet man, indem $v_{\tau(i)} =: u_i$ gesetzt wird:

$$\begin{aligned}(\mathrm{Alt}\,\Phi)(v_{\tau(1)}, \dots, v_{\tau(s)}) &= (\mathrm{Alt}\,\Phi)(u_1, \dots, u_s) = \\ &= \frac{1}{s!} \sum_{\sigma \in \mathfrak{S}_s} \operatorname{sign}\sigma \cdot \Phi(u_{\sigma(1)}, \dots, u_{\sigma(s)}) = \frac{1}{s!} \sum_{\sigma \in \mathfrak{S}_s} \operatorname{sign}\sigma \cdot \Phi(v_{\tau\sigma(1)}, \dots, v_{\tau\sigma(s)}).\end{aligned} \tag{15}$$

Führt man in der letzten Summe die Indextransformation $\sigma' = \tau \circ \sigma$ aus (die eine Bijektion von $\mathfrak{S}_s$ auf sich definiert), so folgt weiter

$$= \frac{1}{s!} \sum_{\sigma' \in \mathfrak{S}_s} \operatorname{sign}(\tau^{-1}\sigma') \cdot \Phi(v_{\sigma'(1)}, \dots, v_{\sigma'(s)}) = \frac{1}{s!} \sum_{\sigma' \in \mathfrak{S}_s} \operatorname{sign}\tau \cdot \operatorname{sign}\sigma' \cdot \Phi(v_{\sigma'(1)}, \dots, v_{\sigma'(s)}). \tag{16}$$

Dabei wurde verwendet, daß $\operatorname{sign}(\tau^{-1} \circ \sigma') = \operatorname{sign}(\tau^{-1}) \cdot \operatorname{sign} \sigma' = \operatorname{sign} \tau \cdot \operatorname{sign} \sigma'$ gilt. Mit Rücksicht auf die Definition (12) ergibt sich für den zuletzt erhaltenen Ausdruck:

$$\text{(17)} \qquad \operatorname{sign} \tau \cdot (\operatorname{Alt} \Phi)(v_1, \dots, v_s).$$

Vergleich des Anfanges und des Endes dieser Rechnung liefert die Behauptung.

Zu (b): Die Linearität der Zuordnung $\Phi \mapsto \operatorname{Alt} \Phi$ ist leicht aus der Definition (12) zu berechnen, was dem Leser überlassen sei.

Zu (c): Für $\Psi \in \mathbf{A}_s(V; Z)$ berechnet man

$$\text{(18)} \qquad \begin{aligned} (\operatorname{Alt} \Psi)(v_1, \dots, v_s) &= \frac{1}{s!} \sum_{\sigma \in \mathfrak{S}_s} \operatorname{sign} \sigma \cdot \Psi(v_{\sigma(1)}, \dots, v_{\sigma(s)}) \\ &= \frac{1}{s!} \sum_{\sigma \in \mathfrak{S}_s} \underbrace{\operatorname{sign} \sigma \cdot \operatorname{sign} \sigma}_{1} \cdot \Psi(v_1, \dots, v_s) = \Psi(v_1, \dots, v_s). \end{aligned}$$

Dabei hat man beim letzten Schritt zu beachten, daß die Summe aus s! gleichen Summanden besteht. □

Wir gehen jetzt zum Fall $Z = K$ über, betrachten also *Multilinearformen* des Typs:

$$\text{(19)} \qquad F : V^s \to K.$$

Die Gesamtheit dieser Multilinearformen bzw. der alternierenden unter ihnen wird jetzt so bezeichnet:

$$\text{(20)} \qquad \mathbf{L}_s(V) := \mathbf{L}_s(V; K), \qquad \mathbf{A}_s(V) := \mathbf{A}_s(V; K).$$

Für $s = 0$ und $s = 1$ gilt:

$$\text{(21)} \qquad \mathbf{A}_0(V) = \mathbf{L}_0(V) = K, \quad \mathbf{A}_1(V) := \mathbf{L}_1(V) = V^*.$$

Durch Kombination von Tensorprodukt und Alternierungsoperator erhält man eine neue, wichtige Verknüpfung:

Definition E. *Für* $F \in \mathbf{A}_s(V)$ *und* $G \in \mathbf{A}_{s'}(V)$ *ist das* ***Dachprodukt*** *(oder* ***äußere Produkt****)* $F \wedge G \in \mathbf{A}_{s+s'}(V)$ *erklärt durch:*

$$\text{(22)} \qquad \boxed{F \wedge G := \frac{(s+s')!}{s!\, s'!} \operatorname{Alt}(F \otimes G).}$$

Explizit lautet die Definition (22) so:

$$\text{(23)} \quad (F \wedge G)(v_1, \dots, v_{s+s'}) = \frac{1}{s!\, s'!} \sum_{\sigma \in \mathfrak{S}_{s+s'}} \operatorname{sign} \sigma \cdot F(v_{\sigma(1)}, \dots, v_{\sigma(s)}) \cdot G(v_{\sigma(s+1)}, \dots, v_{\sigma(s+s')}).$$

Beispiel 3. Für $s = s' = 1$ und $F, G \in \mathbf{A}_1(V) = V^*$ ist $F \wedge G \in \mathbf{A}_2(V)$ die Bilinearform $F \wedge G: V \times V \to K$ mit den Werten

(24) $\quad (F \wedge G)(u, v) = F(u)G(v) - F(v)G(u),$

d.h. es gilt hier:

(25) $\quad F \wedge G = F \otimes G - G \otimes F.$ □

Aus der Bilinearität des Tensorproduktes (D [4.1]) und der Linearität des Alternierungsoperators [D(b)] folgt die *Bilinearität des Dachproduktes:*

(26) $\quad \wedge: \mathbf{A}_s(V) \times \mathbf{A}_{s'}(V) \to \mathbf{A}_{s+s'}(V).$

Weiter hat man hier eine **Vertauschungsregel:**

Satz F. *Für* $F \in \mathbf{L}_s(V)$ *und* $G \in \mathbf{L}_{s'}(V)$ *gilt:*

(27.a) $\quad \mathrm{Alt}(F \otimes G) = (-1)^{ss'} \cdot \mathrm{Alt}(G \otimes F),$

insbesondere ist für $F \in \mathbf{A}_s(V)$ *und* $G \in \mathbf{A}_{s'}(V)$:

(27.b) $\quad \boxed{F \wedge G = (-1)^{ss'}\, G \wedge F.}$

Beweis. Die Definitionsformel für $\mathrm{Alt}(F \otimes G)$ kann so geschrieben werden:

(28)
$$\begin{aligned}&(s+s')!\,(\mathrm{Alt}(F \otimes G))(v_1, \dots, v_{s+s'}) = \\ &= \sum_{\sigma \in \mathfrak{S}_{s+s'}} \operatorname{sign} \sigma \cdot G(v_{\sigma(s+1)}, \dots, v_{\sigma(s+s')}) \cdot F(v_{\sigma(1)}, \dots, v_{\sigma(s)}).\end{aligned}$$

Zur weiteren Umformung führen wir die Permutation ein:

(29) $$\sigma_0 = \begin{pmatrix} 1 & \dots & s' & s'+1 & \dots & s+s' \\ s+1 & \dots & s+s' & 1 & \dots & s \end{pmatrix}$$

und machen die Indextransformation $\tau = \sigma \circ \sigma_0$. Das liefert für (28):

(30) $$\sum_{\tau \in \mathfrak{S}_{s+s'}} \operatorname{sign}(\tau \sigma_0^{-1}) \cdot G(v_{\tau(1)}, \dots, v_{\tau(s')}) \cdot F(v_{\tau(s'+1)}, \dots, v_{\tau(s+s')}).$$

Nun gilt $\operatorname{sign}(\tau \sigma_0^{-1}) = \operatorname{sign} \tau \cdot \operatorname{sign} \sigma_0$, und es ist $\operatorname{sign} \sigma_0 = (-1)^{ss'}$, da σ_0 die Fehlstandszahl ss' aufweist. Damit folgt aus (28) und (30) die Behauptung (27.a). Die Gleichung (27.b) ist ein Spezialfall von (27.a). □

Ein wichtiger Sonderfall von (27) entsteht für $s = s' = 1$: Für $\lambda, \mu \in \mathbf{A}_1(V) = V^*$ gilt

(31) $\quad \lambda \wedge \mu = -\mu \wedge \lambda, \qquad \lambda \wedge \lambda = 0.$

Das Dachprodukt ist wie das Tensorprodukt assoziativ, allerdings ist der Nachweis hier schwieriger zu führen. Er verläuft über die beiden folgenden Lemmata G und H*).

Lemma G. *Für* $F \in \mathbf{L}_s(V)$ *und* $G \in \mathbf{L}_{s'}(V)$ *gilt:*

(32) $\quad \operatorname{Alt} F = 0 \Rightarrow \operatorname{Alt}(F \otimes G) = \operatorname{Alt}(G \otimes F) = 0.$

Beweis. Aus der Prämisse von (32) folgern wir zunächst $\operatorname{Alt}(F \otimes G) = 0$. Es gilt:

(33)
$$(s+s')!\ \operatorname{Alt}(F \otimes G)(v_1, \ldots, v_{s+s'}) = \\ = \sum_{\sigma \in \mathfrak{S}_{s+s'}} \operatorname{sign}\sigma \cdot F(v_{\sigma(1)}, \ldots, v_{\sigma(s)}) \cdot G(v_{\sigma(s+1)}, \ldots, v_{\sigma(s+s')}).$$

Nun sei $\mathfrak{G} \subset \mathfrak{S}_{s+s'}$ definiert als Untergruppe der Permutationen, die die Ziffern $s+1, \ldots, s+s'$ fest lassen:

(34) $\quad \mathfrak{G} := \{\sigma \in \mathfrak{S}_{s+s'} \mid \sigma(s+1) = s+1, \ldots, \sigma(s+s') = s+s'\}.$

Dann gilt für die entsprechende *Teilsumme* von (33):

(35)
$$\sum_{\sigma \in \mathfrak{G}} \operatorname{sign}\sigma \cdot F(v_{\sigma(1)}, \ldots, v_{\sigma(s)}) \cdot G(v_{\sigma(s+1)}, \ldots, v_{\sigma(s+s')}) = \\ = \Big(\sum_{\sigma' \in \mathfrak{S}_s} \operatorname{sign}\sigma' \cdot F(v_{\sigma'(1)}, \ldots, v_{\sigma'(s)})\Big) \cdot G(v_{s+1}, \ldots, v_{s+s'}) = 0.$$

Dabei wurde zum Schluß die Voraussetzung $\operatorname{Alt} F = 0$ verwendet.

Als nächstes sei eine feste Permutation $\sigma_0 \in \mathfrak{S}_{s+s'}$ betrachtet und mit ihrer Hilfe eine Teilmenge von $\mathfrak{S}_{s+s'}$ definiert durch

(36) $\quad \sigma_0\,\mathfrak{G} := \{\sigma_0\sigma' \mid \sigma' \in \mathfrak{G}\}.$

Dann läßt sich die entsprechende Teilsumme von (33) folgerdermaßen umformen, wobei $w_i = v_{\sigma_0(i)}$ gesetzt ist:

(37)
$$\sum_{\sigma \in \sigma_0\mathfrak{G}} \operatorname{sign}\sigma \cdot F(v_{\sigma(1)}, \ldots, v_{\sigma(s)}) \cdot G(v_{\sigma(s+1)}, \ldots, v_{\sigma(s+s')}) = \\ = \operatorname{sign}\sigma_0 \cdot \sum_{\sigma' \in \mathfrak{G}} \operatorname{sign}\sigma' \cdot F(w_{\sigma'(1)}, \ldots, w_{\sigma'(s)}) \cdot G(w_{s+1}, \ldots, w_{s+s'}) = 0.$$

Nun sind je zwei Mengen $\sigma_0\mathfrak{G}$ und $\sigma_1\mathfrak{G}$ entweder disjunkt oder identisch. Ist nämlich $\sigma_2 \in (\sigma_0\mathfrak{G}) \cap (\sigma_1\mathfrak{G})$, also $\sigma_2 = \sigma_0\sigma_2' = \sigma_1\sigma_2''$, $\sigma_2', \sigma_2'' \in \mathfrak{G}$, so gilt $\sigma_0\mathfrak{G} \subseteqq \sigma_1\mathfrak{G}$ [für jedes $\sigma' \in \mathfrak{G}$ gilt $\sigma_0\sigma' = \sigma_2\sigma_2'^{-1}\sigma' = \sigma_1(\sigma_2''\sigma_2'^{-1}\sigma') \in \sigma_1\mathfrak{G}$, da $\sigma_2''\sigma_2'^{-1}\sigma' \in \mathfrak{G}$] und analog $\sigma_1\mathfrak{G} \subseteqq \sigma_0\mathfrak{G}$. Da jedes $\sigma \in \mathfrak{S}_{s+s'}$ in einer Menge der Art $\sigma_0\mathfrak{G}$ enthalten ist (z.B. in $\sigma\mathfrak{G}$), kann

*) Wir folgen an dieser Stelle dem Vorgehen bei *Spivak*, p. 80 ff.

$\mathfrak{S}_{s+s}$ als Vereinigung von endlich vielen disjunkten Mengen $\sigma_0\mathfrak{G}, \sigma_1\mathfrak{G}, \ldots, \sigma_m\mathfrak{G}$ dargestellt werden.*) Nun ist die Teilsumme über jede Menge $\sigma_j\mathfrak{G}$ Null, also folgt die Behauptung $\mathrm{Alt}(F \otimes G) = 0$. Die Gleichung $\mathrm{Alt}(G \otimes F) = 0$ ergibt sich aus (27.a). □

Lemma H. *Für* $F \in \mathbf{L}_s(V), G \in \mathbf{L}_{s'}(V)$ *und* $H \in \mathbf{L}_{s''}(V)$ *gilt:*

$$\mathrm{Alt}((\mathrm{Alt}(F \otimes G)) \otimes H) = \mathrm{Alt}(F \otimes G \otimes H) = \mathrm{Alt}(F \otimes (\mathrm{Alt}(G \otimes H))). \tag{38}$$

Beweis. Wir beweisen zunächst die linke Gleichung in (38). Es gilt:

$$\begin{aligned} \mathrm{Alt}(F \otimes G - \mathrm{Alt}(F \otimes G)) &= \mathrm{Alt}(F \otimes G) - \mathrm{Alt}(\mathrm{Alt}(F \otimes G)) \\ &= \mathrm{Alt}(F \otimes G) - \mathrm{Alt}(F \otimes G) = 0. \end{aligned} \tag{39}$$

Daraus folgt nach Lemma G:

$$\mathrm{Alt}((F \otimes G - \mathrm{Alt}(F \otimes G)) \otimes H) = 0. \tag{40}$$

Also wird

$$\mathrm{Alt}(F \otimes G \otimes H) - \mathrm{Alt}(\mathrm{Alt}((F \otimes G)) \otimes H) = 0. \tag{41}$$

Das beweist den ersten Teil der Behauptung. Der zweite Teil folgt analog oder aus dem ersten Teil mittels der Vertauschungsregel (27.a), und zwar so:

$$\begin{aligned} \mathrm{Alt}(F \otimes G \otimes H) &= \mathrm{Alt}(F \otimes (G \otimes H)) \\ &= (-1)^{s(s'+s'')}\, \mathrm{Alt}((G \otimes H) \otimes F) \\ &= (-1)^{s(s'+s'')}\, \mathrm{Alt}((\mathrm{Alt}(G \otimes H)) \otimes F) \\ &= \mathrm{Alt}(F \otimes (\mathrm{Alt}(G \otimes H))). \end{aligned} \tag{42}$$

□

Satz I. *Für* $F \in \mathbf{A}_s(V), G \in \mathbf{A}_{s'}(V), H \in \mathbf{A}_{s''}(V)$ *gilt:*

$$(F \wedge G) \wedge H = \frac{(s+s'+s'')!}{s!\, s'!\, s''!} \mathrm{Alt}(F \otimes G \otimes H) = F \wedge (G \wedge H), \tag{43}$$

insbesondere ist das Dachprodukt assoziativ.

Beweis. Man rechnet unter Verwendung des ersten Teils von (38):

$$\begin{aligned} (F \wedge G) \wedge H &= \frac{(s+s'+s'')!}{(s+s')!\, s''!} \mathrm{Alt}((F \wedge G) \otimes H) \\ &= \frac{(s+s'+s'')!}{(s+s')!\, s''!} \mathrm{Alt}\left(\frac{(s+s')!}{s!\, s'!} \mathrm{Alt}(F \otimes G) \otimes H\right) \\ &= \frac{(s+s'+s'')!}{s!\, s'!\, s''!} \mathrm{Alt}(F \otimes G \otimes H). \end{aligned} \tag{44}$$

Dies beweist den ersten Teil von (43). Der zweite Teil von (43) folgt analog mit dem zweiten Teil von (38). □

---

*) In der Sprechweise der Gruppentheorie handelt es sich um die Zerlegung von $\mathfrak{S}_{s+s'}$ in die Linksnebenklassen modulo der Untergruppe $\mathfrak{G} \subset \mathfrak{S}_{s+s'}$.

Die bisher bewiesenen Rechengesetze für das Dachprodukt haben zur Folge, daß das Dachprodukt $\lambda^1 \wedge \ldots \wedge \lambda^s$ von Linearformen selbst multilinear und schiefsymmetrisch von diesen abhängt, z.B. ist $\lambda^1 \wedge \ldots \wedge \lambda^s = 0$, sobald zwei Faktoren gleich sind.

Nachdem man weiß, daß das Dachprodukt assoziativ ist, läßt sich (43) durch vollständige Induktion auf mehr als drei Faktoren verallgemeinern:

Satz J. *Für* $F_1 \in \mathbf{A}_{s_1}(V), \ldots, F_k \in \mathbf{A}_{s_k}(V)$ *gilt:*

$$F_1 \wedge \ldots \wedge F_k = \frac{(s_1 + \ldots + s_k)!}{s_1! \ldots s_k!} \operatorname{Alt}(F_1 \otimes \ldots \otimes F_k). \tag{45}$$

Beweis. Die einfache Durchführung der vollständigen Induktion nach k, bei der man ähnlich wie in (44) vorgeht, kann dem Leser überlassen bleiben. □

Für Linearformen läßt sich das mehrfache Dachprodukt sogar vollständig auf das Tensorprodukt reduzieren:

Satz K. *Für* $\lambda^1, \ldots, \lambda^s \in V^*$ *gilt:*

$$\lambda^1 \wedge \ldots \wedge \lambda^s = s! \cdot \operatorname{Alt}(\lambda^1 \otimes \ldots \otimes \lambda^s) \tag{46.a}$$

$$= \sum_{\tau \in \mathfrak{S}_s} \operatorname{sign} \tau \cdot \lambda^{\tau(1)} \otimes \ldots \otimes \lambda^{\tau(s)}. \tag{46.b}$$

Beweis. Der erste Teil ist ein Spezialfall von (45). Der zweite Teil ergibt sich daraus durch folgende Rechnung mit Argumenten $v_i \in V$:

$$\begin{aligned}
&(\lambda^1 \wedge \ldots \wedge \lambda^s)(v_1, \ldots, v_s) = \\
&= \sum_{\sigma \in \mathfrak{S}_s} \operatorname{sign} \sigma \cdot (\lambda^1 \otimes \ldots \otimes \lambda^s)(v_{\sigma(1)}, \ldots, v_{\sigma(s)}) \\
&= \sum_{\sigma \in \mathfrak{S}_s} \operatorname{sign} \sigma \cdot \lambda^1(v_{\sigma(1)}) \ldots \lambda^s(v_{\sigma(s)}) \\
&= \sum_{\sigma \in \mathfrak{S}_s} \operatorname{sign} \sigma \cdot \lambda^{\sigma^{-1}(1)}(v_1) \ldots \lambda^{\sigma^{-1}(s)}(v_s) \\
&= \sum_{\tau \in \mathfrak{S}_s} \operatorname{sign} \tau \cdot \lambda^{\tau(1)}(v_1) \ldots \lambda^{\tau(s)}(v_s) \\
&= \Big(\sum_{\tau \in \mathfrak{S}_s} \operatorname{sign} \tau \cdot \lambda^{\tau(1)} \otimes \ldots \otimes \lambda^{\tau(s)}\Big)(v_1, \ldots, v_s).
\end{aligned} \tag{47}$$

Dabei wurde beim Übergang zur vierten Zeile eine Umstellung der Faktoren und beim Übergang zur fünften Zeile die Indextransformation $\tau = \sigma^{-1}$ vorgenommen. Der Vergleich von Anfang und Ende der Rechnung liefert die Behauptung. □

Eine zu (46.b) analoge Aussage gilt *nicht* für Faktoren höherer als erster Stufe (vgl. Aufgabe 4). Als Vorbereitung für die Zerlegbarkeit alternierender Bilinearformen zeigen wir:

Lemma L. *Für* $F \in \mathbf{A}_2(V)$ *und* $u, v, w, z \in V$ *gilt*

(48) $(F \wedge F)(u,v,w,z) = 2F(u,v) \cdot F(w,z) - 2F(u,w) \cdot F(v,z) + 2F(u,z) \cdot F(v,w)$.

Beweis. Die explizite Formel für $F \wedge F$ lautet nach (23) für Argumente v_1 bis v_4 aus V:

(49) $$(F \wedge F)(v_1, v_2, v_3, v_4) = \frac{1}{2!\,2!} \sum_{\sigma \in \mathfrak{S}_4} \operatorname{sign} \sigma \cdot F(v_{\sigma(1)}, v_{\sigma(2)}) \cdot F(v_{\sigma(3)}, v_{\sigma(4)}).$$

Man kann nun sämtliche 4! = 24 Terme dieser Summe aufschreiben (was hier aus Platzgründen unterbleiben soll) und sieht dann wegen der Schiefsymmetrie von F, daß jeweils 8 Terme zusammengefaßt werden können, so daß nur 3 wesentlich verschiedene, nämlich die in (48) genannten, übrig bleiben*). □

Jedes Element der Form $\lambda^1 \wedge \ldots \wedge \lambda^s$ mit $\lambda^1, \ldots, \lambda^s \in V^*$ heißt **zerlegbar** in $\mathbf{A}_s(V)$. Die Frage der Zerlegbarkeit ist bei manchen Anwendungen sehr wichtig (vgl. z.B. 4.6), und man ist deshalb an *Zerlegbarkeitskriterien* interessiert. Natürlich ist jedes Element von $\mathbf{A}_1(V)$ zerlegbar. Weiter zeigen wir hierüber:

Satz M. *Für* $F \in \mathbf{A}_s(V)$ *und* $s \geqq 1$ *gilt:*

(i) *Ist* F *zerlegbar in* $\mathbf{A}_s(V)$, *so gilt* $F \wedge F = 0$.

(ii) *Ist* $s = 2$ *und* $F \wedge F = 0$, *so ist* F *in* $\mathbf{A}_2(V)$ *zerlegbar.*

Beweis. *Zu* (i): Aus $F = \lambda^1 \wedge \ldots \wedge \lambda^s$ folgt wegen (31) unmittelbar $F \wedge F = 0$.

Zu (ii): Für s = 2 folgt aus $F \wedge F = 0$ nach (48) für alle $u, v, w, z \in V$:

(50) $F(u,v) \cdot F(w,z) = F(u,w) \cdot F(v,z) - F(u,z) \cdot F(v,w)$

Mit den durch $f_w(u) := F(u,w)$, $f_z(u) := F(u,z)$ definierten Linearformen $f_w, f_z \in V^*$ schreibt sich dies als

(51) $F(w,z) \cdot F = f_w \otimes f_z - f_z \otimes f_w = f_w \wedge f_z$.

Ist $F \neq 0$, so existieren $w, z \in V$ mit $F(w,z) \neq 0$, und es folgt

(52) $$F = \frac{1}{F(w,z)} \cdot f_w \wedge f_z,$$

also die Zerlegbarkeit von F. Ist F = 0, so ist F trivial zerlegbar. □

Auf die Zerlegbarkeit kommen wir im nächsten Abschnitt erneut zurück.

---

*) Etwas systematischer läßt sich die Summe in (48) berechnen, wenn man $\mathfrak{S}_4$ in die Nebenklassen nach der *Kleinschen Vierergruppe* (Aufgabe 9 [0.2]) zerlegt.

Für mehrfache Dachprodukte mit dem gleichen Faktor wird häufig die *Potenzschreibweise* gebraucht:

(53) $F^k := F \wedge \ldots \wedge F$ (k Faktoren).

Aufgaben zu 4.4

1. Sei $\lambda^1, \ldots, \lambda^s \in V^*$. Man zeige: $\lambda^1, \ldots, \lambda^s$ sind linear unabhängig genau dann, wenn $\lambda^1 \wedge \ldots \wedge \lambda^s \neq$ $\neq 0$ gilt.

2. Seien U_1, U_2 Untervektorräume von V der gleichen endlichen Codimension q. Sei weiter $S_1 =$ $= U_1^\perp$, $S_2 = U_2^\perp$ sowie $f^1, \ldots, f^q$ Basis von S_1 und $h^1, \ldots, h^q$ Basis von S_2. Man beweise die Äquivalenz folgender Bedingungen:

(i) $U_1 = U_2$

(ii) $S_1 = S_2$

(iii) $f^1 \wedge \ldots \wedge f^q$ und $h^1 \wedge \ldots \wedge h^q$ sind proportional.

3. Für eine *schiefsymmetrische* Bilinearform $F: V \times V \to K$ beweise man:

a) Ist F von endlichem Rang q (der dann nach Aufgabe 13 [1.4] eine *gerade* Zahl $q = 2r$ ist), so existieren linear unabhängige $f^1, \ldots, f^{2r} \in V^*$ mit:

(∗) $F = f^1 \wedge f^2 + f^3 \wedge f^4 + \ldots + f^{2r-1} \wedge f^{2r}$.

b) Aus dem Bestehen einer solchen Darstellung (∗) mit linear unabhängigen $f^1, \ldots, f^{2r} \in V^*$ folgt umgekehrt, daß F den endlichen Rang 2r hat.

c) Die Darstellung (∗) impliziert $F^r = r!\, f^1 \wedge \ldots \wedge f^{2r}$.

d) Ist F von endlichem Rang $q = 2r$, so gilt $r = \max \{s \mid F^s \neq 0\}$.

e) F ist genau dann in $\mathbf{A}_2(V)$ zerlegbar, wenn Rang $F \leqq 2$.

Hinweise: Zu a): Links- und Rechtsradikal von F sind wegen der Schiefsymmetrie von F der gleiche Untervektorraum: Rad F. Durch Betrachtung von V/Rad F kann man sich auf den endlich dimensionalen, nichtausgearteten Fall zurückziehen (Aufgabe 12 [1.4]). In diesem führt eine vollständige Induktion zum Ziele, wobei man beim Induktionsschluß zu zwei linear unabhängigen Vektoren $a, b \in V$ mit $F(a,b) \neq 0$ den Untervektorraum $U := \{u \in V \mid F(a,u) = F(b,u) = 0\}$ betrachtet. *Zu* b): Aus (∗) folgert man Rad $F = (\mathrm{sp}(f^1, \ldots, f^{2r}))^\perp$.

4. Man zeige: Gilt für ein $F \in \mathbf{A}_2(V)$ und ein $\alpha \in K$: $F \wedge F = \alpha \cdot F \otimes F$, so ist F zerlegbar in $\mathbf{A}_2(V)$ (und $c = 0$ oder $F = 0$). Daraus folgere man, daß eine zu (46.b) analoge Aussage für beliebige $F, G \in \mathbf{A}_2(V)$ *nicht* gelten kann.

4.5 Äußere Algebra über einem endlich dimensionalen Vektorraum

Der Skalarenkörper K sei weiterhin von der Charakteristik Null. Wir betrachten jetzt einen *endlich dimensionalen* K-Vektorraum V mit:

(1) $1 \leqq \dim V = n < \infty$.

Die Eigenschaften der alternierenden Multilinearformen auf V und V* bilden den Inhalt der **äußeren Algebra** (oder **Graßmann-Algebra**), mit der wir uns jetzt beschäftigen.

Eine erste Besonderheit ist, daß der Raum $\mathbf{A}_s(V)$ für $s > n$ nur die Nullform enthält:

(2) $$\boxed{\mathbf{A}_s(V) = 0 \quad \text{für } s > n.}$$

Denn der Wert einer alternierenden Multilinearform $F(v_1, \ldots, v_s)$ ist Null, sobald die Argumente linear abhängig sind, was für $s > n$ stets der Fall ist.

Satz A. *Für* $1 \leqq s \leqq n$ *gilt: Ist*

(3) $(f^i)_{1 \leqq i \leqq n}$ *Basis von* V^*,

so ist

(4) $(f^{i_1} \wedge \ldots \wedge f^{i_s})_{1 \leqq i_1 < \ldots < i_s \leqq n}$ *Basis von* $\mathbf{A}_s(V)$.

Beweis. *Die Elemente der Familie* (4) *sind linear unabhängig:* Wir haben auszugehen von einer Relation

(5) $$0 = \sum_{1 \leqq i_1 < \ldots < i_s \leqq n} \alpha_{i_1 \ldots i_s} f^{i_1} \wedge \ldots \wedge f^{i_s}.$$

Um das Verschwinden der skalaren Koeffizienten $\alpha_{i_1 \ldots i_s}$ nachzuweisen, wählen wir die Dualbasis $a_1, \ldots, a_n$ zu $f^1, \ldots, f^n$ und setzen für feste Indizes $k_1, \ldots, k_s$ mit $1 \leqq k_1 < < \ldots < k_s \leqq n$ das s-Tupel $(a_{k_1}, \ldots, a_{k_s})$ als Argument in (5) ein:

(6) $$0 = \sum_{1 \leqq i_1 < \ldots < i_s \leqq n} \alpha_{i_1 \ldots i_s} (f^{i_1} \wedge \ldots \wedge f^{i_s})(a_{k_1}, \ldots a_{k_s}).$$

Die Berechnung der zweiten Faktoren in den Summanden von (6) erfolgt mittels (47) [4.4] (3. Zeile):

(7) $$(f^{i_1} \wedge \ldots \wedge f^{i_s})(a_{k_1}, \ldots, a_{k_s}) = \sum_{\sigma \in \mathfrak{S}_s} \operatorname{sign} \sigma \cdot f^{i_1}(a_{k_{\sigma(1)}}) \ldots f^{i_s}(a_{k_{\sigma(s)}}).$$

Hierin ist das Produkt nach sign σ genau dann $\neq 0$, wenn $i_1 = k_{\sigma(1)}, \ldots, i_s = k_{\sigma(s)}$ gilt, und in diesem Falle muß wegen der getroffenen Anordnung notwendig σ die Identität sein, also das genannte Produkt den Wert 1 haben. Der Ausdruck (7) ist also 0, falls $\{i_1, \ldots, i_s\} \neq \neq \{k_1, \ldots, k_s\}$, und 1 sonst, so daß aus (6) folgt: $\alpha_{k_1 \ldots k_s} = 0$.

Die Elemente der Familie (4) *erzeugen* $\mathbf{A}_s(V)$: Da $\mathbf{A}_s(V) \subsetneqq \mathbf{L}_s(V) = V^* \otimes \ldots \otimes V^*$ (s-Faktoren), ist jedes Element $F \in \mathbf{A}_s(V)$ in der Form darstellbar

(8) $$F = \sum_{j_1, \ldots, j_s} \beta_{j_1 \ldots j_s} f^{j_1} \otimes \ldots \otimes f^{j_s}.$$

Dabei ist über *alle* Indizes $j_1, \ldots, j_s$ zu summieren; $\beta_{j_1 \ldots j_s}$ sind Skalare. Durch Anwendung des Alternierungsoperators folgt hieraus unter Berücksichtigung von (46.a) [4.4]:

(9) $$F = \operatorname{Alt} F = \frac{1}{s!} \sum_{j_1, \ldots, j_s} \beta_{j_1 \ldots j_s} f^{j_1} \wedge \ldots \wedge f^{j_s}.$$

Hierin kann $f^{j_1} \wedge \dots \wedge f^{j_s}$ durch Vertauschung von Faktoren gemäß (31) [4.4] eventuell als Negatives eines entsprechenden Produktes mit monoton wachsenden Indizes dargestellt werden. Damit folgt die Behauptung. □

Im Hinblick auf (4) führen wir folgende Bezeichnungsweise ein:

Definition B. *Der Raum* $\mathbf{A}_s(V)$ *heißt die* s-***fache äußere Potenz*** *von* V^*; *dual hierzu heißt der Raum* $\mathbf{A}_s(V^*)$ *die* s-***fache äußere Potenz*** *von* V. *Man schreibt:*

(10) $\mathbf{A}_s(V) =: \underbrace{V^* \wedge \dots \wedge V^*}_{s} =: \bigwedge^s V^*$

(11) $\mathbf{A}_s(V^*) =: \overbrace{V \wedge \dots \wedge V} =: \bigwedge^s V.$

Ein $F \in \bigwedge^s V^*$ *heißt* ***alternierende Multilinearform der Stufe*** s *oder kurz* s-***Form*** *(für* $s = 2$: ***Biform****), ein* $F \in \bigwedge^s V$ *heißt* ***Multivektor der Stufe*** s *oder kurz* s-***Vektor*** *(für* $s = 2$: ***Bivektor****).*

Streng genommen wäre in (11) rechts V^{**} statt V zu schreiben, jedoch wird auch hier durchweg V mit V^{**} identifiziert.

Nach (21) [4.4] gilt:

(12) $\bigwedge^1 V^* = V^*, \quad \bigwedge^1 V = V$

(13) $\bigwedge^0 V^* = \bigwedge^0 V = K.$

Weiter ist nach (2)

(14) $\bigwedge^s V^* = 0, \quad \bigwedge^s V = 0 \quad$ für $s > n$.

Die äußeren Potenzen (10), (11) sind also nur für $s \leqq n$ interessant.

Wegen der völligen Symmetrie von V und V^* genügt es, zunächst die äußeren Potenzen $\bigwedge^s V$ weiterzubehandeln. Ihre Elemente werden bevorzugt mit A, B, ... bezeichnet.

Definition C. *Jedes Element der Gestalt* $v_1 \wedge \dots \wedge v_s$ *mit* $v_\sigma \in V$ *für* $1 \leqq \sigma \leqq s$ *heißt* ***zerlegbar*** *in* $\bigwedge^s V$.

Nach Satz A ist jedes Element von $\bigwedge^s V$ Linearkombination von zerlegbaren Elementen: Ist $(a_i)_{1 \leqq i \leqq n}$ Basis von V, so ist ja die Familie $(a_{i_1} \wedge \dots \wedge a_{i_s})_{1 \leqq i_1 < \dots < i_s \leqq n}$ Basis von $\bigwedge^s V$, also jedes Element $A \in \bigwedge^s V$ eindeutig in der Gestalt

(15) $$A = \sum_{1 \leqq i_1 < \dots < i_s \leqq n} x^{i_1 \dots i_s} a_{i_1} \wedge \dots \wedge a_{i_s}$$

mit skalaren Koeffizienten $x^{i_1 \dots i_s}$ darstellbar. Die Anzahl der streng monoton steigenden Indexkombinationen $1 \leqq i_1 < \dots < i_s \leqq n$ ist gleich der Anzahl aller Teilmengen von $\{1, \dots, n\}$ der Ordnung s, also gleich dem Binomialkoeffizienten $\binom{n}{s}$. Hieraus ergibt sich:

Folgerung D. *Es gilt*

(16) $\boxed{\dim \bigwedge^s V = \binom{n}{s}.}$ □

Dies trifft nach (14) speziell auch für $s > n$ zu, denn dann wird $\binom{n}{s}$ als 0 definiert.

Die Grundoperationen der äußeren Algebra sind die Vektorraumverknüpfungen in den einzelnen Räumen $\bigwedge^s V$ und das Dachprodukt

(17) $\wedge : (\bigwedge^s V) \times (\bigwedge^{s'} V) \to \bigwedge^{s+s'} V.$

Das Umgehen mit dem Dachprodukt erfordert i.a. nicht die ausführliche Definition (22) bzw. (23) von 4.4. Meistens kommt man mit den folgenden *praktischen Regeln der äußeren Algebra* aus:

1) Mehrfache Dachprodukte sind unabhängig von der Beklammerung (I [4.4]).

2) Ein- und mehrfache Dachprodukte $A \wedge B$, $A \wedge B \wedge C$ usw. sind bei festen Stufen der Faktoren A, B, C usw. multilinear von diesen abhängig [Folgerung aus der Bilinearität von (26) [4.4] und aus 1)], und es gilt die Vertauschungsregel (27.b) [4.4].

3) Dachprodukte von *Vektoren* wie $v_1 \wedge \ldots \wedge v_s$ sind multilinear und alternierend von diesen abhängig [Folgerung aus 2) und (31) [4.4]]. Kommt in einem solchen Produkt ein Vektor mehrfach vor, so ist es Null; durch Vertauschung der Faktoren kann (bei eventuellem Vorzeichenwechsel) jede gewünschte Reihenfolge hergestellt werden.

Beispiel 1. Sei $n = 3$ und a_1, a_2, a_3 Basis von V. Es soll das Dachprodukt von zwei Vektoren

(18) $u = \alpha_1 a_1 + \alpha_2 a_2 + \alpha_3 a_3, \quad v = \beta_1 a_1 + \beta_2 a_2 + \beta_3 a_3$

aufgeschrieben werden. – ***Lösung:***

(19)
$$\begin{aligned} u \wedge v &= (\alpha_1 a_1 + \alpha_2 a_2 + \alpha_3 a_3) \wedge (\beta_1 a_1 + \beta_2 a_2 + \beta_3 a_3) \\ &= \alpha_1\beta_1 a_1 \wedge a_1 + \alpha_1\beta_2 a_1 \wedge a_2 + \alpha_1\beta_3 a_1 \wedge a_3 \\ &\quad + \alpha_2\beta_1 a_2 \wedge a_1 + \alpha_2\beta_2 a_2 \wedge a_2 + \alpha_2\beta_3 a_2 \wedge a_3 \\ &\quad + \alpha_3\beta_1 a_3 \wedge a_1 + \alpha_3\beta_2 a_3 \wedge a_2 + \alpha_3\beta_3 a_3 \wedge a_3 . \end{aligned}$$

Es gilt

(20.a) $a_1 \wedge a_1 = a_2 \wedge a_2 = a_3 \wedge a_3 = 0$

(20.b) $a_2 \wedge a_1 = -a_1 \wedge a_2, \quad a_3 \wedge a_1 = -a_1 \wedge a_3, \quad a_3 \wedge a_2 = -a_2 \wedge a_3 .$

Damit folgt aus (19) durch Zusammenfassung

(21) $u \wedge v = (\alpha_1\beta_2 - \alpha_2\beta_1) a_1 \wedge a_2 + (\alpha_1\beta_3 - \alpha_3\beta_1) a_1 \wedge a_3 + (\alpha_2\beta_3 - \alpha_3\beta_2) a_2 \wedge a_3 .$ □

Basisdarstellungen der Form (15) mit der Indexbedingung $1 \leqq i_1 < \ldots < i_s \leqq n$ sind nicht die einzig möglichen. Man kann auch andere Indexbedingungen zulassen oder keine Einschränkungen vornehmen. Eindeutigkeit der Darstellung ist allerdings nur dann gewährleistet, wenn jede s-elementige Teilmenge von $\{1, \ldots, n\}$ genau einmal als Indexkombination (ob streng monoton wachsend oder nicht) realisiert ist.

Beispiele. 2. Für $n = 3$ ist sowohl

(22) $a_1 \wedge a_2, a_1 \wedge a_3, a_2 \wedge a_3$ Basis von $V \wedge V$

wie auch z.B.

(23) $a_2 \wedge a_3, a_3 \wedge a_1, a_1 \wedge a_2$ Basis von $V \wedge V$.

Tatsächlich lassen sich die beiden Basen (22), (23) mittels (20.b) leicht ineinander umrechnen.

3. Sei $n = 4$ und a_1, a_2, a_3, a_4 Basis von V. Dann ist $a_1 \wedge a_2 + a_3 \wedge a_4$ *unzerlegbar* in $V \wedge V$. Wäre nämlich

(24) $a_1 \wedge a_2 + a_3 \wedge a_4 = u \wedge v$ mit $u, v \in V$,

so ergäbe sich durch Dachmultiplikation beider Seiten mit sich selbst:

(25) $(a_1 \wedge a_2 + a_3 \wedge a_4) \wedge (a_1 \wedge a_2 + a_3 \wedge a_4) = u \wedge v \wedge u \wedge v = 0$,

und nach Ausmultiplizieren der linken Seite:

(26) $a_1 \wedge a_2 \wedge a_3 \wedge a_4 + a_3 \wedge a_4 \wedge a_1 \wedge a_2 = 0$,

also, da $a_3 \wedge a_4 \wedge a_1 \wedge a_2 = a_1 \wedge a_3 \wedge a_4 \wedge a_2 = a_1 \wedge a_2 \wedge a_3 \wedge a_4$:

(27) $2a_1 \wedge a_2 \wedge a_3 \wedge a_4 = 0$.

Das ist ein Widerspruch, weil $a_1 \wedge a_2 \wedge a_3 \wedge a_4$ Basis des $[\binom{4}{4} =]$ 1-dimensionalen Vektorraumes $\bigwedge^4 V$ ist.

Bemerkung 1. Da jedes $A \in \bigwedge^s V$ auch zu $T_0^s(V)$ gehört, gibt es neben (15) eine Darstellung der Form

(28) $$A = \sum_{i_1, \dots, i_s} \xi^{i_1 \dots i_s} a_{i_1} \otimes \dots \otimes a_{i_s},$$

wobei über *alle* Indexkombinationen zu summieren ist. Die Koeffizienten sind dabei eindeutig bestimmt und erfüllen mit Rücksicht auf Bemerkung 1 [4.2] die **Antisymmetriebedingung**

(29) $\xi^{i_{\sigma(1)} \dots i_{\sigma(s)}} = \operatorname{sign} \sigma \cdot \xi^{i_1 \dots i_s}$ für alle $\sigma \in \mathfrak{S}_s$.

Allerdings handelt es sich bei (28) nicht um eine Basisdarstellung in $\bigwedge^s V$, da die Tensorprodukte $a_{i_1} \otimes \dots \otimes a_{i_s}$ nicht in $\bigwedge^s V$ liegen. Durch Anwendung des Alternierungsoperators auf (28) ergibt sich aber mittels (46.a) [4.4]:

(30) $$A = \operatorname{Alt} A = \sum_{i_1, \dots, i_s} \xi^{i_1 \dots i_s} \frac{1}{s!} a_{i_1} \wedge \dots \wedge a_{i_s}.$$

In dieser Summe kann man alle Glieder streichen, bei denen zwei Indizes zusammenfallen. Faßt man in der restlichen Summe jeweils alle Terme zusammen, bei denen $i_1, \dots, i_s$ nur Permutationen *voneinander* sind, so folgt

(31) $$A = \sum_{1 \leqq i_1 < \dots < i_s \leqq n} \xi^{i_1 \dots i_s} a_{i_1} \wedge \dots \wedge a_{i_s},$$

also durch Vergleich mit (15)

(32) $x^{i_1 \dots i_s} = \xi^{i_1 \dots i_s}$,

d.h. die $\xi^{i_1 \dots i_s}$ sind die **antisymmetrischen Fortsetzungen** der $x^{i_1 \dots i_s}$. Man kann die Ausdrücke (15) = (31) und (30) als **standardisierte** Darstellungen von A (etwa **erster** und **zweiter Art**) bezeichnen. Die Koordinaten $\xi^{i_1 \dots i_s}$ in (31) werden die **Graßmann-Koordinaten** von A bezüglich der Basis $(a_{i_1} \wedge \dots \wedge a_{i_s})_{1 \leqq i_1 < \dots < i_s \leqq n}$ genannt. □

Ähnlich wie beim Tensorprodukt lassen sich *multilineare* alternierende Abbildungen mittels des Dachproduktes auf *lineare* Abbildungen zurückführen. Ist Z ein weiterer Vektorraum *endlicher* Dimension, so betrachten wir das folgende Diagramm (33). In diesem ist die Abbildung δ definiert als das s-fache Dachprodukt:

(33)
$$\begin{array}{ccc} V^s = V \times \dots \times V & \xrightarrow{\Phi} & Z \\ \delta \downarrow & \nearrow_{\tilde{\Phi}} & \\ \bigwedge^s V = V \wedge \dots \wedge V & & \end{array}$$

(33.a) $\delta(v_1, \dots, v_s) := v_1 \wedge \dots \wedge v_s$

(33.b) $\Phi := \tilde{\Phi} \circ \delta$.

δ ist selbst s-linear und alternierend. Ist $\tilde{\Phi}$ als *lineare* Abbildung gegeben, so können wir dieser eine Abbildung Φ so zuordnen, daß das Diagramm kommutativ wird, d.h. wir setzen $\Phi := \tilde{\Phi} \circ \delta$. Aus den Eigenschaften von δ und $\tilde{\Phi}$ folgt leicht, daß Φ multilinear und alternierend ist.

Satz E. *Die Zuordnung* $\tilde{\Phi} \to \tilde{\Phi} \circ \delta$ *definiert eine kanonische Isomorphie:*

(34) $$\boxed{\mathbf{L}(\bigwedge^s V, Z) \cong \mathbf{A}_s(V; Z).}$$

Beweis. Die Abbildung $\tilde{\Phi} \mapsto \tilde{\Phi} \circ \delta$ ist offensichtlich linear.

Injektivität von $\tilde{\Phi} \mapsto \tilde{\Phi} \circ \delta$: Aus $\tilde{\Phi} \circ \delta = 0$ folgt, da das Bild von δ eine Basis von $\bigwedge^s V$ enthält, $\tilde{\Phi} = 0$.

Surjektivität von $\tilde{\Phi} \mapsto \tilde{\Phi} \circ \delta$: Zu gegebenem $\Phi \in \mathbf{A}_s(V; Z)$ existiert jedenfalls nach H [4.2] ein $\tilde{\Phi} \in \mathbf{L}(\bigotimes^s V, Z)$ mit: $\Phi(v_1, \dots, v_s) = s!\, \tilde{\Phi}(v_1 \otimes \dots \otimes v_s)$ für alle $v_i \in V$. Es bleibt aber zu zeigen, daß stets $\Phi(v_1, \dots, v_s) = \tilde{\Phi}(v_1 \wedge \dots \wedge v_s)$ gilt. Hierzu rechnet man mittels der Dualformel zu (46.b) [4.4]:

(35)
$$\begin{aligned} \tilde{\Phi}(v_1 \wedge \dots \wedge v_s) &= \tilde{\Phi}\Big(\sum_{\sigma \in \mathfrak{S}_s} \operatorname{sign} \sigma \cdot v_{\sigma(1)} \otimes \dots \otimes v_{\sigma(s)}\Big) \\ &= \sum_{\sigma \in \mathfrak{S}_s} \operatorname{sign} \sigma \cdot \tilde{\Phi}(v_{\sigma(1)} \otimes \dots \otimes v_{\sigma(s)}) \\ &= \frac{1}{s!} \sum_{\sigma \in \mathfrak{S}_s} \operatorname{sign} \sigma \cdot \Phi(v_{\sigma(1)}, \dots, v_{\sigma(s)}) \\ &= (\operatorname{Alt} \Phi)(v_1, \dots, v_s) = \Phi(v_1, \dots, v_s). \end{aligned}$$
□

Die Bijektivität unserer Zuordnung sei besonders hervorgehoben:

Folgerung F. *Zu jeder alternierenden* s*-linearen Abbildung*

(36) $\Phi: V^s \longrightarrow Z$

existiert genau eine lineare Abbildung

(37) $\tilde{\Phi}: \bigwedge^s V \longrightarrow Z,$

so daß gilt:

(38) $\Phi(v_1, \dots, v_s) = \tilde{\Phi}(v_1 \wedge \dots \wedge v_s)$ *für alle* $v_i \in V$. □

Das ist die **universelle Eigenschaft** der äußeren Potenz $\bigwedge^s V$.

Ein wichtiger Spezialfall der kanonischen Isomorphie (34) entsteht für Z = K:

(39.a) $\boxed{(\bigwedge^s V)^* \cong \bigwedge^s V^*.}$

Hiernach kann man eine Linearform $\tilde{F}$ auf $\bigwedge^s V$ auffassen als Element von $\bigwedge^s V^*$, d.h. als Multilinearform $F: V^s \to K$ vermöge

(39.b) $\boxed{\tilde{F}(v_1 \wedge \dots \wedge v_s) = F(v_1, \dots, v_s).}$

Das Inzidenzprodukt von $(\bigwedge^s V)^* \times (\bigwedge^s V)$ geht dabei über in die Bilinearform

(40.a) $\langle\, , \rangle: (\bigwedge^s V^*) \times (\bigwedge^s V) \longrightarrow K,$

definiert durch

(40.b) $\langle F, A\rangle := \tilde{F}(A),$

die natürlich ebenso wie das Inzidenzprodukt nichtausgeartet ist (Definition Q [1.3]):

Folgerung G. *Mit der Bilinearform* (40) *bilden die äußeren Potenzen* $\bigwedge^s V^*$ *und* $\bigwedge^s V$ *ein duales Raumpaar.* □

Die Isomorphie (39) und die Bilinearform (40) werden nun dazu benützt, auch die beiden Räume $\bigwedge^s V$ und $\bigwedge^{n-s} V$ zu einem dualen Raumpaar zu machen (wobei $0 \leqq s \leqq n$). Daß so etwas möglich ist, deutet sich bereits bei den Dimensionen an, da ja $\binom{n}{s} = \binom{n}{n-s}$ gilt.

Die von Null verschiedenen Elemente von $\bigwedge^n V^*$ nennt man die *Determinantenformen* über V. Wir greifen uns eine feste Determinantenform $D_0 \in \bigwedge^n V^* \setminus 0$ heraus, betrachten das zugehörige Element $\tilde{D}_0 \in (\bigwedge^n V)^*$ und definieren eine Bilinearform

(41.a) $(\bigwedge^s V) \times (\bigwedge^{n-s} V) \longrightarrow K$

durch

(41.b) $(A, B) \longmapsto \tilde{D}_0(A \wedge B).$

Da $\tilde{D}_0$ eine Linearform $\neq 0$ auf dem eindimensionalen Vektorraum $\bigwedge^n V$ ist, gilt für $C \in \bigwedge^n V$:

(42) $\quad \tilde{D}_0(C) = 0 \Longleftrightarrow C = 0.$

Satz H. *Für* $s \in \{0, \dots, n\}$ *bilden die äußeren Potenzen* $\bigwedge^s V$ *und* $\bigwedge^{n-s} V$ *mit der Bilinearform* (41) *ein duales Raumpaar.*

Beweis. Es ist nachzuweisen, daß die Bilinearform (41) nichtausgeartet ist. Dazu ist mit Rücksicht auf (42) zu zeigen: Gilt für ein $A \in \bigwedge^s V$

(43) $\quad A \wedge B = 0$ für alle $B \in \bigwedge^{n-s} V$,

so ist $A = 0$. (Der an sich nötige Schluß mit vertauschten Rollen von A und B verläuft analog und sei dem Leser überlassen.)

Für $s \in \{0, n\}$ ist die Behauptung klar, da das Dachprodukt hier in das gewöhnliche Produkt mit Skalaren übergeht. Für $1 \leqq s \leqq n-1$ sei A in der Darstellung (15) betrachtet. Wählt man für B speziell ein zerlegbares Element der Form $B = a_{k_1} \wedge \dots \wedge a_{k_{n-s}}$, wobei $k_1, \dots, k_{n-s}$ paarweise verschieden sind, so sind alle die Summanden in der Darstellung von $A \wedge B$ Null, für die $\{i_1, \dots, i_s\}$ und $\{k_1, \dots, k_{n-s}\}$ mindestens ein Element gemeinsam haben. Es verbleibt also genau ein Summand, nämlich derjenige, für den $\{i_1, \dots, i_s\}$ die Komplementärmenge $\{1, \dots, n\} \setminus \{k_1, \dots, k_{n-s}\}$ ist, und für diesen folgt aus (43): $x^{i_1 \dots i_s} = 0$. Da *jede* Indexkombination $1 \leqq i_1 < \dots < i_s \leqq n$ als Komplementärmenge geeigneter $k_1, \dots, k_{n-s}$ vorkommt, folgt insgesamt $A = 0$. □

Die beiden Bilinearformen (40) und (41) sind natürlich gekoppelt:

Satz I. *Für gegebenes* $\tilde{D}_0 \in (\bigwedge^n V)^* \setminus 0$ *und für* $s \in \{0, \dots, n\}$ *existiert jeweils genau eine Abbildung*

(44) $\quad \varphi: \bigwedge^s V \longrightarrow \bigwedge^{n-s} V^*,$

derart, daß für alle $A \in \bigwedge^s V$ *und* $B \in \bigwedge^{n-s} V$ *gilt:*

(45) $\quad \tilde{D}_0(A \wedge B) = \langle \varphi(A), B \rangle,$

und φ *ist Vektorraum-Isomorphismus.*

Beweis. Die Existenz und Eindeutigkeit von φ ergibt sich, wenn man für festes $A \in \bigwedge^s V$ die Linearform $B \mapsto \tilde{D}_0(A \wedge B)$ auf $\bigwedge^{n-s} V$ betrachtet und auf diese das kleine Lemma von Riesz in der Fassung für duale Raumpaare (Sätze H, Q, R [1.3]) anwendet. Die Linearität von φ folgt allein aus dem Bestehen von (45) und die Injektivität daraus mittels der Nichtausgeartetheit der Bilinearform (41). □

Der Isomorphismus (44) hängt von der gewählten Determinantenform D_0 ab. Aber da zwei Determinantenformen stets proportional sind, unterscheiden sich auch die zugehörigen Isomorphismen nur um einen Faktor. Das wird auch an der folgenden expliziten Darstellung deutlich:

Zusatz zu I. *Sind* $(a_i)_{1 \leqq i \leqq n}$ *und* $(f^j)_{1 \leqq j \leqq n}$ *Dualbasen von* V, V^*, *so gilt:*

(46) $\quad \varphi(a_1 \wedge \dots \wedge a_s) = D_0(a_1, \dots, a_n) \cdot f^{s+1} \wedge \dots \wedge f^n.$

Beweis. Es genügt, (45) für $A = a_1 \wedge \ldots \wedge a_s$ und alle zerlegbaren $B = a_{k_1} \wedge \ldots \wedge a_{k_{n-s}}$ mit $1 \leqq k_1 < \ldots < k_{n-s} \leqq n$ nachzuweisen, d.h. zu bestätigen:

(47) $$D_0(a_1, \ldots, a_s, a_{k_1}, \ldots, a_{k_{n-s}}) = D_0(a_1, \ldots, a_n) \cdot (f^{s+1} \wedge \ldots \wedge f^n)(a_{k_1}, \ldots, a_{k_{n-s}}).$$

Dies ist aber richtig: Ist der Durchschnitt $\{1, \ldots, s\} \cap \{k_1, \ldots, k_{n-s}\} \neq \phi$, so sind beide Seiten von (47) Null [vgl. (7)]; ist dieser Durchschnitt leer, d.h. $k_1 = s+1, \ldots, k_{n-s} = n$, so sind beide Seiten von (47) gleich $D_0(a_1, \ldots, a_n)$. [Im Falle $s = 0$ bleibt alles bestehen, wenn das Argument von φ in (46) konsequenterweise als $1 \in K$ interpretiert wird.] □

Folgerung J. *Für* $0 < s < n$ *gilt:*

(48) $$A \textit{ zerlegbar in } \bigwedge^s V \Longleftrightarrow \varphi(A) \textit{ zerlegbar in } \bigwedge^{n-s} V^*.$$

Beweis. Für $A = 0$ ist die Behauptung trivial. Ansonsten ergibt sie sich aus (46), wenn man bedenkt, daß jedes von Null verschiedene, zerlegbare Element von $\bigwedge^s V$ bzw. $\bigwedge^{n-s} V^*$ mittels einer *geeigneten* Basis als $a_1 \wedge \ldots \wedge a_s$ bzw. $f^{s+1} \wedge \ldots \wedge f^n$ darstellbar ist. □

Bemerkungen. 2. Mittels (46) läßt sich sofort auch das Bild $\varphi(A)$ aufschreiben, wenn A in der Darstellung (15) gegeben ist:

(49) $$\varphi(A) = \sum_{1 \leqq i_1 < \ldots < i_s \leqq n} x^{i_1 \ldots i_s} D_0(a_{i_1}, \ldots, a_{i_s}, a_{i'_{s+1}}, \ldots, a_{i'_n}) f^{i'_{s+1}} \wedge \ldots \wedge f^{i'_n},$$

wobei die gestrichenen Indizes jeweils eindeutig bestimmt sind durch die beiden Forderungen: $\{i_1, \ldots, i_s\} \cup \{i'_{s+1}, \ldots, i'_n\} = \{1, \ldots, n\}$ und $i'_{s+1} < \ldots < i'_n$. Man hat dabei lediglich zu beachten, daß auch $a_{i_1}, \ldots, a_{i_s}, a_{i'_s, \ldots, i'_{s+1}}$ und $f^{i_1}, \ldots, f^{i_s}, f^{i'_{s+1}}, \ldots, f^{i'_n}$ Dualbasen sind. Natürlich gilt

(50) $$D_0(a_{i_1}, \ldots, a_{i_s}, a_{i'_{s+1}}, \ldots, a_{i'_n}) = \operatorname{sign}\begin{pmatrix} 1 & \ldots & s & s+1 & \ldots & n \\ i_1 & \ldots & i_s & i'_{s+1} & \ldots & i'_n \end{pmatrix} \cdot D_0(a_1, \ldots, a_n).$$

3. Wendet man Satz I auf ein $A \in \bigwedge^{n-1} V \setminus 0$ an $(s = n-1)$, so gibt es genau ein $\varphi(A) =:$ $=: h \in V^*$ mit

(51) $$\tilde{D}_0(A \wedge v) = h(v) \quad \text{für alle } v \in V,$$

und der Zusatz zu I zeigt, daß $A = \varphi^{-1}(h)$ proportional zu $a_1 \wedge \ldots \wedge a_{n-1}$ ist, wenn $a_1, \ldots, a_{n-1}$ eine Basis von Kern h ist. Der Kern von h ist aber nach (51) der Lösungsraum von

(52) $$A \wedge v = 0.$$

Insbesondere ist also jedes $A \in \bigwedge^{n-1} V$ zerlegbar, und man erhält A bis auf einen skalaren Faktor als Dachprodukt $a_1 \wedge \ldots \wedge a_{n-1}$, wobei die $a_1, \ldots, a_{n-1}$ eine Basis des Lösungsraumes von (52) bilden.

4. Damit ist erkannt, daß in den Räumen $\bigwedge^s V, \bigwedge^s V^*$ für $s \in \{1, n-1, n\}$ *alle* Elemente zerlegbar sind. Im Falle $2 \leqq s \leqq n-2$ braucht nicht jedes Element zerlegbar zu sein, wir haben aber in Satz M [4.4] eine notwendige, und im Falle $s = 2$ eine notwendige *und* hinreichende Bedingung für die Zerlegbarkeit angegeben: Die letztgenannte lautet in der dualen Formulierung:

(53) $\boxed{A \text{ zerlegbar} \Longleftrightarrow A \wedge A = 0 \qquad (\text{falls } A \in \Lambda^2 V).}$

Für beliebige s sind analytische Zerlegbarkeitsbedingungen weitaus komplizierter. (vgl. jedoch Aufgabe 3 [4.6]).

Aufgaben zu 4.5

1. Sei $a_1, \dots, a_r$ ein linear unabhängiges System in V und $b_1, \dots, b_r \in V$. Man beweise:

a) $\sum_{i=1}^{r} a_i \otimes b_i = 0 \Longleftrightarrow b_1 = \dots = b_r = 0.$

b) $\sum_{i=1}^{r} a_i \wedge b_i = 0 \Longleftrightarrow$ es gibt Skalare α_{ij} mit $b_i = \sum_{j=1}^{r} \alpha_{ij} a_j$ und $\alpha_{ij} = \alpha_{ji}$ **(Lemma von É. Cartan).**

2. Sei $a_1, \dots, a_5$ Basis eines fünfdimensionalen Vektorraumes V. Man zeige, daß der 3-Vektor $A = a_1 \wedge (a_2 \wedge a_3 + a_4 \wedge a_5)$ unzerlegbar ist, aber trotzdem $A \wedge A = 0$ erfüllt.

3. Zeige, daß der Isomorphismus $\varphi : \Lambda^s V \to \Lambda^{n-s} V^*$ von Satz I die Regel erfüllt:

$$D_0(v_1, \dots, v_s, v_{s+1}, \dots, v_n) = (\varphi(v_1 \wedge \dots \wedge v_s))(v_{s+1}, \dots, v_n)$$

und dadurch eindeutig bestimmt ist.

4. Für je zwei Elemente $A \in \Lambda^r V$ und $F \in \Lambda^s V^*$, wobei $r, s \in \{0, \dots, n\}$, definiert man die sog. **inneren Produkte**

$$A \lrcorner F := \varphi(A \wedge \varphi^{-1}(F)), \qquad A \llcorner F := \varphi^{-1}(\varphi(A) \wedge F).$$

Man zeige:

a) Diese hängen (entgegen φ) nicht von der Wahl von D_0 ab.

b) $A \lrcorner F = 0$, falls $r > s$.

c) $A \llcorner F = 0$, falls $s > r$.

5. Sei V ein euklidischer Vektorraum und $F : V \times V \to \mathbf{R}$ eine schiefsymmetrische Bilinearform vom Rang $q = 2r$ (Aufgabe 13 [1.4]). Man beweise die Existenz einer ON-Basis $a_1, \dots, a_n$ von V mit zugehöriger Dualbasis $f^1, \dots, f^n$ von V^* derart, daß mit geeigneten $\beta_1, \dots, \beta_r \in \mathbf{R} \setminus 0$ gilt:

$$F = \beta_1 f^1 \wedge f^2 + \beta_2 f^3 \wedge f^4 + \dots + \beta_r f^{2r-1} \wedge f^{2r}.$$

Wie lautet der duale Satz für $A \in \Lambda^2 V$?

Hinweis: Man wende Folgerung C [2.4] an.

6. Sei (Z, H) ein unitärer Vektorraum mit $n := \dim_{\mathbf{C}} Z < \infty$. Man betrachte auf Z auch die zugehörige euklidische Metrik H_0 und die zugehörige schiefsymmetrische Bilinearform H_1 (3.1). Ferner sei U ein reeller orientierter Untervektorraum mit $\dim_{\mathbf{R}} U = 2r$. Man beweise die **Wirtingersche Ungleichung**

$$\boxed{\frac{1}{r!} (H_1 \mid U)^r \leqq D_0^U}$$

und zeige, daß in dieser genau dann das Gleichheitszeichen steht, wenn U ein komplexer Untervektorraum von Z mit der durch die komplexe Struktur induzierten Orientierung ist.

Hinweis: Für zwei m-Formen D_1, D_2 auf einem orientierten reellen Vektorraum V (I, 4.6) der Dimension m schreibt man $D_1 \leqq D_2$, wenn für alle positiv orientierten Basen $c_1, \dots, c_m$ von V gilt $D_1(c_1, \dots, c_m) \leqq D_2(c_1, \dots, c_m)$. Das Symbol D_0^U bezeichnet die durch die Orientierung von U und die Restriktion von H_0 auf U bestimmte (reelle) normierte Determinantenform auf U. Zum Beweis der Ungleichung wende man Aufgabe 5 an und beachte die Cauchy-Schwarzsche Ungleichung $(H_1(z,w))^2 = (H_0(z,iw))^2 \leq |z|^2 \cdot |w|^2$.

7. Ist $(V, \langle\,,\rangle)$ ein euklidischer Vektorraum, so kann jedes Element $b \in V$ mit einer Linearform λ_b auf V identifiziert werden: $\lambda_b(v) := \langle b, v\rangle$. Die Abbildung $b \mapsto \lambda_b$ von V auf V* ist ein Isomorphismus, die sog. **Fundamentalkorrelation** K (vgl. I, R [1.3] und Aufgabe 17 [1.5]). Die Existenz von K bewirkt, daß bei euklidischen Vektorräumen weitgehend auf den Dualraum verzichtet werden kann, insbesondere auch in der äußeren Algebra. So ist z.B. die obige Isomorphie $\bigwedge^s V \cong \bigwedge^{n-s} V^*$ ersetzbar durch eine Isomorphie $\bigwedge^s V \cong \bigwedge^{n-s} V$, und zwar auf folgende Weise: Sei V außerdem durch eine normierte Determinantenform D_0 orientiert (I, 4.6). Für alle $v_1, \ldots, v_s \in V$ sei $\psi(v_1 \wedge \ldots \wedge v_s)$ das Element von $\bigwedge^{n-s} V$ mit:

$$D_0(v_1, \ldots, v_s, K^{-1}(\lambda^{s+1}), \ldots, K^{-1}(\lambda^n)) = (\psi(v_1 \wedge \ldots \wedge v_s))(\lambda^{s+1}, \ldots, \lambda^n)$$

für alle $\lambda^{s+1}, \ldots, \lambda^n \in V^*$. Wegen der universellen Eigenschaft F ist damit ψ als lineare Abbildung von $\bigwedge^s V$ nach $\bigwedge^{n-s} V$ wohldefiniert. Man nennt ψ den **Hodge-Operator** und verwendet die Bezeichnung mit einem Stern:

$$\psi = * : \bigwedge^s V \to \bigwedge^{n-s} V.$$

Man zeige:

a) $(*A)(\lambda^{s+1}, \ldots, \lambda^n) = (\varphi(A))(K^{-1}\lambda^{s+1}, \ldots, K^{-1}\lambda^n)$ für alle $A \in \bigwedge^s V$ und $\lambda^{s+1}, \ldots, \lambda^n \in V^*$.

b) $*$ ist ein Vektorraum-Isomorphismus von $\bigwedge^s V$ auf $\bigwedge^{n-s} V$.

c) Ist $A \in \bigwedge^s V$ in der Form (15) dargestellt, so gilt

$$*A = \sum_{1 \leq i_1 < \ldots < i_s \leq n} x^{i_1 \ldots i_s} \operatorname{sign}\begin{pmatrix} 1 & \ldots & s & s+1 & \ldots & n \\ i_1 & \ldots & i_s & i'_s+1 & \ldots & i'_n \end{pmatrix} D_0(a_1, \ldots, a_n)\, a_{i'_{s+1}} \wedge \ldots \wedge a_{i'_n}.$$

d) $**A = (-1)^{s(n+s)} A$ für alle $A \in \bigwedge^s V$.

e) $A \wedge (*B) = B \wedge (*A)$ für alle $A, B \in \bigwedge^s V$.

f) Durch $\langle\!\langle A, B \rangle\!\rangle := \tilde{D}_0(A \wedge (*B))$ wird eine Bilinearform definiert, die $\bigwedge^s V$ zu einem *euklidischen* Vektorraum macht.

8. Gegeben seien zwei Vektorräume V, W und s lineare Abbildungen $L_1, \ldots, L_s \in \mathbf{L}(V, W)$. Man zeige:

a) Es gibt eine lineare Abbildung, genannt $L_1 \wedge \ldots \wedge L_s$, von $\bigwedge^s V$ nach $\bigwedge^s W$, derart daß für alle $v_1, \ldots, v_s \in V$ gilt:

$$(L_1 \wedge \ldots \wedge L_s)(v_1 \wedge \ldots \wedge v_s) = \frac{1}{s!} \sum_{\sigma \in \mathfrak{S}_s} \operatorname{sign} \sigma \cdot (L_1 v_{\sigma(1)}) \wedge \ldots \wedge (L_s v_{\sigma(s)}).$$

Für $L_1 = \ldots = L_s = L$ wird diese Definition viel einfacher; man nennt dann $L \wedge \ldots \wedge L$ (s Faktoren) eine **äußere Potenz** von L und bezeichnet diese durch $\bigwedge^s L$.

b) Die Abbildung $(L_1, \ldots, L_s) \mapsto L_1 \wedge \ldots \wedge L_s$ ist multilinear und symmetrisch (!).

c) $\bigwedge^s \mathrm{id}_V = \mathrm{id}_{\bigwedge^s V}$.

d) Für weitere lineare Abbildungen $L'_1, \ldots, L'_s \in \mathbf{L}(W, Z)$ gilt

$$(L'_1 \circ L_1) \wedge \ldots \wedge (L'_s \circ L_s) = (L'_1 \wedge \ldots \wedge L'_s) \circ (L_1 \wedge \ldots \wedge L_s).$$

Hinweis: Bei a) wende man die universelle Eigenschaft F auf ein geeignetes Diagramm an (vgl. Aufgabe 3 [4.2]).

4.6 Darstellung von Untervektorräumen und Determinanten in der äußeren Algebra

Der Skalarenkörper K sei weiterhin von der Charakteristik Null, und V sei ein K-Vektorraum mit

(1) $1 \leqq \dim V = n < \infty$.

Wir wollen hier zeigen, daß die s-dimensionalen Untervektorräume von V in gewisser Weise den zerlegbaren s-Vektoren $\neq 0$ entsprechen.

Zunächst gilt folgende *Kennzeichnung der linearen Abhängigkeit* durch das Dachprodukt:

Satz A. *Für Vektoren* $v_1, \dots, v_s \in V$ *gilt:*

(2) $v_1, \dots, v_s$ *linear abhängig* $\Longleftrightarrow v_1 \wedge \dots \wedge v_s = 0$.

Beweis. *Zur Implikation* $\Rightarrow$: Diese folgt aus (8) [4.4], da die Abbildung $(v_1, \dots, v_s) \mapsto$ $\mapsto v_1 \wedge \dots \wedge v_s$ multilinear und alternierend ist.

Zur Implikation $\Leftarrow$: Angenommen, es ist $v_1 \wedge \dots \wedge v_s = 0$ aber $v_1, \dots, v_s$ linear unabhängig. Dann existiert eine Basis $a_1, \dots, a_n$ von V mit $v_1 = a_1, \dots, v_s = a_s$. Nach (15) [4.5] ist $a_1 \wedge \dots \wedge a_s$ Element einer Basis von $\bigwedge^s V$, also $\neq 0$. Das widerspricht der Annahme. □

Folgerung B. *Für* $a_1, \dots, a_s \in V$ *sei* $a_1 \wedge \dots \wedge a_s \neq 0$. *Dann gilt:*

(3) $\mathrm{sp}(a_1, \dots, a_s) = \{v \in V \mid a_1 \wedge \dots \wedge a_s \wedge v = 0\}$.

Beweis. $a_1 \wedge \dots \wedge a_s \wedge v = 0$ bedeutet nach A, daß $a_1, \dots, a_s$, v linear abhängig ist. Wegen der linearen Unabhängigkeit von $a_1, \dots, a_s$ bedeutet dies wiederum, daß v Linearkombination von $a_1, \dots, a_s$ ist. □

Satz C. *Seien die Vektorsysteme* $a_1, \dots, a_s$ *und* $b_1, \dots, b_s$ *beide linear unabhängig in* V. *Dann sind äquivalent:*

(i) $\mathrm{sp}(a_1, \dots, a_s) = \mathrm{sp}(b_1, \dots, b_s)$.

(ii) $a_1 \wedge \dots \wedge a_s$ *und* $b_1 \wedge \dots \wedge b_s$ *sind proportional* (*in* $\bigwedge^s V$).

Beweis. *Aus* (ii) *folgt* (i): Nach Voraussetzung existiert ein $\gamma \neq 0$ mit

(4) $b_1 \wedge \dots \wedge b_s = \gamma \cdot a_1 \wedge \dots \wedge a_s$.

Hieraus folgt für $v \in V$ die Äquivalenz:

(5) $a_1 \wedge \dots \wedge a_s \wedge v = 0 \Longleftrightarrow b_1 \wedge \dots \wedge b_s \wedge v = 0$.

Daraus ergibt sich nach B die Behauptung (i).

Aus (i) *folgt* (ii): Aus der Voraussetzung (i) ergeben sich Darstellungen

(6) $$b_i = \sum_{j=1}^{s} \alpha_{ij} a_j, \quad 1 \leqq i \leqq s.$$

Hiermit berechnet man

$$
\begin{aligned}
(7) \qquad b_1 \wedge \ldots \wedge b_s &= \left(\sum_{j_1=1}^{s} \alpha_{1j_1} a_{j_1} \right) \wedge \ldots \wedge \left(\sum_{j_s=1}^{s} \alpha_{sj_s} a_{j_s} \right) \\
&= \sum_{j_1,\ldots,j_s} \alpha_{1j_1} \ldots \alpha_{sj_s} \cdot a_{j_1} \wedge \ldots \wedge a_{j_s} .
\end{aligned}
$$

Hier durchlaufen $j_1, \ldots, j_s$ zunächst unabhängig voneinander die Ziffern von 1 bis s. Jedoch ist $a_{j_1} \wedge \ldots \wedge a_{j_s}$ nur dann $\neq 0$, wenn $j_1, \ldots, j_s$ paarweise verschieden sind. Durch Vertauschung ergibt sich in diesem Fall $a_{j_1} \wedge \ldots \wedge a_{j_s} = \operatorname{sign} \sigma \cdot a_1 \wedge \ldots \wedge a_s$, wobei σ die Permutation aus $\mathfrak{S}_s$ mit $\sigma(\nu) = j_\nu$ ist. Damit folgt aus (7), daß $b_1 \wedge \ldots \wedge b_s$ skalares Vielfaches von $a_1 \wedge \ldots \wedge a_s$ ist. □

Nach Satz C entsprechen die zerlegbaren Elemente $\neq 0$ von $\bigwedge^s V$ den Untervektorräumen von V der Dimension s – und zwar umkehrbar eindeutig bis auf Proportionalität. Das gilt für $1 \leqq s \leqq n$.

An dieser Stelle läßt sich nun der Isomorphismus φ von $\bigwedge^s V$ auf $\bigwedge^{n-s} V^*$ aus Satz I [4.5] zumindest auf den zerlegbaren Elementen direkt deuten: Er entspricht gerade dem Übergang von den Untervektorräumen von V zu ihren dualen Komplementen in V* (D [1.3]):

Folgerung D. *Sei* $0 < s < n$. *Entspricht dem* s*-dimensionalen Untervektorraum* U *von* V *der zerlegbare* s*-Vektor* $A \in \bigwedge^s V$, *so entspricht dem* $(n-s)$*-dimensionalen Untervektorraum* $U^\perp$ *von* V^* *die zerlegbare* $(n-s)$*-Form* $\varphi(A) \in \bigwedge^{n-s} V^*$.

Beweis. Dieser ergibt sich unmittelbar aus der Kombination des Zusatzes zu I [4.5] und des Lemmas J [1.3]. □

Man nennt die Menge der zerlegbaren Elemente von $\bigwedge^s V$ einen **Graßmann-Kegel.** In der Situation von Folgerung D werden die Koordinaten von A bzw. $\varphi(A)$ in den Basisdarstellungen (15), (49) [4.5] als **Graßmann-Koordinaten** bzw. **duale Graßmann-Koordinaten** des Untervektorraumes U bezeichnet.

Es soll nun die *Determinante* „det L" *eines Endomorphismus* $L: V \to V$ mittels multilinearer Algebra eingeführt werden. Hierzu betrachtet man die Abbildung $(v_1, \ldots, v_n) \mapsto (Lv_1) \wedge \ldots \wedge (Lv_n)$ von V^n nach $\bigwedge^n V$. Diese ist multilinear und alternierend, also extiert nach der universellen Eigenschaft der äußeren Potenz (F [4.5]) eine lineare Abbildung ℓ von $\bigwedge^n V$ nach $\bigwedge^n V$ mit $\ell(v_1 \wedge \ldots \wedge v_n) = (Lv_1) \wedge \ldots \wedge (Lv_n)$. Da $\bigwedge^n V$ die Dimension 1 besitzt, besteht ℓ in der Multiplikation mit einem festen Faktor: dieser sei det L. Zusammengefaßt liefert das die Kennzeichnung von det L als demjenigen Skalar, für den

$$(8) \qquad \boxed{(Lv_1) \wedge \ldots \wedge (Lv_n) = \det L \cdot v_1 \wedge \ldots \wedge v_n \quad \text{für alle } v_i \in V}$$

gilt.

Hieraus folgt dann für *jede* multilineare alternierende Abbildung $F \in \mathbf{A}_n(V;Z)$:

(9) $F(Lv_1, \ldots, Lv_n) = \det L \cdot F(v_1, \ldots, v_n)$,

indem man erneut die universelle Eigenschaft (diesmal für F) ausnutzt. Für $Z = K$ und $F = D \in \bigwedge^n V^* \setminus 0$ bedeutet (9) insbesondere*):

(10) $D(Lv_1, \ldots, Lv_n) = \det L \cdot D(v_1, \ldots, v_n)$.

Selbstverständlich kann man aus der Definition (8) alle Eigenschaften von det L ableiten. Wir tun dies exemplarisch in den folgenden

Bemerkungen. 1. *Produktregel:* Für $L, M \in \mathbf{L}(V)$ gilt

(11) $\det(M \circ L) = \det M \cdot \det L$.

Zum Beweis rechnet man: $(MLv_1) \wedge \ldots \wedge (MLv_n) = \det M \cdot (Lv_1) \wedge \ldots \wedge (Lv_n) = \det M \cdot \det L \cdot v_1 \wedge \ldots \wedge v_n$. Vergleich mit der Definitionsgleichung von det(ML) liefert (11).

2. *Basisdarstellung:* Ist $a_1, \ldots, a_n$ Basis von V und die Matrix A von L bezüglich dieser definiert durch

(12) $$La_i = \sum_{j=1}^{n} \alpha_i^j a_j,$$

so gilt:

(13) $$\begin{aligned}(La_1) \wedge \ldots \wedge (La_n) &= \left(\sum_{j_1=1}^{n} \alpha_1^{j_1} a_{j_1}\right) \wedge \ldots \wedge \left(\sum_{j_n=1}^{n} \alpha_n^{j_n} a_{j_n}\right) \\ &= \sum_{j_1, \ldots, j_n} \alpha_1^{j_1} \ldots \alpha_n^{j_n} a_{j_1} \wedge \ldots \wedge a_{j_n}.\end{aligned}$$

Schreibt man den zuletzt erhaltenen Ausdruck wie bei (7) als Vielfaches von $a_1 \wedge \ldots \wedge a_n$, so liefert der Vergleich von (13) mit (8) für $v_i = a_i$:

(14) $$\det L = \sum_{\sigma \in \mathfrak{S}_n} \operatorname{sign} \sigma \cdot \alpha_1^{\sigma(1)} \ldots \alpha_n^{\sigma(n)} = \det A.$$

Dies beweist die Übereinstimmung von det L mit der rein rechnerisch durch den zweiten Ausdruck in (14) definierbaren Determinante der Matrix A; vgl. (6) [1.1].

3. *Dachprodukt von Linearformen:* Mit Determinanten schreibt sich die Formel (47) [4.4] und damit die Bilinearform (40) [4.5] auf zerlegbaren Elementen als:

(15) $$\boxed{(\lambda^1 \wedge \ldots \wedge \lambda^s)(v_1, \ldots, v_s) = \langle \lambda^1 \wedge \ldots \wedge \lambda^s, v_1 \wedge \ldots \wedge v_s \rangle = \det(\lambda^i(v_j))_{1 \leq i,j \leq s}.}$$

*) Die Gleichung (10) diente in I, 4.5 zur Definition von det L.

Aufgaben zu 4.6

1. Das Vektorsystem $a_1, \ldots, a_k$ in V enthalte mindestens *drei* linear unabhängige Vektoren. Zeige: Gilt für ein weiteres Vektorsystem $b_1, \ldots, b_k$ in V: $a_i \wedge a_j = b_i \wedge b_j$ für $1 \leqq i < j \leqq k$, so existiert ein $\epsilon \in \{1, -1\}$, so daß $b_i = \epsilon a_i$ für alle $i \in \{1, \ldots, k\}$.

2. Es seien U, U′ zwei Untervektorräume der Dimension s, s′ von V und A, A′ zugehörige zerlegbare Multivektoren. Man beweise:

a) $U \cap U' = 0 \Longleftrightarrow A \wedge A' \neq 0$.

b) Ist $U \cap U' = 0$, so gehört der zerlegbare Multivektor $A \wedge A'$ zum Untervektorraum $U \oplus U'$.

3. Über den Zusammenhang zwischen beliebigen Multivektoren und Untervektorräumen beweise man folgendes:

a) Ist $A \in \bigwedge^s V \setminus 0$ Multivektor (wobei $1 \leqq s \leqq n$), so ist $U_A := \{v \in V \mid A \wedge v = 0\}$ Untervektorraum von V mit $\dim U_A \leqq s$.

b) $\dim U_A = s \Longleftrightarrow A$ zerlegbar in $\bigwedge^s V$.

Hinweis: Man ergänze eine Basis von U_A zu einer Basis von V und drücke alle vorkommenden Größen in dieser Basis aus.

4. Man zeige, daß die Determinante eines Endomorphismus $L: V \to V$ mittels der äußeren Potenz (Aufgabe 8 [4.5]) so ausgedrückt werden kann:

$$\det L = \operatorname{spur}(\textstyle\bigwedge^n L).$$

5. Die *charakteristischen Koeffizienten* $h_1, \ldots, h_n$ eines Endomorphismus $L: V \to V$ sind im wesentlichen die Koeffizienten seines charakteristischen Polynoms, genauer:

$$\det(L + tI) = t^n + h_1 t^{n-1} + \ldots + h_{n-1} t + h_n, \qquad t \in K.$$

Man drücke die charakteristischen Koeffizienten durch die äußeren Potenzen von L aus:

$$h_r = \operatorname{spur}(\textstyle\bigwedge^r L), \qquad 1 \leqq r \leqq n.$$

Hinweis: Man schreibe zunächst das Polynom $t \mapsto \det(L + tI)$ mittels $\bigwedge^n(L + tI)$ (vgl. Aufgabe 4) und entwickle diese Potenz nach dem binomischen Satz, der wegen Aufgabe 8b) [4.5] anwendbar ist.

6. Sei A die Matrix des Endomorphismus $L: V \to V$ bezüglich einer Basis $a_1, \ldots, a_n$ von V. Man zeige, daß die Matrix der äußeren Potenz $\bigwedge^s L$ bezüglich der Basis $(a_{i_1} \wedge \ldots \wedge a_{i_s})_{1 \leqq i_1 < \ldots < i_s \leqq n}$ von $\bigwedge^n V$ als Elemente die Unterdeterminanten von A der Ordnung s besitzt. Man gebe genau an, wie diese Unterdeterminanten den Plätzen zugeordnet sind (vgl. Definition C [I, 4.4]).

7. Für zwei lineare Abbildungen $L, L' \in \mathbf{L}(V, W)$ gelte $L \wedge L = L' \wedge L'$ (vgl. Aufgabe 8 [4.5]), und es sei L vom Rang $\geqq 3$. Daraus folgere man die Existenz eines $\epsilon \in \{1, -1\}$, so daß $L' = \epsilon L$. Gilt dies auch ohne die Rangbedingung? Man formuliere das Resultat mittels Aufgabe 6 auch in der Matrizensprache.

Hinweis: Man verwende Aufgabe 1.

8. Sei V normierter Vektorraum über $\mathbf{R}$ (bzw. $\mathbf{C}$). Man beweise, daß die Determinante $L \mapsto \det L$ eine stetige Funktion von $\mathbf{L}(V)$ in $\mathbf{R}$ (bzw. $\mathbf{C}$) ist.

Hinweis: Zunächst betrachte man $\mathbf{L}(\mathbf{R}^n)$, dann verwende man Aufgabe 6 [1.1].

9. Ist $(V, \langle\, , \rangle)$ euklidischer Vektorraum, so ist $(\bigwedge^s V, \langle\!\langle\, , \rangle\!\rangle)$ für $1 \leqq s \leqq n$ auf kanonische Weise ebenfalls euklidischer Vektorraum; vgl. Aufgabe 7f) [4.5]. Man zeige für Vektoren $u_i, v_j \in V$:

$$\langle\!\langle u_1 \wedge \ldots \wedge u_s, v_1 \wedge \ldots \wedge v_s \rangle\!\rangle = \det(\langle u_i, v_j \rangle)_{1 \leqq i, j \leqq n}.$$

5 Affine und euklidische Geometrie

Die Geometrie ist die mathematische Behandlung anschaulich motivierter Strukturen. Welches Gewicht der anschauliche Hintergrund jeweils hat, also wie „geometrisch" ein Problem ist, läßt sich häufig nur historisch oder gefühlsmäßig einschätzen. Da fast alle Begriffe der Mathematik einmal bei der Anschauung begonnen haben, ist es nicht verwunderlich, daß die Geometrie heutzutage in viele, auch sehr abstrakte Gebiete der Mathematik hineinreicht.

Methodisch betreiben wir hier *analytische Geometrie*, d.h. die Formulierung der geometrischen Strukturen und ihre Behandlung erfolgt mit den Hilfsmitteln der linearen Algebra, und zwar bevorzugt in deren basisfreier Fassung. Die Vektorräume und linearen Abbildungen ersetzen dabei zu großen Teilen die Koordinatenrechnungen der älteren analytischen Geometrie. Allerdings wird man auf Koordinaten nicht ganz verzichten können, um z.B. spezielle Situationen ausreichend genau zu beschreiben.

Neben der analytischen Geometrie gibt es weitere geometrische Gebiete, die ebenfalls im Rahmen bereits bestehender Disziplinen formuliert werden; z.B. bedient man sich in der *algebraischen Geometrie* der Sprache der Algebra, in der *Differentialgeometrie* der Sprache der Analysis. Etwas abgehoben von diesen Gebieten ist die *synthetische Geometrie*, in der die Strukturen ohne solche Bezüge, also „direkt" oder „rein geometrisch" eingeführt werden, und zwar meistens in einer eigenen Axiomatik, in der nur mengentheoretisch deutbare Operationen (z.B. „Verbinden" und „Schneiden") vorkommen. Ein Ziel ist dann aber doch die Hinführung zur analytischen Geometrie, also deren *Begründung*. Das ist indessen ein langwieriger Weg, den wir hier nicht gehen werden.

Die verschiedenen Geometrien unterscheiden sich z.T. erheblich in der Reichhaltigkeit ihrer grundlegenden Operationen. Zum Beispiel werden in der affinen und projektiven Geometrie keine metrischen Begriffe betrachtet, wohingegen die euklidische Geometrie gerade besonders eng mit einer bestimmten Art des Messens verbunden ist. Ein wichtiges Unterscheidungsprinzip dieser verschiedenen Auffassungen ist in dem sog. *Erlanger Programm* von Felix Klein ausgedrückt: Die geometrischen Strukturen werden danach geordnet, welche Transformationsgruppen mit ihnen verträglich sind. Das Ziel einer bestimmten Geometrie ist dann, solche Sätze aufzustellen, die gegenüber der betreffenden Gruppe invariant sind. Beispiel hierfür ist die *lineare Geometrie*, die wir bisher (mehr oder weniger unbewußt) in Gestalt der Theorie eines Vektorraumes V betrieben haben [die Transformationsgruppe ist hier die allgemeine lineare Gruppe $\mathbf{GL}(V)$]. Ähnlich betrachtet man die affine bzw. projektive Geometrie als die Gesamtheit der Aussagen, die gegenüber der affinen bzw. projektiven Gruppe invariant sind*).

*) Das Erlanger Programm kann heute nicht mehr dieselbe universielle Gültigkeit als Ordnungsprinzip beanspruchen wie zur Zeit seiner Formulierung im Jahre 1872.

Wir geben hier eine Einführung in die analytische Geometrie, bei der auf möglichst direktem Wege zentrale Aussagen der affinen, euklidischen und projektiven Geometrie behandelt werden. Die Anwendungen auf die Sätze der Elementargeometrie, die wir geben, sind exemplarischer Natur; wir streben in dieser Hinsicht keine Vollständigkeit an. Vielmehr soll der Leser nach dem Verständnis der Grundprinzipien in die Lage versetzt werden, sich im Bedarfsfalle aus dem großen Reservoir der linearen Algebra die Hilfsmittel heranzuholen, die er für ein vorgelegtes geometrisches Problem benötigt.

Auf eine eigene geometrische Axiomatik wird in dieser Darstellung verzichtet, da sie auf Umwegen zu den gleichen Resultaten führen würde (vgl. Bemerkung 2 [5.1]). Die Einordnung in das Erlanger Programm erfolgt jeweils im Verlaufe der Diskussion.

5.1 Affine Geometrie

Die affine Geometrie wird hier aufgefaßt als Vektorraumtheorie mit erweiterter Sprechweise.

Sei V ein K-Vektorraum (zunächst ohne Einschränkung an K und die Dimension).

Die Elemente u, v, ... von V heißen jetzt auch **Punkte**. Eine affine Grundoperation besteht darin, je zwei Punkten u, v den **Verbindungsvektor** $v - u$ von u nach v zuzuordnen (Bild 7). Zu gegebenem Punkt $u \in V$ und Vektor $w \in V$ existiert natürlich genau ein Punkt $v \in V$, so daß w der Verbindungsvektor von u nach v ist, nämlich $v = u + w$. Man sagt, der Punkt v entsteht aus dem Punkt u durch **Abtragen** des Vektors w (Bild 8). Ist u_0 ein fester Punkt von V und $v \in V$ ein beliebiger weiterer Punkt, so heißt der Verbindungsvektor $v - u_0$ auch **Ortsvektor** von v bezüglich dem **Ursprung** u_0 (Bild 9). Da die Zuordnung $v \mapsto v - u_0$ offensichtlich eine bijektive Abbildung von V auf sich definiert, ist bei festem u_0 jeder Punkt v durch seinen Ortsvektor charakterisierbar. Für $u_0 = 0$ erhält man spezielle Ortsvektoren, die jedoch nicht gegenüber anderen ausgezeichnet sind, da das Nullelement in der affinen Geometrie keine Sonderrolle spielt.

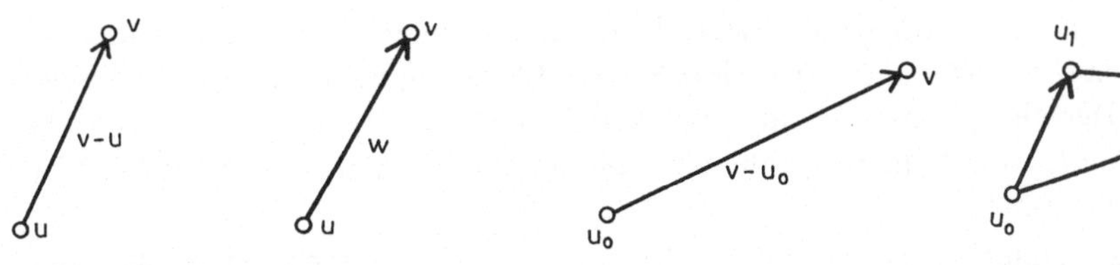

Bild 7 Verbindungsvektor **Bild 8** Abtragen **Bild 9** Ortsvektor **Bild 10** Ursprungswechsel

Beim Wechsel von einem Ursprung u_0 zu einem anderen Ursprung u_1 gilt

$$(1) \qquad v - u_1 = v - u_0 - (u_1 - u_0).$$

Die Ortsvektoren eines und desselben Punktes v bezüglich zweier Ursprünge u_0, u_1 unterscheiden sich also nur um einen festen Vektor, der die relative Lage von u_1 bezüglich u_0 beschreibt (Bild 10).

Zur Grundausstattung der affinen Geometrie gehören auf jeden Fall die affinen Unterräume. Unter einem *affinen Unterraum* von V versteht man jede Teilmenge von V der Gestalt

(2) $\Gamma = a + U$,

wobei a ein fester Punkt von V und U ein Untervektorraum von V ist; Γ entsteht also aus einem festen Punkt $a \in V$ durch Abtragen aller Vektoren eines festen Untervektorraumes U von V. Wir sind diesen speziellen Mengen auch schon früher begegnet, z.B. beim Begriff des Quotientenraumes (1.4). Tatsächlich ist a + U nichts anderes als eine Nebenklasse von V gegenüber der in V definierten Äquivalenzrelation „modulo U", und zwar genau die, in der a enthalten ist.

Folgende Tatsachen kann man direkt aus der Definition (2) bestätigen oder aus 1.4 übernehmen: Der Untervektorraum U ist durch Γ eindeutig festgelegt, und zwar gilt

(3) $U = \{v_2 - v_1 \mid v_1, v_2 \in \Gamma\}$.

Man nennt U die *Richtung* von Γ. Durch jeden Punkt a von V geht genau ein affiner Unterraum der Richtung U, nämlich a + U, und ist $b \in a + U$, so gilt $a + U = b + U$, d.h. ein affiner Unterraum a + U entsteht aus *jedem* seiner Punkte durch Abtragen der Richtung U.

Zwei affine Unterräume

(4) $\Gamma = a + U, \quad \Gamma_1 = a_1 + U_1$

heißen *parallel* (bzw. *echt parallel*), wenn $U \subseteqq U_1$ oder $U_1 \subseteqq U$ (bzw. $U = U_1$) gilt. Die echte Parallelität von Γ und Γ_1 wird durch $\Gamma \parallel \Gamma_1$ bezeichnet; sie hat die Eigenschaften einer Äquivalenzrelation.

Besitzt die Richtung U von Γ endliche Dimension bzw. Codimension, so schreibt man

(5) $\dim \Gamma := \dim U < \infty$

bzw.

(6) $\operatorname{codim}_V \Gamma := \operatorname{codim}_V U < \infty$.

Für $\dim \Gamma = 0$ ist Γ einpunktig (und Γ wird dann i.a. mit seinem Element identifiziert). In den Fällen $\dim \Gamma = 1$ bzw. 2 heißt Γ **Gerade** bzw. **Ebene**, im Falle $\operatorname{codim}_V \Gamma = 1$ heißt Γ **Hyperebene**. Der einzige affine Unterraum von V der Codimension 0 ist V selbst*). Irgendwelche Punkte von V heißen **kollinear** bzw. **koplanar**, wenn es eine Gerade bzw. Ebene gibt, die sie enthält.

Bei affinen Unterräumen gleicher endlicher Dimension oder Codimension ist die echte Parallelität äquivalent mit der Parallelität.

Die leere Teilmenge ϕ von V wird ebenfalls als affiner Unterraum (ohne Richtung) betrachtet, und man setzt

(7) $\dim \phi := -1$.

---

*) Der Leser, der nur am Fall $\dim V = n < \infty$ interessiert ist, kann die Relation $\operatorname{codim}_V \Gamma = q$ überall als $n - \dim \Gamma = q$ lesen (vgl. Bemerkung 1 [1.4]).

Bemerkung 1. Die Frage liegt nahe, wann die Elemente von V als *Punkte*, wann als *Vektoren* zu betrachten sind. Die Antwort ist die: In der affinen Sprechweise für einen Vektorraum V werden die Elemente von V grundsätzlich als Punkte betrachtet. Ausnahmen sind lediglich die Verbindungsvektoren, insbesondere die Ortsvektoren, und die Elemente von Richtungen (nichtleerer) affiner Unterräume. □

Wir besprechen zunächst grundlegende Darstellungsmöglichkeiten für affine Unterräume, nämlich die Parameterdarstellungen für endliche Dimension (5) und die Darstellung durch lineare Gleichungssysteme für endliche Codimension (6).

Ist im Falle (5) $b_1, \dots, b_k$ eine Basis von U, so erhält man die Punkte von $\Gamma = a + U$ in der Gestalt

(8) $v = a + \alpha_1 b_1 + \dots + \alpha_k b_k$ mit $\alpha_i \in K$ für $1 \leqq i \leqq k$.

Das ist eine **Parameterdarstellung** von Γ (mit dem **Anfangspunkt** a, den **Richtungsvektoren** $b_1, \dots, b_k$ und den **Parametern** $\alpha_1, \dots, \alpha_k$).

Parameterdarstellungen sind wichtige Hilfsmittel der analytischen Geometrie. Zum Beispiel kann man mittels der *Parameterdarstellung einer Gerade*

(9) $v = a + \alpha b, \quad \alpha \in K$

leicht folgendes beweisen: Zu je zwei Punkten $a \neq a_1$ von V existiert genau eine Gerade g, die a und a_1 enthält, nämlich diejenige mit der Parameterdarstellung

(10) $v = a + \alpha \cdot (a_1 - a), \quad \alpha \in K.$

Auf den genauen Nachweis dieser Tatsache kommen wir gleich in einem allgemeineren Zusammenhang zurück. Man nennt g die **Verbindungsgerade** von a und a_1 und schreibt $g = a \vee a_1$. Eine typische Arbeitsweise der analytischen Geometrie zeigt das folgende

Beispiel 1. Der *Satz von Pappus-Pascal* besagt (Bild 11): Gegeben sei ein Punkt $u_0 \in V$ und zwei Geraden $g, h \subset V$ mit

(11) $g \cap h = u_0$

sowie weitere sechs Punkte

(12) $a_1, a_2, a_3 \in g$ mit $a_i \neq u_0$
$b_1, b_2, b_3 \in h$ mit $b_i \neq u_0$.

Dann gilt:

(13) $\begin{matrix} a_1 \vee b_2 \parallel a_2 \vee b_1 \\ a_2 \vee b_3 \parallel a_3 \vee b_2 \end{matrix} \Longrightarrow a_1 \vee b_3 \parallel a_3 \vee b_1.$

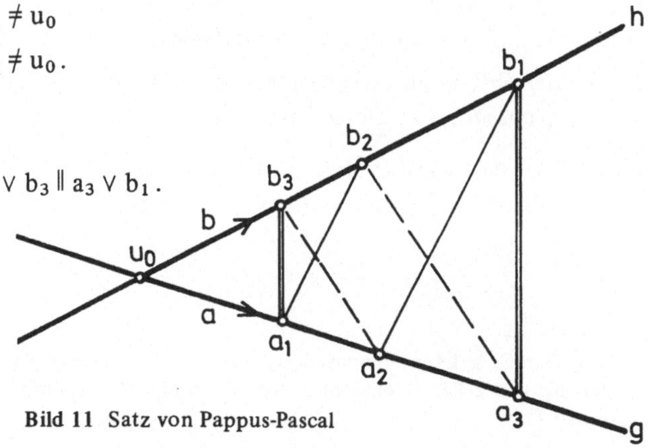

Bild 11 Satz von Pappus-Pascal

Zum *Nachweis* schreiben wir Parameterdarstellungen von g und h auf, wobei wir u_0 als gemeinsamen Anfangspunkt nehmen:

(14) $\quad g: \quad v = u_0 + \alpha \cdot a, \quad \alpha \in K,$

(15) $\quad h: \quad v = u_0 + \beta \cdot b, \quad \beta \in K.$

Dabei sind a, b linear unabhängig; denn sonst wäre $g = h$ im Widerspruch zu (11). *) Nach Voraussetzung (12) gilt für $1 \leqq i \leqq 3$:

(16) $\quad a_i = u_0 + \alpha_i \cdot a \quad$ mit $\alpha_i \neq 0,$

(17) $\quad b_i = u_0 + \beta_i \cdot b \quad$ mit $\beta_i \neq 0.$

Um die Prämisse von (13) auszudrücken, berechnen wir aus (16), (17) die Verbindungsvektoren

(18) $$\begin{aligned} b_2 - a_1 &= -\alpha_1 a + \beta_2 b \\ b_1 - a_2 &= -\alpha_2 a + \beta_1 b. \end{aligned}$$

Die Parallelität $a_1 \vee b_2 \parallel a_2 \vee b_1$ bedeutet dann, daß $b_2 - a_1$, $b_1 - a_2$ beide den gleichen 1-dimensionalen Untervektorraum von V aufspannen, also linear abhängig sind. Dies ist nach (18) äquivalent mit der Proportionalität der Paare $(-\alpha_1, \beta_2)$ und $(-\alpha_2, \beta_1)$, also gilt:

(19) $\quad a_1 \vee b_2 \parallel a_2 \vee b_1 \Longleftrightarrow \alpha_1\beta_1 = \alpha_2\beta_2.$

Analog hat man:

(20) $\quad a_2 \vee b_3 \parallel a_3 \vee b_2 \Longleftrightarrow \alpha_2\beta_2 = \alpha_3\beta_3.$

(21) $\quad a_3 \vee b_1 \parallel a_1 \vee b_3 \Longleftrightarrow \alpha_1\beta_1 = \alpha_3\beta_3.$

Da aus $\alpha_1\beta_1 = \alpha_2\beta_2$ und $\alpha_2\beta_2 = \alpha_3\beta_3$ folgt $\alpha_1\beta_1 = \alpha_3\beta_3$, ist (13) bewiesen. □

In Verallgemeinerung der Verbindungsgeraden kommen wir nun zum Verbindungsraum von endlich vielen Punkten, der allerdings nur eindeutig bestimmt ist, wenn die Punkte nicht zu speziell liegen:

Satz A. *Gegeben seien* $r + 1$ *Punkte* $a_0, a_1, \dots, a_r \in V$. *Dann sind äquivalent:*

(i) *Es gibt keinen affinen Unterraum der Dimension* $< r$, *der* $a_0, \dots, a_r$ *enthält.*

(ii) $a_1 - a_0, \dots, a_r - a_0$ *sind linear unabhängig.*

Ist dies der Fall, so gibt es genau einen r*-dimensionalen affinen Unterraum* Γ_0, *der* $a_0, \dots, a_r$ *enthält, und dieser hat die Parameterdarstellung*

(22) $\quad v = a_0 + \alpha_1 (a_1 - a_0) + \dots + \alpha_r (a_r - a_0), \quad \alpha_\rho \in K, 1 \leqq \rho \leqq r.$

*) Eine Gerade g kann niemals nur aus einem einzigen Punkt bestehen; denn eine Parameterdarstellung von g liefert eine bijektive Abbildung $K \to g$, und K besitzt mindestens zwei Elemente (0 und 1).

Beweis. Zu den vorgegebenen Punkten definieren wir den affinen Unterraum

(23) $\Gamma_0 := a_0 + U_0$

mit

(24) $U_0 := sp(a_1 - a_0, \dots, a_r - a_0)$.

Eine Parameterdarstellung von Γ_0 lautet:

(25) $v = a_0 + \alpha_1(a_1 - a_0) + \dots + \alpha_r(a_r - a_0), \quad \alpha_\rho \in K, 1 \leqq \rho \leqq r.$

Γ_0 enthält die Punkte a_0 (alle $\alpha_\rho = 0$), a_1 ($\alpha_1 = 1$, alle anderen $\alpha_\rho = 0$), ..., a_r ($\alpha_r = 1$, alle anderen $\alpha_\rho = 0$). Wir beweisen mit Hilfe von Γ_0 die Äquivalenz (i) $\Longleftrightarrow$ (ii) in folgender Form:

Nicht (i) $\Rightarrow$ *nicht* (ii): Ist $\Gamma = a_0 + U$ ein affiner Unterraum mit $\dim U < r$, der $a_0, \dots, a_r$ enthält, so folgt nach (3): $a_1 - a_0, \dots, a_r - a_0 \in U$, also sind diese Vektoren linear abhängig.

Nicht (ii) $\Rightarrow$ *nicht* (i): Ist $a_1 - a_0, \dots, a_r - a_0$ linear abhängig, so besitzt Γ_0 nach (24) eine Dimension $< r$. Da Γ_0 die Punkte $a_0, \dots, a_r$ enthält, folgt die Behauptung.

Ist nun (i) oder (ii) erfüllt, so ist jedenfalls Γ_0 ein r-dimensionaler affiner Unterraum, der $a_0, \dots, a_r$ enthält. Ist $\Gamma = a_0 + U$ ein weiterer solcher affiner Unterraum, so gilt nach (3) $a_1 - a_0, \dots, a_r - a_0 \in U$. Hieraus folgt $U_0 \subseteqq U$, also wegen der Gleichheit der Dimensionen $U_0 = U$. □

Definition B. *Gilt für* $r + 1$ *Punkte* $a_0, \dots, a_r \in V$ *eine der Bedingungen* A (i), (ii), *so sagt man, diese Punkte seien in* ***allgemeiner Lage****. Der nach* A *eindeutig bestimmte Unterraum* Γ_0 *heißt der* ***Verbindungsraum*** *von* $a_0, \dots, a_r$, *und er wird durch* $a_0 \vee a_1 \vee \dots \vee a_r$ *bezeichnet.*

Die Parameterdarstellung (22) stellt eine bijektive Zuordnung zwischen den r-Tupeln $(\alpha_1, \dots, \alpha_r) \in K^r$ und den Punkten $v \in \Gamma_0$ her. Durch Umrechnung von (22) ergibt sich

(26) $v = (1 - \alpha_1 - \dots - \alpha_r)a_0 + \alpha_1 a_1 + \dots + \alpha_r a_r,$

also mit naheliegenden Substitutionen:

(27) $v = \beta_0 a_0 + \beta_1 a_1 + \dots + \beta_r a_r,$

wobei

(28) $\beta_0 + \beta_1 + \dots + \beta_r = 1.$

Umgekehrt kann leicht jedes v der Gestalt (27), bei dem die Koeffizienten die Nebenbedingung (28) erfüllen, auf die Form (22) gebracht werden, und man sieht auch, daß die Elemente von K^{n+1}, die die Bedingung (28) erfüllen, durch (27) bijektiv auf die Punkte von Γ abgebildet werden.

Bei der Darstellung (27) ist die Sonderrolle des Punktes a_0 beseitigt; sie liefert eine völlig *symmetrische* Darstellung der Punkte v von Γ_0. Die Zahlen des $(r + 1)$-Tupels $(\beta_0, \dots, \beta_r)$ heißen die **baryzentrischen Koordinaten** von v bezüglich $a_0, \dots, a_r$. Der Name rührt daher, daß (27) der Formel für den „Schwerpunkt" v von r + 1 „Massenpunkten" $a_0, \dots, a_r$ mit den „Massen" $\beta_0, \dots, \beta_r$ und der „Gesamtmasse" $\beta_0 + \dots + \beta_r = 1$ gleicht.

Für $r = 1$ kommt man auf den Begriff der Verbindungsgerade $a_0 \vee a_1$ zweier Punkte $a_0 \neq a_1$ zurück. Ist v ein weiterer Punkt von $a_0 \vee a_1$, so sind a_0, a_1, v kollinear und der eindeutig bestimmte Skalar α_1 mit

(29) $\quad v = a_0 + \alpha_1 \cdot (a_1 - a_0) = (1 - \alpha_1) a_0 + \alpha_1 a_1$

wird das **Teilverhältnis** von a_0, a_1, v genannt und so bezeichnet:

(30) $\quad \alpha_1 =: \mathrm{TV}(a_0, a_1; v).$

Die Definitionsgleichung (29) für α_1 kann auch in der Form geschrieben werden

(31) $\quad v - a_0 = \alpha_1 \cdot (a_1 - a_0),$

d.h. das Teilverhältnis α_1 gibt an, das Wievielfache der Vektor $v - a_0$ von $a_1 - a_0$ ist (Bild 12). Ist K nicht von der Charakteristik 2, so heißt a_1 **Mittelpunkt** von a_0 und v, wenn $\alpha_1 = 2$ gilt.

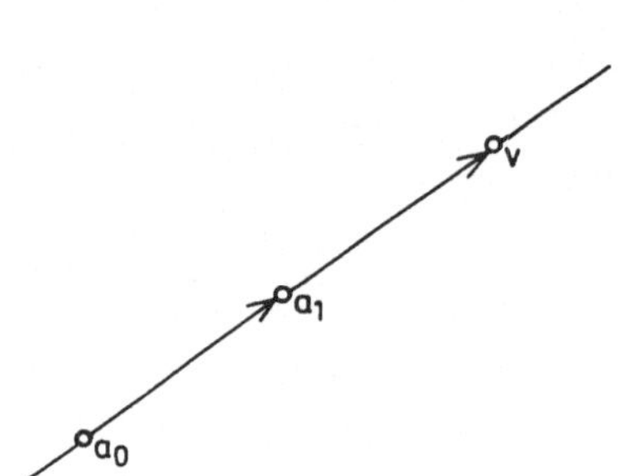

Bild 12 Teilverhältnis

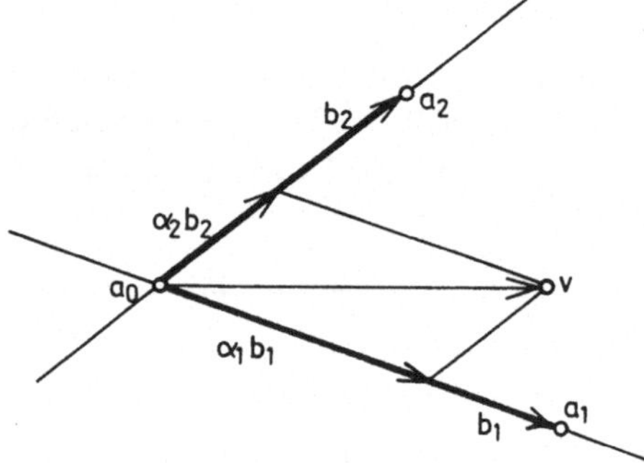

Bild 13 Koordinatensimplex in affiner Ebene

Ist

(32) $\quad \dim V = n < \infty$

und $r = n$, so ist der Verbindungsraum von n + 1 Punkten $a_0, \dots, a_n$ *in allgemeiner Lage* V selbst, und die beschriebenen Darstellungsmöglichkeiten gelten dann für *alle* Punkte $v \in V$. Deswegen heißt ein solches (n + 1)-Tupel von Punkten **(affines) Koordinatensimplex** von V. Äquivalent kann ein solches beschrieben werden durch den Punkt a_0 und die Basisvektoren $b_1 := a_1 - a_0, \dots, b_n := a_n - a_0$. Man nennt das (n + 1)-Tupel $(a_0; b_1, \dots, b_n)$ dann ein **affines Bezugssystem** von V, wobei a_0 als der **Ursprung** und die Basisvektoren $b_1, \dots, b_n$ als **Grundvektoren** bezeichnet werden. Die intuitive Vorstellung ist die einer im Punkt a_0 „angehängten" Basis (vgl. Bild 13 für n = 2).

Die durch

(33) $\quad v = a_0 + \alpha_1 b_1 + \dots + \alpha_n b_n \quad$ (mit $b_i = a_i - a_0$ für $1 \leqq i \leqq n$)

bestimmten Skalare $\alpha_1, \dots, \alpha_n$ sind die **affinen Koordinaten**, die durch

$$(34) \quad \begin{aligned} v &= \beta_0 a_0 + \dots + \beta_n a_n \\ \beta_0 &+ \dots + \beta_n = 1 \end{aligned}$$

bestimmten Skalare $\beta_0, \dots, \beta_n$ die **baryzentrischen Koordinaten** des Punktes v bezüglich (oder in) dem affinen Bezugsystem $(a_0; b_1, \dots, b_n)$.

In gewissem Sinne dual zu den Parameterdarstellungen von affinen Unterräumen ist die Darstellung durch lineare Gleichungssysteme.

Ein *lineares Gleichungssystem* für eine Unbekannte $v \in V$ schreiben wir jetzt in der folgenden Form (G), wobei gleich das *zugehörige homogene System* (HG) mitnotiert sei:

$$(35) \qquad (G) \begin{cases} h^1(v) = \gamma^1 \\ \quad \vdots \\ h^p(v) = \gamma^p \end{cases} \qquad (HG) \begin{cases} h^1(v) = 0 \\ \quad \vdots \\ h^p(v) = 0. \end{cases}$$

Dabei sind $h^1, \dots, h^p$ gegebene Linearformen auf V und $\gamma^1, \dots, \gamma^p$ gegebene Skalare.

Zunächst ist klar, daß die Lösungsmenge von (G) ein affiner Unterraum von V ist. Für die leere Lösungsmenge trifft dies kraft Definition zu, und existiert mindestens eine Lösung $a_0 \in V$ von (G), so ist unschwer zu sehen, daß die Lösungsmenge Γ von (G) die Form $\Gamma = a_0 + U_0$ besitzt, wobei U_0 der Lösungsvektorraum des homogenen Systems (HG) ist. U_0 kann mit dem dualen Komplement als $U_0 = (\mathrm{sp}(h^1, \dots, h^p))^\perp$ ausgedrückt werden, woraus folgt, daß $\mathrm{codim}_V\, U_0 \leqq p$ ist (vgl. G [1.4]). Genauer gilt:

Satz C. *Sei* Γ *eine nichtleere Teilmenge von* V. *Dann und nur dann ist* Γ *ein affiner Unterraum von* V *mit*

$$(36) \qquad \mathrm{codim}_V\, \Gamma = q < \infty,$$

wenn q *linear unabhängige Linearformen* $h^1, \dots, h^q \in V^*$ *und* q *Skalare* $\gamma^1, \dots, \gamma^q \in K$ *existieren, so daß* Γ *die Lösungsmenge des Gleichungssystems*

$$(37) \qquad \begin{cases} h^1(v) = \gamma^1 \\ \quad \vdots \\ h^q(v) = \gamma^q \end{cases}$$

ist.

Beweis. *Zur Richtung „dann“:* Ist ein Gleichungssystem des Typs (37) vorgegeben, so ist der Lösungsraum nicht leer, weil die Abbildung $v \mapsto (h^1(v), \dots, h^q(v))$ von V auf K^q surjektiv ist (Zusatz zu F [1.4]), und das zugehörige homogene System besitzt den Lösungsraum $U_0 = (\mathrm{sp}(h^1, \dots, h^q))^\perp$, der die Codimension q hat (G [1.4]). Nach den Vorbemerkungen folgt daraus für den Lösungsraum Γ von (37): $\mathrm{codim}_V\, \Gamma = q$.

Zur Richtung „nur dann“: Ist $\Gamma = a + U$ mit (36) vorgegeben, so kann zunächst die Richtung U durch ein *homogenes* System der Art (37) dargestellt werden; vgl. G (iii) [1.4]. Nun hat man nur noch die γ^i so zu wählen, daß ein fester Punkt von Γ das Gleichungssystem von (37) befriedigt [eine solche Wahl ist z.B. $\gamma^i := h^i(a)$]. Dann ist der Lösungsraum von (37) gleich $a + U = \Gamma$. □

Der Fall $q = 1$ führt auf die *Hyperebenen*; hier lautet (37) einfach

(38) $h(v) = \gamma,$

wobei $0 \neq h \in V^*$ und $\gamma \in K$. Wird ein und dieselbe Hyperebene $\Gamma \subset V$ durch eine zweite Gleichung dieser Art dargestellt:

(39) $\tilde{h}(v) = \tilde{\gamma},$

so folgt zunächst $\tilde{h} = \mu \cdot h$ für ein $\mu \in K$; denn die Richtung U von Γ ist sowohl der Lösungsraum von $h(u) = 0$ wie auch von $\tilde{h}(u) = 0$, so daß $U = (\mathrm{sp}(h))^\perp = (\mathrm{sp}(\tilde{h}))^\perp$, also $\mathrm{sp}(h) = \mathrm{sp}(\tilde{h})$ (F [1.4]). Wegen $\tilde{h} \neq 0$ ist $\mu \neq 0$, also (39) äquivalent mit $h(v) = \tilde{\gamma}/\mu$. Vergleich mit (38) für einen festen Punkt $v \in \Gamma$ liefert also $\gamma = \tilde{\gamma}/\mu$, d.h. $\tilde{\gamma} = \mu\gamma$. Somit gilt:

Satz D. *Eine Teilmenge Γ von V ist genau dann Hyperebene, wenn Γ mittels einer Linearform $h \neq 0$ und einem Skalar γ als Lösungsmenge der Gleichung (38) dargestellt werden kann. Dabei sind h und γ bis auf einen gemeinsamen skalaren Faktor durch Γ eindeutig bestimmt.* □

Sind Γ_1 und Γ_2 zwei *verschiedene* Hyperebenen mit den Gleichungen $h^1(v) = \gamma^1$ und $h^2(v) = \gamma^2$, so können wir die Fälle unterscheiden: h^1, h^2 linear unabhängig; h^1, h^2 linear abhängig. Im ersten Falle folgt aus Satz C, daß der Durchschnitt nichtleer und von der Codimension 2 ist. Im zweiten Falle stimmen die Kerne von h^1, h^2 überein, so daß Γ_1 und Γ_2 parallel sind, aber keinen Punkt gemeinsam haben können (da sonst $\Gamma_1 = \Gamma_2$ folgen würde). Damit hat sich ergeben:

Satz E. *Zwei verschiedene Hyperebenen von V, die nicht parallel sind, haben stets einen nichtleeren Durchschnitt (der Codimension 2), zwei verschiedene Hyperebenen, die parallel sind, schneiden sich nie.*

Insbesondere sind zwei Hyperebenen dann und nur dann parallel, wenn sie gleich sind oder leeren Durchschnitt besitzen. □

Für andere affine Unterräume ist dies nicht richtig: Es kann passieren, daß zwei affine Unterräume nicht parallel sind und trotzdem keinen Punkt gemeinsam haben (Beispiel: Zwei „windschiefe“ Geraden in einem dreidimensionalen Raum).

Wir besprechen nunmehr diejenigen Operationen für affine Unterräume, die dem *Durchschnitt* und der *Vereinigung* in der Mengenlehre entsprechen.

Ist $(\Gamma_\mu)_{\mu \in M}$ irgendeine Familie von affinen Unterräumen von V, so ist der mengentheoretische *Durchschnitt* der Γ_μ wieder affiner Unterraum. Denn entweder ist er leer (also affiner Unterraum), oder aber man kann mit einem allen Γ_μ *gemeinsamen* Punkt a schreiben: $\Gamma_\mu = a + U_\mu$, wobei U_μ jeweils die Richtung von Γ_μ ist. In diesem zweiten Falle erkennt man ohne Mühe

(40) $$\bigcap_{\mu \in M} \Gamma_\mu = a + \left(\bigcap_{\mu \in M} U_\mu\right),$$

also ist dieser Durchschnitt affiner Unterraum von V.

Bei der *Vereinigung* liegen die Verhältnisse komplizierter, was bereits in der Vektorraumtheorie deutlich wurde. Man hat hier den sog. *Verbindungsraum* zu konstruieren. Die folgenden Überlegungen führen zu diesem Begriff hin.

Zunächst eine Sprechweise: Sind k + 1 Punkte $a_0, \dots, a_k$ von V mit $k \geqq 0$ gegeben (in allgemeiner Lage oder auch nicht), so nennen wir jeden Punkt der Form

(41) $$\sum_{i=0}^{k} \beta_i a_i \quad \text{mit} \quad \sum_{i=0}^{k} \beta_i = 1$$

eine **baryzentrische Kombination** von $a_0, \dots, a_k$.

Damit können wir affine Unterräume neu charakterisieren:

Satz F. *Für eine Teilmenge* Γ *von* V *sind folgende Bedingungen gleichwertig:*

(i) Γ *ist affiner Unterraum von* V.

(ii) *Für je* k + 1 *Punkte* $a_0, \dots, a_k$ *aus* Γ *mit* $k \geqq 0$ *liegen alle baryzentrischen Linearkombinationen von* $a_0, \dots, a_k$ *wieder in* Γ.

(iii) *Für je drei Punkte* a_0, a_1, a_2 *aus* Γ *liegen alle baryzentrischen Linearkombinationen von* a_0, a_1, a_2 *wieder in* Γ.

Beweis. Für leeres Γ sind (i) bis (iii) kraft Definition äquivalent. Sei also $\Gamma \neq \phi$.

Aus (i) *folgt* (ii): Ist Γ = a + U, wobei $a \in V$ und U Untervektorraum von V, und sind $a_0, \dots, a_k$ aus Γ gegeben, so gilt $a_i = a + b_i$ mit geeigneten $b_i \in U$. Daraus folgt für eine beliebige baryzentrische Kombination der a_i:

(42) $$\sum_{i=0}^{k} \beta_i a_i = \sum_{i=0}^{k} \beta_i (a + b_i) = a + \sum_{i=0}^{k} \beta_i b_i \in a + U.$$

Aus (ii) *folgt* (iii): Dies ist trivial.

Aus (iii) *folgt* (i): Man wählt ein $a \in \Gamma$ und definiert die Teilmenge U von V als Menge aller Ortsvektoren von Punkten aus Γ bezüglich a, d.h. $U := \{b - a \mid b \in \Gamma\}$. Dann gilt Γ = a + U, und es bleibt zu zeigen, daß U Untervektorraum von V ist. Setzt man b = a, so folgt $0 \in U$. Weiter folgt aus $b - a, c - a \in U$ (d.h. $b, c \in \Gamma$), wenn $\beta, \gamma \in K$:

(43) $$\beta(b - a) + \gamma(c - a) = \beta b + \gamma c + (1 - \beta - \gamma) a - a,$$

und hierin stellen die ersten drei Summanden der rechten Seite eine baryzentrische Kombination dreier Punkte aus Γ dar, so daß die linke Seite tatsächlich zu U gehört. □

Mittels der baryzentrischen Kombinationen kann man aus jeder Teilmenge einen affinen Unterraum aufbauen:

Satz und Definition G. *Ist* A *Teilmenge von* V, *so ist die Menge* $\mathcal{H}_a(A)$ *aller baryzentrischen Kombinationen aller Systeme endlich vieler Punkte aus* A *ein affiner Unterraum von* V, *der* A *enthält. Jeder affine Unterraum von* V, *der* A *enthält, ist eine Obermenge von* $\mathcal{H}_a(A)$, *d.h.* $\mathcal{H}_a(A)$ *ist der* *kleinste* A *enthaltende affine Unterraum von* V. *Man nennt* $\mathcal{H}_a(A)$ *die* ***affine Hülle*** *von* A.

Beweis. $\mathcal{H}_a(A)$ *ist affiner Unterraum:* Wir prüfen die Bedingung (ii) von Satz F für $\mathcal{H}_a(A)$: Seien $b_0, \dots, b_k \in \mathcal{H}_a(A)$ und Skalare mit $\beta_0 + \dots + \beta_k = 1$ gegeben. Dann gelten Darstellungen der Form

$$(44) \qquad b_i = \sum_{j=1}^{r} \gamma_{ij} a_j \qquad \text{mit } a_j \in A, \qquad \sum_{j=1}^{r} \gamma_{ij} = 1 \text{ für } 0 \leqq i \leqq k,$$

wobei man, wie angegeben, einen gemeinsamen Summationsbereich erreichen kann, indem man notfalls Summanden mit Nullkoeffizienten hinzufügt. Aus (44) folgt

$$(45) \qquad \sum_{i=0}^{k} \beta_i b_i = \sum_{j=0}^{r} \left(\sum_{i=0}^{k} \beta_i \gamma_{ij} \right) a_j$$

und

$$(46) \qquad \sum_{j=0}^{r} \left(\sum_{i=0}^{k} \beta_i \gamma_{ij} \right) = \sum_{i=0}^{k} \beta_i \left(\sum_{j=0}^{r} \gamma_{ij} \right) = \sum_{i=0}^{k} \beta_i = 1,$$

so daß tatsächlich die linke Seite von (45) wieder zu $\mathcal{H}_a(A)$ gehört.

$\mathcal{H}_a(A)$ *ist der kleinste* A *enthaltende affine Unterraum:* Klar ist: $A \subseteqq \mathcal{H}_a(A)$. Ist weiter Γ_1 ein affiner Unterraum mit $\Gamma_1 \supseteqq A$, so enthält Γ_1 nach F (ii) alle baryzentrischen Kombinationen von Elementen aus Γ_1, also inbesondere von Elementen aus A, und es folgt $\Gamma_1 \supseteqq \mathcal{H}_a(A)$. □

Unter dem **Verbindungsraum** einer Familie $(\Gamma_\lambda)_{\lambda \in M}$ von affinen Unterräumen versteht man nun die affine Hülle der Vereinigung $\bigcup_{\lambda \in M} \Gamma_\lambda$. Im Falle einer endlichen Familie von affinen Unterräumen bezeichnet man den Verbindungsraum durch:

$$(47) \qquad \Gamma_1 \vee \dots \vee \Gamma_p := \mathcal{H}_a(\Gamma_1 \cup \dots \cup \Gamma_p).$$

Wenn zudem die $\Gamma_1, \dots, \Gamma_p$ einpunktig sind: $\Gamma_i = \{a_i\}$, schreibt man statt (47) auch $a_1 \vee \dots \vee a_p$, und falls $a_1, \dots, a_p$ außerdem noch in allgemeiner Lage sind, zeigt der Vergleich mit (27), daß der neue Begriff des Verbindungsraumes mit dem alten koinzidiert.

Bemerkung 2. Es besteht die Möglichkeit, den Begriff des *affinen Raumes* schärfer von dem des Vektorraumes zu trennen. Zu diesem Zweck betrachtet man neben einem gegebenen K-Vektorraum V eine abstrakte, „Punktraum" genannte Menge $\mathcal{A}$, die in folgender Relation zu V steht: Jedem Punktepaar $(p, q) \in \mathcal{A} \times \mathcal{A}$ ist eine Vektor $\varphi(p, q) \in V$, der „Verbindungsvektor", derart zugeordnet, daß folgende Axiome gelten:

(P.1) $\varphi(p_1, p_2) + \varphi(p_2, p_3) = \varphi(p_1, p_3)$ für alle $p_1, p_2, p_3 \in \mathcal{A}$.

(P.2) Für jedes feste $p_0 \in \mathscr{A}$ ist die Zuordnung $q \mapsto \varphi(p_0, q)$ [„Punkt" ↦ „Ortsvektor"] eine Bijektion von $\mathscr{A}$ auf V.

Die Eigenschaft (P.2) bietet sofort die Möglichkeit, die Menge $\mathscr{A}$ mit V zu identifizieren. Allerdings hängt die Identifikation vom gewählten „Ursprung" p_0 ab. Geht man zu einem anderen „Ursprung" p_1 über, so gilt wegen (P.1): $\varphi(p_1, q) = \varphi(p_0, q) - \varphi(p_0, p_1)$, d.h. die „Ortsvektoren" bezüglich p_0 und p_1 unterscheiden sich nur um einen festen Vektor aus V, der allein von p_0, p_1 bestimmt ist. (Das entspricht genau der Situation, die auch wir zu Beginn angetroffen haben.) Man kann demnach die genannte Identifikation mit festem p_0 ein für allemal vorgenommen denken, *also in* V *selbst arbeiten*, und hat dann den affinen Charakter der Resultate dadurch zu sichern, *daß man ihre Invarianz gegenüber Ursprungswechsel* nachprüft. Das ist in konkreten Fällen aber meistens ganz offensichtlich. Da selbst bei der Beibehaltung von $\mathscr{A}$ alsbald im Vektorraum V gerechnet wird, kann man auch gleich den reinen Vektorraumstandpunkt einnehmen, wie wir es hier tun. □

Wir beschreiben im letzten Teil einige Besonderheiten der *reellen* affinen Geometrie, die auf der Anordnung des reellen Zahlkörpers beruhen.

Generalvoraussetzung: *Bis zum Ende dieses Abschnitts sei stets* $K = \mathbf{R}$ (jedoch werden keine Dimensionsbeschränkungen an V gemacht).

Sind $a_0 \neq a_1$ zwei Punkte von V, so sind diejenigen Punkte v der Verbindungsgerade $a_0 \vee a_1$ ausgezeichnet, für die das Teilverhältnis zwischen 0 und 1 liegt: $v = a_0 + \lambda \cdot (a_1 - a_0)$ mit $0 \leqq \lambda \leqq 1$. Es sind intuitiv die Punkte „zwischen" a_0 und a_1 (Bild 14). Wir schreiben die Menge dieser „Zwischenpunkte" als:

$$\begin{aligned} [a_0, a_1] &:= \{a_0 + \lambda(a_1 - a_0) \mid 0 \leqq \lambda \leqq 1\} \\ &= \{(1-\lambda) a_0 + \lambda a_0 \mid 0 \leqq \lambda \leqq 1\} \\ &= \{\mu_0 a_0 + \mu_1 a_1 \mid \mu_0 + \mu_1 = 1, \mu_0 \geqq 0, \mu_1 \geqq 0\}, \end{aligned} \tag{48}$$

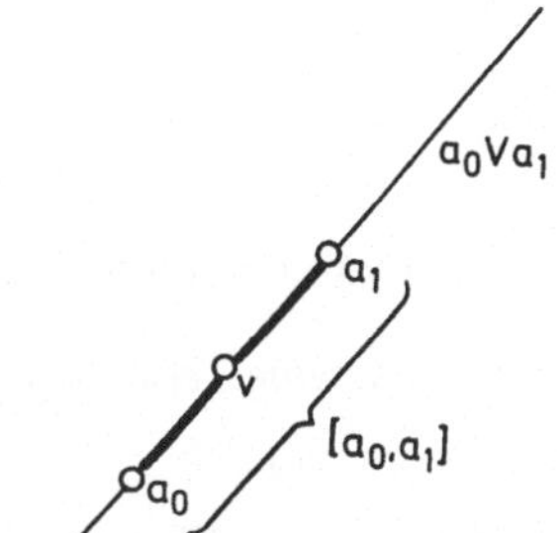

Bild 14
Verbindungsgerade $a_0 \vee a_1$ und Verbindungsstrecke $[a_0, a_1]$

und analog werden $]a_0, a_1[$, $[a_0, a_1[$ usw. definiert, je nachdem ob die Zeichen $\leqq$ in der Ungleichung für λ ganz oder teilweise durch $<$ ersetzt werden. Die Definition (48) ist auch für $a_0 = a_1$ sinnvoll (und zwar ist $[a_0, a_0] = \{a_0\}$). Man nennt $[a_0, a_1]$ **(abgeschlossenes) Segment** mit den **Endpunkten** a_0, a_1 oder **Verbindungsstrecke** von a_0 und a_1. Hierdurch wird der Begriff des *Intervalles* in $\mathbf{R}$ verallgemeinert.

Ein sehr anschaulicher und fruchtbarer Begriff wird durch folgende Definition eingeführt:

Definition H. *Eine Teilmenge* $A \subseteqq V$ *heißt* ***konvex****, wenn sie mit je zwei Punkten deren Verbindungsstrecke enthält, d.h. wenn stets gilt:*

(49) $\quad a_0, a_1 \in A \Longrightarrow [a_0, a_1] \subseteqq A.$

Die Bilder 15 und 16 zeigen anschauliche Beispiele in $\mathbf{R}^2$.

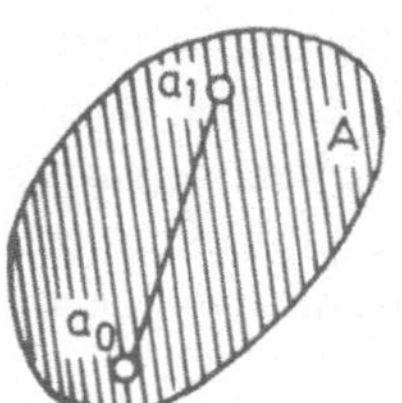

Bild 15
Konvexe Menge

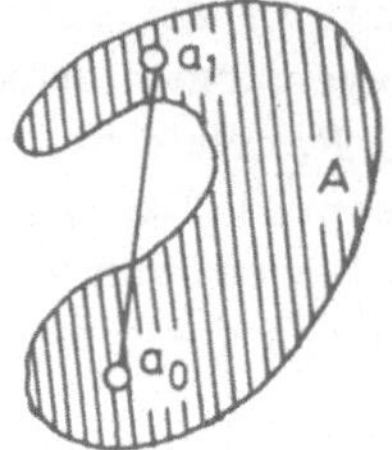

Bild 16
Nichtkonvexe Menge

Beispiel 2. Ist $(V, \| \ \|)$ *normierter* $\mathbf{R}$-Vektorraum, so ist jeder abgeschlossene Ball $\overline{B}(a,r)$ konvex. Dies ergibt sich aus den für alle $\lambda \in [0,1]$ gültigen Schlüssen: $u, v \in \overline{B}(a,r) \Rightarrow \Rightarrow \|u-a\| \leqq r, \|v-a\| \leqq r \Rightarrow \|(1-\lambda)u + \lambda v - a\| = \|(1-\lambda)(u-a) + \lambda(v-a)\| \leqq \leqq (1-\lambda) \ \|u-a\| + \lambda \|v-a\| \leqq (1-\lambda) r + \lambda r = r$. (Entsprechendes gilt auch für offene Bälle.) □

Über die Erzeugungsweise konvexer Mengen gelten teilweise ganz analoge Aussagen wie über affine Unterräume.

Wir verwenden folgende Sprechweise: Sind $k+1$ Punkte $a_0, \dots, a_k$ von V mit $k \geqq 0$ gegeben, so nennen wir jeden Punkt der Form

(50) $$\sum_{i=0}^{k} \gamma_i a_i \qquad \text{mit} \sum_{i=0}^{k} \gamma_i = 1 \text{ und } \gamma_i \geqq 0 \text{ für } 0 \leqq i \leqq r$$

eine **konvexe Kombination** von $a_0, \dots, a_k$.

Satz I. *Für eine Teilmenge* C *von* V *sind folgende Bedingungen gleichwertig:*

(i) C *ist konvex*.

(ii) *Für je* $k+1$ *Punkte* $a_0, \dots, a_k$ *aus* C *mit* $k \geqq 0$ *liegen alle konvexen Kombinationen von* $a_0, \dots, a_k$ *wieder in* C.

Beweis. *Aus* (ii) *folgt* (i): Dies ist trivial, da die Verbindungsstrecke $[a_0, a_1]$ die Menge aller konvexen Linearkombinationen von a_0, a_1 ist.

Aus (i) *folgt* (ii): Wir führen vollständige Induktion nach k durch, wobei der Induktionsanfang $k=0$ trivial ist. Beim Schluß von $k-1$ auf k für $k \geqq 1$ ist zumindest einer der zu betrachtenden Koeffizienten $\gamma_0, \dots, \gamma_k$ von 1 verschieden, ohne Einschränkung etwa $\gamma_k \neq 1$. Dann schreibt man:

(51) $$\gamma_0 a_0 + \dots + \gamma_k a_k = (1-\gamma_k)\left(\frac{\gamma_0}{1-\gamma_k} a_0 + \dots + \frac{\gamma_{k-1}}{1-\gamma_k} a_{k-1}\right) + \gamma_k a_k.$$

Hier stellt der zweite Klammerausdruck eine konvexe Kombination von Elementen aus C dar, gehört also nach Induktionsvoraussetzung zu C. Dann stellt die gesamte rechte Seite eine konvexe Kombination von zwei Elementen von C dar, gehört also wegen der Konvexität von C zu C. □

Satz und Definition J. *Ist* A *Teilmenge von* V, *so ist die Menge* $\mathscr{H}_c(A)$ *aller konvexen Kombinationen aller Systeme endlich vieler Punkte aus* A *eine konvexe Teilmenge von* V, *die* A *enthält. Jeder konvexe Teil von* V, *der* A *enthält, ist eine Obermenge von* $\mathscr{H}_c(A)$, *d.h.* $\mathscr{H}_c(A)$ *ist die* <u>*kleinste*</u> A *enthaltende konvexe Teilmenge von* V. *Man nennt* $\mathscr{H}_c(A)$ *die* ***konvexe Hülle*** *von* A.

Beweis. Dieser verläuft wörtlich ebenso wie bei Satz G, wobei man nur statt baryzentrischer Kombinationen konvexe zu betrachten hat. □

Aufgaben zu 5.1

1. Man beweise den Strahlensatz: Seien g, h zwei Geraden des Vektorraumes V, die sich genau im Punkt $u_0 \in V$ schneiden. Außerdem seien a_1, a_2 von u_0 verschiedene Punkte aus g sowie b_1, b_2 von u_0 verschiedene Punkte aus h. Dann gilt (Skizze):
$a_1 \vee b_1 \parallel a_2 \vee b_2 \Longleftrightarrow TV(u_0, a_1; a_2) = TV(u_0, b_1; b_2)$.

2. Man beweise den „**kleinen**" **Satz von Pappus-Pascal**, der dasselbe aussagt wie bei Beispiel 1, wobei jedoch die Geraden g und h parallel (und verschieden) vorausgesetzt sind.

3. Gegeben seien drei paarweise verschiedene kollineare Punkte a_1, a_2, a_3 des Vektorraumes V. Aus dem Teilverhältnis $TV(a_1, a_2; a_3) = \lambda$ berechne man alle Teilverhältnisse $TV(a_{\sigma(1)}, a_{\sigma(2)}; a_{\sigma(3)})$ für die sechs Permutationen $\sigma \in \mathfrak{S}_3$.

4. Der Grundkörper K habe mindestens drei Elemente. Man zeige: Eine Teilmenge Γ des K-Vektorraumes V ist dann und nur dann affiner Unterraum, wenn sie mit je zwei Punkten $a \neq b$ stets auch deren Verbindungsgerade $a \vee b$ enthält. Bleibt dies richtig für $|K| = 2$?

5. Für zwei affine Unterräume $\Gamma_1 = a_1 + U_1$ und $\Gamma_2 = a_2 + U_2$ des Vektorraumes V berechne man den Verbindungsraum als:

$$(*)\quad \begin{aligned} &\Gamma_1 \vee \Gamma_2 = a + (U_1 + U_2), && \text{falls } a = a_1 = a_2 \in \Gamma_1 \cap \Gamma_2 \neq \phi \\ &\Gamma_1 \vee \Gamma_2 = a_1 + (\mathrm{sp}(a_2 - a_1) \oplus (U_1 + U_2)), && \text{falls } \Gamma_1 \cap \Gamma_2 = \phi. \end{aligned}$$

Aus den Dimensions- und Codimensionssätzen für U_1, U_2 (Bemerkung 3 [1.4], Satz K [1.4] und Aufgabe 6 [1.4]) leite man dann entsprechende Sätze für Γ_1, Γ_2 her.

Hinweis zu (∗): Man überlege in beiden Fällen, daß der rechts angegebene Raum der kleinste affine Unterraum ist, der $\Gamma_1 \cup \Gamma_2$ enthält.

6. Sei V ein endlich dimensionaler Vektorraum über einem Körper K der Charakteristik 0. Man beweise:

a) Ist Γ ein affiner Unterraum von V mit $\dim \Gamma = s \geqq 1$, so gibt es zerlegbare Elemente $A \in \Lambda^s V$ und $B \in \Lambda^{s+1} V$, so daß $\Gamma = \{v \in V \mid A \wedge v = B\}$.

b) Ist für ein $s \geqq 1$ ein zerlegbares Element $A \in \Lambda^s V \setminus 0$ und ein Element $B \in \Lambda^{s+1} V$ gegeben, so ist die Menge $\{v \in V \mid A \wedge v = B\}$ entweder leer oder aber ein affiner Unterraum von V der Dimension s.

7. Sei V ein reeller Vektorraum. Die konvexe Hülle $\mathscr{H}_c(a_0, \dots, a_k)$ von k + 1 Punkten $a_0, \dots, a_k$ aus V in allgemeiner Lage heißt **Simplex** (der Dimension $k \geqq 0$) mit den **Eckpunkten** $a_0, \dots, a_k$ [für k = 2 **(Voll-)Dreieck,** für k = 3 **(Voll-)Tetraeder)**]. Man zeige: Sind zwei k-dimensionale Simplizes als Punktmengen gleich, $\mathscr{H}_c(a_0, \dots, a_k) = \mathscr{H}_c(b_0, \dots, b_k)$, so besitzen sie dieselbe Eckpunktmenge, d.h. $b_0, \dots$ $\dots, b_k$ ist eine Permutation von $a_0, \dots, a_k$.

Hinweis: Aufgabe 3 [I, 5.5].

8. Sei V ein reeller Vektorraum. Ist Γ eine Hyperebene von V mit der Gleichung $h(v) = \gamma$, so sind die vier mit Γ verbundenen **Halbräume** die Mengen $\{v \in V \mid h(v) > \gamma\}$, $\{v \in V \mid h(v) < \gamma\}$, $\{v \in V \mid h(v) \geqq \gamma\}$ und $\{v \in V \mid h(v) \leqq \gamma\}$; die ersten beiden heißen auch **offene**, die letzten beiden **abgeschlossene** Halbräume (diese Zusätze haben hier keine topologische Bedeutung). Man zeige:

a) Jeder Halbraum ist konvex.

b) Sind zwei offene Halbräume $\{v \in V \mid h^1(v) > \gamma^1\}$ und $\{v \in V \mid h^2(v) > \gamma^2\}$ als Punktmengen gleich, so sind auch die zugehörigen abgeschlossenen Halbräume $\{v \in V \mid h^1(v) \geqq \gamma^1\}$ und $\{v \in V \mid h^2(v) \geqq \gamma^2\}$ als Punktmengen gleich, und hieraus wiederum folgt mit einem $\mu > 0$: $h^2 = \mu h^1, \gamma^2 = \mu \gamma^1$.

Hinweis zu b): Man unterscheide die Fälle: h^1, h^2 linear abhängig bzw. linear unabhängig. Im zweiten Falle wähle man ein $a \in V$ mit $h^1(a) = \gamma^1$ und $h^2(a) = \gamma^2$, was nach dem Zusatz zu F [1.4] geht, und reduziere damit die definierenden Ungleichungen auf den homogenen Fall.

5.2 Affine Abbildungen

Es seien V, W zwei K-Vektorräume, in denen wir uns jeweils die affine Sprechweise eingeführt denken. Eine Abbildung

(1) $\alpha: V \to W$

soll affin genannt werden, wenn sie Verbindungsvektoren linear abbildet:

Definition A. *Die Abbildung* α (1) *heißt* ***affin****, wenn es eine lineare Abbildung* $L: V \to W$ *gibt, so daß für alle* $v_1, v_2 \in V$ *gilt:*

(2) $\alpha(v_2) - \alpha(v_1) = L(v_2 - v_1)$.

Wenn ein solches L existiert, so ist es gemäß (2) durch α eindeutig bestimmt, da jedes Element von V als Differenz $v_2 - v_1$ vorkommt. Umgekehrt ist α durch L eindeutig bestimmt, wenn von einem festen Punkt v_0 bekannt ist, welches Bild $\alpha(v_0)$ er besitzt; denn für $v_2 = v$ und $v_1 = v_0$ folgt aus (2):

(3) $\alpha(v) = \alpha(v_0) + L(v - v_0) = \alpha(v_0) - Lv_0 + Lv$.

Daraus ergibt sich der eine Teil der folgenden Aussage:

Satz B. *Die affinen Abbildungen* $\alpha: V \to W$ *sind genau die, die sich mittels einem* $c \in W$ *und einem* $L \in \mathbf{L}(V, W)$ *in der Form schreiben lassen:*

(4) $\boxed{\alpha(v) = c + Lv.}$

Beweis. Es bleibt zu zeigen, daß eine beliebige Abbildung des Typs (4) affin ist. Jedoch folgt aus (4) sofort

(5) $\alpha(v_2) - \alpha(v_1) = c + Lv_2 - c - Lv_1 = Lv_2 - Lv_1 = L(v_2 - v_1)$. □

Die lineare Abbildung L, die zur affinen Abbildung α gehört, läßt sich hiernach aus der Darstellung (4) als der lineare Anteil ablesen. Aus diesem Grunde nennen wir L die **Ableitung** *) von α und schreiben

(6) $\quad L =: \alpha'$.

Jede lineare Abbildung $L: V \to W$ ist natürlich affin, und es gilt für sie $L' = L$. Wie in der Analysis haben wir:

Satz C (Kettenregel). *Sind die Abbildungen* $\alpha: V \to W$ *und* $\beta: W \to Z$ *affin, so ist auch die Komposition* $\beta \circ \alpha: V \to Z$ *affin, und es gilt*

(7) $\quad (\beta \circ \alpha)' = \beta' \circ \alpha'$.

Beweis. Setzt man $\alpha' =: L$, $\beta' =: M$, so folgt aus den Darstellungen $\alpha(v) = c + Lv$, $\beta(w) = e + Mw$ durch Komposition $\beta(\alpha(v)) = e + M\alpha(v) = e + M(c + Lv) = e + Mc + MLv$. Hierin ist die Behauptung enthalten. □

Ist $V = W$, so sind diejenigen affinen Abbildungen ausgezeichnet, deren Ableitung die Identität ist, die sog. Translationen. Ist $a \in V$, so heißt die Abbildung $\tau_a: V \to V$ mit

(8) $\quad \tau_a(v) := a + v$

die **Translation** (oder **Parallelverschiebung**) von V mit dem **Verschiebungsvektor** a. Jedes solche τ_a ist bijektiv, und die inverse Abbildung ist einfach

(9) $\quad (\tau_a)^{-1}(v) = \tau_{-a}v = -a + v$,

also wieder eine Translation.
Nach (4) gilt für eine beliebige affine Abbildung $\alpha: V \to W$

(10) $\quad \alpha = \tau_c \circ \alpha'$,

wobei $\tau_c: W \to W$ Translation von W ist. Aus (10) folgt umgekehrt

(11) $\quad \alpha' = (\tau_c)^{-1} \circ \alpha = \tau_{-c} \circ \alpha$.

Eine affine Abbildung α unterscheidet sich also von ihrer Ableitung α' nur um eine bijektive Abbildung, nämlich eine Translation. Infolgedessen entsprechen sich auch unmittelbar die zugehörigen Abbildungseigenschaften, z.B. entnimmt man aus (10) und (11) die folgenden Tatsachen:

Satz D. *Für eine affine Abbildung* $\alpha: V \longrightarrow W$ *gilt:*
(a) α *injektiv* $\Longleftrightarrow$ α' *injektiv.*
(b) α *surjektiv* $\Longleftrightarrow$ α' *surjektiv.*
(c) *Ist* α *bijektiv, so ist auch* α^{-1} *affin, und man hat*

(12) $\quad (\alpha^{-1})' = (\alpha')^{-1}$. □

*) Im Falle $K = \mathbb{R}$, $\dim V < \infty$, $\dim W < \infty$ fällt dieser Begriff mit dem der Ableitung nach Fréchet im Sinne der Analysis zusammen.

Affine Abbildungen $\alpha\colon V \to W$, die gleichzeitig bijektiv sind, werden als **affine Isomorphismen** und im Falle $V = W$ als **affine Automorphismen** oder **Affinitäten** von V bezeichnet. Die Menge der Affinitäten von V auf sich bildet mit der Komposition als Verknüpfung eine Gruppe, die **affine Gruppe** von V. Wir gebrauchen für die entsprechenden Mengen von Abbildungen folgende Symbole:

(13) $\mathbf{A}(V,W) := \{\alpha\colon V \longrightarrow W \mid \alpha \text{ affin}\}$

(14) $\mathbf{A}(V) := \{\alpha\colon V \longrightarrow V \mid \alpha \text{ affin}\}$

(15) $\mathbf{GA}(V) := \{\alpha\colon V \longrightarrow V \mid \alpha \text{ affin und bijektiv}\}$.

Im Sinne des *Erlanger Programmes* betrachtet man die affine Geometrie in V als Gesamtheit der Aussagen, die gegenüber der affinen Gruppe $\mathbf{GA}(V)$ invariant sind*).

Bemerkung 1. Spezielle Affinitäten von V sind die Translationen τ_a von V. Diese bilden als Kern des Homomorphismus $\alpha \mapsto \alpha'$ der Gruppe $\mathbf{GA}(V)$ in die Gruppe $\mathbf{GL}(V)$ einen *Normalteiler* von $\mathbf{GA}(V)$. Darüberhinaus ist die Abbildung $a \mapsto \tau_a$ ein Monomorphismus der Gruppe $(V,+)$ in $\mathbf{GA}(V)$; denn man sieht unmittelbar: $\tau_{a+b} = \tau_a \circ \tau_b$. Aus diesem Grunde ist die additive Vektorraumgruppe $(V,+)$ mit der Untergruppe der Translationen in $\mathbf{GA}(V)$ identifizierbar. □

Eine affine Abbildung $\alpha\colon V \longrightarrow V$ mit $\alpha' = \lambda \cdot I$ heißt **Dilatation** oder **Streckung** (mit dem **Faktor** λ).

Wir leiten nun einige *Invarianzeigenschaften* affiner Abbildungen her.

Eine erste Folgerung aus (2) ist die für alle $u_1, u_2, v_1, v_2 \in V$ geltende Implikation:

(16) $v_2 - v_1 = u_2 - u_1 \Longrightarrow \alpha(v_2) - \alpha(v_1) = \alpha(u_2) - \alpha(u_1)$.

Diese wird durch den oberen Teil von Bild 17 veranschaulicht. (16) bedeutet also intuitiv, daß „Parallelogramme" in „Parallelogramme" überführt werden.

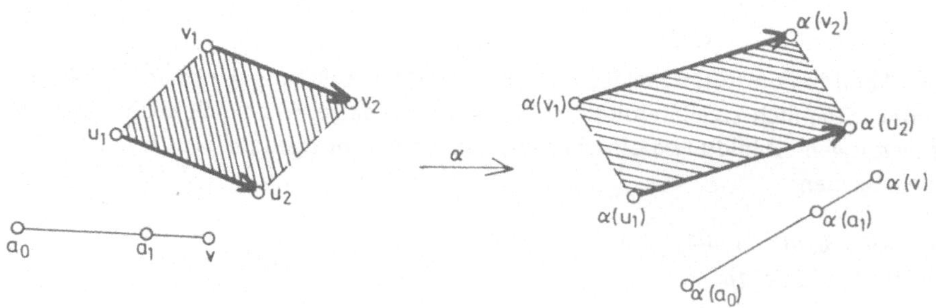

Bild 17 Invarianzeigenschaften einer affinen Abbildung

*) Dieser Standpunkt ist eigentlich etwas zu eng; z.B. werden durch ihn affine Abbildungen von V in einen anderen Vektorraum W nicht erfaßt. Eine bessere, moderne Formulierung wäre: Die affine Geometrie ist die Untersuchung der „Kategorie der Vektorräume" mit den affinenen Abbildungen als „Morphismen".

Eine zweite Folgerung aus (2) bezieht sich auf das Teilverhältnis. Sind a_0, a_1, v kollineare Punkte aus V mit $a_0 \neq a_1$ und dem Teilverhältnis λ, also

(17) $$v - a_0 = \lambda \cdot (a_1 - a_0),$$

so folgt daraus mittels (2)

(18) $$\alpha(v) - \alpha(a_0) = L(v - a_0) = \lambda \cdot L(a_1 - a_0) = \lambda \cdot (\alpha(a_1) - \alpha(a_0)),$$

also sind auch die Bildpunkte $\alpha(a_0)$, $\alpha(a_1)$, $\alpha(v)$ kollinear, und sie besitzen – falls $\alpha(a_0) \neq \neq \alpha(a_1)$ – das gleiche Teilverhältnis λ wie a_0, a_1, v. Eine affine Abbildung führt also kollineare Punkte in kollineare Punkte über **(Geradentreue)**, und sie läßt das Teilverhältnis, soweit es definiert ist, unverändert **(Invarianz des Teilverhältnisses)**; vgl. den unteren Teil von Bild 17. Der Schluß von (17) auf (18) erfordert übrigens nicht, daß $a_0 \neq a_1$ ist.

Zu diesen Invarianzeigenschaften, die auf der affinen Struktur beruhen, kommen diejenigen hinzu, die für beliebige Abbildungen bestehen, z.B. die **Vereinigungstreue** $\alpha\left(\bigcup_\mu A_\mu\right) = \bigcup_\mu \alpha(A_\mu)$ und, für *injektives* α, die **Durchschnittstreue** $\alpha\left(\bigcap_\mu A_\mu\right) = \bigcap_\mu \alpha(A_\mu)$.

Die Geradentreue läßt sich folgerdermaßen verallgemeinern: Ist $\Gamma = a + U$ ein affiner Unterraum von V der Richtung U, so ist $\alpha(\Gamma)$ affiner Unterraum von W, und zwar gilt genauer:

(19) $$\alpha(\Gamma) = \alpha(a + U) = \alpha(a) + \alpha'(U),$$

wenn α' wieder die Ableitung von α bezeichnet. Dies ergibt sich unmittelbar aus (2); denn $v = a + u$ mit $u \in U$ impliziert $\alpha(v) = \alpha(a) + \alpha'(u)$.

Ist V endlich dimensional, so ergeben sich einfache Beschreibungsmöglichkeiten affiner Abbildungen mit Hilfe von Koordinatensimplizes. Das ist analog zur Beschreibung linearer Abbildungen mittels Basen.

Satz E. *Sei* $\dim V = n < \infty$ *und* $a_0, \ldots, a_n$ *ein Koordinatensimplex in* V, *ferner seien* $n + 1$ *Punkte* $c_0, \ldots, c_n$ *von* W *gegeben. Dann existiert genau eine affine Abbildung* α*:* $V \to W$ *mit*

(20) $$\alpha(a_0) = c_0, \ldots, \alpha(a_n) = c_n.$$

Beweis. *Eindeutigkeit:* Besitzt α die Eigenschaft (20) und ist L die Ableitung von α, so folgt

(21) $$L(a_i - a_0) = \alpha(a_i) - \alpha(a_0) = c_i - c_0, \quad 1 \leqq i \leqq n.$$

Da die Vektoren $a_i - a_0$ $(1 \leqq i \leqq n)$ eine Basis von V bilden, ist L eindeutig bestimmt. Da $\alpha(a_0) = c_0$ vorgeschrieben ist, folgt nach (3), daß auch α eindeutig bestimmt ist, und zwar gilt:

(22) $$\alpha\left(a_0 + \sum_{i=1}^{n} \lambda_i (a_i - a_0)\right) = \alpha(a_0) + L\left(\sum_{i=1}^{n} \lambda_i (a_i - a_0)\right) = c_0 + \sum_{i=1}^{n} \lambda_i (c_i - c_0).$$

Existenz: Die durch (22) definierte Abbildung $\alpha: V \to W$ ist affin; die definierende Eigenschaft (2) rechnet man direkt nach, wobei L durch (21) festzusetzen ist. Weiter erhält man für das so definierte α die Eigenschaft (20), wenn man in (22) die λ_i geeignet wählt (entweder alle 0 oder alle bis auf eines 0 und dieses eine gleich 1). □

Mit den Substitutionen

$$(23)\qquad \begin{aligned}\beta_0 &:= 1 - \lambda_1 - \ldots - \lambda_n\\ \beta_i &:= \lambda_i, \quad 1 \leqq i \leqq n\end{aligned}$$

erhält man aus (22):

$$(24)\qquad \alpha(\beta_0 a_0 + \ldots + \beta_n a_n) = \beta_0 c_0 + \ldots + \beta_n c_n$$

für alle β_i mit

$$(25)\qquad \beta_0 + \ldots + \beta_n = 1.$$

Weiter überlegen wir: Die lineare Abbildung $L: V \to W$ mit (21) ist genau dann injektiv bzw. bijektiv, wenn die Vektoren $c_i - c_0$ $(1 \leqq i \leqq n)$ linear unabhängig sind, bzw. eine Basis von V bilden. Diese Bedingungen lassen sich nach A, B [5.1] auch symmetrisch für das Punktsystem $c_0, \ldots, c_n$ ausdrücken, und nach Satz D kennzeichnen sie auch die entsprechenden Eigenschaften von α selbst. Insgesamt ergibt sich so der

Zusatz zu E. *Die Abbildung α ist mittels affiner Koordinaten $\lambda_1, \ldots, \lambda_n$ durch* (22) *und mittels baryzentrischer Koordinaten $\beta_0, \ldots, \beta_n$ durch* (24) *gegeben. Weiter gilt:*

(26) α *injektiv* $\Longleftrightarrow$ $c_0, \ldots, c_n$ *in allgemeiner Lage (in* W*)*

(27) α *bijektiv* $\Longleftrightarrow$ $c_0, \ldots, c_n$ *Koordinatensymplex (von* W*).* □

Bemerkungen. 2. Die Wirkungsweise der affinen Abbildung α mit der Eigenschaft (20) kann auch ohne rechnerische Vorschriften allein aus den „Daten" $a_0, \ldots, a_n$ und $c_0, \ldots$ $\ldots, c_n$ ermittelt werden, wenn man die Invarianzeigenschaften von α heranzieht. Wir beschreiben dies für n = 1,2, wenn die Bildpunkte in allgemeiner Lage gegeben sind.

Für n = 1 ist V eine Gerade, und das Bild eines beliebigen Punktes $v \in V$ erhält man eindeutig aus der Bedingung, daß $\alpha(v)$ auf der Verbindungsgerade von c_0, c_1 liegt und mit c_0, c_1 dasselbe Teilverhältnis besitzt wie v mit a_0, a_1 (Bild 18):

$$(28)\qquad TV(a_0, a_1; v) = TV(c_0, c_1; \alpha(v)).$$

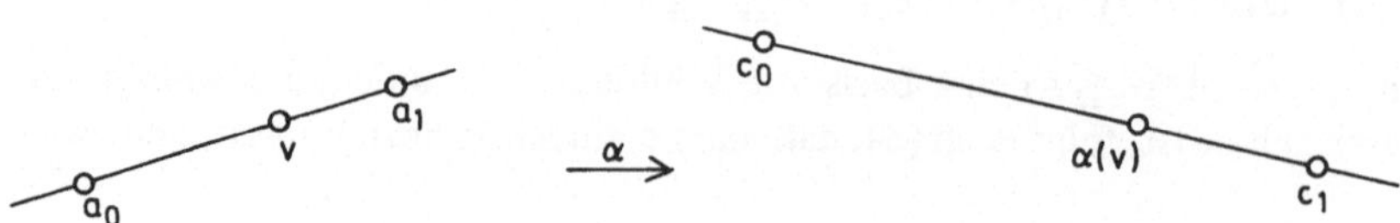

Bild 18 Injektive affine Abbildung einer Gerade

Für $n = 2$ ist V eine Ebene. Das Bild eines beliebigen Punktes $v \in V$ kann man dadurch erhalten, daß man v aus jedem der Punkte a_i auf die „gegenüberliegende" Verbindungsgerade des Koordinatensimplex projiziert (d.h. $a_i \vee v$ mit $a_k \vee a_\ell$ schneidet, wobei

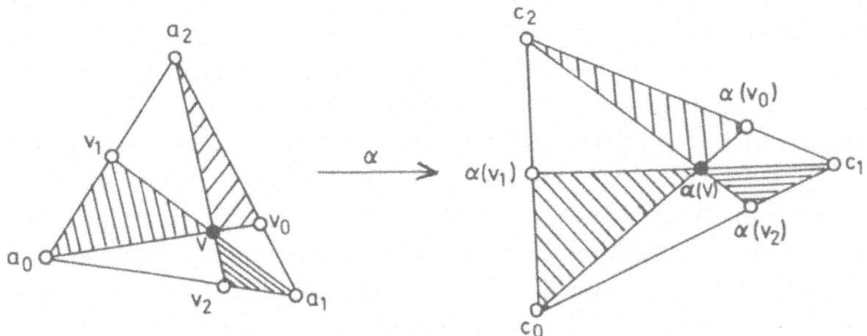

Bild 19 Injektive affine Abbildung einer Ebene

$\{i, k, \ell\} = \{0, 1, 2\}$), und weiter beachtet, daß das Teilverhältnis der erhaltenen Schnittpunkte v_i mit den jeweiligen Punkten des Koordinatensimplexes unter α invariant ist (Bild 19)*):

$$\begin{aligned} &TV(a_0, a_1; v_2) = TV(c_0, c_1; \alpha(v_2)) \\ (29) \quad &TV(a_1, a_2; v_0) = TV(c_1, c_2; \alpha(v_0)) \\ &TV(a_2, a_0; v_1) = TV(c_2, c_0; \alpha(v_1)). \end{aligned}$$

Für $n \geqq 3$ kann man induktiv so fortfahren, indem man jeweils v aus einem der Punkte a_i auf die „gegenüberliegende" Hyperebene des Koordinatensimplexes projiziert.

3. Die Darstellungen für eine affine Abbildung $\alpha: V \longrightarrow W$, die im obigen Zusatz zu E angesprochen wurden, sind stark an α angepaßt. Ohne solche Anpassungen läßt sich α im Falle $\dim V = n < \infty$ und $\dim W = p < \infty$ direkt mittels (4) koordinatenmäßig erfassen. Dazu seien Basen $b_1, \dots, b_n$ von V und $g_1, \dots, g_p$ von W gewählt und die entsprechenden Koordinaten in V und W durch $v = x^1 b_1 + \dots + x^n b_n$ und $w = y^1 g_1 + \dots + y^p g_p$ eingeführt. Dann drückt sich (4) durch die Zuordnung $(x^1, \dots, x^n) \mapsto (y^1, \dots, y^p)$ mit

$$(30) \qquad y^j = c^j + \sum_{i=1}^{n} \alpha_i^j x^i, \quad 1 \leqq j \leqq p$$

aus, wobei die c^j die Koordinaten von c und die α_i^j die Elemente der Matrix von L bezüglich der genannten Basen sind.

4. Mit einem affinen Bezugssystem $(a_0; b_1, \dots, b_n)$ des n-dimensionalen Vektorraumes V ist die Bijektion $\psi: V \longrightarrow K^n$ verbunden, die jedem Punkt $v = a_0 + x^1 b_1 + \dots + x^n b_n$ von

*) Ausgenommen sind hier die Punkte v, die auf einer der Verbindungsgeraden $a_k \vee a_\ell$ liegen. Aber für diese v ist die eindimensionale Konstruktion anwendbar.

V das n-Tupel $(x^1, \dots, x^n)$ seiner affinen Koordinaten zuweist. Es gilt $\psi(a_0) = 0$ und $\psi(b_i) = e_i$ (:= i-ter Vektor der Standardbasis von K^n), und mittels E (und Zusatz) erkennt man sofort, daß ψ affin ist. Man nennt ψ die **affine Karte** zum gegebenen Bezugssystem. Bei Vorgabe eines zweiten affinen Bezugssystems $(\tilde{a}_0; \tilde{b}_1, \dots, \tilde{b}_n)$ von V mit zugehöriger Karte $\tilde{\psi}$ bezeichnet man die Affinität $\tilde{\psi} \circ \psi^{-1}$ des K^n als die zugehörige **affine Koordinatentransformation**, da sie die Koordinaten $(x^1, \dots, x^n)$ eines jeden Punktes von v bezüglich $(a_0; b_1, \dots, b_n)$ auf die Koordinaten $(y^1, \dots, y^n)$ *desselben* Punktes v bezüglich $(\tilde{a}_0; \tilde{b}_1, \dots, \tilde{b}_n)$ abbildet. Die Darstellung von $\tilde{\psi} \circ \psi^{-1}$ ist also von der Form (30), wobei $p = n$ und die vermittelte Abbildung bijektiv ist. Umgekehrt kommt bei gegebenem Bezugssystem $(a_0; b_1, \dots, b_n)$ *jede* Affinität F von K^n als affine Koordinatentransformation zu einem geeigneten weiteren Bezugssystem $(\tilde{a}_0; \tilde{b}_1, \dots, \tilde{b}_n)$ vor, da die Gleichung $\tilde{\psi} \circ \psi^{-1} = F$ unmittelbar nach $\tilde{\psi}$ aufgelöst werden kann: $\tilde{\psi} = F \circ \psi$. Die Abbildungsgleichungen der Art (30) mit $p = n$ und bijektiver Zuordnung $(x^1, \dots, x^n) \mapsto (y^1, \dots, y^n)$ beschreiben also gerade die möglichen affinen Koordinatentransformationen.*)

Aufgaben zu 5.2

1. Man zeige, daß eine Abbildung $\alpha: V \to W$ dann und nur dann affin ist, wenn für alle k aus $\mathbf{N}_0$, $a_0, \dots, a_k$ aus V und $\beta_0, \dots, \beta_k$ aus K mit $\beta_0 + \dots + \beta_k = 1$ gilt:

$$\alpha(\beta_0 a_0 + \dots + \beta_k a_k) = \beta_0 \alpha(a_0) + \dots + \beta_k \alpha(a_k).$$

2. Sei $\alpha: V \to W$ affine Abbildung und Γ affiner Unterraum von W. Zeige, daß das Urbild $\alpha^{-1}(\Gamma)$ affiner Unterraum von V ist und bestimme, falls das Urbild nichtleer ist, seine Richtung aus der von Γ.

3. Allein durch Verbinden von Punkten, Schneiden von Geraden und Ziehen von Parallelen findet man das affine Bild der schraffierten Figur „1" von $V = \mathbf{R}^2$, wenn die Bilder der drei Punkte „∘" vorgegeben sind (Bild 20).

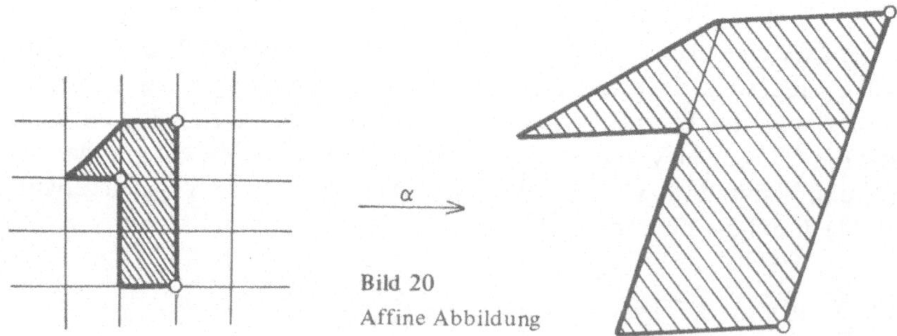

Bild 20
Affine Abbildung

4. In V seien zwei affine Unterräume Γ_1, Γ_2 betrachtet, deren Durchschnitt aus genau einem Punkt besteht und die V als Verbindungsraum besitzen. Zu jedem $v \in V$ sei $\Gamma_1(v)$ der affine Unterraum durch v und echt parallel zu Γ_1. Man zeige:

a) Für jedes $v \in V$ besteht $\Gamma_2 \cap \Gamma_1(v)$ aus genau einem Punkt, der $\alpha(v)$ genannt werde.

b) Die Abbildung $v \mapsto \alpha(v)$ ist affin (man nennt sie die **Parallelprojektion** von V auf Γ_2 längs Γ_1).

---

*) Rechnerisch drückt sich diese Bijektivität darin aus, daß die Koeffizientenmatrix der α_i^j regulär ist, also eine von Null verschiedene Determinante besitzt.

5. Ein **Fixpunkt** einer Selbstabbildung $\alpha: V \to V$ ist ein $v \in V$ mit $\alpha(v) = v$. Die **Fixpunktmenge** von α ist die Menge aller Fixpunkte von α. Man zeige: Die Fixpunktmenge einer affinen Abbildung $\alpha: V \to V$ ist ein affiner Unterraum von V.

6. Die Darstellung (4) einer affinen Abbildung $\alpha: V \to W, v \mapsto w = c + Lv$ bezieht sich auf die Ortsvektoren v und w bezüglich der Nullelemente von V und W als Ursprünge. Man zeige aber, daß α auch bei Verwendung anderer Ortsvektoren $\tilde{v}$ und $\tilde{w}$ in V und W (bezüglich neuen Ursprüngen v_0 und w_0) durch den gleichen Abbildungstyp erfaßt wird.

Hinweis: Man setze in $w = c + Lv$ gemäß $v = \tilde{v} + v_0$ und $w = \tilde{w} + w_0$ ein und ermittle so die gewünschte Beziehung zwischen $\tilde{v}$ und $\tilde{w}$.

7. Man zeige: Eine Dilatation ist entweder eine Translation, oder aber sie besitzt genau einen Fixpunkt, das sog. **Zentrum.**

8. Gegeben seien zwei verschiedene parallele Hyperebenen Γ_1 und Γ_2 in V und ein Punkt u_0 außerhalb $\Gamma_1 \cup \Gamma_2$. Man beweise: Es gibt genau eine affine Abbildung $\alpha: V \to V$, so daß für alle $v \in \Gamma_1$ das Bild $\alpha(v)$ in Γ_2 liegt und die Punkte u_0, v, $\alpha(v)$ kollinear sind. Dieses α ist eine Dilatation mit Zentrum u_0.

9. Gegeben seien zwei Hyperebenen Γ_1, Γ_2 in V und ein Vektor $a \neq 0$, der weder zu Γ_1 noch zu Γ_2 parallel ist. Man betrachte die affinen Abbildungen $\alpha: V \to V$ mit der Eigenschaft, daß für alle $v \in \Gamma_1$ das Bild $\alpha(v)$ in Γ_2 liegt und der Verbindungsvektor $\alpha(v) - v$ proportional zu a ist. Darüber zeige man:

a) Die **Parallelprojektion** π von V auf Γ_2 längs sp(a) ist eine solche Abbildung.

b) Eine beliebige solche Abbildung α ist von der Form $\alpha(v) = \pi(v) + (h^1(v) - \gamma^1)\,b$, wobei $h^1(v) = \gamma^1$ die Gleichung von Γ_1 ist, die so normiert sei, daß $h^1(a) = 1$ gilt, und worin b ein fester Vektor von V ist.

10. Gegeben sei eine Hyperebene Γ in V mit der Gleichung $h(v) = 1$. Weiter sei $\alpha: V \to V$ eine affine Abbildung, deren Fixpunktmenge Γ ist. Man beweise:

a) $\alpha(0) \neq 0$.

b) $\alpha(v) = v + (1 - h(v))\,\alpha(0)$ für alle $v \in V$.

c) Die Verbindungsgeraden $v \vee \alpha(v)$ für alle $v \in V \setminus \Gamma$ sind untereinander parallel. (Sind diese Geraden parallel zu Γ, so heißt α **Scherung**, sind sie nicht parallel zu Γ, so heißt α **affin perspektiv.**)

d) α ist bijektiv, genau wenn $\alpha(0) \notin \Gamma$, und in diesem Falle gilt: $\alpha^{-1}(w) = w + \gamma(1 + h(w))\,\alpha(0)$, wobei $\gamma := (1 - h(\alpha(0)))^{-1}$.

5.3 Euklidische Geometrie

Wird in einem euklidischen Vektorraum V die affine Sprechweise eingeführt, so gelangt man zur euklidischen Geometrie in V. Demgemäß gelten alle Aussagen der reellen affinen Geometrie auch für die euklidische Geometrie. Umgekehrt gibt es jedoch Aussagen der euklidischen Geometrie, die erst aufgrund der euklidischen Metrik sinnvoll sind. Wir besprechen hier der Reihe nach einige dieser besonderen Erscheinungen, wobei wir uns meistens kurz fassen können, da vieles analog zu früheren Entwicklungen läuft.

Es ist hier stets $K = \mathbf{R}$, und V bezeichnet einen euklidischen Vektorraum mit Skalarprodukt $\langle\,,\rangle$ und zugehöriger Norm $|\;|$ (Beispiel 1 [1.5]). Zunächst wird keine Dimensionseinschränkung gemacht.

1) Als erstes kann man die **Entfernung** (den **Abstand** oder die **Distanz**) zweier Punkte $u, v \in V$ einführen durch die Festsetzung

(1) $\quad d(u,v) := |u - v| = \sqrt{\langle u - v, u - v\rangle}.$

Hierdurch wird V zu einem **metrischen Raum**, d.h. es gilt stets $d(u,v) = d(v,u) \geqq 0$, wobei das Gleichheitszeichen genau für $u = v$ eintritt, sowie die **Dreiecksungleichung** $d(u,w) \leqq$ $\leqq d(u,v) + d(v,w)$ (vgl. 1.5). Sind u, v, w Punkte von V mit $u \neq v$ und $u \neq w$, so erklärt man den **Winkel** des Tripels u, v, w bei u durch $\sphericalangle(u; v, w) = \varphi \in \mathbf{R}$ mit

(2) $$\cos\varphi = \frac{\langle v - u, w - u\rangle}{|v - u| \cdot |w - u|}, \quad 0 \leqq \varphi \leqq \pi.$$

φ stimmt also mit dem früher erklärten Winkel $\sphericalangle(v - u, w - u)$ überein. Insbesondere sind dadurch jedem **Dreieck**, bestehend aus drei Punkten u, v, w in allgemeiner Lage, drei Winkel bei den **Ecken** u, v, w zugeordnet (**Winkel im Dreieck**).

2) Viele Begriffe für affine Unterräume von V werden anhand der entsprechenden Begriffe für die Richtungen, also für Untervektorräume, gefaßt. Zum Beispiel nennt man zwei affine Unterräume $\Gamma_1 = a_1 + U_1$ und $\Gamma_2 = a_2 + U_2$ von V **orthogonal**, wenn U_1 und U_2 orthogonal sind, d.h. wenn für alle Vektoren $u_1 \in U_1$ und $u_2 \in U_2$ gilt: $\langle u_1, u_2\rangle = 0$. Ist $\Gamma = a + U$ affiner Unterraum von V, so existiert zu jedem $b \in V$ genau ein affiner Unterraum der Richtung $U^\perp$ durch b, nämlich $b + U^\perp$; hierbei ist $U^\perp := \{v \in V \mid \langle u, v\rangle = 0$ für alle $u \in U\}$ der *Orthogonalraum* von U. Man nennt $b + U^\perp$ das **Lot** aus b auf Γ.

3) Sind V und W euklidische Vektorräume (mit gleichbezeichnetem Skalarprodukt $\langle\,,\rangle$), in denen die affine Sprechweise eingeführt ist, so nennt man eine Abbildung $\alpha: V \to W$ **Isometrie**, wenn α affin und die Ableitung $L: V \to W$ von α eine Isometrie im Sinne der euklischen Vektorräume ist ($\langle Lu, Lv\rangle = \langle u, v\rangle$ für alle $u, v \in V$). Eine solche Isometrie α läßt dann die metrischen (d.h. die aus dem Skalarprodukt zu gewinnenden) Begriffe invariant; inbesondere gilt:

(3) $\quad d(\alpha(u), \alpha(v)) = d(u,v) \quad$ für alle $u, v \in V$,

was man sofort mittels (1) nachrechnet. [Übrigens lassen sich die Isometrien in der Klasse *aller* Abbildungen von V in W durch die Entfernungsinvarianz (3) *kennzeichnen*; vgl. Aufgabe 5.] Speziell ist jede Translation eine Isometrie. Aus (3) liest man ab, daß jede Isometrie *injektiv* ist. Weiterhin folgt, daß die Komposition zweier Isometrien und das Inverse jeder surjektiven Isometrie wiederum Isometrien sind. Insbesondere bilden die Isometrien von V auf sich eine Gruppe, die **affin-orthogonale Gruppe AO**(V) von V, und die euklidische Geometrie in V ist im Sinne des *Erlanger Programms* die Gesamtheit der Begriffe und Sätze, die gegenüber der Gruppe **AO**(V) invariant sind. Eine Figur in V und eine zweite in W heißen **kongruent**, wenn die erste durch eine Isometrie $\alpha: V \to W$ in die zweite übergeführt wird.

4) Ist V von endlicher Dimension n, so sind diejenigen affinen Bezugssysteme $(a_0; b_1, \ldots$ $\ldots, b_n)$ von V besonders ausgezeichnet, für die $b_1, \ldots, b_n$ ON-Basis von V ist; diese Bezugssysteme heißen **cartesisch**, und die zugehörigen affinen Koordinaten werden **cartesische Koordinaten** in V genannt. In Analogie zu Satz E [5.2] gilt: Ist $(a_0; b_1, \ldots, b_n)$

cartesisches Bezugssystem und sind $c_0, c_1, \dots, c_n$ Punkte in W, so daß $w_1 = c_1 - c_0, \dots$ $\dots, w_n = c_n - c_0$ ein ON-System im euklidischen Vektorraum W ist, so existiert genau eine Isometrie $\alpha: V \to W$ mit $\alpha(a_0) = c_0$ und $\alpha(a_0 + b_i) = c_i$ für $1 \leqq i \leqq n$. Die Eindeutigkeit und die Existenz von α als affiner Abbildung ergibt sich direkt aus E [5.2], und die Isometrie der Ableitung L von α folgt daraus, daß L eine ON-Basis von V in ein ON-System von W überführt. Insbesondere werden zwei cartesische Bezugssysteme von V durch genau eine Isometrie ineinander übergeführt, die dann zur Gruppe **AO**(V) gehört (Bild 21).

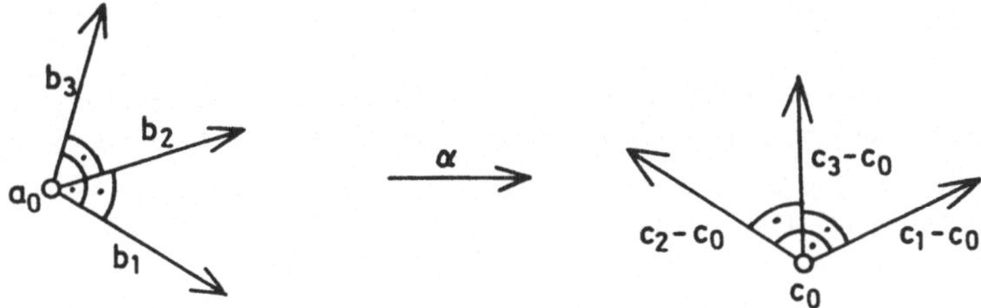

Bild 21 Isometrische Abbildung eines cartesischen Bezugssystems

Wie man mit diesen Mitteln elementargeometrische Sätze beweisen kann, demonstriert das folgende

Beispiel 1 (Höhensatz im Dreieck). Gegeben sei ein **Dreieck** in einer Ebene V, d.h. drei Punkte u_0, u_1, u_2 von V in allgemeiner Lage, die **Ecken** (Bild 22). Die Geraden $\Gamma_0 :=$ $:= u_1 \vee u_2$, $\Gamma_1 := u_2 \vee u_0$, $\Gamma_2 := u_0 \vee u_1$ sind dann die **Seiten** des Dreiecks; ihre Richtungen, die paarweise verschieden sind, seien mit U_0, U_1, U_2 bezeichnet. Die Geraden $H_i := u_i + U_i^\perp$, $0 \leqq i \leqq 2$, nennt man die **Höhen**. Die Behauptung ist, daß sich die drei Höhen in einem Punkt von V schneiden. Zum Beweis sei zunächst der Schnittpunkt a der beiden Höhen H_0 und H_1 eingeführt. Dieser existiert eindeutig; denn H_0 und H_1 sind nicht parallel, so daß man Satz E [5.1] anwenden kann (wäre $U_0^\perp = U_1^\perp$, so auch $U_0 = U_1$). Dann gilt nach Definition von H_0, H_1: $\langle a - u_0, u_2 - u_1\rangle = 0$ und $\langle a - u_1, u_0 - u_2\rangle = 0$. Mit $b_i := a - u_i$ folgt: $\langle b_0, b_2 - b_1\rangle = \langle b_1, b_0 - b_2\rangle = 0$, also $\langle b_0, b_1\rangle = \langle b_0, b_2\rangle = \langle b_1, b_2\rangle$. Daraus ergibt sich $\langle b_2, b_1 - b_0\rangle = 0$, d.h. $\langle a - u_2, u_1 - u_0\rangle = 0$. Hieraus folgt aber $a \in u_2 + U_2^\perp = H_2$.

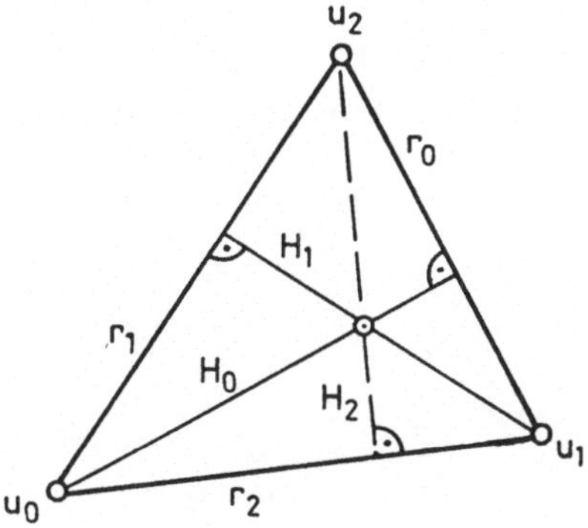

Bild 22
Höhensatz im Dreieck

Aufgaben zu 5.3

1. Welche der folgenden Abbildungen α sind affin, welche nicht? In den anschaulich beschriebenen Fällen soll zunächst eine Präzisierung vorgenommen werden. Skizzen!

a) $\alpha: \mathbf{R}^2 \to \mathbf{R}^2$ mit $\alpha(x,y) = (x,0)$, falls $y > 0$, und $\alpha(x,y) = (x,y)$, falls $y \leqq 0$.

b) $\alpha: \mathbf{R}^2 \to \mathbf{R}^2$ sei die Parallelprojektion auf die Gerade mit der Gleichung $y = x$ längs dem Vektor $(0,1)$.

c) α sei die Spiegelung von $\mathbf{R}^3$ an der Verbindungsgerade von $(0,0,1)$ und $(1,1,0)$.

d) α sei die Spiegelung von $\mathbf{R}^3$ am Punkt $(1,1,1)$.

Welche dieser Abbildungen sind Isometrien, wenn $\mathbf{R}^2$ bzw. $\mathbf{R}^3$ mit der euklidischen Standardmetrik versehen wird?

2. Ein elementarer Satz der euklidischen Geometrie lautet: Die drei **Mittelsenkrechten** eines Dreiecks schneiden sich in einem Punkt. Man gebe eine präzise Formulierung dieses Satzes und beweise diese.

3. Sei $\Gamma = a + U$ affiner Unterraum von V, wobei für den Untervektorraum U gelten soll: $0 \neq U \neq V$ und $V = U \oplus U^{\perp}$ (die letzte Bedingung ist z.B. erfüllt, wenn $\dim U < \infty$; vgl. Satz F [I, 5.4]). Die beiden senkrechten Projektionen von V auf $U, U^{\perp}$ seien durch S, T bezeichnet. Ferner sei $b \in V \setminus \{a\}$ gegeben. Man zeige:

a) $\min\{|b-c| \mid c \in \Gamma\} = d(b,\Gamma) = |T(b-a)|$.

b) $\min\{\sphericalangle(b-a, c-a) \mid c \in \Gamma \setminus \{a\}\} = \arccos \dfrac{|S(b-a)|}{|b-a|}$.

c) Die beiden Minima in a) und b) werden genau einmal angenommen, nämlich für $c = b^* := a + S(b-a)$, und es gilt $b^* = \Gamma \cap (b + U^{\perp})$. Man nennt deswegen das eindeutig bestimmte *Proximum* b^* von b in Γ (Aufgabe 5 [1.5]) auch den **Lotfußpunkt** (des Lotes von b auf Γ).

4. Zwei Geraden g und h des Vektorraumes V heißen **windschief**, wenn sie weder parallel sind noch einen Punkt gemeinsam haben. Für zwei windschiefe Geraden eines euklidischen Vektorraumes V zeige man:

a) Es gibt genau einen Punkt $a \in g$ und genau einen Punkt $b \in h$, so daß die Verbindungsgerade $a \vee b$ orthogonal zu g und h ist ($a \vee b$ heißt **Gemeinlot** von g und h).

b) Im Falle $\dim V = 3$ drücke man die Entfernung $|a-b|$ möglichst prägnant durch die Daten von g und h aus.

c) Man beweise $|a-b| \leqq |v-w|$ für alle $v \in g$ und $w \in h$, wobei das Gleichheitszeichen genau dann steht, wenn $v = a$ und $w = b$. Die Punkte a, b des Gemeinlotes realisieren also die kürzeste Entfernung zwischen allen Punkten von g und h.

5. Seien V, W euklidische Vektorräume und $\Phi: V \to W$ eine **distanztreue** Abbildung, d.h. für alle $u, v \in V$ gelte $d(\Phi(u), \Phi(v)) = d(u,v)$. (Sonst wird über Φ nichts weiter vorausgesetzt!) Man zeige, daß Φ eine Isometrie ist.

Hinweis: Man zeige zunächst, daß die Abbildung $v \mapsto \Phi(v) - \Phi(0)$ linear ist.

6. Man beweise rein analytisch, daß die Winkelsumme in einem Dreieck gleich π ist.

7. Welche der folgenden Begriffe gehören in die affine, welche in die euklidische Geometrie: Parallelogramm, Rechteck, Kugel, Trapez, gleichseitiges Dreieck, Winkelhalbierende, Seitenhalbierende eines Dreiecks?

6 Quadratische Hyperflächen in der affinen und euklidischen Geometrie

Wir studieren hier erstmalig nichtlineare Gebilde, die sog. quadratischen Hyperflächen oder Quadriken. Die Untersuchung erfolgt zunächst im Rahmen der Affingeometrie eines K-Vektorraumes V, später wird die euklidische Situation beleuchtet.

Ist V eine reelle Ebene, so sind die Quadriken identisch mit den *Kegelschnitten* (Ellipse, Hyperbel, Parabel, ...), ist V ein reeller dreidimensionaler Raum, so handelt es sich um die *quadratischen Flächen* (Ellipsoid, Hyperboloid, Paraboloid, ...).

Die Charakteristik des Grundkörpers K sei stets $\neq 2$, und der betrachtete K-Vektorraum besitze nicht die Dimension 0 oder 1. Weitere Annahmen sind zunächst nicht nötig. Geraden bzw. Hyperebenen als affine Unterräume von V werden im allgemeinen mit g bzw. H (oder ähnlich) bezeichnet.

6.1 Definition und Darstellung von Quadriken

Eine Quadrik ist im wesentlichen definiert als Nullstellengebilde einer „quadratischen Funktion" auf V. Die genaue Definition lautet:

Definition A. *Eine Teilmenge* C *von* V *heißt* ***quadratische Hyperfläche*** *oder* ***Quadrik*** *in* V, *wenn gilt:*

(a) C *läßt sich in der Form darstellen:*

(1) $$C = \{u \in V \mid F(u,u) + 2f(u) + \gamma = 0\}.$$

Dabei sei:

(2) $F: V \times V \to K$ *eine symmetrische Bilinearform mit* $F \neq 0$,

(3) $f: V \to K$ *eine Linearform*,

(4) $\gamma \in K$ *ein Skalar.*

(b) C *ist nicht in einem von* V *verschiedenen affinen Unterraum von* V *enthalten.*

Ist $\dim V = 2$ bzw. 3, so spricht man von **Kegelschnitten** bzw. **quadratischen Flächen.**

Wir drücken die Gleichung (1) meist so aus, daß wir sagen, C *besitze* die Gleichung

(5) $$\boxed{F(u,u) + 2f(u) + \gamma = 0}$$

oder werde durch diese Gleichung *dargestellt*. Der Ausdruck auf der linken Seite von (5) definiert eine **(allgemeine) quadratische Funktion** auf V; dabei heißt F der **quadratische,** f der **lineare** und γ der **konstante Anteil.**

Man sollte im Auge behalten, daß ein und dieselbe Punktmenge C durch verschiedene Gleichungen dargestellt werden kann, z.B. durch solche, die sich um einen festen Faktor $\neq 0$ unterscheiden. Wir sind in erster Linie an Eigenschaften von C als *Punktmenge* interessiert. Inwieweit die Punktmenge ihre Gleichung festlegt, werden wir in 6.2 besprechen.

Als einfache Konsequenz von (a), (b) gilt:

(6) $\quad \phi \neq C \neq V.$

Das erste folgt aus (b). Wäre $C = V$, so wäre (5) für *alle* $u \in V$ erfüllt. Daraus ergäbe sich durch Einsetzen von λu anstelle von u: $\lambda^2 F(u,v) + 2\lambda f(u) + \gamma = 0$ für alle $\lambda \in K$, also $F(u,u) = f(u) = \gamma = 0$ für alle $u \in V$, da ein von Null verschiedene Polynom vom Grad $\leqq 2$ höchstens zwei verschiedene Nullstellen hat und da $K \neq \{0,1\}$ ist.

Bemerkungen. 1. Die Forderung (b) schließt gewisse Sonderfälle von der Betrachtung aus. Um einen Namen zur Verfügung zu haben, nennen wir jede Punktmenge, von der nur die Eigenschaft (a) verlangt wird, ein **quadratisches Gebilde**. (Ist ein solches nicht gerade ein affiner Unterraum, so könnte man es ebenfalls als Quadrik behandeln, indem man den umgebenden Raum V ersetzt durch die affine Hülle des Gebildes.)

2. Ist $\dim V = n < \infty$ und $b_1, \dots, b_n$ eine Basis von V, so lauten die Basisdarstellungen von F und f mit den durch

(7) $$u = \sum_{i=1}^{n} x_i b_i$$

definierten Koordinaten x_i:

(8) $$F(u,u) = \sum_{i,j=1}^{n} \alpha_{ij} x_i x_j, \qquad \alpha_{ij} = \alpha_{ji} \in K$$

(9) $$f(u) = \sum_{i=1}^{n} \beta_i x_i, \qquad \beta_i \in K.$$

Die Gleichung (5) ist dann äquivalent zu

(10) $$\sum_{i,j=1}^{n} \alpha_{ij} x_i x_j + 2 \sum_{i=1}^{n} \beta_i x_i + \gamma = 0.$$

Das ist die **Koordinatenform** einer Quadrikgleichung.

Beispiele. 1. Für $n = 2$, $(x_1, x_2) = (x, y)$ lautet (10) so:

(11) $\quad \alpha_{11} x^2 + 2\alpha_{12} xy + \alpha_{22} y^2 + 2\beta_1 x + 2\beta_2 y + \gamma = 0.$

2. In (11) sind für $K = \mathbf{R}$ insbesondere die aus der Elementarmathematik bekannten *Standardgleichungen* der Kegelschnitte enthalten, z.B. für

(12) $\qquad$ Ellipse: $\quad \frac{x^2}{a^2} + \frac{y^2}{b^2} - 1 = 0,$

(13) Parabel: $2px = y^2$,

(14) sich schneidendes Geradenpaar: $\frac{x^2}{a^2} - \frac{y^2}{b^2} = 0.$

Hierin sind a, b, p reelle positive Konstanten, die man deuten kann, wenn $\mathbf{R}^2$ mit der Standardmetrik versehen wird (vgl. die Bilder 23 bis 25). Affingeometrisch sind diese Konstanten unwesentlich, wie wir bald sehen werden. Auf die vollständige Aufzählung aller Typen und die Frage, was diese Standardgleichungen mit der Gesamtheit aller Kegelschnitte in $\mathbf{R}^2$ zu tun haben, werden wir später eingehen (6.3 und 6.4).

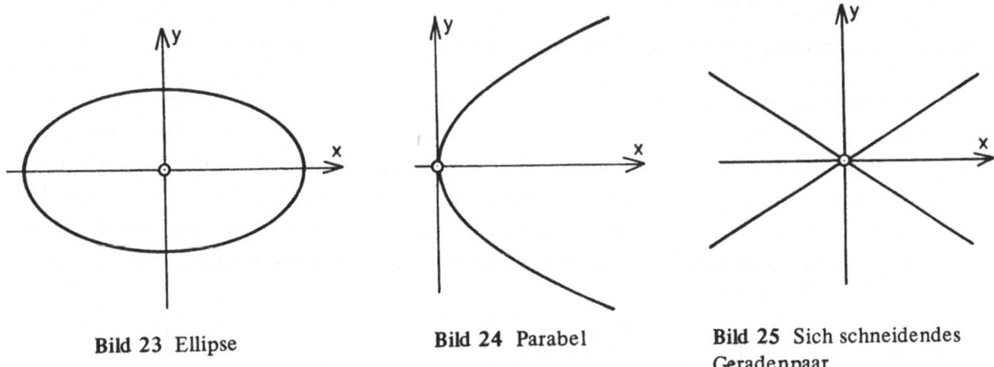

Bild 23 Ellipse **Bild 24** Parabel **Bild 25** Sich schneidendes Geradenpaar

3. Ist V reeller Prähilbertraum, so ist die Sphäre $S(a, r)$ mit Zentrum a und Radius $r > 0$ (C [1.5]) eine Quadrik: Die Gleichung $|u - a| = r$ ist äquivalent zu $|u - a|^2 = r^2$, also zu:

(15) $\langle u, u\rangle - 2\langle a, u\rangle + |a|^2 - r^2 = 0,$

so daß die Forderung (a) erfüllt ist. Aber es gilt auch (b): Wäre $S(a, r)$ in einem affinen Unterraum $\Gamma \neq V$ enthalten, so läge auch der Mittelpunkt a in Γ, was man erkennt, indem man eine Gerade durch a mit $S(a, r)$ schneidet. Γ ist dann von der Form $\Gamma = a + U$ mit $U \neq V$. Wählt man nun ein $u \in V \setminus U$, so liegt der Punkt $a + \frac{r}{|u|} u$ in $S(a, r)$, aber nicht in Γ; Widerspruch! □

Die Darstellung (5) bezieht sich auf das Nullelement von V als Ursprung. Da das Nullelement affingeometrisch nicht ausgezeichnet ist, wollen wir nachprüfen, daß der Typ der Gleichung (5) sich nicht ändert, wenn ein beliebiger Ursprung u_0 gewählt wird. Dann ist der Ortsvektor $\tilde{u}$ von u bezüglich u_0 nach 5.1 gegeben durch

(16) $\tilde{u} = u - u_0.$

Substitution von $u = \tilde{u} + u_0$ in die quadratische Funktion auf der linken Seite von (5) liefert

$$F(u, u) + 2f(u) + \gamma =$$

(17) $$= F(\tilde{u} + u_0, \tilde{u} + u_0) + 2f(\tilde{u} + u_0) + \gamma$$

$$= F(\tilde{u}, \tilde{u}) + 2 \cdot (F(u_0, \tilde{u}) + f(\tilde{u})) + F(u_0, u_0) + 2f(u_0) + \gamma.$$

Definieren wir also $\tilde{F}, \tilde{f}, \tilde{\gamma}$ durch

(18) $\tilde{F} := F$

(19) $\tilde{f}(\tilde{u}) := F(u_0, \tilde{u}) + f(\tilde{u})$

(20) $\tilde{\gamma} := F(u_0, u_0) + 2f(u_0) + \gamma$,

so ist die Gleichung (5) für u äquivalent mit der Gleichung

(21) $\tilde{F}(\tilde{u}, \tilde{u}) + 2\tilde{f}(\tilde{u}) + \tilde{\gamma} = 0$

für $\tilde{u} = u - u_0$. Der Gleichungs*typ* ändert sich also nicht bei Ursprungswechsel. Es gilt

(22) $C = \{u_0 + \tilde{u} \mid \tilde{F}(\tilde{u}, \tilde{u}) + 2\tilde{f}(\tilde{u}) + \tilde{\gamma} = 0\}$.

Deshalb nennen wir (21) die **Gleichung** von C **bezüglich dem Ursprung** u_0.

Die **Umrechnungsformeln** (18)–(20) liefern einen ersten, wichtigen Gesichtspunkt zur Untersuchung der Quadriken: Man wird versuchen, der darstellenden Gleichung durch Wahl eines geeigneten Ursprungs eine möglichst einfache Form zu geben. An dem quadratischen Anteil kann hierdurch allerdings nichts verändert werden. Die Frage, wann der lineare Anteil durch passende Ursprungswahl „wegtransformiert" werden kann, hängt eng mit gewissen Eigenschaften von C als Punktmenge zusammen. Diese Eigenschaften seien zunächst allgemein definiert:

Definition B. *Sei* M *eine nichtleere Teilmenge von* V.

(i) *Ein Punkt* $a \in V$ *heißt* ***Mittelpunkt*** *von* M, *wenn stets gilt:*

(23) $a + u \in M \Rightarrow a - u \in M$.

Existiert ein solches a, *so heißt* M ***punktsymmetrisch*** (*bezüglich* a).

(ii) *Ein Punkt* $b \in V$ *heißt* ***Spitze*** *von* M, *wenn gilt:*

(24) $b + u \in M \Rightarrow b + \lambda u \in M$ *für alle* $\lambda \in K$.

Existiert eine solche Spitze b, *so heißt* M *ein* ***Kegel***.

Die Bilder 26 und 27 veranschaulichen diese Begriffe in der reellen Ebene. Ein Mittelpunkt a braucht nicht notwendig zu M zu gehören, wohl aber gilt dies für eine Spitze;

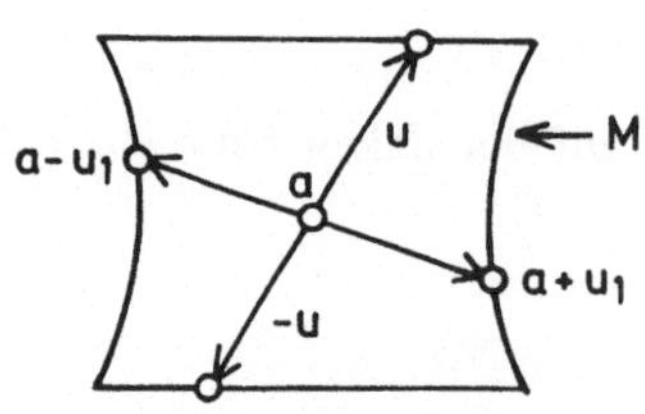

Bild 26 Menge M mit Mittelpunkt a

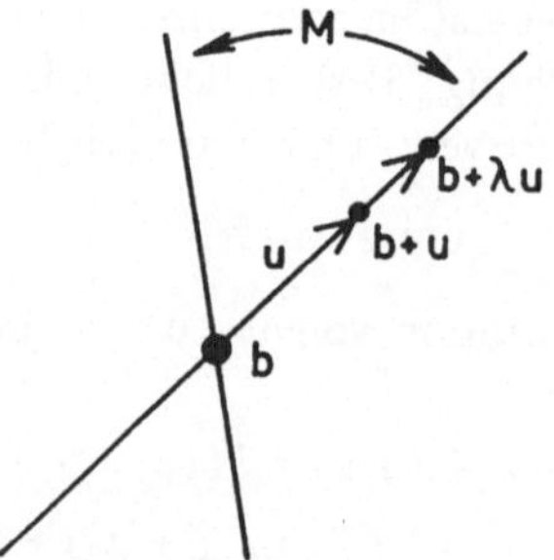

Bild 27 Menge M mit Spitze b

denn aus (24) folgt $b \in M$ für $\lambda = 0$. Jede Spitze ist auch Mittelpunkt. Eine Menge M kann mehrere Mittelpunkt oder Spitzen haben (Beispiel: paralleles bzw. sich schneidendes Ebenenpaar im $\mathbf{R}^3$).

Satz C. *Sei* C *Quadrik in* V. *Ein* $a \in V$ *ist Mittelpunkt bzw. Spitze von* C, *genau wenn jede Gleichung von* C *bezüglich* a *als Ursprung die Form*

(25) $\quad F(\tilde{u}, \tilde{u}) + \tilde{\gamma} = 0$

bzw.

(26) $\quad F(\tilde{u}, \tilde{u}) = 0$

*besitzt**).

Beweis. Besitzt C eine der genannten Gleichungstypen, so ist a Mittelpunkt bzw. Spitze, weil (25) mit $\tilde{u}$ auch $-\tilde{u}$ als Lösung und (26) mit $\tilde{u}$ auch $\lambda\tilde{u}$ als Lösung hat.

Sei umgekehrt a als Mittelpunkt von C vorausgesetzt und (21) Gleichung von C bzgl. a als Ursprung. Um $\tilde{f} = 0$ zu zeigen, nützen wir die (23) entsprechende Implikation aus:

(27) $\quad \tilde{F}(\tilde{u}, \tilde{u}) + 2\tilde{f}(\tilde{u}) + \tilde{\gamma} = 0 \Rightarrow \tilde{F}(\tilde{u}, \tilde{u}) - 2\tilde{f}(\tilde{u}) + \tilde{\gamma} = 0.$

Hieraus ergibt sich (durch Subtraktion):

(28) $\quad \tilde{F}(\tilde{u}, \tilde{u}) + 2\tilde{f}(\tilde{u}) + \tilde{\gamma} = 0 \Rightarrow \tilde{f}(\tilde{u}) = 0.$

Wäre also $\tilde{f} \neq 0$, so läge C in der Hyperebene mit der Gleichung $\tilde{f}(\tilde{u}) = 0$, entgegen A(b). Also folgt $\tilde{f} = 0$.

Ist a sogar Spitze, so gilt überdies $a \in C$, also ist (25) für $\tilde{u} = 0$ erfüllt. Das impliziert $\tilde{\gamma} = 0$. □

Ist a als Mittelpunkt von C vorausgesetzt, so liest man aus (25) und (26) ab:

(29) $\quad$ a Spitze von $C \Longleftrightarrow a \in C$,

d.h. die Spitzen von C sind genau die Mittelpunkte von C, die zugleich C angehören.

Die Gesamtheit aller Mittelpunkte bzw. Spitzen von C läßt sich mit dem *Radikal* von F bestimmen; darunter versteht man die Menge

(30) $\quad \operatorname{Rad} F := \{u \in V \mid F(u, v) = 0 \text{ für alle } v \in V\}.$

Rad F ist ohne Mühe als Untervektorraum von V nachzuweisen.

Satz D. *Sei* (5) *die Gleichung einer Quadrik* $C \subset V$. *Dann gilt:*

(i) *Ist* a_0 *Mittelpunkt von* C, *so ist die Menge* <u>*aller*</u> *Mittelpunkte von* C *der affine Unterraum*

(31) $\quad a_0 + \operatorname{Rad} F.$

*) Die Formulierung „jede Gleichung" wird gebraucht, weil ein und dieselbe Quadrik C bei festem Ursprung durch verschiedene Gleichungen der Art (21) dargestellt werden kann.

(ii) *Ist* b_0 *Spitze von* C, *so ist jeder Mittelpunkt von* C *Spitze von* C, *also ist die Menge aller Spitzen von* C *der affine Unterraum*

(32) $b_0 + \mathrm{Rad}\,F.$

Beweis. *Zu* (i): Für die Menge A aller Mittelpunkte von C gilt nach Satz C und (19):

(33) $A = \{a \in V \mid F(a,v) + f(v) = 0 \text{ für alle } v \in V\}.$

Nach Voraussetzung ist $a_0 \in A$, also

(34) $F(a_0, v) + f(v) = 0 \quad \text{für alle } v \in V.$

Damit kann die Bedingung in (33) umgeschrieben werden:

(35) $F(a,v) + f(v) = F(a,v) - F(a_0,v) = F(a - a_0, v).$

Also ist

(36) $$\begin{aligned} A &= \{a \in V \mid F(a - a_0, v) = 0 \quad \text{für alle } v \in V\} \\ &= \{a \in V \mid a - a_0 \in \mathrm{Rad}\,F\} = a_0 + \mathrm{Rad}\,F. \end{aligned}$$

Zu (ii): Daß b_0 Spitze ist, kann nach Satz C so ausgedrückt werden:

(37) $F(b_0, v) + f(v) = 0 \quad \text{für alle } v \in V$

(38) $F(b_0, b_0) + 2f(b_0) + \gamma = 0.$

Setzt man in (37) $v = b_0$, so erweist sich (38) als äquivalent mit

(39) $f(b_0) + \gamma = 0.$

Ist nun a Mittelpunkt von C, so gilt analog:

(40) $F(a,v) + f(v) = 0 \quad \text{für alle } v \in V.$

Es ist nach (29) lediglich zu zeigen: $a \in C$. Zu diesem Zweck setzt man in (37) $v = a$ und in (40) $v = b_0$ und folgert damit $f(a) = f(b_0)$. Mit (39) ergibt sich dann

(41) $F(a,a) + 2f(a) + \gamma = F(a,a) + f(a) + f(a) + \gamma = 0 + f(b_0) + \gamma = 0,$

also $a \in C$. □

Für eine Quadrik C gilt also die Alternative: *Entweder sind alle Mittelpunkte von* C *Spitzen von* C *oder keiner**).

Mit Tabelle 4 führen wir die aus den Sätzen C und D sich ergebende **erste Einteilung der Quadriken** ein; dabei hat man die zweite Spalte als Definition für die Namen der ersten Spalte zu betrachten. Die echten Mittelpunktsquadriken und die quadratischen Kegel werden zu den **Mittelpunktsquadriken** zusammengefaßt.

*) Diese Alternative gilt auch für allgemeine Punktmengen; vgl. Aufgabe 3.

Name von C	Punktmengen-charakterisierung	Algebraische Charakterisierung
Echte Mittelpunktsquadrik	C hat einen Mittelpunkt aber keine Spitze	$\tilde{f} = 0$, $\tilde{\gamma} \neq 0$ bei geeigneter Ursprungswahl
(Quadratischer) Kegel	C hat eine Spitze	$\tilde{f} = 0$, $\tilde{\gamma} = 0$ bei geeigneter Ursprungswahl
Paraboloid	C hat keinen Mittelpunkt	Für kein $u_0 \in V$ ist $\tilde{u} \mapsto F(u_0, \tilde{u}) + f(\tilde{u})$ die Nullform

Tabelle 4 Erste Einteilung der Quadriken

Ist (25) die Gleichung einer echten Mittelpunktsquadrik, also $\tilde{\gamma} \neq 0$, so kann man (25) durch $-\tilde{\gamma}$ dividieren, ohne die Lösungsmenge zu verändern. Denkt man sich dann noch F durch $(1/-\tilde{\gamma}) \cdot F$ ersetzt, so nimmt (25) die häufig verwendete Gestalt an:

(42) $\quad F(\tilde{u}, \tilde{u}) = 1.$

Bemerkung 3. Die Umrechnungsformeln (18)–(20) kann man noch auf eine andere Weise betrachten. Ist $\tau: V \to V$ die Translation mit $\tau(u) = u - u_0$, so sind die Punkte $\tau(u) = \tilde{u}$ des Bildes $\tau(C)$ genau die mit (5), also mit (21). Somit ist (21) [unter Beachtung von (18)–(20)] auch die Gleichung von $\tau(C)$ bezüglich 0 als Ursprung. Insbesondere ist die Bildmenge $\tau(C)$ wieder eine Quadrik, von deren affinen Eigenschaften sofort auf die von C geschlossen werden kann. In der Affingeometrie verwendet man Parallelverschiebungen sehr häufig, um eine spezielle Lage einer betrachteten Figur (zum Beispiel zum Nullpunkt von V) zu erzielen.

Aufgaben zu 6.1

1. Gegeben sei das affine Bezugssystem (0; a, b, c) in einem dreidimensionalen Vektorraum V. Man beweise: Geht eine quadratische Fläche C durch die sieben Punkte 0, a, b, c, a + b, b + c, c + a, so geht sie auch durch den Punkt a + b + c. Läßt sich dies n-dimensional verallgemeinern?

2. Es sei H eine Hyperebene durch 0 von V und C_1 eine Quadrik in H. Man zeige:

a) Ist v_0 ein fester Vektor aus $V \setminus H$, so ist die Vereinigungsmenge aller Geraden von V der Richtung v_0 durch die Punkte von C_1 eine Quadrik C in V („quadratischer Zylinder mit Basis C_1").

b) Ist a_0 ein fester Punkt aus $V \setminus H$, so ist die Vereinigungsmenge aller Geraden von V durch a_0 und die Punkte von C_1 ein quadratischer Kegel C in V mit Spitze a_0 („quadratischer Kegel mit Basis C_1").

3. Sei M eine nichtleere Teilmenge von V. Man zeige:

a) Die Menge aller Spitzen von M ist ein affiner Unterraum von V.

b) Die Menge aller Mittelpunkte von M ist im allgemeinen kein affiner Unterraum (Gegenbeispiel?).

c) Entweder sind alle Mittelpunkte von M Spitzen oder keiner.

4. Ist C Quadrik in V und $\alpha: V \to W$ affiner Isomorphismus, so ist $\alpha(C)$ Quadrik in W. Man beweise dies!

Hinweis: Man invertiere die Gleichung $w = \alpha(u) = c + Lu$ durch Auflösen nach u und setze das Ergebnis in die Quadrikgleichung von C ein.

5. Es sei $\Gamma = a + U$ ein affiner Unterraum eines Prähilbertraumes V mit $0 \neq U \neq V$ und $V = U \oplus U^{\perp}$ (vgl. Aufgabe 3 [5.3]). Für $t > 0$ betrachte man die **Röhre** $R_t(\Gamma)$ um Γ vom Radius t, definiert durch $R_t(\Gamma) := \{b \in V \mid d(b, \Gamma) = t\}$. Man zeige: $R_t(\Gamma)$ ist eine echte Mittelpunktsquadrik in V, und zwar ein **orthogonaler sphärischer Zylinder**, nämlich von der Form $R_t(\Gamma) = \Gamma \oplus S^{U^{\perp}}(t)$, wobei der zweite Summand die Sphäre in $U^{\perp}$ um 0 von Radius t bezeichnet.

6. In einem reellen Prähilbertraum V sei eine Mittelpunktsquadrik C mit der Gleichung $F(u, u) = 1$ gegeben. C habe die Eigenschaft, daß für jede lineare Isometrie $L: V \to V$ gilt: $L(C) = C$. Man beweise, daß C eine Sphäre mit Mittelpunkt 0 ist.

7. Es sei V ein reeller Vektorraum. Unter dem **Inneren** einer echten Mittelpunktsquadrik $C \subset V$ mit der Gleichung $F(u, u) = 1$ versteht man die Punktmenge $J(C) := \{v \in V \mid F(v, v) < 1\}$. Man zeige:

a) Ist F positiv semidefinit, so ist das Innere J (C) konvex.

b) Ist das Innere J(C) konvex, so ist F positiv semidefinit.

Gilt Entsprechendes, wenn J(C) ersetzt wird durch $\overline{J}(C) := \{v \in V \mid F(v, v) \leqq 1\}$?

6.2 Schnitt mit Geraden

Weiteren Einblick in die Struktur einer Quadrik C erhalten wir, indem wir sie mit Geraden „abtasten", d.h. durch Diskussion des Schnittverhaltens von C mit Geraden. Es stellt sich heraus, daß C von einer Gerade „im allgemeinen" in zwei Punkten geschnitten wird; jedoch sind auch andere Fälle möglich.

Die allgemeinen Voraussetzungen sind dieselben wie in Abschnitt 6.1. Die zu untersuchende Quadrik C sei durch die Gleichung

$$(1) \qquad \boxed{F(u, u) + 2f(u) + \gamma = 0}$$

gegeben. Eine Gerade $g \subset V$ werde durch eine Parameterdarstellung

$$(2) \qquad u = a + \lambda v, \quad \lambda \in K$$

erfaßt. Dabei ist der Richtungsvektor $v \neq 0$. Wir sprechen kurz von einer Gerade der **Richtung** v.

Zur Bestimmung des Durchschnittes $g \cap C$ hat man (2) in (1) einzusetzen:

$$(3) \qquad \begin{aligned} 0 &= F(a + \lambda v, a + \lambda v) + 2f(a + \lambda v) + \gamma \\ &= \lambda^2 F(v, v) + 2\lambda(F(a, v) + f(v)) + F(a, a) + 2f(a) + \gamma. \end{aligned}$$

Demnach gilt:

$$(4) \qquad u = a + \lambda v \in C \iff \lambda \text{ erfüllt (3).}$$

Man nennt (3) die **Schnittgleichung**. Es handelt sich um eine (i.a. quadratische) Gleichung für diejenigen $\lambda \in K$, deren zugehörige Punkte $u = a + \lambda v$ von g auf C liegen.

Die Schnittgleichung ist entweder identisch (für alle $\lambda \in K$) erfüllt, d.h. es gilt $g \subset C$, oder aber sie besitzt höchstens zwei Lösungen, d.h. es gilt $|g \cap C| \leqq 2$. Im Falle $g \subset C$ nennt man g eine **Erzeugende** von C. Alle Fälle sind möglich, wie man an Beispielen sieht. Eine bessere Übersicht erhalten wir, wenn wir die Gesamtheit *aller* Geraden mit der festen Richtung v, die sog. **Parallelenschar** der Richtung v, betrachten.

Lemma A. *Ist* $F(v,v) \neq 0$, *so gibt es eine Gerade* g *der Richtung* v *mit* $|g \cap C| = 2$.

Beweis. Angenommen, es gilt für keine dieser Geraden $|g \cap C| = 2$. Wegen $F(v,v) \neq 0$ besitzt dann (3) stets höchstens eine Lösung, egal wie a gewählt wird. Speziell für $a \in C$ lautet die Schnittgleichung (3)

(5) $$\lambda^2 F(v,v) + 2\lambda(F(a,v) + f(v)) = 0.$$

Diese hat die Lösung $\lambda_1 = 0$ (entsprechend dem Punkt a selbst) sowie

(6) $$\lambda_2 = -2\,\frac{F(a,v) + f(v)}{F(v,v)}.$$

Da $\lambda_1 = \lambda_2$, folgt

(7) $$F(a,v) + f(v) = 0.$$

Die Lösungsmenge von (7) ist eine Hyperebene

(8) $$H := \{a \mid F(a,v) = -f(v)\};$$

denn $a \mapsto F(a,v)$ ist nicht die Nullform wegen $F(v,v) \neq 0$. Unser Schluß zeigt also $C \subseteqq H$, was der Voraussetzung A(b) [6.1] widerspricht. □

Lemma B. *Ist* $F(v,v) = 0$ *und* $v \neq 0$, *so gilt für jede Gerade* g *der Richtung* v:

(9) $$|g \cap C| \leqq 1 \quad \textit{oder} \quad g \subset C.$$

Beweis. Die Schnittgleichung (3) lautet hier:

(10) $$2\lambda(F(a,v) + f(v)) + F(a,a) + 2f(a) + \gamma = 0.$$

Diese Gleichung ist entweder identisch erfüllt, oder sie besitzt höchstens eine Lösung. □

Aus A und B folgt:

Satz C. *Sei* $v \in V \setminus 0$. *Genau dann gilt* $F(v,v) \neq 0$, *wenn eine Gerade* g *der Richtung* v *existiert mit* $|g \cap C| = 2$. □

Mit Rücksicht auf A und B führen wir folgende Sprechweise für $v \neq 0$ ein:

(11) $F(v,v) \neq 0 \iff$: v hat **Nichtausnahmerichtung**

(12) $F(v,v) = 0 \iff$: v hat **Ausnahmerichtung.**

Beide Fälle sind nicht nur algebraisch [durch das Verhalten von $F(v,v)$], sondern auch durch die in den Lemmata A und B ausgedrückte Relation zur Quadrik C als Punktmenge gekennzeichnet.

Bemerkung 1. Die Menge aller Vektoren $v \in V$ mit $F(v,v) = 0$ ist ein quadratisches Gebilde mit 0 als Spitze. Werden diese Vektoren im Falle einer Mittelpunktsquadrik C von einem Mittelpunkt a von C aus abgetragen, so entsteht der sog. **Asymptotenkegel** A_C. Dieser ist in Wirklichkeit unabhängig vom gewählten Mittelpunkt a; sein Name rührt her von einer im reellen, endlich dimensionalen Fall bestehenden Grenzwerteigenschaft (vgl. Aufgabe 1 [6.3]). □

Definition D. *Sei* a ∈ C. *Eine Gerade* g *durch* a *der Richtung* v *heißt* ***Tangente*** *an* C *in* a, *wenn gilt:*

(13) $g \cap C = a$, *falls* v *Nichtausnahmerichtung hat,*

(14) $g \subset C$, *falls* v *Ausnahmerichtung hat.*

Beispiele. 1. Bild 28 zeigt die Verhältnisse, wenn C eine Parabel in $\mathbf{R}^2$ ist. Ausnahmerichtung ist (1,0), also die Richtung der 1-Achse. Alle Geraden g der Ausnahmerichtung

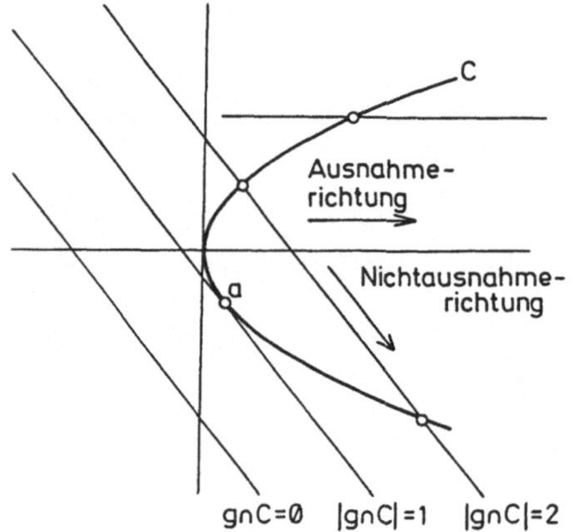

Bild 28
Schnitt einer Parabel mit Parallelenschar

schneiden C genau einmal; $g \subset C$ kommt hier nicht vor, also gibt es keine Tangente mit Ausnahmerichtung. Jede Gerade g mit Nichtausnahmerichtung hat höchstens zwei Punkte mit C gemeinsam; ein solches g ist Tangente, genau wenn $|g \cap C| = 1$.

2. Ist C Geradenpaar im $\mathbf{R}^2$, so ist jede der beiden Geraden Beispiel für eine Tangente mit Ausnahmerichtung. □

Als rechnerische Bedingung für den Fall (13) erhalten wir wie bei (7):

(15) $F(a, v) + f(v) = 0.$

Dieselbe Bedingung ergibt sich aber auch für den Fall (14), da das von λ unabhängige Glied in (10) verschwindet. Die Vereinigung aller Tangenten an C in a ∈ C besteht demnach stets aus den Punkten a + v, für die v der Gleichung (15) genügt. Wegen der Linearität der linken Seite von (15) in v ist diese Vereinigung ein affiner Unterraum von V, der **Tangentialraum** von C in a:

(16) $\boxed{T_a C := \{a + v \mid F(a, v) + f(v) = 0\}.}$

Wir setzen hier

(17) $\quad \tilde{f}_a(v) := F(a,v) + f(v).$

Diese Bezeichnungsweise ist dadurch gerechtfertigt, daß $\tilde{f}_a$ der lineare Anteil der Quadrikgleichung bei Bezug auf a als Ursprung ist. Je nachdem $\tilde{f}_a = 0$ oder $\tilde{f}_a \neq 0$ ist, ergeben sich getrennte Eigenschaften (man beachte, daß der konstante Anteil bei Bezug auf a als Ursprung wegen $a \in C$ Null ist):

Satz und Definition E. *Die Quadrik* C *habe die Gleichung* (1), *und es sei* $a \in C$. *Für* $\tilde{f}_a$ (17) *gilt dann genau einer der folgenden Fälle* (S), (R):

(S) $\tilde{f}_a = 0$: *Dies tritt genau dann ein, wenn* a *Spitze von* C *ist. Hier ist der Tangentialraum* $T_a C$ *der ganze Raum* V. *Deswegen heißt* a *auch* ***singulärer*** *Punkt von* C.

(R) $\tilde{f}_a \neq 0$: *Dies trifft genau dann zu, wenn* a *nicht Spitze von* C *ist. Hier ist der Tangentialraum* $T_a C$ *eine Hyperebene, die* ***Tangentialhyperebene*** *von* C *in* a. *Man nennt* a ***regulären*** *Punkt von* C.

Singuläre Punkte gibt es genau auf den quadratischen Kegeln, während echte Mittelpunktsquadriken und Paraboloide aus lauter regulären Punkten bestehen.

Die Gleichung (16) stellt den Tangentialraum mittels dem ihm angehörenden Punkt $a \in C$ und seiner Richtung dar: $T_a C = a + R_a C$ mit

(18) $\quad \boxed{R_a C := \{v \in V \mid F(a,v) + f(v) = 0\}.}$

Die Bezeichnung $R_a C$ für die Richtung von $T_a C$ wird auch in Zukunft verwendet.

Wünscht man statt (18) lieber eine gleichungsmäßige Darstellung von $T_a C$ selbst, so rechnet man (16) um, indem man $u = a + v$ substituiert. Hierbei wird:

$$(19)\quad \begin{aligned} F(a,v) + f(v) &= F(a,u-a) + f(u-a) = F(a,u) - F(a,a) + f(u) - f(a) \\ &= F(a,u) + (2f(a) + \gamma) + f(u) - f(a) = F(a,u) + f(a) + f(u) + \gamma, \end{aligned}$$

wobei zum Schluß verwendet wurde, daß a der Quadrikgleichung genügt. Hieraus folgt als **Gleichung des Tangentialraumes** $T_a C$

(20) $\quad \boxed{F(a,u) + f(a) + f(u) + \gamma = 0.}$

Den Übergang von der Quadrikgleichung (1) zu der Gleichung (20) nennt man **Polarisieren.** Formal ist dabei die quadratische Form $F(u,u)$ durch die Bilinearform $F(a,u)$ und die Linearform $2f(u)$ durch die Summe $f(a) + f(u)$ zu ersetzen, während die Konstante γ beibehalten wird. Läßt sich (1) in Koordinatenform schreiben (Bemerkung 2 [6.1]), so gilt entsprechendes auch für die Gewinnung der Koordinatenform der Tangentialhyperebene.

Beispiel 3. Ist C die *Ellipse* bzw. *Parabel* in $\mathbf{R}^2$ mit der Gleichung

(21) $\quad \frac{x^2}{a^2} + \frac{y^2}{b^2} = 1 \quad$ bzw. $\quad 2px = y^2,$

so lautet die Gleichung der Tangente (= Tangentialhyperebene) im Punkt $(x_0, y_0) \in C$ so:

$$\frac{x_0 x}{a^2} + \frac{y_0 y}{b^2} = 1 \quad \text{bzw.} \quad px_0 + px = y_0 y. \tag{22}$$

Bemerkung 2. Man hätte die bisherige Diskussion auch anhand der Gleichung von C bezüglich einem beliebigen Ursprung u_0 durchführen können. Die Resultate bleiben davon unberührt, wenn man konsequent die Ortsvektoren bezüglich u_0 verwendet. Zum Beispiel erhält man die Ortsvektoren von $T_a C$ bezüglich u_0 in der Form $\tilde{a} + \tilde{v}$ mit $\tilde{F}(\tilde{a}, \tilde{v}) + \tilde{f}(\tilde{v}) = 0$, wobei $\tilde{a} = a - u_0$ der Ortsvektor von a bezüglich u_0 ist. Es gilt also

$$\begin{aligned} T_a C &= \{u_0 + \tilde{a} + \tilde{v} \mid \tilde{F}(\tilde{a}, \tilde{v}) + \tilde{f}(\tilde{v}) = 0\} \\ &= \{a + \tilde{v} \mid \tilde{F}(\tilde{a}, \tilde{v}) + \tilde{f}(\tilde{v}) = 0\}. \end{aligned} \tag{23}$$

Dies kann man entweder genauso herleiten wie (16), indem man statt (1) nunmehr (21) [6.1] zugrundelegt, oder man kann die Bedingung in (23) für $\tilde{v}$ direkt mittels (18), (19) [6.1] umformen:

$$\tilde{F}(\tilde{a}, \tilde{v}) + \tilde{f}(\tilde{v}) = F(a - u_0, \tilde{v}) + F(u_0, \tilde{v}) + f(\tilde{v}) = F(a, \tilde{v}) + f(\tilde{v}). \tag{24}$$ □

Eine typisch affine Eigenschaft einer Quadrik sind ihre sog. *Diametralhyperebenen*. Diese werden folgendermaßen konstruiert: Sei v ein Vektor mit Nichtausnahmerichtung. Dann schneidet jede Gerade der zugehörigen Parallelenschar die Quadrik C, wenn überhaupt, in einem oder zwei Punkten, zu denen man jeweils den Mittelpunkt bilden kann. Diese Mittelpunkte erzeugen, wie wir sehen werden, eine Hyperebene.

Zur rechnerischen Behandlung betrachten wir eine Gerade der Richtung v, die bereits durch einen Punkt $a \in C$ hindurchgeht. Der zweite Schnittpunkt $\bar{a}$ dieser Geraden mit C berechnet sich nach (5), (6) als

$$\bar{a} = a + \lambda_2 v \quad \text{mit} \quad \lambda_2 := -2\frac{F(a,v) + f(v)}{F(v,v)}, \tag{25}$$

wobei es vorkommen kann, daß $a = \bar{a}$ wird. In jedem Falle ist der *Mittelpunkt* $\mu(a)$ von a und $\bar{a}$ gegeben durch

$$\mu(a) = a + \frac{1}{2}\lambda_2 v. \tag{26}$$

Wir nennen $\mu(a)$ kurz den **Mittelpunkt des Schnittes** von C mit der betrachteten Gerade. Aus (26) folgt

$$F(\mu(a), v) = F(a,v) + \frac{1}{2}\lambda_2 F(v,v) = -f(v). \tag{27}$$

Die Mittelpunkte $\mu(a)$ genügen also für alle $a \in C$ der linearen Gleichung $F(x,v) = -f(v)$. Diese beschreibt eine Hyperebene D_v, da ihr linearer Anteil $F(x,v)$ für $x = v$ ungleich Null ist. Man nennt

$$\boxed{D_v := \{x \in V \mid F(x,v) + f(v) = 0\}} \tag{28}$$

die **Diametralhyperebene** von C, **konjugiert** zur Nichtausnahmerichtung v (Bild 29).

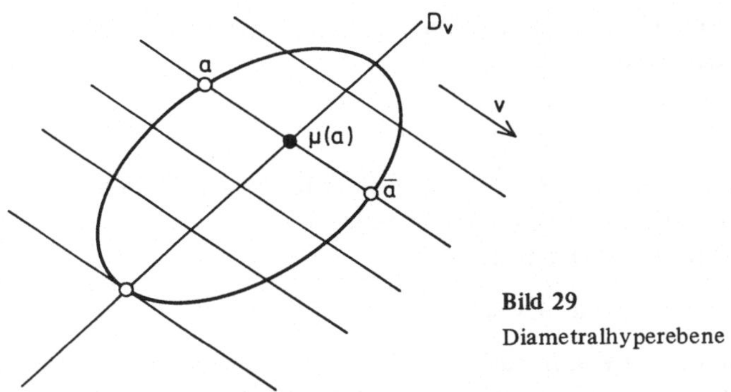

Bild 29
Diametralhyperebene

Wir wissen nun zwar, daß die genannte Mittelpunktmenge $\mu(C)$ in D_v enthalten ist. Aber damit ist D_v noch nicht allein aus C als Punktmenge konstruiert, da offensichtlich nicht jeder Punkt von D_v solch ein Mittelpunkt zu sein braucht. Wir überlegen jedoch, daß D_v die *einzige* $\mu(C)$ enthaltende Hyperebene von V ist: Sei $b \in \mu(C)$ fest gewählt und $D_v = b + D'_v$ gesetzt. Angenommen, $\Gamma = b + U$ ist eine weitere Hyperebene mit $\mu(C) \subseteqq \Gamma$. Dann gilt auch $\mu(C) \subseteqq \Gamma \cap D_v$, und aufgrund der Konstruktion von $\mu(C)$ ist $C \subseteqq \mu(C) + sp(v)$, vgl. (26). Hieraus folgt $C \subseteqq (\Gamma \cap D_v) + sp(v) = b + ((U \cap D'_v) + sp(v))$. Wegen unserer Forderung A (b) [6.1] folgt $(U \cap D'_v) + sp(v) = V$, also $\operatorname{codim}_V (U \cap D'_v) \leqq 1$ (J [1.4]). Dies impliziert aber nach E [5.1]: $U = D'_v$. Somit folgt:

Satz F. *Sei* v *ein Vektor mit Nichtausnahmerichtung, also* $F(v,v) \neq 0$. *Dann ist die zu* v *konjugierte Diametralhyperebene* D_v (28) *charakterisiert als die einzige Hyperebene, die die Mittelpunkte aller Schnitte von* C *mit den* (C *treffenden*) *Geraden der Richtung* v *enthält.* □

Damit ist auch die algebraische Relation $F(u,v) = 0$ der *Polarität* zweier Vektoren $u, v \in V$ bezüglich F *allein* aus der Punktmenge C heraus zu verstehen: Besitzt einer der Vektoren, etwa v, Nichtausnahmerichtung (was allein mittels C zu entscheiden ist), so bedeutet $F(u,v) = 0$, daß u der Richtung der Diametralhyperebene D_v angehört. Haben beide Vektoren u, v Ausnahmerichtung, so bedeutet $F(u,v) = 0$, daß der Spann von u, v aus lauter Ausnahmerichtungen besteht, wie man an der Umformung $F(\alpha u + \beta v, \alpha u + \beta v) = 2\alpha\beta\, F(u,v)$ abliest.

Damit können wir jetzt die Frage beantworten, inwieweit die Punktmenge C ihre Gleichung festlegt. Hat man *zwei* Darstellungen ein und derselben Quadrik:

(29) $\quad C = \{u \in V \mid F(u,u) + 2f(u) + \gamma = 0\}$

(30) $\quad C = \{u \in V \mid \bar{F}(u,u) + 2\bar{f}(u) + \bar{\gamma} = 0\}$,

so folgt jedenfalls die Äquivalenz:

(31) $\quad F(u,v) = 0 \Longleftrightarrow \bar{F}(u,v) = 0.$

Hierauf können wir das folgende, rein algebraische Lemma anwenden:

Lemma G. *Gilt für zwei symmetrische Bilinearformen* $F, \overline{F}: V \times V \to K$ *die Äquivalenz* (31), *so existiert ein* $\beta \in K$, *derart daß*

(32) $\overline{F} = \beta F$.

Beweis. Aus (31) folgt zunächst $\operatorname{Rad} F = \operatorname{Rad} \overline{F}$. Allgemeiner haben für festes $u \in V$ die beiden Linearformen $v \mapsto F(u, v)$ und $v \mapsto \overline{F}(u, v)$ denselben Kern, so daß nach Satz D [5.1] ein (von u abhängender) Skalar $\rho(u)$ existiert mit:

(33) $\overline{F}(u, v) = \rho(u) \cdot F(u, v)$ für alle $u, v \in V$.

Wir zeigen, daß die Funktion $\rho: V \to K$ *außerhalb* Rad F konstant, etwa gleich β ist [dann folgt die Behauptung aus (33), wenn man ρ auf Rad F zu β abändert]. Seien $u_1, u_2 \notin \operatorname{Rad} F$, also die beiden Linearformen $h_1(v) := F(u_1, v)$ und $h_2(v) := F(u_2, v)$ ungleich Null. Wir unterscheiden die Fälle: (i) h_1, h_2 linear abhängig; (ii) h_1, h_2 linear unabhängig.

Zu (i): Sei etwa $h_2 = \mu h_1$ für ein $\mu \neq 0$. Dies impliziert $u_2 - \mu u_1 \in \operatorname{Rad} F = \operatorname{Rad} \overline{F}$, also $\overline{F}(u_2, v) = \mu \overline{F}(u_1, v)$ für alle $v \in V$. Zusammen mit den aus (33) für $u = u_1$ bzw. $u = u_2$ entstehenden Beziehungen folgt dann $\rho(u_1) = \rho(u_2)$.

Zu (ii): Für $u = u_1 + u_2$ entsteht aus (33): $\overline{F}(u_1 + u_2, v) = \rho(u_1 + u_2) F(u_1 + u_2, v) = \rho(u_1 + u_2) \cdot (h_1(v) + h_2(v))$. Andererseits gilt: $\overline{F}(u_1 + u_2, v) = \overline{F}(u_1, v) + \overline{F}(u_2, v) = \rho(u_1) h_1(v) + \rho(u_2) h_2(v)$. Vergleich liefert $\rho(u_1 + u_2)(h_1 + h_2) = \rho(u_1) h_1 + \rho(u_2) h_2$, also $\rho(u_1 + u_2) = \rho(u_1) = \rho(u_2)$. □

Satz H. *Wird ein und dieselbe Quadrik* C *(bezüglich demselben Ursprung* 0*) durch zwei Gleichungen* (29), (30) *dargestellt, wobei* $\overline{F}, \overline{f}, \overline{\gamma}$ *ebenso wie* F, f, γ *die Voraussetzungen von* A [6.1] *erfüllen, so existiert ein* $\alpha \in K$, *derart daß*

(34) $\overline{F} = \alpha F, \quad \overline{f} = \alpha f, \quad \overline{\gamma} = \alpha \gamma$.

Beweis. Jede Quadrik C enthält mindestens einen regulären Punkt, da die Menge der Spitzen nach D [6.1] ein affiner Unterraum $\neq V$ ist. Ohne Einschränkung sei angenommen, daß der Nullpunkt von V regulärer Punkt von C ist [sonst hätte man in anderen Ortsvektoren zu rechnen und zum Schluß nach (18)–(20) [6.1] zurückzutransformieren]. Dann ist in (29), (30): $\gamma = \overline{\gamma} = 0$, und die Richtung der Tangentialhyperebene $T_0 C$ (die aus C heraus definierbar ist) wird nach (17) einerseits durch Kern $f \neq V$, andererseits durch Kern $\overline{f} \neq V$ gegeben, so daß $\overline{f}$ und f proportional sind, ohne Einschränkung $\overline{f} = f$ (man danke sich eine der Gleichungen passend durchmultipliziert). Nach den Vorüberlegungen gilt weiter $\overline{F} = \beta F$ mit einem Skalar β, so daß die beiden Quadrikgleichungen jetzt lauten:

$$(35) \quad \begin{aligned} F(u, u) + 2f(u) &= 0 \\ \beta F(u, u) + 2f(u) &= 0. \end{aligned}$$

Durch Elimination von $F(u, u)$ folgt aus (35): $(\beta - 1) f(u) = 0$. Wäre $\beta \neq 1$, so läge C in der Hyperebene Kern f, was A (b) [6.1] widerspricht. Also folgt $\beta = 1$, und alles ist bewiesen. □

Ein entsprechender Satz gilt natürlich für je zwei Gleichungen von C bezüglich einem anderen, aber gemeinsamen Ursprung u_0 anstelle 0.

Bemerkung 3. Im Fall einer echten Mittelpunktsquadrik C läßt sich die Polarität bezüglich der Bilinearform F noch anders deuten. Mit Rücksicht auf Bemerkung 3 [6.1] können wir ohne Einschränkung annehmen, daß der gewählte Mittelpunkt $a_0 = 0$ ist und daß C die Gleichung besitzt:

(36) $F(u,u) = 1.$

Für $a \in C$ ist auch $-a \in C$, und die Gerade $a \vee (-a)$ heißt dann ein **Durchmesser** von C. Die Richtung der Tangentialhyperebene $T_a C$ ist

(37) $R_a C = \{v \in V \mid F(a,v) = 0\}.$

Hieraus folgt die gewünschte Charakterisierung: *Für* $a \in C$ *und einen Vektor* $v \in V$ *ist* a ***polar*** *zu* v *bezüglich* F, *d.h. es gilt* $F(a,v) = 0$, *genau dann, wenn* v *zur Richtung* $R_a C$ *der Tangentialhyperebene* $T_a C$ *gehört.* Ist dies der Fall, und gehört außerdem v als Punkt zu C: $F(v,v) = 1$, so nennt man die Durchmesser $a \vee (-a)$ und $v \vee (-v)$ **konjugiert**. Kennzeichnend hierfür ist, daß der zweite Durchmesser $v \vee (-v)$ parallel zur Tangentialebene in a (und $-a$) ist, und ebenso, daß der erste Durchmesser $a \vee (-a)$ parallel zur Tangentialhyperebene in v (und $-v$) ist; vgl. Bild 30.

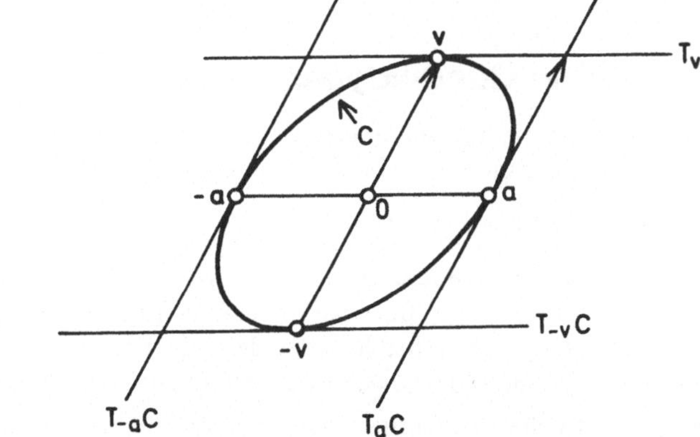

Bild 30
Konjugierte Durchmesser

Aufgaben zu 6.2

1. Zeige: Ein Punkt ist dann und nur dann Spitze der Quadrik C, wenn er in allen Tangentialhyperebenen regulärer Punkte von C enthalten ist.

2. Gegeben sei eine echte Mittelpunktsquadrik C in einem $\mathbb{R}$-Vektorraum V mit positiv definitem quadratischem Anteil F, und es seien N und S zwei verschiedene Punkte auf C mit parallelen Tangentialhyperebenen: $T_N C \parallel T_S C$ (gibt es solche N und S?). Die **stereographische Projektion** $\sigma: C \setminus \{N\} \to T_S C$ ist dann folgendermaßen definiert: Zu gegebenem $u \in C$, $u \neq N$ bildet man die Verbindungsgerade $N \vee u$. Diese schneidet $T_S C$ in genau einem Punkt (warum?). Dieser Punkt sei $\sigma(u)$. Man zeige, daß σ bijektiv ist.

3. Für jede Erzeugende g der Quadrik C gilt genau eine der folgenden Aussagen:

(i) g enthält keinen singulären Punkt (eine solche Erzeugende wird **zylindrisch** genannt, wenn außerdem jede Parallele von g, die C schneidet, ganz in C enthalten ist);

(ii) g enthält genau einen singulären Punkt (g heißt dann **konische** Erzeugende);

(iii) g besteht nur aus singulären Punkten.

Man beweise dies und zeige ferner:

a) Ist g zylindrische Erzeugende, so gilt $T_a C = T_b C$ für alle $a, b \in g$.

b) Ist g konische Erzeugende, so gilt $T_a C = T_b C$ für alle nichtsingulären Punkte $a, b \in g$.

c) Enthält eine Erzeugende g nur reguläre Punkte von C und gilt für ein Punktepaar $a \neq b$ aus g: $T_a C = T_b C$, so ist g zylindrisch.

4. Sei v ein Vektor mit Nichtausnahmerichtung. Man zeige: Die Punkte a des Durchschnittes $C \cap D_v$ sind genau die, in denen eine Gerade der Richtung v die Quadrik C berührt, d.h.

$$a \in C \cap D_v \Longleftrightarrow a \in C \quad \text{und} \quad v \in R_a C.$$

Man nennt deswegen $C \cap D_v$ die **Schattengrenze** von C bei Parallelbeleuchtung in Richtung v.

5. Ist C eine Quadrik mit der Gleichung $F(u,u) + 2f(u) + \gamma = 0$, so versteht man unter der **Polaren** P_a eines Punktes $a \in V$ den affinen Unterraum mit der Gleichung $F(u,a) + f(u) + f(a) + \gamma = 0$. Man überlege mit Satz H, daß dies ein Begriff ist, der nur von C als Punktmenge abhängt. Trivialerweise gilt: $b \in P_a \Longleftrightarrow a \in P_b$.

6. Ist α: $V \to W$ ein affiner Isomorphismus und C eine Quadrik in V, so ist die Bildmenge $\alpha(C)$ eine Quadrik in W (Aufgabe 4 [6.1]). Man überlege weiter, daß unter α die Begriffe: Mittelpunkt, Spitze, Tangentialhyperebene und Diametralhyperebene invariant sind. Dies soll bedeuten: Ist a Mittelpunkt von C, so ist $\alpha(a)$ Mittelpunkt von $\alpha(C)$, usw.

6.3 Affine Quadriktypen

Die bisherigen Voraussetzungen über den Grundkörper K werden beibehalten, jedoch sei der K-Vektorraum V jetzt endlich dimensional:

(1) $\quad 2 \leqq \dim V = n < \infty.$

Unter dieser Voraussetzung verfeinern wir die in 6.1 erzielte Einteilung der Quadriken $C \subset V$, indem wir in V Bezugssysteme konstruieren, die der jeweiligen Quadrik besonders angepaßt sind. Dies führt in jeder der drei Klassen der echten Mittelpunktsquadriken, Kegel und Paraboloide zu weiteren Untertypen.

Ein wesentliches Hilfsmittel sind die verschiedenen Normalformen für symmetrische Bilinearformen

(2) $\quad F: V \times V \to K.$

Wir vermerken einige einfache Tatsachen über solche Formen F. Zunächst ist die *Bilinearform* $(u,v) \mapsto F(u,v)$ wegen der Symmetrie von F bereits durch die *quadratische Form* $u \mapsto F(u,u)$ bestimmt; vgl. (16) [2.1]. Mit F verbunden ist das Radikal:

(3) $\quad \operatorname{Rad} F = \{u \in V \mid F(u,v) = 0 \quad \text{für alle } v \in V\}.$

Dieses ist ein Untervektorraum von V. Wir setzen

(4) $\quad r := \dim(\operatorname{Rad} F), \qquad s := n - r.$

s heißt der **Rang** von F. Ist $\operatorname{Rad} F = 0$, d.h. $s = n$, so ist F *nichtausgeartet*. Zu F existiert stets eine sog. *Polarbasis*, d.h. eine Basis $b_1, \ldots, b_n$ von V mit:

(5) $\quad F(b_i, b_j) = 0, \quad 1 \leqq i < j \leqq n.$

Außerdem läßt sich durch eventuelles Umnumerieren der Basisvektoren erreichen, daß für die Skalare

(6) $\alpha_j := F(b_j, b_j), \quad 1 \leqq j \leqq n$

gilt:

(7) $\alpha_1 \neq 0, \ldots, \alpha_s \neq 0, \quad \alpha_{s+1} = \ldots = \alpha_n = 0,$

wobei, falls $F \neq 0$:

(8) $1 \leqq s \leqq n.$

Eine solche Polarbasis kann man ohne Schwierigkeiten berechnen, indem man auf eine willkürliche Basisdarstellung von F das Verfahren der quadratischen Ergänzung anwendet (vgl. I, 5.2 oder das folgende Beispiel 3). Unter Voraussetzung von (5)–(7) lautet für

(9) $$v = \sum_{j=1}^{n} x_j b_j$$

die Basisdarstellung von F(v, v) folgendermaßen:

(10) $$F(v, v) = \sum_{j=1}^{s} \alpha_j x_j^2 .$$

Sei nun eine Quadrik $C \subset V$ vorgegeben. Im folgenden behandeln wir die Fälle, daß C Mittelpunktsquadrik (M) bzw. Paraboloid (P) ist, getrennt.

(M) Mittelpunktsquadriken. Ist C Mittelpunktsquadrik, so kommen wir direkt mit der obigen Normalform von F weiter. Wird nämlich der Ursprung $u_0 = a_0$ in einen Mittelpunkt bzw. eine Spitze gelegt und in V eine Polarbasis $b_1, \ldots, b_n$ zu F wie eben beschrieben gewählt, so lautet die Gleichung für C in den durch

(11) $$\tilde{u} = \sum_{j=1}^{n} x_j b_j$$

definierten Koordinaten der Ortsvektoren $\tilde{u}$ bezüglich u_0:

(12) *Echte Mittelpunktsquadriken:* $F(\tilde{u}, \tilde{u}) = 1$, d.h. $\sum_{i=1}^{s} \alpha_j x_j^2 = 1$

(13) *Quadratische Kegel:* $F(\tilde{u}, \tilde{u}) = 0$, d.h. $\sum_{i=1}^{s} \alpha_j x_j^2 = 0.$

Dabei ist im Falle (12) überdies die Vereinfachung (42) [6.1] vorgenommen worden. Man nennt die Gleichungen in (12) und (13) **(allgemeine) affine Normalformen der Mittelpunktsquadriken**. Wir haben also erhalten:

Satz A. *Die Gleichung einer jeden Mittelpunktsquadrik in* V *läßt sich bezüglich eines geeigneten affinen Bezugssystems* $(a_0; b_1, \ldots, b_n)$ *von* V *auf eine der affinen Normalformen* (12) *bzw.* (13) *bringen, wobei* $1 \leqq s \leqq n$ *und* $\alpha_1, \ldots, \alpha_s \in K \setminus 0$. □

Warnung: Es wird nicht behauptet, jede Punktmenge, die durch eine Gleichung des Typs (12) bzw. (13) dargestellt wird, sei eine Quadrik, d.h. erfülle (b) von A [6.1].

(P) Paraboloide. Ist C ein Paraboloid, so legen wir den Ursprung $u_0 = a_0$ auf C (eine nähere Spezialisierung der Lage von u_0 bietet sich affingeometrisch nicht an). Ferner sei wieder eine Polarbasis $\tilde{b}_1, \dots, \tilde{b}_n$ von F gewählt und die Koordinaten der Ortsvektoren $\tilde{u}$ bezüglich u_0 gemäß

(14) $$\tilde{u} = \sum_{j=1}^{n} \tilde{x}_j \tilde{b}_j$$

bezeichnet. Die Gleichung von C bezüglich a_0 lautet dann (da ihr $\tilde{u} = 0$ genügen muß):

(15) $$F(\tilde{u}, \tilde{u}) + 2\tilde{f}(\tilde{u}) = 0$$

d.h.

(16) $$\sum_{j=1}^{s} \alpha_j \tilde{x}_j^2 + 2 \sum_{j=1}^{n} \beta_j \tilde{x}_j = 0.$$

Dabei sind die β_j die Koeffizienten der Basisdarstellung der Linearform $\tilde{f}$. In (16) gilt notwendig

(17) $$1 \leqq s \leqq n-1.$$

Wäre nämlich $s = n$, so könnte (16) mittels quadratischer Ergänzung auf die Form gebracht werden

(18) $$\sum_{j=1}^{n} \alpha_j (\tilde{x}_j - \gamma_j)^2 = \gamma,$$

was die Gleichung einer Mittelpunktsquadrik (mit dem Mittelpunkt $a_0 + \sum_{j=1}^{n} \gamma_j \tilde{b}_j$) ist. Aus ähnlichem Grunde sind nicht alle Koeffizienten $\beta_{s+1}, \dots, \beta_n$ gleich 0, so daß nach eventueller Permutation

(19) $$\beta_n \neq 0$$

angenommen werden darf.

Aufgrund von (17) und (19) läßt sich die Gleichung (16) weiter vereinfachen, indem die Koordinatentransformation

(20) $$x_1 := \tilde{x}_1, \dots, x_{n-1} := \tilde{x}_{n-1}, \quad x_n := -2 \sum_{j=1}^{n} \beta_j \tilde{x}_j$$

vorgenommen wird. Diese ist wegen (19) bijektiv. Die zugehörige Basis von V heiße $b_1, \dots b_n$.

Somit lautet die erzielte Gleichung für C:

(21) *Paraboloide:* $$x_n = \sum_{i=1}^{s} \alpha_i x_i^2 .$$

Man nennt die Gleichungen in (21) die **(allgemeinen) affinen Normalformen der Paraboloide**. Hierbei gilt:

(22) $$1 \leqq s \leqq n-1, \quad \alpha_1, \dots, \alpha_s \in K \setminus 0.$$

Hier ist es nun tatsächlich so, daß *jede* Gleichung des Typs (21) mit (22) ein Paraboloid darstellt. Um die Forderung (b) von A [6.1] als erfüllt nachzuweisen, genügt die Angabe von endlich vielen Punkten, die die gegebene Gleichung befriedigen und nicht in einer Hyperebene von V enthalten sind. Solche Punkte erhält man z.B., indem man entweder alle Koordinaten $x_1 = \dots = x_n = 0$ setzt (das liefert den Ursprung), oder indem man von den Koordinaten $x_1, \dots, x_{n-1}$ jeweils eine gleich 1 oder -1 (und die anderen gleich 0) setzt und x_n jeweils aus dem Bestehen der Gleichung berechnet. Die einfache Überprüfung, daß die so erhaltenen $1 + 2(n-1)$ Punkte ein Koordinatensimplex von V enthalten, sei dem Leser überlassen. Weiter kann man anhand der speziellen Gestalt der Gleichung in (21) leicht sehen, daß die algebraische Charakterisierung der Paraboloide (Tabelle 4) erfüllt ist. Zusammengefaßt hat sich damit ergeben:

Satz B. *Die Gleichung eines jeden Paraboloides in* V *läßt sich bezüglich eines geeigneten affinen Bezugssystems* $(a_0, b_1, \dots, b_n)$ *von* V *auf eine affine Normalform* (21) *mit* (22) *bringen.*

Umgekehrt stellt jede Gleichung des Typs (21) *mit* (22) *ein Paraboloid dar.* □

Bemerkung 1. Aus der speziellen Gestalt des quadratischen und linearen Anteils in (21) erkennt man insbesondere

(23) $$R_{a_0} C = \mathrm{sp}(b_1, \dots, b_{n-1}), \quad b_n \in \mathrm{Rad}\, F.$$

Das sind wesentliche Eigenschaften des konstruierten Bezugssystems $(a_0; b_1, \dots, b_n)$. Natürlich gilt dann $F(b_n, b_n) = 0$, d.h. b_n hat Ausnahmerichtung. Ist F von maximalem Rang $s = n-1$, so ist b_n durch die zweite Beziehung in (23) bis auf einen skalaren Faktor eindeutig bestimmt. Im Falle $s < n-1$ gilt dies nicht mehr; hier nennt man C einen **parabolischen Zylinder**. Ein Grund dafür ist, daß auf der rechten Seite von (23) die Variablen $x_{s+1}, \dots, x_{n-1}$ nicht mehr vorkommen, die Punktmenge C also bei jeder Translation mit einem Verschiebungsvektor aus dem Spann der Vektoren $b_{s+1}, \dots, b_{n-1}$ invariant bleibt. □

Wir gehen nun auf wichtige Spezialisierungen des Grundkörper K ein.

Reeller Fall

Ist $K = \mathbf{R}$, so kann in (7) durch eine zusätzliche Koordinatentransformation (nämlich Ersetzen der Koordinaten durch positive oder negative Vielfache) erreicht werden:

(24) $$\alpha_1 = \dots = \alpha_p = 1, \quad \alpha_{p+1} = \dots = \alpha_{p+q} = -1 \quad (p+q=s)$$

Es ist dann p der *Trägheitsindex*, p − q die *Signatur* und s = p + q der *Rang* von F. Hier lauten die affinen Normalformen also folgendermaßen:

(25) *Echte Mittelpunktsquadriken:* $\sum_{i=1}^{p} x_i^2 - \sum_{i=p+1}^{p+q} x_i^2 = 1 \quad (p \geqq 1, q \geqq 0, p+q \leqq n)$

(26) *Quadratische Kegel:* $\sum_{i=1}^{p} x_i^2 - \sum_{i=p+1}^{p+q} x_i^2 = 0 \quad (p \geqq q \geqq 1, p+q \leqq n)$

(27) *Paraboloide:* $x_n = \sum_{i=1}^{p} x_i^2 - \sum_{i=p+1}^{p+q} x_i^2 \quad (p \geqq q \geqq 0, 1 \leqq p+q \leqq n-1).$

Die in Klammern angegebenen Beschränkungen für p und q sind dabei erreichbar, weil durch Multiplikation der Gleichung bei (26) und (27) mit −1 der Gleichungstyp unverändert bleibt, die Plusterme aber mit den Minustermen vertauscht werden, und weil die Forderung (b) von Definition A [6.1] erfüllt sein muß. Man nennt die Gleichungen in (25) bis (27) die **affinen Normalformen der reellen Quadriken.**

Beispiele. 1. Ist speziell n = 2, so erhält man die in Tabelle 5 verzeichneten Typen von reellen Kegelschnitten, wobei $(x_1, x_2) =: (x, y)$ geschrieben ist. Zur Deutung der Typen in

Mittelpunkts-kegelschnitte	Echte Mittelpunkts-kegelschnitte	$x^2 + y^2 = 1$	**Ellipse**
		$x^2 - y^2 = 1$	**Hyperbel**
		$x^2 \quad = 1$	**Paar paralleler Geraden**
	Kegel	$x^2 - y^2 = 0$	**Paar sich schneidender Geraden**
Paraboloide		$y = x^2$	**Parabel**

Tabelle 5 Reelle affine Kegelschnitt-Typen

der vierten und fünften Zeile rechts beachte man, daß $x^2 = 1$ äquivalent ist mit $(x-1)(x+1) = 0$ und $x^2 - y^2 = 0$ äquivalent mit $(x-y)(x+y) = 0$. Die gestaltlichen Verhältnisse bei diesen Figuren sind dieselben wie im euklidischen Fall; vgl. die Bilder 23–25 und 36, 37. Der Unterschied zum Euklidischen besteht darin, daß die angepaßten Bezugssysteme allgemeiner affiner Natur („schiefwinklig") sind, die darstellenden Gleichungen dafür einfacher ausfallen. Das ist am Beispiel von Ellipse und Parabel in den Bildern 31 und 32 verdeutlicht.

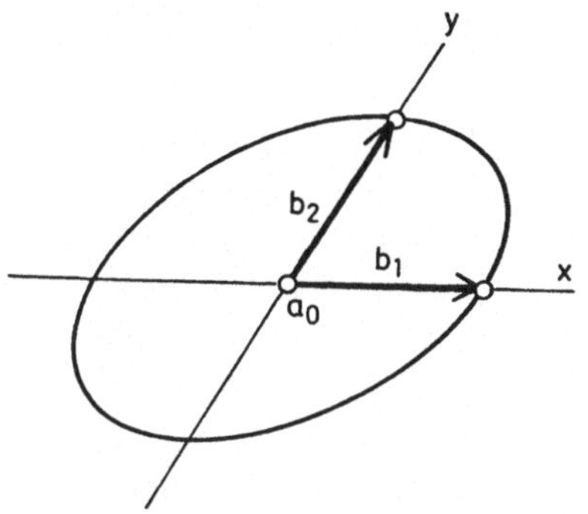

Bild 31 Ellipse in affinem Bezugssystem

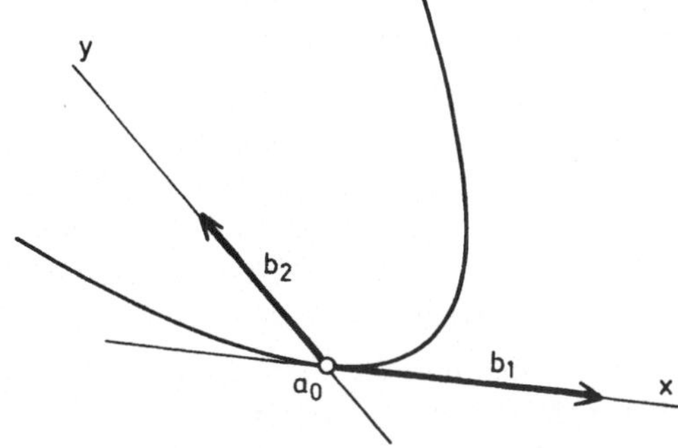

Bild 32 Parabel in affinem Bezugssystem

2. Ist n = 3, so kann man entsprechend die möglichen Typen reeller quadratischer Flächen aufschreiben. Wir verzichten hierauf aus Platzgründen, bemerken aber, daß die entsprechende Tabelle aus der folgenden euklidischen Typenaufzählung (Tabelle 7) entsteht, indem man dort die Konstanten a, b, c gleich 1 setzt. Auch die gestaltlichen Verhältnisse sind dieselben wie im euklidischen Fall (vgl. die Bilder 38–42). Im übrigen gilt analoges wie bei n = 2.

Komplexer Fall

Für $K = \mathbf{C}$ ist in (12), (13), (21) stets $\alpha_1 = \ldots = \alpha_s = 1$ erreichbar. [Dazu hat man lediglich β_j mit $\beta_j^2 = \alpha_j$ zu wählen und neue Koordinaten $\widehat{x_j} := \beta_j x_j$ für $1 \leqq j \leqq s$ und $\widehat{x_j} := x_j$ für $s + 1 \leqq j \leqq n$ einzuführen. Dann gilt $\sum_{j=1}^{s} \hat{x}_j^2 = \sum_{j=1}^{s} \alpha_j x_j^2$.] Demnach gibt es hier für jeden Rang s von F genau einen Typ, nämlich (nach Löschung von ^):

(28) *Echte Mittelpunktsquadriken:* $x_1^2 + \ldots + x_s^2 = 1 \quad (1 \leqq s \leqq n)$

(29) *Quadratische Kegel:* $x_1^2 + \ldots + x_s^2 = 0 \quad (1 \leqq s \leqq n)$

(30) *Paraboloide:* $x_n = x_1^2 + \ldots + x_s^2 \quad (1 \leqq s \leqq n-1)$

Man nennt die Gleichungen in (28) bis (30) die **affinen Normalformen der komplexen Quadriken.**

Zum allgemeinen Normalformenproblem

Warum ist man generell an Normalformen interessiert? Dazu kann folgendes gesagt werden: In einer vorgelegten Geometrie werden zwei Figuren als äquivalent betrachtet, wenn sie durch eine strukturerhaltende Abbildung dieser Geometrie ineinander übergeführt werden können. Um Ordnung in die Figuren einer bestimmten Klasse zu bringen, wird man versuchen, jeder Figur einen „Repräsentanten" oder eine „Normalform" so zuzuweisen, daß zwei Figuren genau dann äquivalent sind, wenn ihnen derselbe Repräsentant zugeordnet werden kann.

Eine Zuweisung von Repräsentanten haben wir hier für die Figurenklasse der Quadriken endlich dimensionaler Vektorräume vorgenommen.

Die strukturerhaltenden Abbildungen der Affingeometrie sind die affinen Isomorphismen. Sind V und W zwei Vektorräume, so nennt man generell zwei Punktmengen $M \subseteqq V$ und $\overline{M} \subseteqq W$ **affin äquivalent**, wenn ein affiner Isomorphismus $\alpha: V \to W$ existiert mit $\alpha(M) = \overline{M}$; speziell ist dies auf Quadriken als Punktmengen anwendbar. (Aus der Quadrikendefinition A [6.1] kann man leicht ableiten, daß das affin-isomorphe Bild $\alpha(C)$ einer Quadrik C in V stets eine Quadrik in W ist.)

Es erhebt sich nun die Frage, was die für Quadriken gewonnenen Normalformen mit der affinen Äquivalenz zu tun haben. Dabei ist folgendes von Bedeutung: Im betrachteten endlich dimensionalen Fall $\dim V = \dim W = n$ läßt sich ein affiner Isomorphismus $\alpha: V \to W$ (mit der Ableitung L) besonders einfach darstellen, wenn in V und W Bezugssysteme $(a_0; b_1, \ldots, b_n)$ und $(\overline{a}_0; \overline{b}_1, \ldots, \overline{b}_n)$ eingeführt werden, die durch die Festsetzungen $\alpha(a_0) = \overline{a}_0$, $L(b_i) = \overline{b}_i\,(1 \leqq i \leqq n)$ an α angepaßt sind. Die Abbildung α wird dann, wie wir nach (22) [5.2] wissen, durch *gleiche Koordinaten vermittelt*, d.h. der Punkt $a_0 + x_1 b_1 + \ldots + x_n b_n$ geht durch α in $\overline{a}_0 + x_1 \overline{b}_1 + \ldots + x_n \overline{b}_n$ über. In diesem Falle gilt für zwei Mengen $M \subseteqq V$ und $M \subseteqq \overline{V}$ genau dann $\alpha(M) = \overline{M}$, wenn sie durch dieselben Koordinatenbedingungen in V und W beschrieben werden. Das beantwortet unsere Frage zumindest teilweise:

Satz C. *Seien* V *und* W *zwei* K-*Vektorräume gleicher endlicher Dimension* n. *Zwei Quadriken* $C \subset V$ *und* $\overline{C} \subset W$ *sind genau dann affin äquivalent, wenn es affine Bezugssysteme in* V *und* W *gibt, bezüglich denen* C *und* $\overline{C}$ *dieselben Normalformen besitzen.* [*„Dieselbe" Normalform bedeutet: der gleiche Typ von Gleichungen der Art* (12), (13) *oder* (21) *mit den gleichen „Daten"* s *und* $\alpha_1, \ldots, \alpha_s \in K \setminus 0$.] □

Allerdings bleibt hierbei offen, wann zwei *verschiedene* Normalformen möglicherweise affin äquivalente Quadriken darstellen, was die Anzahl der Normalformen weiter reduzieren würde. Tatsächlich ist diese Frage stark vom Körper K abhängig und im allgemeinen schwierig zu beantworten. Im Falle der reellen oder komplexen Zahlen reicht aber die obige Reduzierung aus:

Satz D. *Sei* V *reeller Vektorraum. Dann gilt:*

(i) *Jede der Normalformen in* (25) *bis* (27) *stellt eine Quadrik in* V *dar.*

(ii) *Je zwei verschiedene der Normalformen in* (25) *bis* (27) *stellen reell-affin nicht äquivalente Quadriken dar.*

Beweis. *Zu* (i): Für den parabolischen Typ (27) wurde dies bereits in Satz B gezeigt. Analog sind jetzt für die beiden anderen Typen jeweils endliche viele Punkte anzugeben, die die betreffende Gleichung erfüllen und nicht in einer Hyperebene enthalten sind. Bei (25) sind solche Punkte z.B. $a_0 - b_1$, $a_0 + b_i$ für $1 \leqq i \leqq p$, $a_0 + 2b_1 + \sqrt{3}b_i$ für $p < i \leqq$ $\leqq p + q$ und $a_0 + b_1 + b_i$ für $p + q < i \leqq n$. Bei (26) kann man z.B. wählen: a_0, $a_0 + b_i + b_{p+1}$ für $1 \leqq i \leqq p$, $a_0 + b_1 + b_i$ für $p < i \leqq p + q$ und $a_0 + b_i$ für $p + q < i \leqq n$. Die einfache Überprüfung sei dem Leser überlassen.

Zu (ii): Angenommen man hat zwei affin äquivalente Quadriken $C \subset V$ und $\overline{C} \subset W$ mit ihren Gleichungen in Normalform gegeben. Dann ist zu zeigen, daß diese Gleichungen *dieselbe* Normalform besitzen. Ohne Einschränkung dürfen wir annehmen, daß es sich um ein und dieselbe Quadrik C in V handelt, die bezüglich zweier affiner Bezugssysteme $(a_0; b_1, \dots, b_n)$ und $(\overline{a}_0; \overline{b}_1, \dots, \overline{b}_n)$ von V durch jeweils eine der Normalformen dargestellt ist (man wende eine analoge Überlegung wie vor Satz C an). Dann gehören die beiden Normalformen jedenfalls zur gleichen Sorte der ersten Einteilung, da jede Gleichung des Typs (25) eine echte Mittelpunktsquadrik, jede des Typs (26) einen Kegel und jede des Typs (27) ein Paraboloid darstellt und diese Einteilung disjunkt ist. Nehmen wir etwa an, C sei ein Paraboloid, das bezüglich der genannten Bezugssysteme die Gleichungen besitzt:

$$(31) \qquad \underbrace{x_1^2 + \dots + x_p^2 - x_{p+1}^2 - \dots - x_{p+q}^2}_{F(u,u)} \underbrace{- \quad x_n}_{2f(u)} = 0$$

$$(32) \qquad \underbrace{\overline{x}_1^2 + \dots + \overline{x}_{\overline{p}}^2 - \overline{x}_{\overline{p}+1}^2 - \dots - \overline{x}_{\overline{p}+\overline{q}}^2}_{\overline{F}(\overline{u},\overline{u})} \underbrace{- \quad \overline{x}_n}_{2\overline{f}(\overline{u})} = 0,$$

wobei u bzw. $\overline{u}$ der Ortsvektor bezüglich a_0 bzw. $\overline{a}_0$ ist und die x_i bzw. $\overline{x}_i$ seine Koordinaten in dem jeweiligen Bezugssystem sind.

Die Gleichung (31) läßt sich wie in 6.1 auf den Ursprung $\overline{a}_0$ umschreiben, d.h. C wird bezüglich $\overline{a}_0$ dargestellt durch

$$(33) \qquad F(\overline{u},\overline{u}) + \text{linearer und konstanter Anteil} = 0.$$

Nun folgt aus Satz H [6.2], daß die beiden Gleichungen (32) und (33) mit einer Zahl $\alpha \in \mathbf{R} \setminus 0$ proportional sind, da beide C bezüglich $\overline{a}_0$ darstellen, insbesondere gilt $F(\overline{u},\overline{u}) = \alpha\overline{F}(\overline{u},\overline{u})$ für alle $\overline{u} \in V$. Die Zahlen p, q der ersten Gleichung sind dabei allein durch das Werteverhalten von F bestimmt, und zwar ist p (bzw. q) die maximale Dimension der Untervektorräume von V, auf denen F positiv (bzw. negativ) definit ist*). Entsprechendes gilt für $\overline{p}$ und $\overline{q}$ bezüglich $\overline{F}$. Da es sich um Normalformen handeln sollte, gilt außerdem $p \geqq q$ und $\overline{p} \geqq \overline{q}$. Dies impliziert: $p = \overline{p}$, $q = \overline{q}$, falls $\alpha > 0$ bzw. $p = \overline{q}$, $q = \overline{p}$, falls $\alpha < 0$, also wegen der getroffenen Anordnung: $p = \overline{p}$, $q = \overline{q}$. Dies bedeutet das Übereinstimmen der beiden Normalformen. Analog wird in den Fällen der Mittelpunktsquadriken verfahren. □

Mit kleinen Abänderungen, aber ansonsten völlig analog erhält man im komplexen Fall:

Satz E. *Sei* V *komplexer Vektorraum. Dann gilt:*

(i) *Jede der Normalformen in* (28) *bis* (30) *stellt eine Quadrik in* V *dar.*

(ii) *Je zwei verschiedene der Normalformen in* (28) *bis* (30) *stellen komplex-affin nicht äquivalente Quadriken dar.* □

Nach den Sätzen B–E entsprechen die Normalformen (25)–(27) im reellen und (28)–(30) im komplexen Fall *bijektiv* den Klassen affin äquivalenter Quadriken.

---

*) Trägheitssatz von Sylvester (Zusatz zu E [I, 5.2]).

Die **affine Klassifikation** der reellen und komplexen Quadriken ist damit vollständig erzielt.

Beispiel 3. *Praktische Typbestimmung:* Diese ist mit einfachen Rechenoperationen möglich, insbesondere mit dem Verfahren der quadratischen Ergänzung, wobei man die linearen und konstanten Anteile gleich einbeziehen kann (Bemerkung 3 [5.2]). Sei etwa in $\mathbf{R}^3$ mit den Standardkoordinaten x, y, z die Quadrikgleichung gegeben

(34) $\quad x^2 - y^2 - 17z^2 - 2xy + 2xz - 14yz - 2x + 2y + 2\beta z + \beta = 0.$

Man soll den Typ der Quadrik (in Abhängigkeit von der reellen Konstanten β) ermitteln. – ***Lösungsskizze:*** Durch quadratische Ergänzung erhält man aus (34):

(35) $\quad (x - y + z - 1)^2 - 2(y + 3z)^2 + 2(\beta + 1)z + \beta - 1 = 0.$

Zur Weiterbehandlung von (35) schreibt man im Falle $\beta + 1 \neq 0$ bei den nichtquadratischen Termen $2(\beta + 1)z + \beta - 1 = (\beta + 1)\left(2z + \frac{\beta - 1}{\beta + 1}\right)$, so daß (35) nach einer durch die Klammerung nahegelegten affinen Koordinatentransformation in die Gleichung eines *hyperbolischen Paraboloids* übergeht. Für $\beta + 1 = 0$ ergibt sich dagegen direkt aus (35) die Gleichung einer echten Mittelpunktsquadrik, nämlich eines *hyperbolischen Zylinders* (vgl. Tabelle 7). Die noch auftretenden multiplikativen Konstanten lassen sich leicht durch eine zusätzliche Koordinatentransformation zu 1 oder -1 machen, womit die affinen Normalformen vollständig hergestellt sind.

Aufgaben zu 6.3

1. Der *Asymptotenkegel* A_C einer Mittelpunktsquadrik C (Bemerkung 1 [6.2]) ist unabhängig vom verwendeten Mittelpunkt definiert. Man beweise dies und zeige im Falle einer echten Mittelpunktsquadrik in einem *reellen*, endliche dimensionalen Vektorraum mit Mittelpunkt 0: Ist V_C der **Verbindungskegel** von 0 mit C, d.h. $V_C = \{v \in V \setminus 0 \mid C \cap \mathrm{sp}(v) \neq \phi\}$, so gehört ein $w \in V \setminus 0$ genau dann zu A_C, wenn $w \notin V_C$ und es eine Folge $v_j \in V_C$ gibt mit $v_j \to w$ für $j \to \infty$.

2. Man beweise für ein Paraboloid C folgende Charakterisierung des Radikals von F: Ist $a_0 \in C$, so ist $a_0 + \mathrm{Rad}\, F$ der Durchschnitt aller Diametralhyperebenen von Vektoren in der Tangentialrichtung $R_{a_0}C$ in Nichtausnahmerichtung.

Hinweis: Man verwende ein Bezugssystem mit (21).

3. Sei V ein vierdimensionaler Vektorraum über einem Körper der Charakteristik 0. Man beweise, daß die Menge der zerlegbaren Bivektoren von $V \wedge V$ ein quadratischer Kegel mit Spitze 0 in $V \wedge V$ ist, der sog. **Plücker-Kegel,** und man gebe für diesen eine affine Normalform an.

Hinweis: Man benutze Bemerkung 4 [4.5].

4. Der Kegel C des $\mathbf{R}^3$ mit der Gleichung $x^2 + (y - 1)^2 - (z - 1)^2 = 0$ soll mit allen Ebenen durch die x-Achse geschnitten werden. Die Gleichung einer solchen Ebene ist stets von der Form $\cos t \cdot y + \sin t \cdot z = 0$, wobei es genügt, t in $[0, \pi]$ variieren zu lassen. Für welche t ist der Schnitt eine Ellipse, Hyperbel, usw. (entsprechend der Typenaufzählung von Tabelle 3)? Man greife markante Werte von t heraus und fertige Skizzen an!

5. Man zeige, daß die Zahl p in der Normalform (26) eines reellen quadratischen Kegels C dadurch gekennzeichnet ist, daß $n - p$ die maximale Dimension aller affinen Unterräume ist, die eine feste Spitze enthalten und ganz in C enthalten sind.

6.4 Euklidische Quadriktypen

Wir betrachten nun eine Quadrik C in einem *euklidischen* Vektorraum V mit Skalarprodukt $\langle\,,\rangle$ und der Dimension

(1) $2 \leqq \dim V = n < \infty$.

Die verwendeten Bezugssysteme sollen hier nicht nur an die Quadrik C, sondern auch an die euklidische Struktur von V angepaßt werden. Es wird sich also um die Konstruktion *cartesischer* Bezugssysteme handeln, in deren Koordinaten die Quadrikgleichung eine einfache Normalform annimmt. Die Mittelpunktsquadriken und Paraboloide sollen wieder getrennt untersucht werden.

(M) Mittelpunktsquadriken. Ist C *Mittelpunktsquadrik*, so legen wir wie im Affinen den Ursprung a_0 in einen Mittelpunkt bzw. Spitze. Im Falle einer echten Mittelpunktsquadrik denken wir uns außerdem den quadratischen Anteil so mit einem Faktor multipliziert, daß der konstante Anteil -1 wird, und diese „Normierung" für F werde dann festgehalten. Im Kegelfall ist eine solche Festlegung nicht möglich (und auch nicht nötig). Die Quadrikgleichungen der beiden Fälle lauten dann für die Ortsvektoren $\tilde{u}$ bezüglich a_0:

(2) $F(\tilde{u}, \tilde{u}) = 1$ bzw. $F(\tilde{u}, \tilde{u}) = 0$.

Es genügt nun, F durch das entsprechende Verfahren aus der linearen Algebra (C [2.2]) auf euklidische Normalform zu bringen. Danach existiert zu F eine ON-Basis $b_1, \dots, b_n$ von V, deren Vektoren zudem paarweise polar bezüglich F sind:

(3) $\langle b_i, b_j\rangle = \delta_{ij}$

(4) $F(b_i, b_j) = \lambda_i \delta_{ij}$ $\qquad 1 \leqq i, j \leqq n.$

Die b_i und λ_i lassen sich an der linearen symmetrischen Abbildung $L: V \to V$ deuten, die zu F durch $F(u, v) = \langle u, Lv\rangle$ assoziiert ist (vgl. B [2.1]). Es ist $b_1, \dots, b_n$ orthonormierte Eigenbasis von L, und $\lambda_1, \dots, \lambda_n$ sind die zugehörigen Eigenwerte von L. Man sagt kurz, F werde **orthogonal diagonalisiert**. In den durch

(5) $$\tilde{u} = \sum_{i=1}^{n} x_i b_i$$

definierten cartesischen Koordinaten besitzt $F(\tilde{u}, \tilde{u})$ die Basisdarstellung:

(6) $$F(\tilde{u}, \tilde{u}) = \sum_{i=1}^{n} \lambda_i x_i^2, \quad \lambda_i = F(b_i, b_i), \quad 1 \leqq i \leqq n.$$

Nach eventueller Umnumerierung der Basisvektoren $b_1, \dots, b_n$ kann angenommen werden:

(7) $$\begin{aligned} &\lambda_i > 0 \quad \text{für } 1 \leqq i \leqq p \\ &\lambda_i < 0 \quad \text{für } p < i \leqq p + q =: s \\ &\lambda_i = 0 \quad \text{für } s < i \leqq n, \end{aligned}$$

worin p der *Trägheitsindex*, $p - q$ die *Signatur* und $s = p + q$ der *Rang* von F ist.

Es ist in diesem Zusammenhang üblich, die λ_i mit (7) in der Form zu schreiben:

$$(8)\qquad \begin{aligned} \lambda_i &= \frac{1}{a_i^2} \quad \text{für } 1 \leqq i \leqq p \\ \lambda_i &= -\frac{1}{a_i^2} \quad \text{für } p < i \leqq p+q = s \end{aligned}$$

und dabei die reellen Zahlen a_i *positiv* zu wählen.

Damit gelangen wir zu den folgenden **euklidischen Normalformen der Mittelpunktsquadriken** bezüglich einem jeweils angepaßten cartesischen Bezugssystem $(a_0; b_1, \dots, b_n)$:

(9) *Echte Mittelpunktsquadriken:* $$\sum_{i=1}^{p} \frac{x_i^2}{a_i^2} - \sum_{i=p+1}^{p+q} \frac{x_i^2}{a_i^2} = 1 \quad (p \geqq 1, q \geqq 0, p+q \leqq n)$$

(10) *Quadratische Kegel:* $$\sum_{i=1}^{p} \frac{x_i^2}{a_i^2} - \sum_{i=p+1}^{p+q} \frac{x_i^2}{a_i^2} = 0 \quad (p \geqq q \geqq 1, p+q \leqq n).$$

Die Einführung einer solchen Basis $b_1, \dots, b_n$ wird als **Hauptachsentransformation** bezeichnet, und die Geraden $a_0 + \operatorname{sp}(b_i)$ heißen im Falle (9) **Hauptachsen** *), die Zahlen $2a_i$ **Hauptachsenlängen** von C. Der Sinn dieser Namensgebung soll in der folgenden Bemerkung erläutert werden.

Bemerkung 1. Wir betrachten den Fall einer echten Mittelpunktsquadrik mit lauter *positiven* Eigenwerten. Die Eigenwerte seien der Größe nach geordnet:

$$(11)\qquad 0 < \lambda_1 \leqq \lambda_2 \leqq \dots \leqq \lambda_n.$$

Dann gilt wegen (8):

$$(12)\qquad a_1 \geqq a_2 \geqq \dots \geqq a_n > 0.$$

Nach Satz A [2.2] haben wir die folgende Extremalcharakterisierung von λ_1:

$$(13)\qquad \lambda_1 = \min_{|v|=1} F(v,v),$$

oder, äquivalent hiermit:

$$(14)\qquad a_1 = \frac{1}{\sqrt{\lambda_1}} = \max_{|v|=1} \frac{1}{\sqrt{F(v,v)}}.$$

Das Extremum wird für $v = b_1$ angenommen.

Die in (14) zu maximierende Größe kann auf folgende Weise an der Punktmenge C gedeutet werden. Dabei sei als Mittelpunkt von C der Punkt $a_0 = 0$ gewählt, was nach Bemerkung 3 [6.1] keine Einschränkung bedeutet (vgl. Bild 33 für den Fall $n = 2$, wobei zur Deutlichkeit außer C die *Einheitssphäre* $S(1) = \{v \in V \mid |v| = 1\}$ eingezeichnet ist).

*) Diese hängen vom gewählten Mittelpunkt ab.

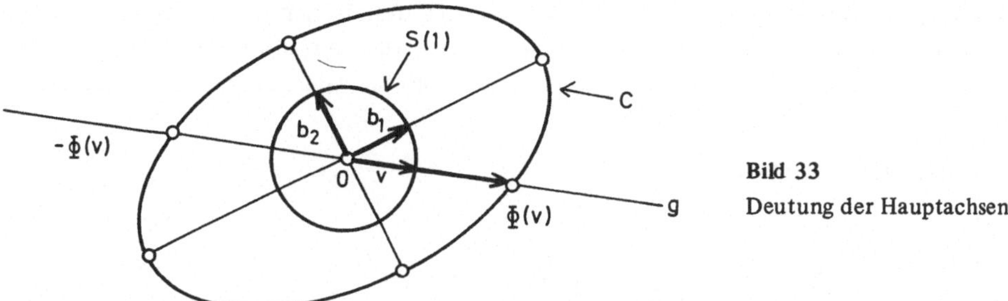

Bild 33
Deutung der Hauptachsen

Zu jedem v mit $|v| = 1$ betrachten wir die Gerade g durch 0 mit dem Richtungsvektor v. Die Gerade g hat die Parameterdarstellung $u = \lambda v$; sie schneidet C genau für $F(u,u) = 1$, d.h. wenn $\lambda^2 \cdot F(v,v) = 1$. Dies führt auf die beiden Schnittpunkte:

$$(15) \qquad \begin{aligned} \Phi(v) &:= \lambda v \\ -\Phi(v) &= -\lambda v \end{aligned} \qquad \text{mit } \lambda := \frac{1}{\sqrt{F(v,v)}}.$$

g ist also der *Durchmesser* $g = \Phi(v) \vee (-\Phi(v))$ im Sinne von Bemerkung 3 [6.2]. Als **Durchmesserlänge** von g definiert man:

$$(16) \qquad \delta(v) := 2 \cdot |\Phi(v)| = \frac{2}{\sqrt{F(v,v)}}.$$

Dies ist die Länge der Strecke $[\Phi(v), -\Phi(v)]$ (die manchmal ebenfalls als **Durchmesser** bezeichnet wird). Somit ergibt sich aus (14)

$$(17) \qquad 2a_1 = \max_{|v|=1} \delta(v).$$

Die Zahl $2a_1$ *ist also das absolute Maximum aller Durchmesserlängen von* C, und dieses Maximum wird für denjenigen Durchmesser angenommen, der von dem zugehörigen Eigenvektor b_1 aufgespannt wird. Analoge Aussagen gelten für die übrigen Zahlen $a_i = 1/\sqrt{\lambda_i}$ und die zugehörigen Durchmesser $\operatorname{sp}(b_i)$, wobei allerdings geeignete „Nebenbedingungen" zu stellen sind (vgl. Aufgabe 5 [2.2]). Speziell für $i = n$ bleibt die obige Aussage ohne Nebenbedingung richtig, wenn dort „Maximum" durch „Minimum" ersetzt wird. Durch diese Betrachtung erhält das in 2.2 benutzte *Verfahren des Rayleigh-Quotienten* einen sehr anschaulichen Hintergrund: *Im wesentlichen werden dabei die Durchmesserlängen der Quadrik* C *und der Einheitssphäre* S(1) *verglichen und die Extrema ihres Verhältnisses bestimmt.*

Verwandt mit diesen Extremaleigenschaften der Hauptachsen $\operatorname{sp}(b_i)$ sind die beiden Relationen (3), (4) für $i \neq j$, die ausdrücken, daß b_i und b_j gleichzeitig orthogonal *und* polar bezüglich F sind. Mit Rücksicht auf die Deutungen der Polarität (Satz F und Bemerkung 3 [6.2]) bedeutet dies: Die Hauptachsen haben die ausgezeichnete Eigenschaft, senkrecht zu stehen auf den zu ihren Richtungen konjugierten Diametralhyperebenen oder auch auf den Tangentialhyperebenen an C in den jeweiligen Schnittpunkten mit C. □

(P) Paraboloide. Der Fall eines *Paraboloids* C ist im Euklidischen etwas schwieriger. Wir knüpfen an die affine Diskussion in (P) [6.3] an. Dort war zu C ein affines Bezugssystem $(a_0; b_1, \dots, b_n)$ konstruiert worden, bezüglich dessen die Gleichung von C die Form annimmt

(18) $F(\tilde{u}, \tilde{u}) + 2\tilde{f}(\tilde{u}) = 0,$

mit

(19) $F(\tilde{u}, \tilde{u}) = \sum_{i=1}^{s} \alpha_i x_i^2, \quad \tilde{f}(\tilde{u}) = -\frac{1}{2} x_n,$

wobei x_i die Koordinaten der Ortsvektoren $\tilde{u}$ bezüglich a_0 sind:

(20) $\tilde{u} = \sum_{i=1}^{n} x_i b_i.$

Hierin ist s eine natürliche Zahl mit $1 \leqq s \leqq n-1$.

Nach (16), (17) [6.2] ist die Tangentialhyperebene von C im Punkt a_0 gegeben durch

(21) $T_{a_0} C = \{a_0 + v \mid F(a_0, v) + f(v) = 0\} = \{a_0 + v \mid \tilde{f}(v) = 0\},$

ihre Richtung also durch

(22) $R_{a_0} C = \text{Kern}\, \tilde{f}.$

Dies ist eine bloße Folge von (18), die speziellen Darstellungen (19) werden dazu nicht gebraucht. Ein weiterer wichtiger Untervektorraum, der allein der Quadrik (18) zugeordnet werden kann, ist das *Radikal* von F.

Unter Verwendung von (19) erkennt man die folgenden Erzeugungsweisen von $R_{a_0} C$ und Rad F als Untervektorräume von V:

(23) $\underbrace{b_1, \dots, b_s, \overbrace{b_{s+1}, \dots, b_{n-1}}^{}}_{R_{a_0} C}\!\!\!\!\!\!\overbrace{ , b_n}^{\text{Rad F}}.$

Hierbei umfasst die obere Klammer (Rad F) die Vektoren $b_{s+1}, \dots, b_{n-1}, b_n$ und die untere Klammer ($R_{a_0} C$) die Vektoren $b_1, \dots, b_{n-1}$.

Hieraus folgt:

(24) $(R_{a_0} C) \cap (\text{Rad}\, F)$ *ist eine Hyperebene in* Rad F.

Dies gilt generell, da der verwendete Ursprung a_0 nur auf C zu liegen brauchte und die eingehenden Untervektorräume unabhängig von den verwendeten Basen definiert sind. (Bild 34 veranschaulicht die Lageverhältnisse, wobei der Einfachheit halber jeweils nur die Richtungen der Unterräume angeschrieben sind.) Ungünstig ist, daß der Vektor $b_n \in \text{Rad}\, F$ i.a. nicht orthogonal zu $R_{a_0} C$ steht. Das Ziel ist deswegen, den Ursprung an eine solche Stelle von C zu verlagern, daß ein geeignetes $b_n \in (\text{Rad}\, F) \setminus 0$ orthogonal zum dortigen Tangentialraum wird.

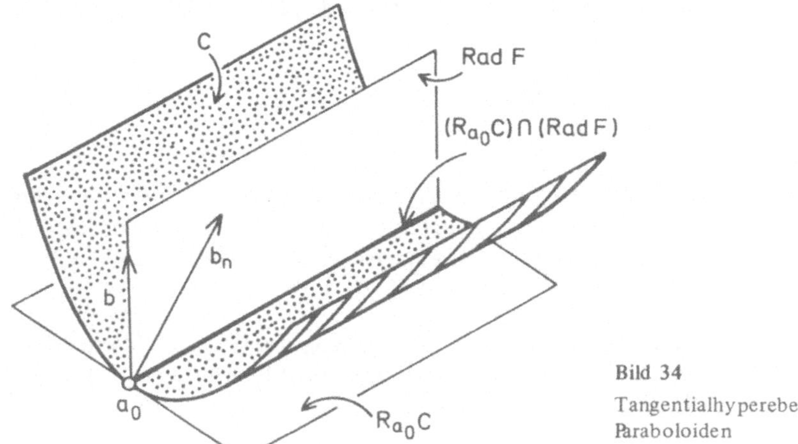

Bild 34
Tangentialhyperebene und Radikal bei Paraboloiden

Angenommen, diese Forderung ist bereits bei der getroffenen Ursprungswahl a_0 und für das vorhandene b_n erfüllt *):

(25) $b_n \in \mathrm{Rad}\,F, \qquad b_n \neq 0$

(26) $b_n \perp R_{a_0}C, \qquad R_{a_0}C = \mathrm{Kern}\,\tilde{f}.$

Dann kann ohne Einschränkung b_n als Einheitsvektor angenommen werden. Denken wir uns außerdem die Vektoren $b_1, \ldots, b_{n-1}$ in Kern $\tilde{f}$ als orthonormale Eigenbasis der Einschränkung von F gewählt:

(27) $$\begin{aligned} \langle b_i, b_j\rangle &= \delta_{ij} \\ F(b_i, b_j) &= \lambda_i \delta_{ij} \end{aligned} \qquad 1 \leqq i, j \leqq n-1,$$

wobei wieder (7) angenommen ist, so folgt mit (20) unter Verwendung von (25)

(28) $$F(\tilde{u}, \tilde{u}) + 2\tilde{f}(\tilde{u}) = \sum_{i=1}^{s} \lambda_i x_i^2 + 2\tilde{f}(b_n)\, x_n.$$

Die Quadrikgleichung, die durch Nullsetzen dieses Ausdrucks entsteht, kann wegen $\tilde{f}(b_n) \neq 0$ durch naheliegende Abänderungen auf die folgende Form (29) gebracht werden (wobei die auftretenden a_i alle positiv seien). So erhalten wir die **euklidischen Normalformen der Paraboloide** bezüglich einem jeweils angepaßten cartesischen Bezugssystem $(a_0; b_1, \ldots, b_n)$:

(29) *Paraboloide:* $$2x_n = \sum_{i=1}^{p} \frac{x_i^2}{a_i^2} - \sum_{i=p+1}^{p+q} \frac{x_i^2}{a_i^2} \qquad (p \geqq q \geqq 0,\ 1 \leqq p+q \leqq n-1).$$

Die noch anstehende Erfüllung der obigen Forderung in (25), (26) wird durch folgendes Lemma erledigt:

*) Das Symbol $\perp$ bezeichnet die Orthogonalität.

Lemma A. *Ist* (5) [6.1] *die Gleichung eines Paraboloids* C *in* V, *so gibt es ein* $a \in C$ *und ein* $b \in V$ *mit:*

(30) $\quad b \in \operatorname{Rad} F, \quad b \neq 0$

(31) $\quad b \perp R_a C.$

Die *Beweisidee* sei an Bild 34 erläutert: Sie besteht darin, zunächst bei *festem* a_0 einen Vektor $b \in (\operatorname{Rad} F) \setminus 0$ zu wählen, der zum Durchschnitt $(R_{a_0} C) \cap (\operatorname{Rad} F)$ orthogonal ist, und dann bei *festem* b den Ursprung a_0 an eine geeignete neue Stelle $a \in C$ zu verlagern.

Beweis von A. Wir beziehen unsere Rechnung auf das eingangs bei (P) geschilderte affine Bezugssystem $(a_0; b_1, \dots, b_n)$, so daß also die Beziehungen (18) bis (24) gelten. Hat das gesuchte a bezüglich a_0 als Ursprung den Ortsvektor $\tilde{a}$, so gilt nach (23) [6.2]:

(32) $\quad R_a C = \{\tilde{u} \in V \mid F(\tilde{a}, \tilde{u}) + \tilde{f}(\tilde{u}) = 0\}.$

Die Forderungen an a und b sind demnach erfüllt, wenn folgendes gilt:

(33) $\quad F(\tilde{a}, \tilde{a}) + 2\tilde{f}(\tilde{a}) = 0$

(34) $\quad b \in \operatorname{Rad} F, \quad b \neq 0$

(35) $\quad \langle b, \tilde{u} \rangle = F(\tilde{a}, \tilde{u}) + \tilde{f}(\tilde{u}) \quad$ für alle $\tilde{u} \in V.$

Um solche $\tilde{a}$ und b zu finden, beachten wir zunächst, daß nach (24) ein $\tilde{b}$ existiert mit

(36) $\quad \tilde{b} \in \operatorname{Rad} F, \quad \tilde{b} \neq 0$

(37) $\quad \tilde{b} \perp (R_{a_0} C) \cap (\operatorname{Rad} F).$

Dann gilt automatisch $\tilde{b} \notin R_{a_0} C = \operatorname{Kern} \tilde{f}$, also $\tilde{f}(\tilde{b}) \neq 0$. Wir setzen nun

(38) $\quad b = \rho \tilde{b}$

und bestimmen $\rho \in \mathbf{R}$ so, daß (35) für $\tilde{u} = \tilde{b}$ gilt; das führt auf $\rho \cdot |\tilde{b}|^2 = 0 + \tilde{f}(\tilde{b})$, was eine Lösung $\rho \neq 0$ besitzt. Damit ist b festgelegt. Nunmehr ist (35) mit den $n-1$ Gleichungen äquivalent, die für $\tilde{u} = b_1, \dots, b_{n-1}$ entstehen. Wird $\tilde{a}$ in der Form angesetzt

(39) $$\tilde{a} = \sum_{i=1}^{n-1} \mu_i b_i + \mu b,$$

so sind diese $n-1$ Gleichungen die folgenden:

(40) $$\begin{aligned} \langle b, b_i \rangle &= \mu_i \alpha_i && \text{für } 1 \leqq i \leqq s, \\ 0 &= \mu_i \cdot 0 && \text{für } s < i \leqq n-1. \end{aligned}$$

Dieses System besitzt eine Lösung $(\mu_1, \dots, \mu_{n-1})$, wobei im Falle $s < n-1$ die $\mu_{s+1}, \dots$ $\dots, \mu_{n-1}$ noch frei wählbar sind. Damit sind die Gleichungen (34), (35) erfüllt. Jetzt kann das noch freie μ in (39) dazu verwendet werden, auch noch die Gleichung (33) zu befriedigen; denn diese verlangt

$$(41) \qquad 0 = F(\tilde{a}, \tilde{a}) + 2\tilde{f}(\tilde{a}) = \sum_{i=1}^{s} \mu_i^2 \alpha_i + 2\mu\rho\tilde{f}(\tilde{b}),$$

und es ist $\rho \neq 0$ und $\tilde{f}(\tilde{b}) \neq 0$. □

Bemerkung 2. Jedes $a \in C$, das mit einem geeigneten b die Forderungen (30), (31) erfüllt, heißt ein **Scheitel** des Paraboloids C (vgl. Bild 35 für den Fall $n = 2$). Ist $s = n - 1$, so

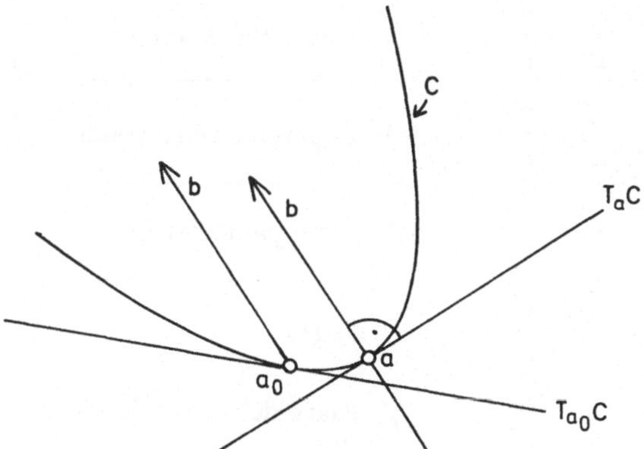

Bild 35
Scheitel a einer Parabel

existiert genau ein Scheitel, wie man der obigen Diskussion entnehmen kann. Im Falle $s < n - 1$, d.h. im Falle der parabolischen Zylinder, gibt es dagegen einen ganzen affinen Unterraum *auf* C, der aus Scheitelpunkten besteht. □

Die Tabellen 6 und 7 enthalten die euklidischen Typenaufzählungen für den ebenen und räumlichen Fall ($n = 2$ und $n = 3$). Dabei ist wiederum $(x_1, x_2, x_3) = (x, y, z)$ und $(a_1, a_2, a_3) = (a, b, c)$ geschrieben.

Mittelpunkts-kegelschnitte	Echte Mittelpunkts-kegelschnitte	$\frac{x^2}{a^2} + \frac{y^2}{b^2} = 1$ Ellipsen (Kreise für $a = b$)
		$\frac{x^2}{a^2} - \frac{y^2}{b^2} = 1$ Hyperbeln
		$\frac{x^2}{a^2} = 1$ Paare paralleler Geraden
	Kegel	$\frac{x^2}{a^2} - \frac{y^2}{b^2} = 0$ Paare sich schneidender Geraden
Paraboloide		$2y = \frac{x^2}{a^2}$ Parabeln

Tabelle 6 Euklidische Kegelschnitt-Typen

<table>
<tr><td rowspan="8">Mittelpunkts-quadriken</td><td rowspan="6">Echte Mittelpunkts-quadriken</td><td>$\frac{x^2}{a^2} + \frac{y^2}{b^2} + \frac{z^2}{c^2} = 1$</td><td>Ellipsoide</td></tr>
<tr><td>$\frac{x^2}{a^2} + \frac{y^2}{b^2} - \frac{z^2}{c^2} = 1$</td><td>einschalige Hyperboloide</td></tr>
<tr><td>$-\frac{x^2}{a^2} - \frac{y^2}{b^2} + \frac{z^2}{c^2} = 1$</td><td>zweischalige Hyperboloide</td></tr>
<tr><td>$\frac{x^2}{a^2} + \frac{y^2}{b^2} = 1$</td><td>elliptische Zylinder</td></tr>
<tr><td>$\frac{x^2}{a^2} - \frac{y^2}{b^2} = 1$</td><td>hyperbolische Zylinder</td></tr>
<tr><td>$\frac{x^2}{a^2} = 1$</td><td>Paare paralleler Ebenen</td></tr>
<tr><td rowspan="2">Kegel</td><td>$\frac{x^2}{a^2} + \frac{y^2}{b^2} - \frac{z^2}{c^2} = 0$</td><td>Kegel</td></tr>
<tr><td>$\frac{x^2}{a^2} - \frac{y^2}{b^2} = 0$</td><td>Paare sich schneidender Ebenen</td></tr>
<tr><td colspan="2" rowspan="3">Paraboloide</td><td>$2z = \frac{x^2}{a^2} + \frac{y^2}{b^2}$</td><td>elliptische Paraboloide</td></tr>
<tr><td>$2z = \frac{x^2}{a^2} - \frac{y^2}{b^2}$</td><td>hyperbolische Paraboloide</td></tr>
<tr><td>$2z = \frac{x^2}{a^2}$</td><td>parabolische Zylinder</td></tr>
</table>

Tabelle 7 Euklidische Typen quadratischer Flächen*)

Die entstehenden Figuren bei Ellipsen, Parabeln und Paaren sich schneidender Geraden findet man in den Bildern 23–25, für Hyperbeln und Paare paralleler Geraden folgen die Zeichnungen hier (Bilder 36, 37).

Einige der Flächen sind in den Bildern 38–42 veranschaulicht, wobei teilweise zur Verdeutlichung einige Kurven auf den Flächen (speziell beim einschaligen Hyperboloid die hier existierenden Geraden auf der Fläche) eingezeichnet sind.**) □

*) Diese Typenaufzählung geht in die affine Klassifikation reeller quadratischer Flächen über, wenn man $a = b = c = 1$ setzt (vgl. Beispiel 2 [6.3]).

**) Auch jedes hyperbolische Paraboloid enthält Geraden. Die Frage, welche quadratischen Flächen Geradenscharen enthalten, wird zweckmäßig bei der projektiven Behandlung erörtert (vgl. Aufgabe 4 [7.7]).

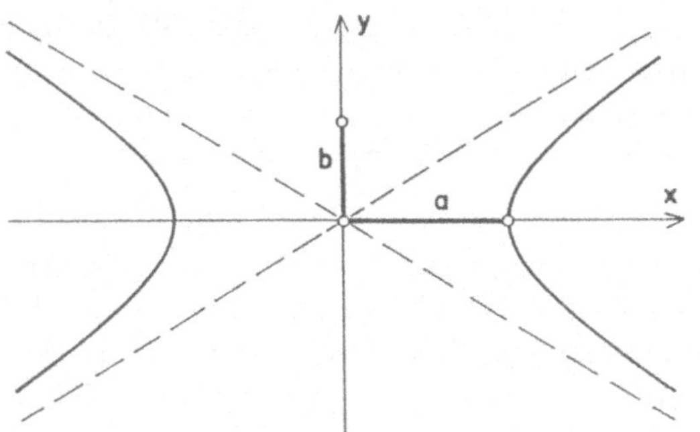

Bild 36 Hyperbel mit Gleichung $\frac{x^2}{a^2} - \frac{y^2}{b^2} = 1$ in angepaßtem euklidischen Bezugssystem

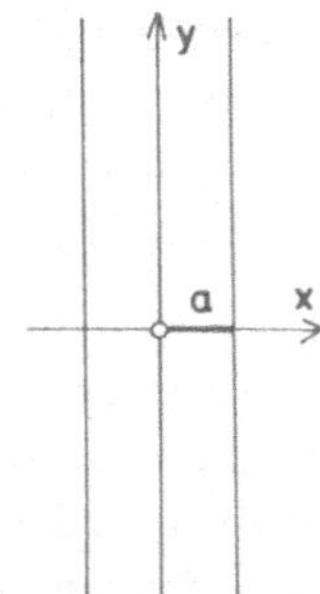

Bild 37
Paralleles Geradenpaar mit Gleichung $\frac{x^2}{a^2} = 1$ in angepaßtem euklidischem Bezugssystem

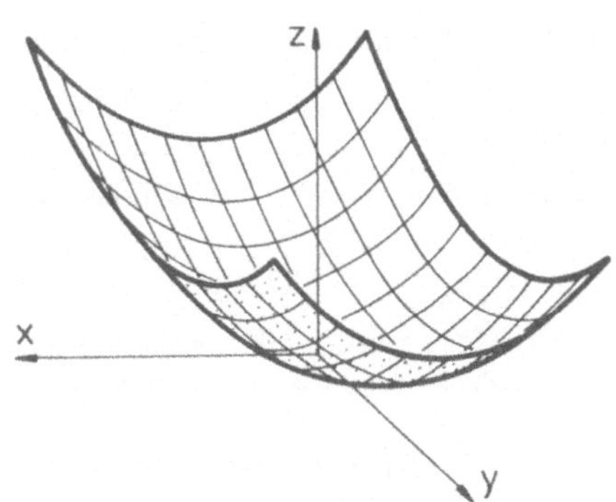

Bild 38 Elliptisches Paraboloid

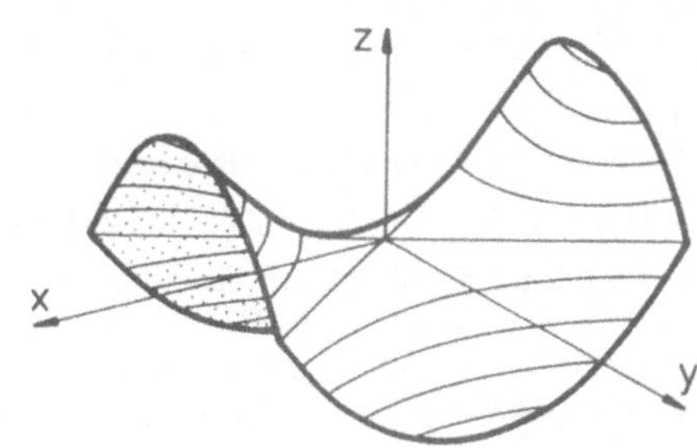

Bild 39 Hyperbolisches Paraboloid

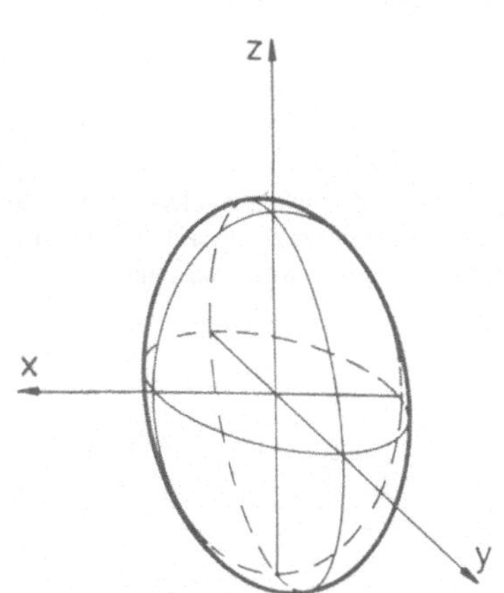

Bild 40 Ellipsoid

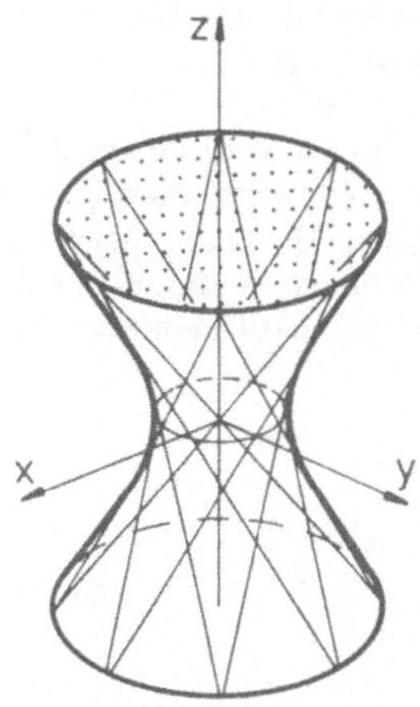

Bild 41 Einschaliges Hyperboloid

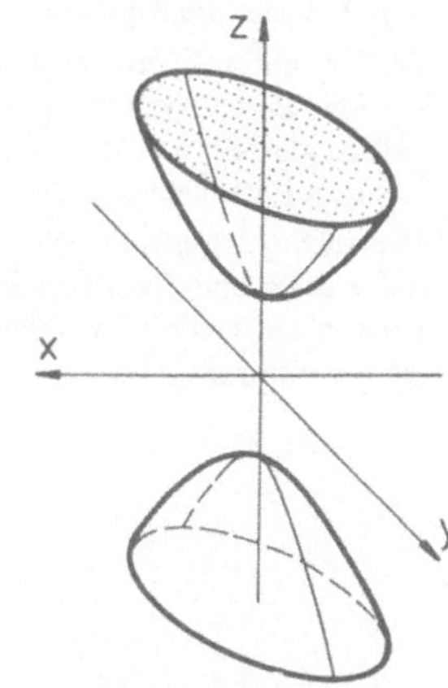

Bild 42 Zweischaliges Hyperboloid

Die Normalformen (9), (10) und (29) bilden mit *einer* Ausnahme eine **Klassifikation der euklidischen Quadriken**. Die Ausnahme besteht darin, daß es in der Kegelgleichung (10) nur auf die *Verhältnisse* der a_i ankommt. Der Nachweis der klassifizierenden Eigenschaften erfolgt parallel zu den Überlegungen von 6.3 und soll deswegen nicht im Detail ausgeführt werden.

Bemerkung 3. *Praktische Typbestimmung:* Man wird zunächst wie im Affinen einen Mittelpunkt suchen. Gelingt dies, so schreibt man die Quadrikgleichung auf diesen als Ursprung a_0 um und erhält dann die Grundvektoren $b_1, \ldots, b_n$ durch orthogonale Diagonalisierung von F. Ist kein Mittelpunkt vorhanden, so bestimmt man einen Scheitel a des dann vorliegenden Paraboloides zusammen mit einem Einheitsvektor $b = b_n$, entsprechend den Forderungen von Lemma A, wählt a als Ursprung und erhält schließlich die weiteren Grundvektoren $b_1, \ldots, b_{n-1}$ durch orthogonale Diagonalisierung der Einschränkung von F auf $R_a C = (\mathrm{sp}(b))^\perp$.

Aufgaben zu 6.4

1. Im Vektorraum $\mathbf{R}^3$ mit der Standardmetrik sei bezüglich Standardkoordinaten x, y, z die Quadrikgleichung

$$7x^2 + 6y^2 + 5z^2 - 4xy - 4yz + 28x + 12y - 50z = 567$$

gegeben. Man zeige, daß hierdurch eine echte Mittelpunktsquadrik C gegeben ist, und bestimme die Hauptachsen und Hauptachsenlängen von C.

2. Man berechne den Scheitel der Quadrik (34) [6.3] für $\beta = 0$.

3. Im $\mathbf{R}^3$ mit Standardkoordinaten x, y, z betrachtet man die Geraden g und h mit den Gleichungen $y = z = 0$ und $x = z - 1 = 0$, ferner alle Verbindungsgeraden von Punkten von g mit Punkten von h, die senkrecht sind zum Vektor (1, 1, 1).

a) Man zeige, daß die Vereinigungsmenge aller dieser Verbindungsgeraden eine Quadrik C in $\mathbf{R}^3$ ist, und gebe deren Gleichung an.

b) Welchem Quadriktyp gehört C an?

4. Gegeben sie eine echte Mittelpunktsquadrik C in V mit der Gleichung $F(u, u) = 1$ sowie ein Vektor $a \in V \setminus 0$. Mit S_a sei die Orthogonalspiegelung an der Gerade sp(a) bezeichnet (Beispiel 1 [I, 5,7]). Man beweise die Äquivalenz folgender Eigenschaften:

(i) C ist unter S_a *invariant*, d.h. $S_a(C) = C$.
(ii) Für alle $v \in (\mathrm{sp}(a))^\perp$ gilt $F(a, v) = 0$.
(iii) Es gibt ein $\lambda \in \mathbf{R}$, so daß $F(a, u) = \lambda \langle a, u \rangle$ für alle $u \in V$.
(iv) a ist Eigenvektor des zu F assoziierten Endomorphismus $L: V \to V$ (2.1).

Bemerkung: Besitzt a die Eigenschaft (i), ist also die Gerade sp(a) eine „Symmetrieachse" von C, so heißt diese eine **Hauptachse** von C (durch 0). (Insbesondere treten solche bei der Hauptachsentransformation auf.) Die Äquivalenz von (i) bis (iii) gilt auch bei unendlicher Dimension; man gestalte den Beweis entsprechend!

7 Projektive Geometrie

Formal gesehen, ist die projektive Geometrie nichts anderes als Vektorraumtheorie mit erweiterter Sprechweise. Anschaulich gilt die folgende

7.1 Motivierung

Intuitiv entsteht die projektive Geometrie aus der affinen Geometrie durch Hinzufügung „unendlich ferner" Punkte. Um dies zu erläutern, betrachten wir im Vektorraum $V = \mathbf{R}^3$ eine Ebene E, die nicht durch den Nullpunkt 0 geht (Bild 43). Jedem Punkt $v \in E$ können

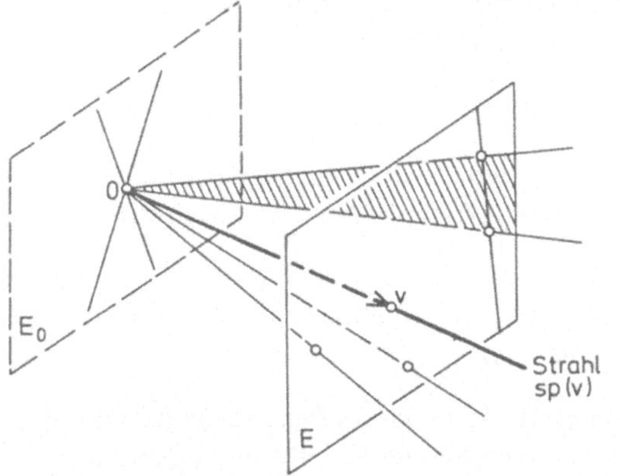

Bild 43
Punkte einer Ebene und Strahlen eines Vektorraumes

wir den eindimensionalen Untervektorraum sp (v) zuordnen. Als kurze Bezeichnung für einen eindimensionalen Untervektorraum von V verwenden wir hier das Wort *Strahl*. Wir erhalten also eine Abbildung der Art:

(1) Punkte von E $\longmapsto$ Strahlen durch 0.

Diese Abbildung ist injektiv. Allerdings existieren Strahlen, die nicht als Bilder vorkommen, nämlich genau diejenigen Strahlen, die parallel zu E sind, also in der Richtung E_0 von E (in Bild 43 gestrichelt) liegen. Diese Strahlen entsprechen gewissermaßen den „unendlich fernen" Punkten von E. Da „unendlich ferne" Punkte in E gar nicht existieren, nimmt man als Ersatz für diese die genannten Strahlen in E_0. Die Punkte von E selbst entsprechen gemäß (1) den anderen, nicht in E_0 enthaltenen Strahlen. Man erhält also eine einheitliche Definition für eine um „unendlich ferne" Punkte erweiterte, *projektive* Ebene, wenn man sagt, diese sei die Menge der Strahlen des dreidimensionalen Vektorraumes $V = \mathbf{R}^3$.

Den Punkten einer Gerade in E entsprechen Strahlen von V, die selbst in einer Ebene durch 0 liegen (in Bild 43 schraffiert). Die genannte Abbildung „Punkt $\longmapsto$ Strahl" setzt sich also in natürlicher Weise auf die Unterräume fort.

7.2 Präzise Definitionen und grundlegende Begriffe

Es sei V ein K-Vektorraum. Untervektorräume von V der Dimension 1 heißen **Strahlen.**

Definition A. *Die Menge der Strahlen von* V *heißt der* ***projektive Raum*** P(V) *zu* V. *Die* ***Punkte*** *(Elemente) von* P(V) *sind also die Strahlen von* V.

Diese Definition ist unabhängig von der Dimension von V. Im Falle, daß V endliche Dimension hat, trifft man die folgende Festsetzung:

Zusatz zu A. *Genau wenn* $\dim V = n + 1 < \infty$ *gilt, schreibt man*

(1) $\dim P(V) = n < \infty$.

Die **projektive Dimension** (1) ist also um 1 niedriger als die Vektorraumdimension. Für $V = 0$ ist $P(V) = \phi$, und man setzt in Übereinstimmung mit (1):

(2) $\dim \phi = -1$.

Definition B. *Ist* U *ein Untervektorraum von* V, *so heißt die Menge* P(U), *also die Menge der Strahlen von* V, *die in* U *enthalten sind, ein* ***projektiver Unterraum*** *von* P(V).

Trivialerweise gilt: $U_1 \subseteqq U_2 \Longleftrightarrow P(U_1) \subseteqq P(U_2)$, insbesondere: $U_1 = U_2 \Longleftrightarrow P(U_1) = P(U_2)$. *Die Untervektorräume von* V *entsprechen also bijektiv den projektiven Unterräumen von* P(V), *wobei Inklusionsbeziehungen erhalten bleiben.*

Obwohl man im Prinzip mit den in V üblichen Bezeichnungsweisen (zusammen mit dem Symbol „P") auskommt, ist es häufig nützlich, abgekürzte Schreibweisen der folgenden Art zu verwenden:

(3) $P := P(V)$ ganzer projektiver Raum,

(4) $\Delta := P(U)$ projektiver Unterraum,

(5) $p := sp(u)$ Punkt.

Zusatz zu B. *Genau wenn* $\operatorname{codim}_V U = c < \infty$ *gilt, setzt man*

(6) $\operatorname{codim}_{P(V)} P(U) = \operatorname{codim}_P \Delta = c < \infty$.

Warnung: Projektive und Vektorraum-*Co*dimension sind gleich [im Gegensatz zu (1)!]

Die projektiven Unterräume von P(V) der Dimension 0 sind die einelementigen Teilmengen von P(V), und sie werden deswegen üblicherweise mit den Punkten von P(V) identifiziert.

Definition C. *Sei* $\Delta = P(U)$. *Dann gebraucht man folgende Namen:*

(7) $\dim \Delta = 1 \Longleftrightarrow \dim U = 2 \Longleftrightarrow: \Delta$ ***(projektive) Gerade***

(8) $\dim \Delta = 2 \Longleftrightarrow \dim U = 3 \Longleftrightarrow: \Delta$ ***(projektive) Ebene***

(9) $\operatorname{codim}_P \Delta = 1 \Longleftrightarrow \operatorname{codim}_V U = 1 \Longleftrightarrow: \Delta$ ***(projektive) Hyperebene.***

Punkte von P(V), *die in einer Gerade bzw. Ebene von* P(V) *enthalten sind, heißen* ***kollinear*** *bzw.* ***koplanar***.

Bemerkung 1. Ist $\dim P = n$, so gilt (Bemerkung 5 [1.4]):

(10) $\dim U + \operatorname{codim}_V U = n + 1,$

also

(11) $\dim \Delta + \operatorname{codim}_P \Delta = n = \dim P.$

In diesem Fall ist Δ Hyperebene, genau wenn $\dim \Delta = n - 1$. Man beachte, daß (11) auch für die leere Teilmenge $\Delta = \phi$ von P richtig ist ($\dim \phi = -1$, $\operatorname{codim}_P \phi = \operatorname{codim}_V 0 = n + 1$). □

Die Operationen, die dem Durchschnitt und der Vereinigung der Mengenlehre entsprechen, sind hier sehr einfach.

Bei der *Durchschnittsbildung* von Untervektorräumen U_1, U_2 von V gilt:

(12) $$\boxed{P(U_1 \cap U_2) = P(U_1) \cap P(U_2),}$$

was unmittelbar verifiziert werden kann. Die Durchschnittsbildungen in V und P(V) entsprechen sich also ganz direkt.

Allerdings verhalten sich projektive Unterräume anders als affine Unterräume, da es im Projektiven keine Parallelität gibt. Dies ist vor allem bei Hyperebenen eklatant:

Satz D. *Zwei verschiedene projektive Hyperebenen* Δ_1, Δ_2 *des projektiven Raumes* P *mit* $\dim P \geqq 2$ *haben stets einen nichtleeren Durchschnitt mit* $\operatorname{codim}_P (\Delta_1 \cap \Delta_2) = 2$.

Man vergleiche dies mit dem entsprechenden affinen Satz E [5.1]! Die Voraussetzung $\dim P \geqq 2$ soll besagen, daß P entweder nicht endliche Dimension oder aber endliche Dimension $\geqq 2$ besitzt. Für $\dim P = 1$ (P eine projektive Gerade) sind die Hyperebenen Punkte, und je zwei verschiedene Punkte schneiden sich nie. In den Fällen $\dim P \leqq 0$ sind Hyperebenen von P stets leer.

Beweis von D. In der Vektorraumsprache läuft dies darauf hinaus, für zwei verschiedene Hyperebenen H_1, H_2 von V (durch 0) zu zeigen: (i) $\operatorname{codim}_V (H_1 \cap H_2) = 2$; (ii) $H_1 \cap H_2 \neq 0$.

Zu (i): Werden H_1, H_2 mittels zweier Linearformen $h^1, h^2 \in V^* \setminus 0$ in der Form $H_1 = \{u \in V \mid h^1(u) = 0\}$ und $H_2 = \{u \in V \mid h^2(u) = 0\}$ geschrieben, so sind h^1, h^2 wegen $H_1 \neq H_2$ linear unabhängig, also der Durchschnitt $H_1 \cap H_2 = \{u \in V \mid h^1(u) = h^2(u) = 0\}$ von der Codimension 2 (G [1.4]).

Zu (ii): Nach (i) existiert ein Untervektorraum U von V mit $V = (H_1 \cap H_2) \oplus U$ und $\dim U = 2$. Wäre $H_1 \cap H_2 = 0$, so folgte $V = U$, also $\dim V = 2$, im Widerspruch zur Voraussetzung $\dim V \geqq 3$. □

In Satz D ist natürlich als Spezialfall enthalten, *daß zwei verschiedene Geraden einer projektiven Ebene stets genau einen Punkt gemeinsam haben.*

Definition E. *Die* ***projektive Verbindung*** *zweier projektiver Unterräume* $P(U_1)$, $P(U_2)$ *von* P(V) *ist über die Summe im Vektorraum* V *definiert:*

(13) $$\boxed{P(U_1) \vee P(U_2) := P(U_1 + U_2).}$$

Natürlich bleiben (12) und (13) auch für mehr als zwei Untervektorräume gültig, und zwar (13) für endlich viele, (12) sogar für beliebig viele Untervektorräume.*)

Insbesondere ist die *Verbindung zweier Punkte* $sp(v_1)$, $sp(v_2)$ gegeben durch

(14) $$sp(v_1) \vee sp(v_2) = P(sp(v_1) + sp(v_2)) = P(sp(v_1, v_2)).$$

Dies ist eine Gerade, die **Verbindungsgerade** von $sp(v_1)$, $sp(v_2)$, wenn v_1, v_2 linear unabhängig sind, also wenn $sp(v_1) \neq sp(v_2)$ gilt, und es ist der Punkt $sp(v_1) = sp(v_2)$, wenn v_1, v_2 linear abhängig sind. Im ersten Fall lassen sich die Punkte sp(v) der Verbindungsgerade (14) durch

(15) $$v = \alpha_1 v_1 + \alpha_2 v_2$$

darstellen, wobei $\alpha_1, \alpha_2 \in K$ und $(\alpha_1, \alpha_2) \neq (0,0)$.

Wird ein Punkt $p \in P$ durch einen Vektor $v \in V \setminus 0$ aufgespannt, so wird er natürlich auch durch jedes Vielfache λv mit $\lambda \in K \setminus 0$ aufgespannt. Der Übergang von v zu λv heißt eine **Umnormierung**.

Die projektiven Unterräume und die für sie definierten Verknüpfungen des Schneidens (12) und Verbindens (13) reichen bereits für die Formulierung vieler projektivgeometrischer Sätze aus. Daher nennt man diese Verknüpfungen die **Grundoperationen der projektiven Geometrie**.

Als *charakteristisches Beispiel* für einen projektiven Satz besprechen wir die „Konfiguration von Desargues“: Unter einem **Dreieck** des projektiven Raumes P(V) verstehen wir ein Tripel p_0, p_1, p_2 nichtkollinearer Punkte aus P. Die p_i heißen die **Ecken**, die Geraden $p_i \vee p_j$ mit $i \neq j$ die **Seiten** des Dreiecks.

Satz F (von Desargues). *Für zwei Dreiecke* p_0, p_1, p_2 *und* q_0, q_1, q_2 *in einer projektiven Ebene* P, *deren entsprechende Ecken* p_i, q_i *jeweils verschieden sind, gilt: Haben die Verbindungsgeraden entsprechender Ecken einen Punkt* z *gemeinsam, so schneiden sich entsprechende Seiten in Punkten einer Gerade* g.

*) Mit dem Begriff der internen Summe (1.2) kann (13) auf beliebig viele Untervektorräume verallgemeinert werden.

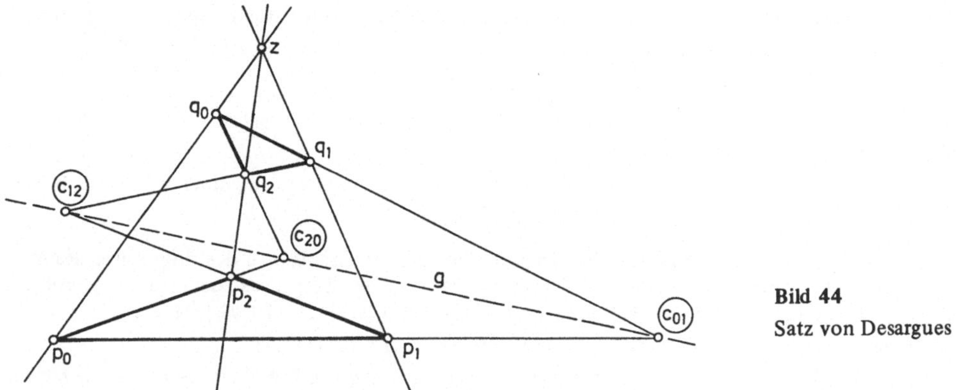

Bild 44
Satz von Desargues

Bild 44 veranschaulicht die Lageverhältnisse. Dabei sind die Dreiecksseiten jeweils zu einem Teil fett gekennzeichnet, während g gestrichelt ist.

Beweis von F. Aufspannende Vektoren der sieben Punkte $p_0, p_1, p_2, q_0, q_1, q_2$ und z aus P seien durch $a_0, a_1, a_2, b_0, b_1, b_2$ und c bezeichnet. Die drei Vektoren a_0, a_1, a_2 liegen nicht in einem 2-dimensionalen Untervektorraum von V, sind also linear unabhängig, und dasselbe gilt für b_0, b_1, b_2. Nach der Voraussetzung über z gilt mit geeigneten skalaren Koeffizienten

$$(16) \qquad 0 \neq c = \alpha_0 a_0 + \beta_0 b_0 = \alpha_1 a_1 + \beta_1 b_1 = \alpha_2 a_2 + \beta_2 b_2 .$$

Durch Umstellen folgt hieraus unter Beachtung der genannten linearen Unabhängigkeit:

$$(17) \qquad \begin{aligned} c_{01} &:= \alpha_0 a_0 - \alpha_1 a_1 = \beta_1 b_1 - \beta_0 b_0 \neq 0 \\ c_{12} &:= \alpha_1 a_1 - \alpha_2 a_2 = \beta_2 b_2 - \beta_1 b_1 \neq 0 \\ c_{20} &:= \alpha_2 a_2 - \alpha_0 a_0 = \beta_0 b_0 - \beta_2 b_2 \neq 0. \end{aligned}$$

Die linksgenannten Vektoren spannen also gemeinsame Punkte entsprechender Verbindungsgeraden auf. Da man aus (17) abliest, daß $c_{01} + c_{12} + c_{20} = 0$ gilt, liegen diese gemeinsamen Punkte auf einer Gerade.*) □

Bemerkung 2. Die Voraussetzung $p_i \neq q_i$ wurde nur der Bequemlichkeit wegen gemacht. Der Leser überlege sich, daß der Satz von Desargues ohne diese Annahme in einer trivialen Fassung richtig bleibt.

Konvention: Für das praktische Arbeiten ist es nützlich, statt: „Punkt $p = sp(v)$“ abkürzend zu schreiben: „Punkt v“, und die projektiven Punkte in Skizzen auch einfach durch entsprechende Vektoren zu benennen. Das schadet nicht, wenn man sich bewußt ist, daß eigentlich die Spanne der Vektoren gemeint sind. In Bild 44 wurde z.B. für die

*) Diesen schönen, einfachen Beweis sah ich bei *Schaal*, Teil II.

zuletzt berechneten gemeinsamen Punkte von dieser Konvention Gebrauch gemacht (eingekreiste Symbole). Der Leser trage selbst in seine Skizzen die zugehörigen Vektoren für die anderen Punkte ein.

Aufgaben zu 7.2

1. Man überlege, daß der Satz F von Desargues auch ohne die Voraussetzung $\dim P = 2$ richtig bleibt.

2. Man schreibe die Dimensionssätze von 1.4 aufs Projektive um.

3. Sei $(V, \|\ \|)$ ein *reeller* normierter Vektorraum. Für je zwei Punkte p, q des projektiven Raumes $P(V)$ führe man auf folgende Weise eine Entfernung $d(p,q)$ ein: Zu p, q existieren $u, v \in V$ mit $p = \operatorname{sp}(u)$, $q = \operatorname{sp}(v)$ und $\|u\| = \|v\| = 1$. Dann sei $d(p,q) := \min\{\|u - v\|, \|u + v\|\}$. Man zeige:

a) d ist eine *Metrik* auf dem projektiven Raum $P(V)$; vgl. (D.1)–(D.4) [1.5].

b) Eine Punktfolge $(p_j)_{j \in \mathbf{N}}$ in $P(V)$ konvergiert genau dann gegen $q \in P(V)$ im Sinne dieser Metrik [d.h. $d(p_j, q) \to 0$], wenn es $u_j, v \in V \setminus 0$ gibt mit $p_j = \operatorname{sp}(u_j)$, $q = \operatorname{sp}(v)$ und $u_j \to v$ (im Sinne der Norm $\|\ \|$). Äquivalente Normen auf V führen also zum gleichen Konvergenzbegriff in $P(V)$. Insbesondere besitzen reelle endlich dimensionale projektive Räume einen von der Wahl einer solchen Norm unabhängigen Grenzwertbegriff.

4. Die reelle projektive Gerade $P(\mathbf{R}^2)$ sei durch $\mathbf{P}^1$, die Einheitskreislinie in $\mathbf{R}^2$ durch $\mathbf{S}^1$ bezeichnet. Man definiere eine Abbildung $F: \mathbf{P}^1 \to \mathbf{S}^1$, indem für jedes $p \in \mathbf{P}^1$ mit $p = \operatorname{sp}(x, y)$ gesezt wird:

$$F(p) := \frac{1}{x^2 + y^2}(x^2 - y^2, 2xy).$$

Man zeige:

a) Diese Abbildung ist wohldefiniert und bijektiv.

b) Sowohl F wie auch F^{-1} sind stetig, d.h. für jede Folge $(p_j)_{j \in \mathbf{N}}$ in $\mathbf{P}^1$ und $q \in \mathbf{P}^1$ gilt: $(p_j \to q) \iff (F(p_j) \to F(q))$. Man sagt deswegen, F bildet $\mathbf{P}^1$ *topologisch* auf $\mathbf{S}^1$ ab. *Vom topologischen Standpunkt* ist also eine reelle projektive Gerade als Kreislinie und nicht als Gerade im affinen Sinne zu betrachten:

Warnung: Für $n \geqq 2$ ist $P(\mathbf{R}^{n+1})$ *nicht* topologisch äquivalent zur Einheitssphäre $\mathbf{S}^n$ in $\mathbf{R}^{n+1}$.

7.3 Das Dualitätsprinzip

Wir beschränken uns hier strikt auf endlich dimensionale Vektorräume. Insbesondere sei V ein K-Vektorraum mit

(1) $\dim V = n + 1 < \infty$.

Das Dualitätsprinzip für Vektorräume wurde bereits früher formuliert (1.3) und mehrfach eingesetzt. Das Dualitätsprinzip für projektive Räume entsteht daraus durch Koppelung mit der projektiven Sprechweise.

In der Vektorraumtheorie können wir den Vektorraum V und seinen Dualraum V^* völlig gleichberechtigt behandeln, indem wir uns des *Inzidenzproduktes* $\langle\ ,\ \rangle: V^* \times V \to K$ bedienen, das aus jedem Paar h, v die *Auswertung* $\langle h, v\rangle := h(v)$ macht. Das Inzidenzprodukt ist eine nichtausgeartete Bilinearform, und es gibt Anlaß zu der Zuordnung $U \mapsto U^\perp$ jedes Untervektorraumes U von V auf sein duales Komplement $U^\perp$ in V^*. Dies ist eine bijektive Abbildung der Menge aller Untervektorräume von V auf die Menge aller Untervektorräume von V^*, die durch die analoge Zuordnung $S \mapsto S^\perp$ invertiert wird. Bei diesen

Abbildungen, die wesentliche Bestandteile des Dualitätsprinzips sind, drehen sich Inklusionen um ($U_1 \subseteqq U_2$ impliziert z.B. $U_1^\perp \supseteqq U_2^\perp$), und Durchschnitte gehen in Summen, Summen in Durchschnitte über (vgl. 1.3). Gilt z.B. $U_1 \subseteqq U_2 + U_3$ für drei Untervektorräume U_ν von V, so folgt für die Untervektorräume $S_\nu := U_\nu^\perp$ von V* der Reihe nach: $U_1 \subseteqq U_2 + U_3 \Rightarrow U_1^\perp \supseteqq (U_2 + U_3)^\perp = U_2^\perp \cap U_3^\perp \Rightarrow S_1 \supseteqq S_2 \cap S_3$.

Wir haben jetzt lediglich zur projektiven Sprechweise überzugehen: Die projektiven Unterräume Δ von P(V) entsprechen in bijektiver Weise den Untervektorräumen U von V, nämlich durch die Koppelung $\Delta = P(U)$. Dabei bleiben Inklusionen erhalten $[U_1 \subseteqq U_2 \Longleftrightarrow P(U_1) \subseteqq P(U_2)]$, und Durchschnitte gehen in Durchschnitte, Verbindungen in Summen über (vgl. 7.2). Dasselbe gilt für V* anstelle von V.

Nun induziert die Zuordnung $U \mapsto U^\perp$ der Untervektorräume von V auf die von V* eine entsprechende Zuordnung $\Delta \mapsto \Delta^\perp$ der projektiven Unterräume von P(V) auf die von P(V*), die so definiert ist: Gilt $\Delta = P(U)$, so sei $\Delta^\perp := P(U^\perp)$. Man nennt P(V*) den **projektiven Dualraum** von P(V) und $\Delta^\perp$ das **projektiv duale Komplement** von Δ. Mit $U \mapsto U^\perp$ ist auch die Zuordnung $\Delta \mapsto \Delta^\perp$ bijektiv, und unter ihr werden wiederum Inklusionen umgedreht und Durchschnitte und Verbindungen vertauscht. Hinsichtlich der *Dimensionen* gilt, wenn wieder $\Delta = P(U)$ gesetzt wird: $\dim \Delta = k \Rightarrow \dim U = k + 1 \Rightarrow$ $\Rightarrow \dim U^\perp = (n + 1) - (k + 1) = n - k \Rightarrow \dim \Delta^\perp = \dim P(U^\perp) = n - k - 1$. Analoges gilt bei Ersetzung von V durch V*.

Aus diesen Feststellungen ergibt sich nunmehr:

Satz A (Dualitätsprinzip der projektiven Geometrie). *Ein Satz der* n*-dimensionalen projektiven Geometrie, in dem nur über endlich viele projektive Unterräume sowie deren Inklusionen, Durchschnitte und Verbindungen gesprochen wird, bleibt richtig, wenn in ihm projektive Unterräume der Dimension* k *durch solche der Dimension* $n - k - 1$ *ersetzt werden, die Inklusionen umgedreht und Durchschnitte und Verbindungen miteinander vertauscht werden.*

Man nennt den Satz, der durch die genannten Ersetzungen entsteht, den **Dualsatz** des Ausgangssatzes; der Prozeß selbst heißt **Dualisieren.** Für $k = 0$ ist $n - k - 1 = n - 1$, *also sind beim Dualisieren insbesondere Punkte und Hyperebenen miteinander zu vertauschen.* Die Wendung „Satz der n-dimensionalen projektiven Geometrie" soll beinhalten, daß der Ausgangssatz für *alle* projektiven Räume (der festen Dimension n und bei festem Skalarenkörper K) als richtig erkannt ist.

Beweis von A. Um etwas Konkretes vor Augen zu haben, nehmen wir an, der betreffende Ausgangssatz sei für projektive Unterräume von P(V) ausgesprochen. Dann folgt die Behauptung anhand des nachstehenden Schemas:

(2)	Satz über projektive Unterräume von P(V)	$\Longrightarrow$	Satz über projektive Unterräume von P(V*)	$\Longrightarrow$	Dualsatz über projektive Unterräume von P(V)

Der erste Pfeil ergibt sich dabei einfach aus der gemachten Annahme, daß der betreffende Satz in gleicher Formulierung für alle n-dimensionalen Vektorräume über K, also insbesondere für V*, gilt. Dabei bleiben Inklusionen, Durchschnitte, Verbindungen und Dimensionen erhalten.

Der zweite Pfeil beruht auf der Abbildung, die jedem projektiven Unterraum $\Sigma \subseteqq P(V^*)$ das projektiv duale Komplement $\Sigma^\perp \subseteqq P(V)$ zuordnet. Bei dieser Abbildung werden Inklusionen umgedreht, Durchschnitte und Verbindungen ausgewechselt und die Dimension k durch $n - k - 1$ ersetzt.

Zur Verdeutlichung sei dieses Vorgehen an einem Beispiel erläutert: Es komme etwa für drei projektive Unterräume $\Delta_\nu \subseteqq P(V)$ im Ausgangssatz die Relation $\Delta_1 \subseteqq \Delta_2 \vee \Delta_3$ vor. Die entsprechende Relation für projektive Unterräume $\Sigma_\nu \subseteqq P(V^*)$ lautet dann $\Sigma_1 \subseteqq \Sigma_2 \vee \Sigma_3$. Wird $\Sigma_\nu = P(S_\nu)$ und $\Sigma_\nu^\perp =: \Delta'_\nu$ gesetzt, so gelten die Implikationen: $\Sigma_1 \subseteqq \Sigma_2 \vee \Sigma_3 \Rightarrow S_1 \subseteqq S_2 + S_3 \Rightarrow S_1^\perp \supseteqq S_2^\perp \cap S_3^\perp \Rightarrow P(S_1^\perp) \supseteqq P(S_2^\perp) \cap P(S_3^\perp) \Rightarrow \Delta'_1 \supseteqq \Delta'_2 \cap \Delta'_3$. Insgesamt ist so aus der Relation $\Delta_1 \subseteqq \Delta_2 \vee \Delta_3$ für projektive Unterräume von P(V) die Relation $\Delta'_1 \supseteqq \Delta'_2 \cap \Delta'_3$ für projektive Unterräume (wiederum!) von P(V) entstanden.

□

Im Falle projektiver Ebenen (n = 2) gibt es nur Punkte und Geraden als (echte) projektive Unterräume (die Geraden sind dabei die Hyperebenen). Die Dualisierung eines vorgegebenen Satzes gestaltet sich also besonders einfach. Wir erläutern dies, indem wir den Satz von Desargues (F [7.2]) dualisieren:

Ein **Dreiseit** in einer projektiven Ebene P ist ein Tripel g_0, g_1, g_2 von Geraden, die nicht **kopunktal** sind, d.h. keinen Punkt gemeinsam haben. Die g_i heißen die **Seiten**, die Schnittpunkte $g_i \cap g_j$ für $i \neq j$ (die eindeutig existieren) die **Ecken** des Dreiseits.

Satz B (Dualisierung des Satzes von Desargues). *Für zwei Dreiseite* g_0, g_1, g_2 *und* h_0, h_1, h_2 *in einer projektiven Ebene* P, *deren entsprechende Seiten* g_i, h_i *jeweils verschieden sind, gilt: Schneiden sich entsprechende Seiten auf einer Gerade* g, *so haben die Verbindungsgeraden entsprechender Ecken einen Punkt gemeinsam.* □

Dieser dualisierte Satz von Desargues braucht nicht mehr neu bewiesen zu werden, das Dualitätsprinzip sichert automatisch seine Richtigkeit. Man bemerkt übrigens, daß hier die Dualisierung gerade die Umkehrung des Ausgangssatzes ist (allerdings bis auf die Voraussetzungen über die nichtspezielle Lage der gegebenen Stücke). Das ist generell jedoch nicht der Fall.

Man kann das Dualitätsprinzip noch deutlicher erfassen, wenn man auf die Bedeutung des Symbols $U^\perp$ zurückgeht. Es bestand ja $U^\perp$ aus allen Linearformen $h \in V^*$, die auf allen Vektoren von U Null sind. Jede Linearform $h \neq 0$ bestimmt eine Hyperebene von V, nämlich ihren Kern, und zwei solche Linearformen besitzen denselben Kern, genau wenn sie proportional sind. Mit anderen Worten, die Punkte von P(V*), also die eindimensionalen Untervektorräume von V*, entsprechen bijektiv den Hyperebenen von V und damit auch den Hyperebenen von P(V). Deswegen *kann der projektive Dualraum* P(V*) *in kanonischer Weise aufgefaßt werden als die Menge aller Hyperebenen von* P(V). Ist nun Δ ein projektiver Unterraum von P(V), so ist $\Delta^\perp$ in dieser Auffassung die Menge aller Hyperebenen von P(V), die Δ enthalten. Hierbei tritt der projektive Dualraum P(V*) nicht mehr in Erscheinung, und man hat eine ganz direkte Deutung der Zuordnung $\Delta \mapsto \Delta^\perp$ in P(V) selbst!

Bemerkung 1. Das Dualitätsprinzip kann auf später zu besprechende Begriffe der projektiven Geometrie ausgedehnt werden.

7.4 Homogene Koordinaten und projektive Bezugssysteme

Wir führen hier in einem *endlich dimensionalen* projektiven Raum P(V) einige Begriffe ein, die bei der rechnerischen Behandlung von Nutzen sind. Es sei:

(1) $\dim V = n + 1 < \infty$, d.h. $\dim P(V) = n < \infty$ (mit $n \geqq 1$).

Wir gehen von einer gegebenen Basis $b_0, b_1, \ldots, b_n$ von V aus*). Jedes $v \in V$ besitzt dann eine Basisdarstellung

(2) $$v = \sum_{i=0}^{n} x_i b_i$$

mit Skalaren $x_0, x_1, \ldots, x_n$, die durch v eindeutig bestimmt sind. Für die skalaren Vielfachen von v gilt

(3) $$\lambda v = \sum_{i=0}^{n} (\lambda x_i) b_i.$$

Wir erkennen nun: Jedes (n + 1)-Tupel $(x_0, x_1, \ldots, x_n) \neq 0$ bestimmt vermöge (2) genau einen Strahl sp(v); alle Strahlen in V kommen hierbei vor; genau die (n + 1)-Tupel $(\lambda x_0, \lambda x_1, \ldots, \lambda x_n)$ mit beliebigem $\lambda \in K \setminus 0$ bestimmen auf diese Weise denselben Strahl. Man erhält also eine Darstellung der Punkte p = sp(v) des projektiven Raumes P(V) durch die (n + 1)-Tupel $\neq 0$, die allerdings nur bis auf Proportionalität durch den jeweiligen Punkt bestimmt sind. Deswegen nennt man die Koordinaten x_i jedes solchen (n + 1)-Tupels **homogene Koordinaten** des zugehörigen Punktes $sp(v) \in P(V)$ (bezüglich der Basis $b_0, b_1, \ldots, b_n$ von V).

Die Festlegung solcher homogener Koordinaten setzt allerdings voraus, daß die b_i als *Vektoren* von V vorgegeben sind; aus den *Strahlen*

(4) $p_i := sp(b_i), \quad 0 \leqq i \leqq n$

allein lassen sich noch keine homogenen Koordinaten definieren. Jedoch wird dies möglich, wenn man noch einen weiteren, etwa von einem Vektor $e \in V$ aufgespannten Strahl

(5) $q = sp(e)$

vorgibt, der die Forderung erfüllt:

(6) Je n + 1 der Punkte $p_0, p_1, \ldots, p_n, q$ von P(V) liegen nicht in einer Hyperebene.

---

*) Es ist in diesem Zusammenhang sehr zweckmäßig, die Numerierungsindizes bei 0 beginnen zu lassen.

Solche n + 2 Punkte von P(V) heißen in **allgemeiner Lage**.

Jedenfalls gilt dann

$$(7)\qquad e = \sum_{i=0}^{n} \epsilon_i b_i.$$

Dabei sind alle Skalare $\epsilon_i \neq 0$; wäre nämlich ein $\epsilon_j = 0$, so wäre das System $b_0, \ldots, \widehat{b_j}, \ldots$ $\ldots, b_n, e$ linear abhängig, also lägen die zugehörigen Punkte $p_0, \ldots, \widehat{p_j}, \ldots, p_n, q$ in einer Hyperebene, entgegen der Voraussetzung (6). Wir normieren nun um entsprechend der Festsetzung

$$(8)\qquad \tilde{b}_i := \epsilon_i b_i, \quad 0 \leqq i \leqq n.$$

Dann folgt aus (7)

$$(9)\qquad e = \sum_{i=0}^{n} \tilde{b}_i,$$

d.h. die die Strahlen $p_0, \ldots, p_n, q$ aufspannenden Vektoren $\tilde{b}_0, \ldots, \tilde{b}_n, e$ können so gewählt werden, daß (9) erfüllt ist.

Gilt für andere Umnormierungen

$$(10)\qquad b_i' = \rho_i \tilde{b}_i, \quad e' = \sigma e$$

ebenfalls

$$(11)\qquad e' = \sum_{i=0}^{n} b_i',$$

so folgt

$$(12)\qquad \sigma e = \sum_{i=0}^{n} \rho_i \tilde{b}_i,$$

also durch Vergleich mit (9)

$$(13)\qquad \rho_0 = \ldots = \rho_n = \sigma.$$

Damit ist gezeigt:

Satz und Definition A. *Zu je* n + 2 *Punkten* $p_0, \ldots, p_n, q$ *von* P(V) *in allgemeiner Lage existieren Vektoren* $b_0, \ldots, b_n, e$ *von* V, *so daß gilt:*

$$(14)\qquad p_i = \mathrm{sp}(b_i), \quad q = \mathrm{sp}(e)$$

$$(15)\qquad e = b_0 + \ldots + b_n.$$

Die Vektoren $b_0, \ldots, b_n, e$ *sind durch* (14), (15) *bis auf einen gemeinsamen Faktor* $\neq 0$ *eindeutig bestimmt, und* $b_0, \ldots, b_n$ *bilden eine Basis von* V. *Man nennt*

(16) $(p_0, \ldots, p_n; q)$ *ein* ***projektives Bezugssystem*** *von* P(V),

(17) $(b_0, \dots, b_n; e)$ *eine **zugehörige Standardnormierung**.*

Die Punkte $p_0, \dots, p_n$ *heißen auch **Basispunkte**, und* q *wird **Einheitspunkt** genannt.* □

In der *Praxis* verwendet man meistens die abgekürzte Ausdrucksweise:

(18) „$(b_0, \dots, b_n; e)$ ist ein projektiver Bezugssystem".

Ist nun $p = sp(v)$ *irgend ein weiterer Punkt von* P(V) *und*

(19) $$v = \sum_{i=0}^{n} x_i b_i,$$

so sind die homogenen Koordinaten x_i *von* p *jetzt durch das gegebene projektive Bezugssystem* (16) *bestimmt*, da dieses ja seinerseits die Basisvektoren b_i bis auf einen gemeinsamen Faktor festlegt. Da wenigstens eine dieser Koordinaten, etwa x_k, von Null verschieden ist, kann man (19) umnormieren und erhält:

(20) $$\frac{1}{x_k} v = \sum_{\substack{i=0 \\ i \neq k}}^{n} \frac{x_i}{x_k} b_i + b_k.$$

Die $\frac{x_i}{x_k}$ mit $i \neq k$ heißen die **inhomogenen Koordinaten** von sp(v) (zum Index k). Die Punkte p mit $x_k \neq 0$ werden dann durch diese inhomogenen Koordinaten umkehrbar eindeutig charakterisiert. (Wir werden später sehen, wie diese inhomogenen Koordinaten als affine Koordinaten gedeutet werden können.) Problematisch hierbei ist allerdings, daß durch diese inhomogenen Koordinaten nur der Teil des projektiven Raumes P(V) „koordinatisiert" werden kann, für dessen Punkte $x_k \neq 0$ gilt.

Aufgabe zu 7.4

1. Im $\mathbf{R}^3$ seien die vier Vektoren der Standardbasis e_1, e_2, e_3 und $c = (3, 3, 3)$ gegeben. Dazu seien in der reellen projektiven Ebene $P(\mathbf{R}^3)$ die vier Punkte $p_0 := sp(e_1)$, $p_1 := sp(e_2)$, $p_2 := sp(e_3)$ und $q := sp(c)$ betrachtet. Man zeige, daß (p_0, p_1, p_2, q) ein projektives Bezugssystem von $P(\mathbf{R}^3)$ ist. Weiter finde man eine zugehörige Standardnormierung $(b_0, b_1, b_2; e)$ und berechne homogene Koordinaten bzgl. b_0, b_1, b_2 von $p = sp(1, 2, 3)$ mit ganzzahligen teilerfremden Koordinaten.

7.5 Das Doppelverhältnis

Das Doppelverhältnis ist im wesentlichen eine inhomogene Koordinate in einem eindimensionalen projektiven Raum.

Gegeben sei ein K-Vektorraum V (ohne Dimensionseinschränkung) und in P(V) eine projektive Gerade:

(1) $g = P(U), \quad \dim g = 1, \quad \dim U = 2.$

Wir betrachten ein projektives Bezugssystem $(p_0, p_1; p_2)$ von g, also drei paarweise verschiedene Punkte p_0, p_1, p_2 auf g (Bild 45). Eine Standardnormierung des Bezugssystems sei $(b_0, b_1; b_2)$, so daß also gilt:

(2) $p_i = \mathrm{sp}(b_i), \quad 0 \leqq i \leqq 2,$

(3) $b_2 = b_0 + b_1.$

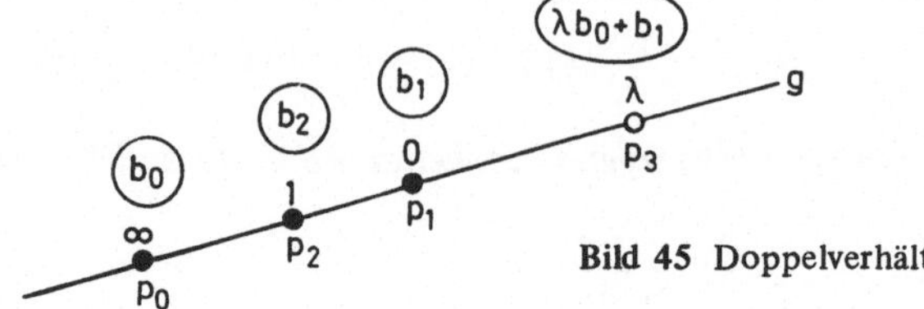

Bild 45 Doppelverhältnis

Ist ein weiterer Punkt $p_3 \in g$ gegeben mit $p_3 \neq p_0$, so können wir einen Vektor $b_3 \in V$ so wählen, daß gilt:

(4) $p_3 = \mathrm{sp}(b_3)$

(5) $b_3 = \lambda b_0 + b_1.$

In (5) wäre zunächst auch bei b_1 ein skalarer Faktor anzubringen, wegen $p_3 \neq p_0$ ist dieser $\neq 0$, so daß durch geeignete Umnormierung von b_3 tatsächlich die Beziehung (5) erreichbar ist. Man liest hieraus ab, daß λ die inhomogene Koordinate der Punkte $p_3 \in g$ mit $p_3 \neq p_0$ (zum Index 1) ist. Diese Koordinate liefert eine bijektive Zuordnung $p_3 \mapsto \lambda$ von $g \setminus \{p_0\}$ auf K.

Definition A. *Der zu vier kollinearen Punkten* p_0, p_1, p_2, p_3 *mit* $p_0 \neq p_1 \neq p_2 \neq p_0$ *und* $p_3 \neq p_0$ *gemäß* (2) *bis* (5) *eindeutig bestimmte Skalar* λ *heißt das* ***Doppelverhältnis*** *dieser vier Punkte, geschrieben*

(6) $\lambda = \mathrm{DV}(p_0, p_1; p_2, p_3).$

Zusätzlich schreibt man:

(7) $p_3 = p_0 \Longleftrightarrow: \mathrm{DV}(p_0, p_1; p_2, p_3) = \infty.$

Die genannte Abbildung von $g \setminus \{p_0\}$ auf K kann also durch (7) zu einer Bijektion von g auf $K \cup \{\infty\}$ fortgesetzt werden, wobei man dem Skalarenkörper *ein* zusätzliches „uneigentliches“ Element „∞“ hinzufügt.

Bemerkung 1. Für $K = \mathbb{R}$ entspricht dies der *Vorstellung*, daß die beiden „Enden“ von $\mathbb{R}$ zu einem Punkt zusammengebogen werden (Bild 46). Eine exakte Untermauerung hierfür

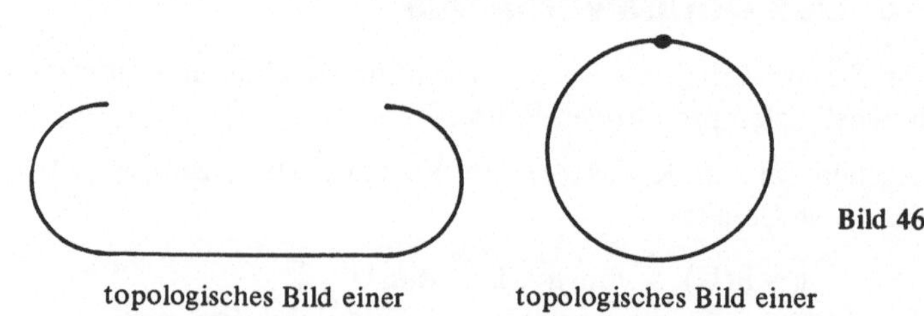

Bild 46

eine reelle affine Gerade (unbeschränkt zu denken) — topologisches Bild einer reellen affinen Gerade — topologisches Bild einer reellen projektiven Gerade ist die Tatsache, daß eine reelle projektive Gerade „topologisch äquivalent" zu einer Kreislinie (!) ist; vgl. Aufgabe 4 [7.2]. □

Für $\lambda = 0, 1$ folgt aus (5) speziell:

(8) $\quad p_3 = p_1 \Longleftrightarrow DV(p_0, p_1; p_2, p_3) = 0$

(9) $\quad p_3 = p_2 \Longleftrightarrow DV(p_0, p_1; p_2, p_3) = 1.$

Die Werte (7)–(9) sind in Bild 45 eingetragen, intuitiv entsteht so eine „projektive Skala" auf der projektiven Gerade g.

Außer den Skalaren 0, 1 ist in K auch der Wert -1 ausgezeichnet; dieser führt auf folgende

Definition B. *Gilt*

(10) $\quad DV(p_0, p_1; p_2, p_3) = -1,$

so heißen die vier Punkte p_0, p_1, p_2, p_3 ***harmonisch (gelegen).*** *Man sagt auch,* p_3 *ist der* ***vierte harmonische Punkt*** *zu* p_0, p_1, p_2, *oder die Paare* p_0, p_1 *und* p_2, p_3 ***trennen sich harmonisch.***

Die letzte Bezeichnungsweise ist dadurch gerechtfertigt, daß die Relation (10) mit denjenigen Relationen äquivalent ist, die durch Vertauschen der ersten beiden Punkte oder der letzten beiden Punkte oder des ersten Paares mit dem zweiten Paar daraus entstehen. Das kann man leicht einsehen, wenn man beachtet, daß (10) bedeutet, daß die vier Punkte durch geeignete Vektoren der Gestalt $b_0, b_1, b_0 + b_1, -b_0 + b_1$ aufgespannt werden. Für das allgemeine Verhalten des Doppelverhältnisses bei Vertauschungen der vier Punkte sei auf die folgende Bemerkung 2 verwiesen.

Aus der Bijektivität der Abbildung $p_3 \mapsto \lambda$ (bei festem p_0, p_1, p_2) folgt, daß zu je drei paarweise verschiedenen Punkten p_0, p_1, p_2 einer projektiven Gerade genau ein vierter harmonischer Punkt p_3 gehört. Es gibt übrigens eine ebene, projektiv-geometrische Konstruktion, das *vollständige Vierseit*, zur Gewinnung des vierten harmonischen Punktes; vgl. die folgende Bemerkung 3.

Generell erhebt sich die Frage, wie das Doppelverhältnis von vier kollinearen Punkten p_0, p_1, p_2, p_3 berechnet werden kann, wenn die sie aufspannenden Vektoren b_0, b_1, b_2, b_3 in allgemeiner Normierung [nicht in der speziellen von (3), (5)] gegeben sind. Zur Beantwortung dieser Frage seien folgende Daten vorgegeben:

(11) $\quad$ eine Basis a_0, a_1 von U, wobei $g = P(U)$

(12) $\quad b_i = \beta_{i0} a_0 + \beta_{i1} a_1$, wobei $p_i = sp(b_i)$, $\quad 0 \leqq i \leqq 3.$

Es müssen nun von Null verschiedene Umnormierungsfaktoren ρ_i $(0 \leqq i \leqq 3)$ und ein λ gefunden werden, daß gilt:

$$(13) \quad \begin{aligned} \rho_2 b_2 &= \rho_0 b_0 + \rho_1 b_1 \\ \rho_3 b_3 &= \lambda \rho_0 b_0 + \rho_1 b_1 . \end{aligned}$$

Dann ist λ das Doppelverhältnis von p_0, p_1, p_2, p_3; denn für $\tilde{b}_i := \rho_i b_i$ gilt $\tilde{b}_2 = \tilde{b}_0 + \tilde{b}_1$ und $\tilde{b}_3 = \lambda \tilde{b}_0 + \tilde{b}_1$, was dieses Doppelverhältnis kennzeichnet. Trägt man (12) in (13) ein und macht Koeffizientenvergleiche bezüglich den linear unabhängigen Vektoren a_0, a_1, so ergibt sich ein Gleichungssystem, das eindeutig nach λ aufgelöst werden kann. Das Resultat ist der folgende Ausdruck in (14). Somit gilt:

Satz C. *Das Doppelverhältnis von vier kollinearen Punkten* p_0, p_1, p_2, p_3 *mit* $p_0 \neq p_1 \neq \neq p_2 \neq p_0 \neq p_3$ *berechnet sich aus den Daten* (11), (12) *vermittels folgender Formel:*

$$(14) \qquad DV(p_0, p_1; p_2, p_3) = \frac{\begin{vmatrix} \beta_{00} & \beta_{20} \\ \beta_{01} & \beta_{21} \end{vmatrix}}{\begin{vmatrix} \beta_{10} & \beta_{20} \\ \beta_{11} & \beta_{21} \end{vmatrix}} : \frac{\begin{vmatrix} \beta_{00} & \beta_{30} \\ \beta_{01} & \beta_{31} \end{vmatrix}}{\begin{vmatrix} \beta_{10} & \beta_{30} \\ \beta_{11} & \beta_{31} \end{vmatrix}} . \qquad \square$$

Die Bauart dieser Formel erklärt den Namen „Doppelverhältnis". Häufig schreibt man statt $DV(p_0, p_1; p_2, p_3)$ auch $DV(b_0, b_1; b_2, b_3)$.

Bemerkungen. 2. Kennt man das Doppelverhältnis von vier kollinearen Punkten in einer bestimmten Reihenfolge, so kann man daraus das Doppelverhältnis der gleichen Punkte in einer beliebigen anderen Reihenfolge berechnen, z.B. gilt beim Vertauschen des mittleren Paares:

$$(15) \qquad DV(p_0, p_1; p_2, p_3) = \lambda \Longrightarrow DV(p_0, p_2; p_1, p_3) = 1 - \lambda.$$

Der Beweis hiervon ergibt sich leicht aus der Definition A, wenn man beachtet, daß die vier Punkte sowohl durch die Vektoren der zweiten Spalte der folgenden Aufstellung wie auch durch die dazu proportionalen Vektoren der dritten Spalte aufgespannt werden:

$$(16) \qquad \begin{array}{c|l|rl} p_0 & b_0 & -b_0 =: & c_0 \\ p_1 & b_1 & b_1 = & c_0 + c_1 \\ p_2 & b_0 + b_1 & b_0 + b_1 =: & c_1 \\ p_3 & \lambda b_0 + b_1 & \lambda b_0 + b_1 = & (1-\lambda) c_0 + c_1 . \end{array}$$

Analog lassen sich die Werte des Doppelverhältnisses bei allen 4! = 24 Permutionen der vier Punkte berechnen. Der Wert bleibt fest, wenn von den vier Punkten zwei vertauscht werden und die anderen beiden ebenfalls, und er geht ins Reziproke über, wenn das erste (oder letzte) Paar vertauscht wird.

3. Ein **(vollständiges) Vierseit** besteht aus vier Geraden einer projektiven Ebene $E = P(V)$, von denen keine drei einen Punkt gemeinsam haben. Die vier Geraden heißen **Seiten** und seien hier durch I, II, III, IV bezeichnet; vgl. Bild 47.

Die Seiten schneiden sich in sechs Punkten, den **Ecken** $I \cap II$, $I \cap III$, $I \cap IV$, $II \cap III$, $II \cap IV$ und $III \cap IV$, die paarweise voneinander verschieden sind. Zwei Ecken, deren Verbindungsgerade nicht zum Vierseit gehört, heißen **Gegenecken**; davon gibt es drei Paare, nämlich $I \cap II$, $III \cap IV$ und $I \cap III$, $II \cap IV$ sowie $I \cap IV$, $II \cap III$. Die Verbindungsgeraden der Gegenecken sind die **Diagonalen** 1, 2, 3 des Vierseits (in Bild 47 gestrichelt). Auf jeder Diagonale gibt es genau zwei Ecken sowie die zwei (davon verschiedenen) Schnittpunkte mit den beiden anderen Diagnonalen. *Die Behauptung ist, daß diese beiden Punktepaare auf jeder Diagonale sich harmonisch trennen.*

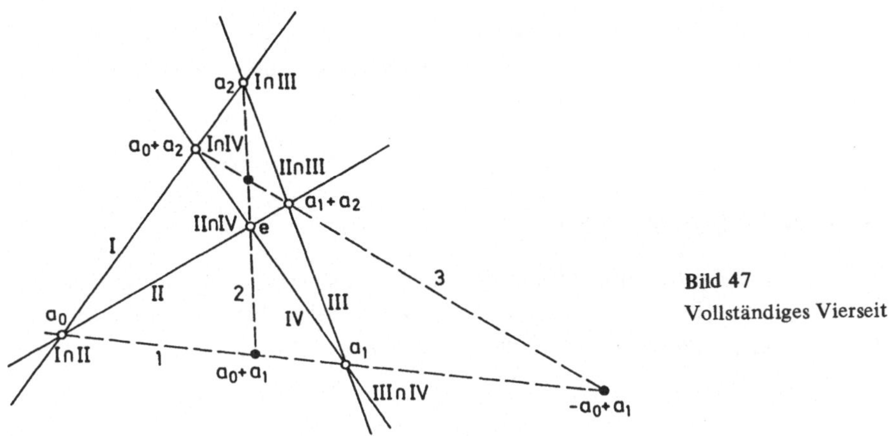

Bild 47
Vollständiges Vierseit

Um dies etwa für die Diagonale 1 nachzuweisen, legen wir die Punkte*) $a_0, a_1, a_2, e = a_0 + a_1 + a_2$ eines projektiven Bezugssystems auf die Ecken $I \cap II$, $III \cap IV$, $I \cap III$ und $II \cap IV$. Das geht, weil je drei dieser Ecken nicht kollinear sind. Dann wird die Ecke $I \cap IV$ durch den Vektor $a_0 + a_2$ aufgespannt, weil dieser einerseits Linearkombination von a_0, a_2, andererseits Linearkombination von a_1, e ist $(a_0 + a_2 = -a_1 + e)$, analog wird die Ecke $II \cap III$ durch $a_1 + a_2$ aufgespannt. Der Schnittpunkt der Diagonalen 1, 2 ist $a_0 + a_1$; denn die Schnittbedingung $\lambda_0 a_0 + \lambda_1 a_1 = \mu_2 a_2 + \mu e$ ist äquivalent zu $\lambda_0 = \lambda_1 = \mu$, $0 = \mu_2 + \mu$. Analog ist der Schnittpunkt der Diagonalen 1, 3 gleich $-a_0 + a_1$, weil die Bedingung $\lambda_0 a_0 + \lambda_1 a_1 = \mu_0 (a_0 + a_2) + \mu_1 (a_1 + a_2)$ mit $\lambda_0 = \mu_0$, $\lambda_1 = \mu_1$, $0 = \mu_0 + \mu_1$ äquivalent ist. Da die vier Punkte $a_0, a_1, a_0 + a_1, -a_0 + a_1$ nach Definition das Doppelverhältnis -1 haben, ist die Behauptung bewiesen.

Die Figur des vollständigen Vierseits gestattet es, aus drei vorgegebenen Punkten $a_0, a_1, a_0 + a_1$ den vierten harmonischen Punkt $-a_0 + a_1$ allein durch Verbinden von Punkten und Schneiden von Geraden einer Ebene E zu konstruieren. Hierbei kann man $\text{char}(K) \neq 2$ annehmen, da bei Charakteristik 2 der vierte harmonische Punkt zu p_0, p_1, p_2 mit p_2 zusammenfällt. Dazu zeichnet man zunächst willkürlich zwei Geraden I, II in E durch a_0 und eine Gerade 2 durch $a_0 + a_1$. Die Schnittpunkte von 2 mit I und II (das sind a_2 und e in der obigen Bezeichnungsweise) verbindet man daraufhin mit a_1 und erhält so die Geraden III und IV. Die Gerade IV schneidet auf I den Punkt $a_0 + a_2$, die Gerade III auf II den Punkt $a_1 + a_2$ aus. Wo die Verbindungsgerade von $a_0 + a_2$ und $a_1 + a_2$ (das ist Gerade 3) die Gerade 1 durch a_0 und a_1 trifft, liegt der vierte harmonische Punkt von $a_0, a_1, a_0 + a_1$. (Damit die Geraden I bis IV ein Vierseit bilden, hat man bei der Wahl von I, II und 2 darauf zu achten, daß 1, I, II paarweise verschieden und 1, 2 verschieden sind.)

Aufgaben zu 7.5

1. Für fünf kollineare Punkte p_0, p_1, p_2, p_3, q beweise man die Formel $DV(p_0, p_1; p_2, p_3) = DV(p_0, p_1; p_2, q) \cdot DV(p_0, p_1; q, p_3)$, soweit die eingehenden Doppelverhältnisse definiert sind.

*) Wir gebrauchen im folgenden die am Ende von 7.2 getroffene Konvention.

2. Man berechne DV ((1,2), (3,1); (3,2), (−1, −1)).

3. Hat K die Charakteristik 2, so zeige man, daß die drei Diagonalen eines vollständigen Vierseits genau einen Punkt gemeinsam haben.

7.6 Projektive Abbildungen

Wir betrachten zwei K-Vektorräume V und W (beide $\neq 0$) sowie die zugehörigen projektiven Räume P(V) und P(W). Es sollen die „strukturverträglichen" Abbildungen von P(V) in P(W), die sog. *projektiven Abbildungen*, definiert werden.

Dazu gehen wir aus von einer linearen Abbildung

(1) $\quad L: V \longrightarrow W$

mit einem Kern

(2) $\quad N := \text{Kern}\, L \neq V.$

Die eindimensionalen Unterräume von V, die nicht im Kern von L enthalten sind, werden dann durch L auf eindimensionale Unterräume von W abgebildet; denn für $v \in V \setminus N$ ist $L(v) \neq 0$, und es gilt $L(\lambda v) = \lambda \cdot L(v)$. Somit ist in natürlicher Weise mit L die Abbildung

(3) $$\begin{aligned} \pi: P(V) \setminus P(N) &\longrightarrow P(W) \\ sp(v) &\longmapsto L(sp(v)) = sp(L(v)) \end{aligned}$$

verbunden.

Definition A. *Jede auf diese Art aus einer linearen Abbildung* L (1) *erzeugte Abbildung* π (3) *heißt eine **projektive Abbildung** des* P(V) *in den* P(W) *mit dem **Zentrum*** P(N).

Das Zentrum P(N) ist ein projektiver Unterraum von P(V), der wegen (2) nicht mit ganz P(V) zusammenfällt.

Warnung: Man beachte, daß π nicht auf ganz P(V) definiert ist, sondern nur außerhalb des Zentrums P(N). Bei injektivem L gilt allerdings $P(N) = \phi$, so daß die Definitionsmenge von π der ganze Raum P(V) ist.

Beispiel 1. Gegeben sei eine Hyperebene H von V (durch 0) und ein fester Vektor $v_0 \in V \setminus H$. Dann besteht die direkte Summenzerlegung $V = H \oplus sp(v_0)$. Jedes $v \in V$ ist eindeutig in der Form $v = Lv + \lambda(v) \cdot v$ mit $Lv \in H$ und $\lambda(v) \in K$ darstellbar; L ist also die *erste Projektion* der genannten Zerlegung. Es gilt: Bild L = H, Kern $L = N = sp(v_0)$. Setzt man $p_0 := sp(v_0) \notin P(H)$, so ist die von L erzeugte projektive Abbildung von der Art $\pi: P(V) \setminus \{p_0\} \to P(H)$. Wegen $Lv = v - \lambda(v)\, v_0$ liegt für jeden Punkt $p = sp(v) \neq p_0$ das Bild $\pi(p)$ nicht nur in P(H), sondern auch auf der Gerade $p_0 \vee p$, d.h. $\pi(p)$ ist der eindeutig bestimmte Schnittpunkt der Gerade $p_0 \vee p$ mit P(H). Deshalb heißt π die **Zentralprojektion** des P(V) auf die Hyperebene $P(H) \subset P(V)$ mit dem **Augpunkt** (= Zentrum) p_0; vgl. Bild 48. Analog hierzu lassen sich **verallgemeinerte Zentralprojektionen**

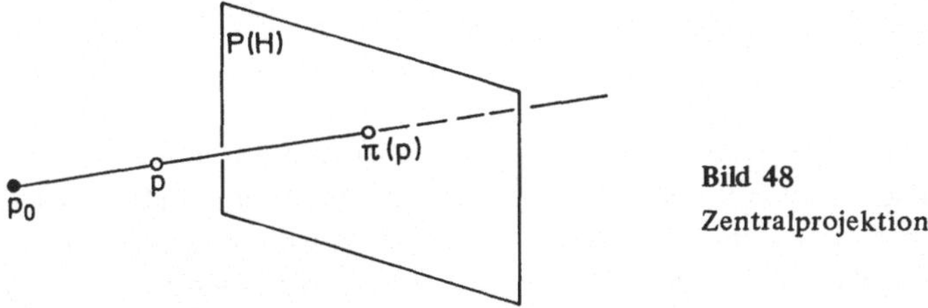

Bild 48
Zentralprojektion

mittels beliebiger direkter Summenzerlegungen $V = U_1 \oplus U_2$ definieren. *Zentralprojektionen der projektiven Geometrie entsprechen also Projektionen auf direkte Summanden in der Vektorraumtheorie*! □

Zwei projektive Abbildungen π_1, π_2 des P(V) in den P(W) werden als **gleich** betrachtet, wenn sie dasselbe Zentrum P(N) und dieselbe Abbildungsvorschrift von $P(V) \setminus P(N)$ in P(W) besitzen. Natürlich haben dann die erzeugenden linearen Abbildungen $L_1, L_2 : V \to W$ denselben Kern N. Wie L_1, L_2 genau beschaffen sein müssen, damit $\pi_1 = \pi_2$ gilt, besagt der folgende

Satz B. *Es gilt genau dann* $\pi_1 = \pi_2$, *wenn ein* $\rho \in K \setminus 0$ *existiert mit* $L_2 = \rho \cdot L_1$.

Beweis. Wird $L_2 = \rho \cdot L_1$ vorausgesetzt, so folgt für jedes $v \in V \setminus N$: $L_2 v = \rho \cdot L_1 v$, also $sp(L_2 v) = sp(L_1 v)$ und damit $\pi_2(sp(v)) = \pi_1(sp(v))$, also nach (3) $\pi_2 = \pi_1$.

Weniger einfach ist die Umkehrung: Die Voraussetzung $\pi_1 = \pi_2$ impliziert nach (3), daß zu jedem $v \in V \setminus N$ ein $\rho(v) \in K \setminus 0$ existiert, so daß

(4) $\quad L_2 v = \rho(v) \cdot L_1 v$

gilt. Wegen $L_1 v \neq 0$ ist dabei $\rho(v)$ eindeutig bestimmt, d.h. es ist hierdurch eine *Funktion* $\rho : V \setminus N \to K \setminus 0$ definiert. Zu zeigen bleibt, daß ρ *konstant* ist. Dann folgt $L_2 = \rho \cdot L_1$; denn für $v \in V \setminus N$ ergibt sich dies aus (4), und für $v \in N$ sind beide Seiten Null. Die Konstanz von ρ wird in zwei Schritten bewiesen:

1) ρ *ist auf jedem Strahl in* $V \setminus N$ *konstant, d.h. für* $v \in V \setminus N$ *und* $\lambda \in K \setminus 0$ *gilt* $\rho(\lambda v) = \rho(v)$: Dies ergibt sich aus (4), indem v durch λv ersetzt wird: $L_2(\lambda v) = \rho(\lambda v) \cdot L_1(\lambda v) \Rightarrow \lambda \cdot L_2 v = \rho(\lambda v) \cdot \lambda \cdot L_1 v \Rightarrow \lambda \cdot \rho(v) \cdot L_1 v = \rho(\lambda v) \cdot \lambda \cdot L_1 v \Rightarrow \rho(v) = \rho(\lambda v)$. Beim letzten Schluß wurde $L_1 v \neq 0$ verwendet.

2) *Für linear unabhängige Vektoren* $u, v \in V \setminus N$ *gilt* $\rho(u) = \rho(v)$: Hierzu machen wir die Fallunterscheidung (a) $N \cap sp(u, v) = 0$ und (b) $N \cap sp(u, v) \neq 0$.

Im Fall (a) ist $L_1 u, L_1 v$ linear unabhängig; denn aus $\alpha \cdot L_1 u + \beta \cdot L_1 v = 0$ folgt $L_1(\alpha u + \beta v) = 0$, also $\alpha u + \beta v \in \text{Kern } L_1 = N$, also $\alpha u + \beta v = 0$, also $\alpha = \beta = 0$. Wenden wir nun (4) für u + v an, so ergibt sich

(5) $\quad L_2 u + L_2 v = L_2(u + v) = \rho(u + v) \cdot L_1(u + v)$,

also

(6) $\quad \rho(u) \cdot L_1 u + \rho(v) \cdot L_1 v = \rho(u + v) \cdot (L_1 u + L_1 v)$,

also durch Koeffizientenvergleich

(7) $\rho(u) = \rho(u + v) = \rho(v)$.

Im Fall (b) existieren Skalare α, β, so daß $0 \neq \alpha u + \beta v \in N$. Dabei ist $\alpha \neq 0$ und $\beta \neq 0$. Für $u' := \alpha u$, $v' := -\beta v$ gilt also $u', v' \in V \setminus N$, $u' - v' \in N$. Daraus folgt $L_1(u' - v') = L_2(u' - v') = 0$, also $L_1 u' = L_1 v' \neq 0$ und $L_2 u' = L_2 v' \neq 0$. Die Anwendung von (4) auf die letzte Relation liefert $\rho(u') \cdot L_1 u' = \rho(v') \cdot L_1 v'$, also $\rho(u') = \rho(v')$. Wegen 1) folgt daraus schließlich $\rho(u) = \rho(v)$. □

Aufgrund von Satz B existiert eine kanonische und bijektive Zuordnung, die jeder projektiven Abbildung π des P(V) in den P(W) einen Strahl im Vektorraum $\mathbf{L}(V; W)$ zuweist. Deswegen wird die Menge aller projektiven Abbildungen des P(V) in den P(W) häufig mit dem projektiven Raum $P(\mathbf{L}(V; W))$ identifiziert.

Bemerkung 1. Sind V und W von den endlichen Dimensionen n + 1 und m + 1, so lassen sich die linearen Abbildungen von V in W nach Basiswahl durch Matrizen darstellen. In den entsprechenden Koordinaten (von V und W als Vektorräumen) drückt sich dann eine lineare Abbildung durch ein lineares Gleichungssystem mit der entsprechenden Matrix als Koeffizientenmatrix aus:

(8) $$y_i = \sum_{j=0}^{n} \alpha_{ij} x_j, \quad 0 \leqq i \leqq m.$$

Die genaue Bedeutung von (8) ist die: Bezeichnet $a_0, \ldots, a_n$ bzw. $b_0, \ldots, b_m$ die in V bzw. W gewählte Basis, so wird jedem $v \in V$ in der Darstellung $v = x_0 a_0 + \ldots + x_n a_n$ der Vektor $Lv \in W$ in der Darstellung $Lv = y_0 b_0 + \ldots + y_m b_m$ zugeordnet, wobei die y_i gemäß (8) aus den x_j zu berechnen sind.

Faßt man die x_j bzw. y_i als homogene Koordinaten in den projektiven Räumen P(V) bzw. P(W) auf, so ist (8) auch die Darstellung einer projektiven Abbildung des P(V) in den P(W), wobei allerdings zueinander proportionale Koeffizientenmatrizen zur gleichen projektiven Abbildung gehören. Beim Übergang zu inhomogenen Koordinaten, etwa denen zum Index 0,

(9) $$\xi_j = \frac{x_j}{x_0}, \quad 1 \leqq j \leqq n$$

(10) $$\eta_i = \frac{y_i}{y_0}, \quad 1 \leqq i \leqq m,$$

folgt aus (8):

(11) $$\eta_i = \frac{\sum_{j=0}^{n} \alpha_{ij} x_j}{\sum_{j=0}^{n} \alpha_{0j} x_j} = \frac{\sum_{j=0}^{n} \alpha_{ij} \frac{x_j}{x_0}}{\sum_{j=0}^{n} \alpha_{0j} \frac{x_j}{x_0}}, \quad 1 \leqq i \leqq m,$$

somit

$$(12) \qquad \eta_i = \frac{\alpha_{i0} + \alpha_{i1}\,\xi_1 + \ldots + \alpha_{in}\,\xi_n}{\alpha_{00} + \alpha_{01}\,\xi_1 + \ldots + \alpha_{0n}\,\xi_n}, \qquad 1 \leqq i \leqq m.$$

Von dieser Art sind also die Abbildungsgleichungen einer projektiven Abbildung, ausgedrückt in inhomogenen Koordinaten. Dabei ist allerdings zu bedenken, daß inhomogene Koordinaten nie auf dem ganzen projektiven Raum definiert sind.

Ein Spezialfall entsteht für $n = m = 1$, d.h. wenn P(V) und P(W) eindimensionale projektive Räume sind. Hier ist die inhomogene Koordinate (zum Index 1) jeweils identisch mit dem Doppelverhältnis des betreffenden Punktes zu den drei Punkten des projektiven Bezugssystems, und gemäß (12) wird eine projektive Abbildung in diesen inhomogenen Koordinaten ξ [in P(V)] und η [in P(W)] durch eine Formel der Bauart

$$(13) \qquad \eta = \frac{\alpha + \beta\xi}{\gamma + \delta\,\xi}$$

beschrieben. Eine Abbildungsvorschrift $\xi \mapsto \eta$ dieser Art heißt **gebrochen linear**. □

Aufgrund des engen Zusammenhanges zwischen linearen und projektiven Abbildungen entsprechen sich die Eigenschaften beider Abbildungstypen weitgehend, z.B. kann man leicht die folgenden Sätze C und D beweisen, was der Leser als Übungsaufgabe durchführen möge.

Satz C. *Sei* $L: V \to W$ *eine lineare und* $\pi: P(V) \setminus P(N) \to P(W)$ *die von* L *erzeugte projektive Abbildung. Dann gilt:*

(a) π *injektiv* $\iff$ L *injektiv*.

(b) π *surjektiv* $\iff$ L *surjektiv*.

(c) *Ist* $\pi: P(V) \to P(W)$ *bijektiv, so ist auch die inverse Abbildung* $\pi^{-1}: P(W) \to P(V)$ *projektiv und wird durch* L^{-1} *erzeugt.* □

Projektive Abbildungen $\pi: P(V) \to P(W)$, die gleichzeitig bijektiv sind, werden als **projektive Isomorphismen** und im Falle $V = W$ als **projektive Automorphismen** oder **Projektivitäten** von P(V) bezeichnet.

Satz D. *Sind* $L_1: V \to W$ *und* $L_2: W \to Z$ *lineare Abbildungen, so stehen die drei von den linearen Abbildungen* $L_1, L_2, L := L_2 \circ L_1$ *erzeugten projektiven Abbildungen* π_1, π_2, π *in der Beziehung* $\pi = \pi_2 \circ \pi_1$. □

Hierbei ist zu berücksichtigen, daß $\pi_2 \circ \pi_1$ nur auf denjenigen Punkten außerhalb des Zentrums von π_1 definiert ist, die durch π_1 nicht in das Zentrum von π_2 abgebildet werden.

Die Menge der Projektivitäten von P(V) bildet unter der Komposition eine Gruppe, die **projektive Gruppe PGL**(V). Die projektive Geometrie in P(V) besteht dann im Sinne des *Erlanger Programms* aus allen Begriffen und Sätzen, die gegenüber den Abbildungen von **PGL**(V) invariant sind.

Nunmehr nennen wir einige *Invarianzeigenschaften* projektiver Abbildungen: Unmittelbar aus der Linearität von L folgt daß eine projektive Abbildung π projektive Unterräume von P(V) in projektive Unterräume von P(W) überführt (liegt ein projektiver Unterraum ganz im Zentrum von π, so wird sein Bild als leere Menge gerechnet). Speziell wird eine projektive Gerade $g \subseteq P(V)$, die nicht im Zentrum von π liegt, auf eine Gerade oder einen Punkt abgebildet **(Geradentreue).** Im ersten Fall bleibt das Doppelverhältnis von Punktequadrupeln auf g (soweit es definiert ist) unter π invariant, d.h. es gilt

(14) $\quad DV(\pi(p_0), \pi(p_1); \pi(p_2), \pi(p_3)) = DV(p_0, p_1; p_2, p_3).$

Das folgt unmittelbar aus der Definition des Doppelverhältnisses, da aus den Vektoren $b_0, b_1, b_0 + b_1, \lambda b_0 + b_1$ unter L die Vektoren $Lb_0, Lb_1, Lb_0 + Lb_1, \lambda Lb_0 + Lb_1$ entstehen.

Im Falle gleicher endlicher Dimension

(15) $\quad \dim P(V) = \dim P(W) = n \geqq 1$

besteht eine einfache Möglichkeit, projektive Isomorphismen mittels projektiver Bezugssysteme festzulegen (ähnlich wie im affinen Fall; vgl. Satz E [5.2]):

Satz E. *Unter Voraussetzung von* (15) *seien zwei projektive Bezugssysteme* $(p_0, \dots, p_n; q)$ *von* P(V) *und* $(p_0', \dots, p_n'; q')$ *von* P(W) *vorgegeben. Dann existiert genau eine projektive Abbildung* π *des* P(V) *in den* P(W) *mit*

(16) $\quad \pi(p_0) = p_0', \dots, \pi(p_n) = p_n', \pi(q) = q',$

und π *ist projektiver Isomorphismus.*

Beweis. Es seien $(b_0, \dots, b_n; e)$ und $(b_0', \dots, b_n'; e')$ Standardnormierungen der beiden projektiven Bezugssysteme, so daß also gilt:

(17) $\quad e = b_0 + \dots + b_n, \quad e' = b_0' + \dots + b_n'.$

Existenz: Es existiert eine lineare Abbildung $L: V \to W$ mit

(18) $\quad Lb_i = b_i', \quad 0 \leqq i \leqq n.$

Hiermit folgt $Le = L(b_0 + \dots + b_n) = Lb_0 + \dots + Lb_n = b_0' + \dots + b_n' = e'$. Also erfüllt die von L erzeugte projektive Abbildung π die Gleichung (16). Da L wegen (15) Vektorraumisomorphismus ist, ist π projektiver Isomorphismus.

Eindeutigkeit: Angenommen eine weitere projektive Abbildung $\tilde{\pi}$ habe die Eigenschaft (16). Dann gilt für eine zugehörige lineare Abbildung $\tilde{L}: V \to W$

(19) $\quad \tilde{L}b_i = \rho_i b_i', \quad 0 \leqq i \leqq n,$

(20) $\quad \tilde{L}e = \rho \cdot e'$

mit gewissen Skalaren $\rho_i, \rho \neq 0$. Aus (17) – (20) berechnet man einerseits $\rho e' = \tilde{L}e = \tilde{L}b_0 + \dots + \tilde{L}b_n = \rho_0 b_0' + \dots + \rho_n b_n'$, andererseits $\rho e' = \rho b_0' + \dots + \rho b_n'$. Durch Vergleich folgt $\rho = \rho_0 = \dots = \rho_n$, also $\tilde{L}b_i = \rho \cdot b_i' = \rho \cdot Lb_i$, $0 \leqq i \leqq n$, also $\tilde{L} = \rho \cdot L$ und damit $\tilde{\pi} = \pi$.

□

Bemerkung 2. Die Wirkungsweise der projektiven Abbildung π mit der Eigenschaft (16) kann auch ohne rechnerische Vorschriften allein aus den Daten $p_0, \ldots, p_n, q$ und $p_0', \ldots$ $\ldots, p_n', q'$ ermittelt werden, wenn man die obigen Invarianzeigenschaften von π (Geradentreue und Invarianz des Doppelverhältnisses) heranzieht. Die Durchführung, die in Analogie zu der entsprechenden affinen Frage steht (Bemerkung 2 [5.2]), sei dem Leser überlassen.

Aufgaben zu 7.6

1. Es sei π eine projektive Abbildung des Raumes P(V) in sich. Man zeige, daß ein Punkt $p_0 = \mathrm{sp}(v_0)$, der nicht dem Zentrum von π angehört, genau dann Fixpunkt von π ist, wenn v_0 Eigenvektor einer π erzeugenden linearen Abbildung $L: V \to V$ ist.

2. Es seien p_0, p_1 zwei verschiedene Punkte einer projektiven Gerade g. Man zeige: Die Abbildung $\pi: g \to g$, die jedem von p_0, p_1 verschiedenem Punkt $p \in g$ den vierten harmonischen Punkt $\pi(p)$ zu p_0, p_1, p zuordnet und p_0 und p_1 fest läßt, ist ein projektiver Automorphismus mit $\pi = \pi^{-1}$.

3. In einer projektiven Ebene E seien zwei verschiedene Geraden g und h gegeben, die sich im Punkt p_0 schneiden. Weiter sei eine injektive projektive Abbildung $\pi: g \to h$ vorgegeben, bei der p_0 in sich übergeht. Man zeige, daß π durch eine Zentralprojektion erzeugt wird, d.h. daß alle Verbindungsgeraden $p \vee \pi(p)$ für $p \in g \setminus \{p_0\}$ durch einen festen Punkt von E gehen.

4. Gegeben sei eine Hyperebene Δ des projektiven Raumes $P = P(V)$ und eine injektive, von der Identität verschiedene projektive Abbildung $\pi: P \to P$, so daß jeder Punkt von Δ Fixpunkt von π ist. Man stelle eine π erzeugende lineare Abbildung L mittels einer Δ beschreibenden Linearform $h \in V^*$ analytisch dar, und deduziere daraus, daß genau einer der folgenden Fälle eintritt:

(i) Es gibt einen weiteren Fixpunkt q_0 von π außerhalb Δ. Für alle $p \neq q_0$ außerhalb Δ ist dann $p \neq \pi(p)$; es sei $\pi_0(p)$ die Zentralprojektion von p auf Δ mit dem Zentrum q_0. Ferner existiert ein Skalar $\mu \neq 0, 1$, so daß für alle $p \neq q_0$ außerhalb Δ die Punkte q_0, p, $\pi_0(p)$, $\pi(p)$ kollinear sind und das feste Doppelverhältnis μ besitzen (π heißt dann eine **Projektivspiegelung** an Δ).

(ii) Es gibt keinen weiteren Fixpunkt von π außerhalb Δ. Dann existiert ein Punkt $q_1 \in \Delta$, so daß für alle $p \notin \Delta$ die Verbindungsgeraden $p \vee \pi(p)$ stets durch q_1 gehen (π heißt dann eine **Projektivscherung**).

Man vergleiche mit der entsprechenden affinen Situation (Aufgabe 10 [5.2])!

5. In einem projektiven Raum $R = P(V)$ der Dimension 3 seien zwei Geraden g', g'' mit leerem Durchschnitt gegeben; außerdem sei μ ein gegebener Skalar $\neq 0$.

a) Man zeige: Durch jeden Punkt $p \in R \setminus (g' \cup g'')$ geht genau eine Gerade T_p, die g' und g'' schneidet, und zwar in eindeutig bestimmten Punkten $p' \in g'$ und $p'' \in g''$. Man nennt T_p eine **Treffgerade** von g', g''.

b) Zu jedem Punkt $p \in R \setminus (g' \cup g'')$ bestimmt man den Punkt $p^* \in T_p$ mit $DV(p', p''; p, p^*) = \mu$. Man beweise: Die Abbildung $\pi: R \to R$ mit $\pi(p) = p^*$ für $p \in R \setminus (g' \cup g'')$ und $\pi(p) = p$ für $p \in g' \cup g''$ ist projektiv.

7.7 Quadriken in der Projektivgeometrie

Quadriken in einem projektiven Raum P(V) sind Mengen von Strahlen, die einem quadratischen Kegel im Vektorraum V mit Spitze 0 angehören.

Generalvoraussetzung: Der Grundkörper K besitze nicht die Charakteristik 2, und der K-Vektorraum V habe unendliche oder endliche Dimension $\geqq 3$.

Definition A. *Eine Teilmenge* Q *von* P(V) *heißt* ***quadratische Hyperfläche*** *oder* ***Quadrik*** *in* P(V), *wenn gilt:*

(a) *Es gibt eine symmetrische Bilineaform* $F: V \times V \to K$ *mit* $F \neq 0$, *so daß*

(1) $$Q = \{sp(v) \in P(V) | F(v, v) = 0\}.$$

(b) Q *ist nicht in einem von* P(V) *verschiedenen projektiven Unterraum von* P(V) *enthalten.*

Ist $\dim P(V) = 2$ bzw. 3, so spricht man von **Kegelschnitten** bzw. **quadratischen Flächen.**

Anstatt die Beziehung (1) aufzuschreiben, sagen wir auch kurz, Q *besitze* die Gleichung

(2) $$\boxed{F(v, v) = 0.}$$

Der Gleichungstyp ist hier wesentlich einfacher als im affinen Fall, da kein linearer und konstanter Anteil auftritt*). Demgemäß gestaltet sich die projektive Quadrikentheorie eher einfacher als die affine. Da ohnehin die Grundideen zur Untersuchung dieselben sind wie in 6.1, fassen wir uns hier kürzer.

1) Zunächst gilt $\phi \neq Q \neq P(V)$. Das erste folgt aus (b), das zweite, da $F \neq 0$.

2) Ist $\dim P(V) = n < \infty$ und $b_0, \dots, b_n$ eine Basis von V, so hat die Gleichung (2) in den durch $v = x_0 b_0 + \dots + x_n b_n$ definierten homogenen Koordinaten die Gestalt

(3) $$\sum_{i,j=0}^{n} \alpha_{ij} x_i x_j = 0.$$

3) Ein Punkt $p_0 \in P(V)$ heißt **Spitze** von Q, wenn gilt

(4) $$p \in Q \Rightarrow p_0 \vee p \subset Q,$$

d.h. wenn mit jedem $p \in Q \setminus \{p_0\}$ auch die ganze Verbindungsgerade $p_0 \vee p$ zu Q gehört. Natürlich gilt dann $p_0 \in Q$. Setzen wir $p_0 = sp(v_0)$ und $p = sp(v)$, so werden die Punkte von $p_0 \vee p$ aufgespannt von den Vektoren der Form $\lambda v_0 + \mu v$, so daß $p_0 \vee p \subset Q$ gleichwertig ist mit: $F(\lambda v_0 + \mu v, \lambda v_0 + \mu v) = 0$ für alle $\lambda, \mu \in K$. Daraus ergibt sich, daß p_0 genau dann Spitze ist, wenn aus $F(v, v) = 0$ folgt $F(v_0, v) = 0$. Da Q nicht in einer Hyperebene liegt, ist diese Bedingung in Wirklichkeit äquivalent mit: $F(v_0, v) = 0$ für *alle* $v \in V$, also damit, daß v_0 dem Radikal von F angehört. Die Spitzen von Q sind also genau die Punkte des projektiven Unterraumes P(Rad F). Die Spitzen werden auch als **singuläre** Punkte von Q bezeichnet, alle anderen Punkte von Q als **reguläre** Punkte. Besitzt Q wenigstens eine Spitze, so heißt Q **Kegel** oder **singuläre** Quadrik, sonst **reguläre** Quadrik. Im ersten Fall ist Rad $F \neq 0$, im zweiten Rad $F = 0$.

4) Das *Schnittverhalten* von Q mit einer projektiven Gerade g kann man wie im Affinen untersuchen, indem man eine Parameterdarstellung (15) [7.2] von g der Gestalt

(5) $$v = \lambda_0 v_0 + \lambda_1 v_1$$

*) Diese Anteile können schon deswegen nicht vorkommen, weil der darstellenden Gleichung mit v auch alle skalaren Vielfachen λv genügen müssen.

in die Quadrikgleichung (2) einsetzt. Dabei sind $p_0 = sp(v_0)$ und $p_1 = sp(v_1)$ zwei feste, verschiedene Punkte von g, und λ_0, λ_1 sind entsprechende homogene Koordinaten. Die so entstehende **Schnittgleichung**

(6) $\lambda_0^2 F(v_0, v_0) + 2\lambda_0\lambda_1 F(v_0, v_1) + \lambda_1^2 F(v_1, v_1) = 0$

kann wie früher diskutiert werden. Dabei kann man auch zur inhomogenen Koordinate $\lambda = \lambda_1/\lambda_0$ übergehen, wenn man die Sonderrolle, die dabei der Punkt p_1 spielt, entsprechend berücksichtigt; die Schnittgleichung wird dann zu einer gewöhnlichen quadratischen Gleichung für λ. Als Resultat erhält man: Für jede Gerade $g \subset P(V)$ gilt die Alternative: $|g \cap Q| \leqq 2$ oder $g \subset Q$. Ist $|g \cap Q| = 1$ oder $g \subset Q$, so heißt g **Tangente** an Q in den Punkten von $g \cap Q$. Ist $p_0 = sp(v_0) \in Q$, so liegen genau die Punkte $p = sp(v)$ auf einer Tangente an Q in p_0, für die gilt

(7) $F(v_0, v) = 0.$

Die Vereinigung aller Tangenten an Q in p_0 ist also ein projektiver Unterraum von P(V), und zwar entweder ganz P(V), wenn p_0 Spitze ist, oder eine Hyperebene, wenn p_0 nicht Spitze ist. Im zweiten Fall spricht man von der **Tangentialhyperebene**. Generell nennen wir diese Vereinigung den **Tangentialraum** von Q in p_0 und bezeichnen diesen so:

(8) $T_{p_0}Q = \{sp(v) \in P(V) | F(v_0, v) = 0\}.$

5) *Projektive Normalformen* für eine Quadrik Q im Falle endlicher Dimension dim P(V) = = n lassen sich sehr einfach dadurch gewinnen, daß die symmetrische Bilinearform F bezüglich einer Polarbasis $b_0, \dots, b_n$ dargestellt wird. In den zugehörigen homogenen Koordinaten $x_0, \dots, x_n$ ist dann (2) äquivalent mit einer Gleichung der Form

(9) $\alpha_0 x_0^2 + \dots + \alpha_s x_s^2 = 0,$

wobei $\alpha_0 \neq 0, \dots, \alpha_s \neq 0$ angenommen, also $s + 1$ der Rang von F ist. Im reellen Fall $K = \mathbf{R}$ können die Koeffizienten von (9) als 1 oder -1, im komplexen Fall $K = \mathbf{C}$ sogar alle als 1 gewählt werden. Über die klassifizierenden Eigenschaften *dieser* Normalformen überlegt man entsprechendes wie in 6.3.

An dieser Stelle soll die allgemeine Theorie der Quadriken im projektiven Raum nun nicht weiterverfolgt werden. Jedoch wollen wir noch einen „Schließungssatz" für Kegelschnitte bringen, den B. Pascal im Alter von 16 Jahren entdeckt hat. Wir betrachten einen Kegelschnitt Q in einer projektiven Ebene E = P(V) und ein Q **einbeschriebenes Sechseck**, d.h. sechs Punkte auf Q, die einfach durch die Ziffern 1, 2, 3, 4, 5, 6 bezeichnet seien (Bild 49). Als **gegenüberliegende Seiten** des Sechsecks bezeichnet man dabei $1 \vee 2$ und $4 \vee 5$, ebenso $2 \vee 3$ und $5 \vee 6$ sowie $3 \vee 4$ und $6 \vee 1$ (man beachte das zyklische Weitergehen hierbei). Die sechs Punkte sollen in **allgemeiner Lage** sein, d.h. je drei von ihnen seien nicht kollinear. Dann gilt:

Satz B (von Pascal). *Ist ein ebenes Sechseck in allgemeiner Lage einem Kegelschnitt einbeschrieben, so schneiden sich gegenüberliegende Seiten des Sechsecks auf einer Gerade.*

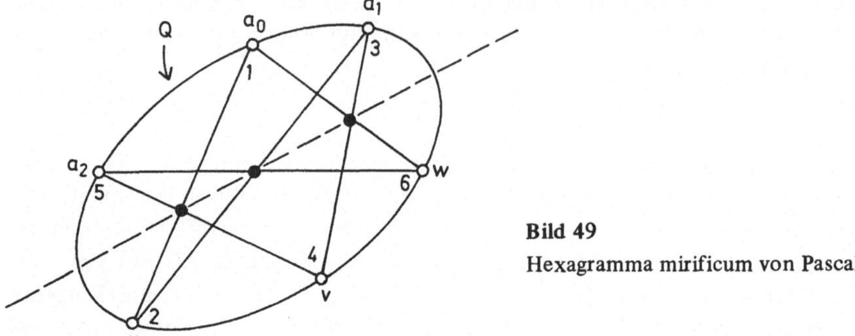

Bild 49
Hexagramma mirificum von Pascal

Diese Figur wird gelegentlich als „Hexagramma mirificum" bezeichnet. Die gemachten Voraussetzungen lassen sich abschwächen. Insbesondere bleibt der Satz auch richtig, wenn manche der sechs Punkte zusammenfallen, wobei dann an die Stelle der Verbindungsgerade die Tangente an Q tritt. Jedoch erfordern diese Sonderfälle eine eigene Diskussion, die hier nicht durchgeführt werden soll.

Beweis von B. Wir bedienen uns der abgekürzten Sprechweise, die am Ende von 7.2 beschrieben wurde.

Zunächst drücken wir die behauptete „Schließungsbedingung" für das Sechseck analytisch aus. Dazu legen wir die Basispunkte a_0, a_1, a_2 eines projektiven Bezugssystems auf die Punkte 1, 3, 5 und weitere Punkte u, v, w auf 2, 4, 6. Es sei

$$(10) \qquad u = \sum_{i=0}^{2} u_i a_i, \qquad v = \sum_{i=0}^{2} v_i a_i, \qquad w = \sum_{i=0}^{2} w_i a_i$$

gesetzt, wobei u_i, v_i, w_i geeignete *Skalare* sind.

Damit berechnen wir zunächst den Schnittpunkt der Geraden $1 \vee 2$ und $4 \vee 5$: Die Punkte der ersten Gerade sind $\alpha_0 a_0 + \mu u$, die der zweiten $\alpha_2 a_2 + \nu v$. Gleichsetzen liefert für die unbekannten Skalare $\alpha_0, \mu, \alpha_2, \nu$ die Bedingung $\alpha_0 a_0 + \mu u = \alpha_2 a_2 + \nu v$, was mit (10) und Koeffizientenvergleich auf das System führt:

$$(11) \qquad \alpha_0 + \mu u_0 = \nu v_0, \qquad \mu u_1 = \nu v_1, \qquad \mu u_2 = \alpha_2 + \nu v_2.$$

Die mittlere Gleichung wird durch $\mu = v_1$, $\nu = u_1$ befriedigt, daraus folgen mit der ersten und dritten Gleichung α_0 und α_2, z.B. $\alpha_0 = u_1 v_0 - v_1 u_0$, also ist ein gemeinsamer Punkt der beiden genannten Geraden

$$(12) \qquad \begin{aligned} \alpha_0 a_0 + \mu u &= (u_1 v_0 - v_1 u_0) a_0 + v_1 (u_0 a_0 + u_1 a_1 + u_2 a_2) \\ &= u_1 v_0 a_0 + u_1 v_1 a_1 + u_2 v_1 a_2 . \end{aligned}$$

Da $u_1 \neq 0$ und $v_1 \neq 0$ (sonst lägen die drei Punkte a_0, a_2, u bzw. a_0, a_2, v jeweils auf einer Gerade), ist die Lösung $\mu, \nu, \alpha_0, \alpha_2$ von (11) bis auf einen gemeinsamen Faktor eindeutig bestimmt, also besitzen die Geraden $1 \vee 2$ und $4 \vee 5$ *genau einen* Schnittpunkt, nämlich (12).

Durch zyklisches Weitergehen erhält man die zwei weiteren Schnittpunkte von gegenüberliegenden Seiten als

(13) $v_2 w_1 a_1 + v_2 w_2 a_2 + v_0 w_2 a_0$,

(14) $w_0 u_2 a_2 + w_0 u_0 a_0 + w_1 u_0 a_1$.

Die Bedingung, daß die drei Punkte (12) – (14) auf einer Gerade liegen, ist die lineare Abhängigkeit der entsprechenden Vektoren, d.h. die Gleichung

$$(15) \qquad \begin{vmatrix} u_1 v_0 & u_1 v_1 & u_2 v_1 \\ v_0 w_2 & v_2 w_1 & v_2 w_2 \\ w_0 u_0 & w_1 u_0 & w_0 u_2 \end{vmatrix} = 0.$$

Andererseits bedeutet die Voraussetzung, daß die sechs Punkte auf einem Kegelschnitt Q mit der Gleichung

$$(16) \qquad \sum_{i,j=0}^{2} \alpha_{ij} x_i x_j = 0, \qquad \alpha_{ij} = \alpha_{ji}$$

liegen, daß ihre Kooordinaten diese Gleichung befriedrigen, d.h. daß $\alpha_{00} = \alpha_{11} = \alpha_{22} = 0$ und

$$(17) \qquad \begin{aligned} \alpha_{01} u_0 u_1 + \alpha_{12} u_1 u_2 + \alpha_{20} u_2 u_0 &= 0 \\ \alpha_{01} v_0 v_1 + \alpha_{12} v_1 v_2 + \alpha_{20} v_2 v_0 &= 0 \\ \alpha_{01} w_0 w_1 + \alpha_{12} w_1 w_2 + \alpha_{20} w_2 w_0 &= 0. \end{aligned}$$

Notwendig und hinreichend für die Existenz eines solchen Kegelschnittes ist also, daß das homogene lineare Gleichungssystem (17) eine nichttriviale Lösung $(\alpha_{01}, \alpha_{12}, \alpha_{20})$ besitzt, also seine Determinante verschwindet:

$$(18) \qquad \begin{vmatrix} u_0 u_1 & u_1 u_2 & u_2 u_0 \\ v_0 v_1 & v_1 v_2 & v_2 v_0 \\ w_0 w_1 & w_1 w_2 & w_2 w_0 \end{vmatrix} = 0.$$

Durch Ausrechnen sieht man, daß die beiden Determinanten in (15) und (18) bis aufs Vorzeichen den gleichen Ausdruck liefern, nämlich

$$(19) \qquad \begin{aligned} & u_1 u_2 v_0 v_2 w_0 w_1 + u_0 u_1 v_1 v_2 w_0 w_2 + u_0 u_2 v_0 v_1 w_1 w_2 \\ & - u_1 u_2 v_0 v_1 w_0 w_2 - u_0 u_1 v_0 v_2 w_1 w_2 - u_0 u_2 v_1 v_2 w_0 w_1. \end{aligned}$$

Also folgt aus (18) die Behauptung (15). □

Tatsächlich zeigt dieser Beweis die Äquivalenz der beiden Bedingungen, d.h. es gilt auch

Satz C (Umkehrung des Satzes von Pascal). *Schneiden sich bei einem Sechseck einer projektiven Ebene in allgemeiner Lage gegenüberliegende Seiten auf einer Gerade, so ist das Sechseck einem Kegelschnitt einbeschrieben.* □

Aufgaben zu 7.7

1. Es sei Δ eine Hyperebene des projektiven Raumes $P = P(V)$ und Q_1 eine Quadrik in Δ; ferner sei p_0 ein fester Punkt aus $P \setminus \Delta$. Man zeige, daß die Vereinigung aller Verbindungsgeraden $p_0 \vee p$ mit $p \in Q_1$ eine Quadrik in P ist („quadratischer Kegel mit Basis" Q_1).

2. In einem projektiven Raum P der Dimension 3 seien zwei disjunkte Geraden g und h sowie eine injektive projektive Abbildung $\pi: g \to h$ gegeben. Man zeige, daß die Vereinigung aller Verbindungsgeraden $p \vee \pi(p)$ für $p \in g$ eine Quadrik in P ist.

3. In einem projektiven Raum P der Dimension 3 seien *drei* paarweise disjunkte Geraden g', g'' und h betrachtet. Man zeige:

a) Die Vereinigung aller Geraden, die g', g'' und h schneiden, ist eine reguläre Quadrik Q in P. Man nennt die Gesamtheit dieser „Treffgeraden" den **Regulus** $R(g', g'', h)$.

b) Gehören drei paarweise disjunkte Geraden h', h'', g diesem Regulus an, so ist die Vereinigung der Geraden des Regulus $R(h', h'', g)$ *dieselbe* Quadrik Q.

c) Für diese beiden Reguli gilt: Je zwei verschiedene Geraden desselben Regulus schneiden sich nie, je zwei Geraden aus den beiden verschiedenen Reguli haben genau einen Punkt gemeinsam.

4. Man überlege, daß es in einem dreidimensionalen *reellen* projektiven Raum genau zwei Typen spitzenloser (= regulärer) Quadriken gibt, deren Normalformen lauten: $-x_0^2 + x_1^2 + x_2^2 + x_3^2 = 0$ und $-x_0^2 - x_1^2 + x_2^2 + x_3^2 = 0$. Die erstgenannten enthalten keine Geraden, die zweitgenannten werden durch Reguli (im Sinne von Aufgabe 3) erzeugt.

5. Man betrachte eine Quadrik Q mit der Gleichung $F(v, v) = 0$ und einen Punkt $p_0 \notin Q$ im projektiven Raum $P = P(V)$. Zu jedem $p \in Q$ existiert dann genau ein weiterer Punkt $\overline{p} \in (p_0 \vee p) \cap Q$ (der mit p zusammenfallen kann). Falls $\overline{p} = p$, so sei $\delta(p) := p$. Falls $\overline{p} \neq p$, so sei $\delta(p)$ der vierte harmonische Punkt zu $p, \overline{p}, p_0$.

a) Man zeige: Die Punkte $\delta(p)$ liegen in der Hyperebene mit der Gleichung $F(u, v_0) = 0$, wobei $p_0 = sp(v_0)$, und in keiner anderen Hyperebene von P. Man nennt diese die **Polarhyperebene** von p_0 bezüglich Q.

b) Aus a) folgere man wie in 6.2, daß eine Quadrik Q als Punktmenge ihre Gleichung $F(v, v) = 0$ bis auf einen skalaren Faktor festlegt.

6. Für $\dim V = n + 1 < \infty$ soll die Veronse-Abbildung $u \mapsto u \otimes u$ von V in $V \otimes V$ studiert werden (Bemerkung 2 [4.3]). Dazu bezeichne $V \odot V$ den Untervektorraum von $V \otimes V$ der *symmetrischen* Tensoren. Da $u \otimes u$ stets symmetrisch ist, kann die **Veronese-Abbildung** mit dem Zielraum $V \odot V$ aufgefaßt werden: $\omega: V \to V \odot V$, $\omega(u) := u \otimes u$. Nach Aufgabe 5 [2.1] gilt $\dim(V \odot V) = \frac{1}{2}(n+1)(n+2)$. Ferner ist $\omega(u) = \omega(v)$ äquivalent mit: $u = v$ oder $u = -v$ (Aufgabe 1 [4.1]), so daß ω eine wohldefinierte, injektive Abbildung $\Omega: P(V) \to P(V \odot V)$ induziert. Im Falle $n = 2$ liefert Ω eine injektive Abbildung der projektiven Ebene P(V) in den projektiven fünfdimensionalen Raum $P(V \odot V)$, deren Bild $\mathscr{V}_2 := \Omega(P(V))$ **Veronese-Fläche** genannt wird. Über $\mathscr{V}_2$ zeige man:

a) Wird in V eine Basis a, b, c mit zugehörigen Koordinaten x, y, z und in $V \odot V$ die Basis $A := a \otimes a$, $B := b \otimes b$, $C := c \otimes c$, $D := a \otimes b + b \otimes a$, $E := a \otimes c + c \otimes a$, $F := b \otimes c + c \otimes b$ mit den zugehörigen Koordinaten X, Y, Z, U, V, W verwendet, so lautet die Darstellung von Ω in diesen homogenen Koordinaten: $X = x^2$, $Y = y^2$, $Z = z^2$, $U = xy$, $V = xz$, $W = yz$ (*homogene Parameterdarstellung* von $\mathscr{V}_2$).

b) $\mathscr{V}_2$ ist weder projektiver Unterraum noch Quadrik in $P(V \odot V)$, liegt aber auf sehr vielen Quadriken, nämlich auf allen der Form:

$$\alpha(U^2 - XY) + \beta(V^2 - YZ) + \gamma(W^2 - XZ) + \tilde{\alpha}(UV - YW) + \tilde{\beta}(UW - XV) + \tilde{\gamma}(VW - ZU) = 0,$$

wobei die Koeffizienten Skalare sind. (Interessant ist vor allem die Wahl $\alpha = \beta = \gamma \neq 0$, $\tilde{\alpha} = \tilde{\beta} = \tilde{\gamma} = 0$, da die resultierende Quadrik im reellen Fall vom Sphärentypus ist (vgl. Aufgabe 6 [7.8]).

7. Es sei V ein reeller Prähilbertraum. Der zugehörige projektive Raum $P = P(V)$ werde mit der Metrik d versehen, die (im Sinne von Aufgabe 3 [7.2]) von der Norm in V induziert wird. Man zeige zunächst:

a) Für $p, q \in P$ mit $p = sp(u)$, $q = sp(v)$ gilt

$$d(p,q) = \sqrt{2\left(1 - \frac{|\langle u, v\rangle|}{|u| \cdot |v|}\right)}.$$

Nun sei $\Delta = P(U)$ ein projektiver Unterraum von P mit $\phi \neq \Delta \neq P$ und $V = U \oplus U^\perp$ (die letzte Bedingung ist z.B. erfüllt, wenn $\dim U < \infty$; vgl. Satz F [I, 5.4]). Die senkrechten Projektionen von V auf U, $U^\perp$ seien durch S, T bezeichnet.

b) Für $p \in P$ mit $p = sp(u)$ zeige man:

$$d(p, \Delta) := \min\{d(p,q) \mid q \in \Delta\} = \sqrt{2\left(1 - \frac{|Su|}{|u|}\right)}.$$

c) Für festes t mit $0 < t < \sqrt{2}$ betrachte man die **Röhre** um Δ vom Radius t, definiert durch $R_t(\Delta) := \{p \in P \mid d(p, \Delta) = t\}$. Man zeige, daß $R_t(\Delta)$ eine reguläre Quadrik in P ist. Eine solche wird **Clifford-Quadrik** genannt.

Bemerkung: Die Distanz d von Teil a) hängt mit der durch

$$e(p,q) := \arccos \frac{|\langle u,v\rangle|}{|u| \cdot |v|}$$

definierten sog. **elliptischen Distanz** auf P bijektiv vermöge $d = 2 \cdot \sin(e/2)$ zusammen, ist aber rechnerisch einfacher zu handhaben als e. Ein projektiver Raum P(V), dessen Vektorraum V euklidisch ist, wird ein **elliptischer Raum** genannt.

7.8 Zusammenhang mit der Affingeometrie

In großen Teilen eines projektiven Raumes herrscht die affine Geometrie. Genauer gesagt: Schneidet man aus dem projektiven Raum P(V) eine projektive Hyperebene P(H) heraus, so kann die verbleibende Menge $P(V) \setminus P(H)$ in einer fast kanonischen Weise als affiner Raum aufgefaßt werden. Die projektiven Unterräume von P(V) werden dann, soweit sie in dem Rest liegen, zu affinen Unterräumen, deren Parallelität durch das Schnittverhalten ihrer Erängzungen mit P(H) charakterisierbar sind.

Für diese Konstruktion sei im K-Vektorraum V ein Untervektorraum H von V der Codimension 1 vorgegeben. Dann wählt man zunächst einen Vektor $b \in V$ mit $b \notin H$ und betrachtet den affinen Unterraum $b + H$ von V. Die Situation ähnelt sehr der bei der Motivierung zu Beginn, so daß es nützlich ist, die entsprechende Figur hier zu reproduzieren (Bild 50).

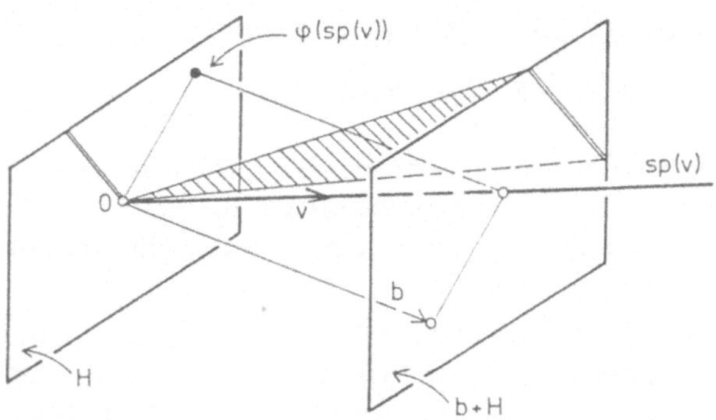

Bild 50
Affine und projektive Geometrie

Intuitiv gesprochen, gehen wir folgendermaßen vor: Jedem $v \notin H$ ordnen wir einen Bildpunkt in H zu, indem wir den Strahl sp(v) mit b + H schneiden und den Schnittpunkt längs b parallel projizieren auf H. Für λv anstelle von v erhält man dabei den gleichen Bildpunkt, da nur sp(v) verwendet wird. Deswegen können wir den Bildpunkt mit $\varphi(\mathrm{sp}(v))$ bezeichnen.

Um diese Abbildung präzise zu beschreiben, betrachten wir die direkte Summenzerlegung

(1) $\quad V = H \oplus \mathrm{sp}(b)$,

und bezeichnen deren erste Projektion mit S. Schreibt man nun für jedes $v \in V$ entsprechend (1)

(2) $\quad v = S(v) + h(v) \cdot b$,

so ist $h: V \to K$ eine Linearform mit:

(3) $\quad H = \mathrm{Kern}\, h = h^{-1}(0), \quad h(b) = 1, \quad b + H = h^{-1}(1)$.

Dann ist die gewünschte Abbildung gegeben durch

(4) $$\boxed{\begin{aligned} \varphi: P(V) \setminus P(H) &\longrightarrow H \\ \mathrm{sp}(v) &\longmapsto \frac{S(v)}{h(v)}. \end{aligned}}$$

Denn $\frac{v}{h(v)}$ ist das Vielfache von v in b + H, und Anwendung von S hierauf liefert $\frac{S(v)}{h(v)}$.

Die projektive Geometrie in P(V) wird nun, soweit es geht, mit der affinen Geometrie von H in Verbindung gebracht. Ist M eine Teilmenge von P(V), so verwenden wir das Symbol $\varphi(M)$ als abgekürzte Schreibweise für $\varphi(M \setminus P(H))$.

Satz A. *Die Abbildung* φ (4) *hat folgende Eigenschaften:*

(i) φ *ist bijektiv.*

(ii) *Ist* U *Untervektorraum von* V *mit* $U \nsubseteq H$, *so ist* $\varphi(P(U))$ *affiner Unterraum von* H *der Richtung* $U \cap H$.

(iii) *Zu jedem affinen Unterraum* $\Gamma \subseteq H$ *existiert genau ein Untervektorraum* $U \nsubseteq H$ *mit* $\varphi(P(U)) = \Gamma$.

(iv) *Für je zwei Untervektorräume* $U_1, U_2 \subseteq V$ *mit* $U_1 \nsubseteq H, U_2 \nsubseteq H$ *gilt:*

(5) $\quad \varphi(P(U_1)) \parallel \varphi(P(U_2)) \Longleftrightarrow P(U_1) \cap P(H) = P(U_2) \cap P(H)$.

In diesem Zusammenhang nennt man P(H) die **Fernhyperebene** von H. Die Rollen von H und P(H) sind genau zu beachten: H ist der Schauplatz der affinen Geometrie, ihre Fernhyperebene P(H) die Menge der eindimensionalen Richtungen (= Untervektorräume) von H!

Entschließt man sich, H vermöge φ mit $P(V) \setminus P(H)$ zu identifizieren so kann man diesen Satz so ausdrücken: Das Komplement einer Hyperebene P(H) des projektiven Raumes P(V), also die Menge $P(V) \setminus P(H)$, ist ein Vektorraum mit folgender Eigenschaft: Jeder projektive Unterraum von P(V), der nicht in P(H) enthalten ist, schneidet P(V) \ P(H) in einem affinen Unterraum von P(V) \P(H). Umgekehrt läßt sich jeder affine Unterraum von P(V) \ P(H) eindeutig zu einem projektiven Unterraum ergänzen, und zwar durch Hinzunahme geeigneter Punkte der Fernhyperebene. Dabei sind zwei affine Unterräume dieser Art genau dann echt parallel, wenn ihre Ergänzungen die Fernhyperebene in der gleichen Menge schneiden (die dann ein projektiver Unterraum ist).

Beweis von A. Für jeden Untervektorraum $U \subseteqq V$ mit $U \nsubseteqq H$ berechnen wir $\varphi(P(U))$. Laut Definition (4) gilt

$$(6) \qquad \varphi(P(U)) = \left\{ \frac{S(u)}{h(u)} \,\middle|\, u \in U \setminus H \right\}.$$

Aus (2) folgt:

$$(7) \qquad \frac{S(v)}{h(v)} - \frac{S(u)}{h(u)} = \frac{v}{h(v)} - \frac{u}{h(u)} \qquad \text{für } u, v \notin H.$$

Ist nun $u_0 \in U \setminus H$, so wird mit $w_0 := \dfrac{S(u_0)}{h(u_0)}$:

$$(8) \qquad \frac{S(u)}{h(u)} = w_0 + \frac{u}{h(u)} - \frac{u_0}{h(u_0)} \qquad \text{für } u \in U \setminus H.$$

Hierin gilt $\dfrac{u}{h(u)} - \dfrac{u_0}{h(u_0)} \in U \cap H$. Weiter gibt es zu jedem $v \in U \cap H$ ein $u \in U \setminus H$ mit $\dfrac{u}{h(u)} - \dfrac{u_0}{h(u_0)} = v$, man nehme einfach $u := v + \dfrac{u_0}{h(u_0)}$; denn dann gilt $h(u) = 1$. Damit folgt aus (6) und (8):

$$(9) \qquad \varphi(P(U)) = \frac{S(u_0)}{h(u_0)} + U \cap H,$$

wobei $u_0 \in U \setminus H$ fest gewählt ist.

Wir zeigen nun der Reihe nach (ii), (iv), (iii) und (i).

Zu (ii) *und* (iv): Dies folgt unmittelbar aus (9). [Zu (iv) Analoges gilt natürlich auch für die (nichtechte) Parallelität.]

Zu (iii): *Eindeutigkeit:* Aus $\varphi(P(U_1)) = \varphi(P(U_2))$ folgt nach (iv) $U_1 \cap H = U_2 \cap H$. Es bleibt zu zeigen $U_1 = U_2$. Zum Nachweis der Inklusion $U_1 \subseteqq U_2$ sei $\tilde{u}_1 \in U_1$ gegeben, wobei $\tilde{u}_1 \notin H$ angenommen werden kann. Dann folgt aber nach Voraussetzung und wegen (4), (7) für ein $u_2 \in U_2 \setminus H$

$$(10) \qquad \frac{\tilde{u}_1}{h(\tilde{u}_1)} - \frac{u_2}{h(u_2)} \in H \cap U_2,$$

also $\tilde{u}_1 \in U_2$. Genauso ergibt sich $U_2 \subseteqq U_1$.

Existenz: Sei $\Gamma = w_0 + U_0$ affiner Unterraum von H. Mit $U := U_0 + sp(b + w_0)$ gilt nach (9) für $u_0 := b + w_0$, da nach (2) $h(b) = 1$:

$$(11)\qquad \varphi(P(U)) = \frac{S(b + w_0)}{h(b + w_0)} + U \cap H = \frac{S(w_0)}{h(b)} + H \cap (U_0 + sp(b + w_0)) = w_0 + U_0 = \Gamma.$$

Zu (i): Wendet man (iii) auf die einpunktigen affinen Unterräume Γ von H an, so folgt, daß zu jedem Punkt $w \in H$ genau ein Untervektorraum $U \not\subseteq H$ existiert mit $U \cap H = 0$ und $\varphi(P(U)) = w$. Da $U \neq 0$, ist $U \cap H = 0$ äquivalent mit $\dim U = 1$. Daraus folgt die Bijektivität von φ. □

Definition B. *Eine Hyperebene* $H \subset V$ *zusammen mit einer Abbildung* φ *der obigen Art* (4) *heißt eine* ***affine Auffassung*** *des projektiven Raumes* P(V) *bezüglich der* ***Fernhyperebene*** P(H) *mit der* ***affinen Karte*** φ.

In der Situation von A(ii) *heißt* $\varphi(P(U))$ *die* ***affine Einschränkung*** *von* P(U), *und in der Situation von* A(iii) *heißt* P(U) *die* ***projektive Fortsetzung*** *von* Γ.

Die Umkehrabbildung von φ (4) läßt sich leicht bestimmen:

$$(12)\qquad \boxed{\varphi^{-1}(u) = sp(u + b), \quad u \in H.}$$

Denn aus (4) berechnet man sofort $\varphi(sp(u + b)) = u$.

Bemerkung 1. Bei gegebenem H hängt die affine Karte φ noch von der Wahl von b ab, allerdings nur bis auf eine *Streckung* von H. Mittels (4) und (12) zeigt man nämlich: Wird $\tilde{\varphi}$ ebenso aus H und $\tilde{b} \notin H$ definiert wie φ aus H und b, so gilt
$(\tilde{\varphi} \circ \varphi^{-1})(u) = \rho \cdot (u + b) - \tilde{b}$, wobei $\rho := (\tilde{h}(b))^{-1} \neq 0$. □

In den folgenden drei Bemerkungen wird das Wechselspiel zwischen affiner und projektiver Geometrie für das Doppelverhältnis und die Quadriken beleuchtet.

Bemerkungen. 2. *Das Doppelverhältnis geht bei der affinen Einschränkung in das Teilverhältnis über, wenn einer der vier Punkte auf der Fernhyperebene* P(H) *gewählt wird:* Sei g

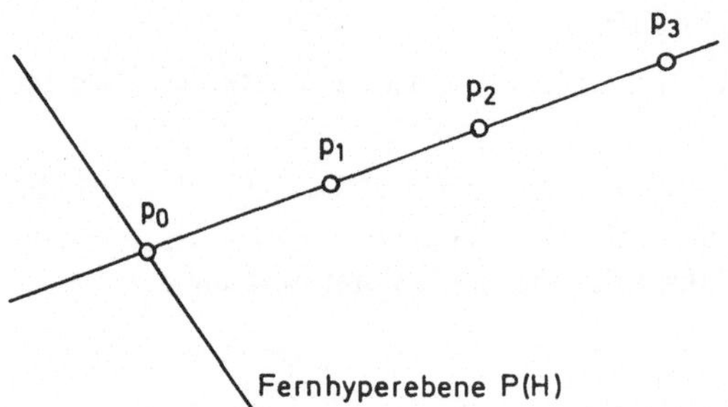

Bild 51
Doppelverhältnis und Teilverhältnis

eine Gerade in P(V), die nicht ganz in P(H) liegt, und seien p_0, p_1, p_2, p_3 Punkte auf g, wobei $p_0 \in P(H)$ und $p_1, p_2, p_3 \notin P(H)$ sowie $p_1 \neq p_2$ (Bild 51). Dann gilt:

$$(13)\qquad DV(p_0, p_1; p_2, p_3) = TV(\varphi(p_1), \varphi(p_2); \varphi(p_3)).$$

Zum Beweis seien die p_i aufspannenden Vektoren a_i so gewählt, daß

(14) $a_2 = a_0 + a_1, \qquad a_3 = \lambda a_0 + a_1,$

also $\lambda = \mathrm{DV}(p_0, p_1; p_2, p_3)$ gilt. Ferner sei gesetzt $c_i := \varphi(p_i)$. Dann gilt nach (4):

(15) $c_i = \dfrac{S(a_i)}{h(a_i)}, \qquad h(a_i) \neq 0, \quad 1 \leqq i \leqq 3$

und wegen $p_0 \in P(H)$: $h(a_0) = 0$. Anwendung von S und h auf (14) liefert:

(16) $$\begin{aligned} S(a_2) &= S(a_0) + S(a_1), \qquad S(a_3) = \lambda S(a_0) + S(a_1) \\ h(a_2) &= h(a_1), \qquad h(a_3) = h(a_1). \end{aligned}$$

Damit ergibt sich aus (15):

(17) $c_1 = \dfrac{S(a_1)}{h(a_1)}, \quad c_2 = \dfrac{S(a_2)}{h(a_2)} = \dfrac{S(a_0) + S(a_1)}{h(a_1)}, \quad c_3 = \dfrac{S(a_3)}{h(a_3)} = \dfrac{\lambda S(a_0) + S(a_1)}{h(a_1)},$

woraus man abliest: $c_3 - c_1 = \lambda \cdot (c_2 - c_1)$. Das ist die Behauptung (13).

3. *Ist in* P(V) *eine Quadrik* Q *mit der Gleichung* $F(v,v) = 0$ *gegeben, so ist* $\varphi(Q)$ *eine Quadrik in* H, *vorausgesetzt* $\varphi(Q)$ *ist in keinem von* H *verschiedenen affinen Unterraum von* H *enthalten**). Als Bedingung für die Punkte u des Bildes $\varphi(Q)$ ergibt sich nämlich durch Einsetzen von $v = u + b$ gemäß (12) in die Gleichung von Q:

(18) $F(u + b, u + b) = F(u,u) + 2F(b,u) + F(b,b) = 0, \qquad u \in H.$

Hier verschwindet der quadratische Anteil nicht auf H, weil sonst u einer Hyperebenengleichung genügen würde oder F [bei identischem Erfülltsein von (18)] auf ganz V Null wäre. (18) ist also eine Quadrikgleichung in H. Die **affine Einschränkung** $\varphi(Q)$ einer solchen Quadrik Q bestimmt diese eindeutig, wie man aus der Gleichung (18) mit Hilfe von Satz H [6.2] abliest.

4. *Ist umgekehrt eine Quadrik* C *in* H *mit der Gleichung* $F(u,u) + 2f(u) + \gamma = 0$ *gegeben, so existiert eine Quadrik* Q *in* P(V) *mit* $\varphi(Q) = C$, *nämlich die mit der Gleichung***)

(19) $\bar{F}(v,v) := F(Sv, Sv) + 2f(Sv) \cdot h(v) + \gamma(h(v))^2 = 0.$

Tatsächlich bilden die Lösungen von (19) eine Punktmenge Q von P(V), von der man mittels (18) rückwärts sieht, daß $\varphi(Q) = C$ gilt. Daraus folgt, daß Q Quadrik in P(V) ist. Die **projektive Fortsetzung** Q von C ist nach Bemerkung 3 eindeutig durch C bestimmt. □

Im Fall *endlicher Dimension*

(20) $\dim V = n + 1 < \infty, \quad$ d.h. $\quad \dim P(V) = n < \infty \quad$ (mit $n \geqq 1$).

---

*) Diese Voraussetzung ist nicht automatisch erfüllt. Beispiel: Ein Paar sich schneidender Hyperebenen von P(V), von denen eine mit P(H) zusammenfällt.

**) Man setze die Abbildungsgleichung $u = (Sv)/h(v)$ von φ in die Gleichung von C ein und multipliziere mit $(h(v))^2$ durch.

führt unsere Konstruktion zur *affinen Deutung der inhomogenen Koordinaten*. Dazu sei $b_0, \dots, b_n$ eine Basis des Vektorraumes V. Die homogenen Koordinaten von sp(v) sind dann gegeben durch

$$v = x_0 b_0 + x_1 b_1 + \dots + x_n b_n. \tag{21}$$

Wir setzen

$$\begin{aligned} p_i &:= \mathrm{sp}(b_i), \qquad && 0 \leqq i \leqq n \\ q &:= \mathrm{sp}(e), && e := b_0 + \dots + b_n. \end{aligned} \tag{22}$$

Sei nun $H := \mathrm{sp}(b_1, \dots, b_n)$, also die Verbindungshyperebene der Punkte $p_1, \dots, p_n$, als Fernhyperebene P(H) gewählt. Weiter sei der Vektor $b = b_0$ gewählt (Bild 52 zeigt den

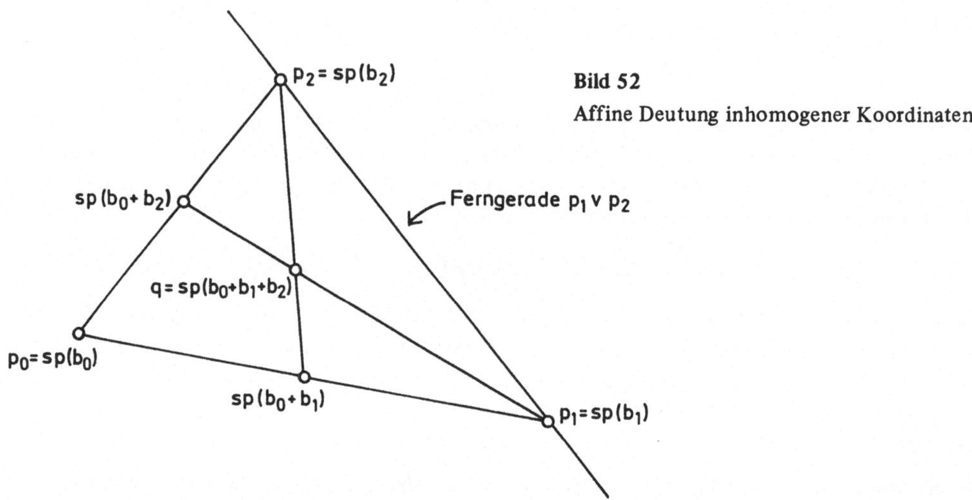

Bild 52
Affine Deutung inhomogener Koordinaten

Fall n = 2, bei dem $P(H) = p_1 \vee p_2$ **Ferngerade** ist). Die Abbildung $\varphi: P(V) \setminus P(H) \to H$ ist dann gegeben durch

$$\varphi(\mathrm{sp}(v)) = \frac{S(v)}{h(v)} = \frac{x_1 b_1 + \dots + x_n b_n}{x_0} = \frac{x_1}{x_0} b_1 + \dots + \frac{x_n}{x_0} b_n. \tag{23}$$

Es erscheinen also die inhomogenen Koordinaten bezüglich dem Index 0:

$$\xi_i := \frac{x_i}{x_0}, \quad 1 \leqq i \leqq n. \tag{24}$$

Damit schreibt sich (23) als

$$\varphi(\mathrm{sp}(b_0 + \xi_1 b_1 + \dots + \xi_n b_n)) = \xi_1 b_1 + \dots + \xi_n b_n. \tag{25}$$

Die Umkehrung lautet:

$$\varphi^{-1}(\xi_1 b_1 + \dots + \xi_n b_n) = \mathrm{sp}(b_0 + \xi_1 b_1 + \dots + \xi_n b_n). \tag{26}$$

Weiter hat man

$$\varphi(\mathrm{sp}(b_0)) = 0$$

(27) $$\varphi(\mathrm{sp}(b_0 + b_i)) = b_i, \qquad 1 \leqq i \leqq n$$

$$\varphi(\mathrm{sp}(e)) = \varphi(\mathrm{sp}(b_0 + \dots + b_n)) = b_1 + \dots + b_n.$$

Insbesondere entspricht der Punkt $p_0 \in P(V)$ dem Nullpunkt in H.

Wir fassen zusammen:

Satz C. *Sei* $(p_0, \dots, p_n; q)$ *ein projektives Bezugssystem von* P(V) *mit einer Standardnormierung* $(b_0, \dots, b_n; e)$, *und sei als Fernhyperebene* P(H) *mit* $H = \mathrm{sp}(b_1, \dots, b_n)$ *und* $b = b_0$ *gewählt. Dann sind die inhomogenen Koordinaten von* $p \in P(V) \setminus P(H)$ *zum Index* 0 *bezüglich dem projektiven Bezugssystem* $(p_0, \dots, p_n; q)$ *identisch mit den affinen Koordinaten von* $\varphi(p)$ *bezüglich dem affinen Bezugssystem* $(0; b_1, \dots, b_n)$ *von* H. □

Rein rechnerisch erhält man aus den affinen Koordinaten $\xi_1, \dots, \xi_n$ eines Punktes von H die homogenen Koordinaten (seines Bildes unter φ^{-1}) durch die Vorschrift

(28) „setze $x_0 = 1$ und $x_1 = \xi_1, \dots, x_n = \xi_n$“.

Der Übergang zu inhomogenen Koordinaten liefert gerade wieder $\xi_1, \dots, \xi_n$ zurück. Natürlich kann man die eben genannte Vorschrift auch ersetzen durch:

(29) „setze x_0 willkürlich und $\xi_1 = \frac{x_1}{x_0}, \dots, \xi_n = \frac{x_n}{x_0}$“.

Bemerkung 5. Trägt man die Bilder unter φ direkt in die obige projektive Figur (Bild 52) ein – Bezeichnungen mit Anführungszeichen –, so erhält man ein „projektives Abbild“ der affinen Ebene H, bei dem das affine Bezugssystem $(b_0; b_1, b_2)$ das gewöhnlich aus einer Parallelogrammfigur besteht, in ein allgemeines Viereck übergeht (Bild 53). Dessen Gegenseiten sind aber jetzt auch „parallel“, weil sie sich im gleichen Punkt der Ferngerade

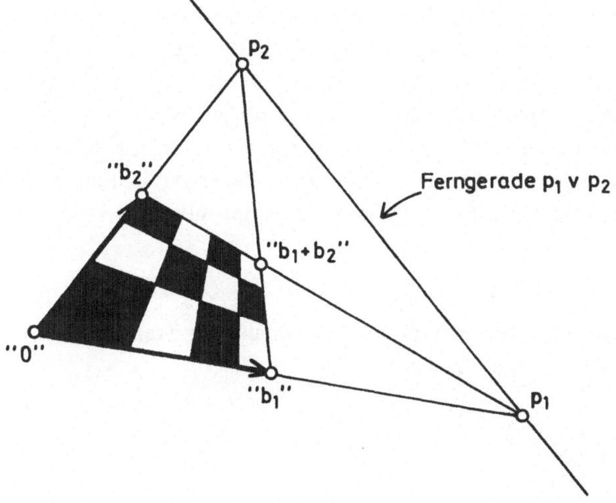

Bild 53
Affine Ebene als Teil einer projektiven Ebene

schneiden. (Intuitive Vorstellung: Rückt die Ferngerade weiter und weiter hinaus, so erhält man aus dem allgemeinen Viereck ein Parallelogramm im Sinne eines Grenzüberganges!) □

Wir beweisen nun folgende *Umkehrung* des obigen Sachverhaltes von A und B:

Satz D. *Jeder vorgegebene Vektorraum* V′ *kommt (sogar kanonisch) als ein solches* H *vor, mit anderen Worten: Jede affine Geometrie kann in eine projektive Geometrie auf die genannte Art kanonisch eingebettet werden.*

Beweis. Zu V′ bilde man das cartesische Produkt $V := K \times V'$ und dann den projektiven Raum P(V). In V sei die Hyperebene H gewählt als $H := 0 \times V'$, und es sei $b := (1,0)$. Dann wird $h: V \to K$ die erste Projektion des cartesischen Produktes $K \times V'$, und die obige Abbildung $\varphi: P(V) \setminus P(H) \to H$ wirkt so: Ist $v = (x_0, v') \in V$ mit $v \notin H$, also $x_0 \neq 0$, so gilt

$$(30) \qquad \varphi(\mathrm{sp}(v)) = \frac{S(v)}{h(v)} = \frac{(0, v')}{x_0}.$$

Nun ist ja weiter $H \cong V'$ (kanonisch) vermöge der Abbildung $\zeta: (0, v') \mapsto v'$, woraus die Behauptung folgt. □

Definition E. *Bei gegebenem Vektorraum* V′ *heißt* $P(K \times V')$ *<u>die</u>* ***projektive Erweiterung*** *von* V′.

In der vorliegenden Situation gilt für die Komposition

$$(31.a) \qquad \varphi' := \zeta \circ \varphi: P(V) \setminus P(H) \to V'$$

nach (29)

$$(31.b) \qquad \varphi'(\mathrm{sp}(v)) = \frac{v'}{x_0} \quad \text{für } v = (x_0, v').$$

Die Abbildung φ' unterscheidet sich nur unwesentlich von φ (nämlich um die obige Abbildung $\zeta: 0 \times V' \to V'$). Insbesondere ist φ' ebenso wie φ bijektiv, und hinsichtlich der affinen Struktur von V′ gelten Aussagen, die analog sind zu den nach Satz A formulierten: Identifiziert man V′ mit $P(V) \setminus P(H)$ vermöge der Abbildung φ', so entsteht aus dem Vektorraum V′ durch Hinzunahme der Fernhyperebene P(H) die projektive Erweiterung von V′, wobei wiederum jeder affine Unterraum von V′ eindeutig zu einem projektiven Unterraum ergänzt werden kann, und je zwei affine Unterräume dieser Art genau dann echt parallel sind, wenn ihre Ergänzungen die Fernhyperebene in den gleichen Punkten schneiden.

Beispiele. 1. Ein Spezialfall entsteht für $V' = K^n$. Hier ist $K \times V' = K \times K^n = K^{n+1}$. Die projektive Erweiterung $P(K^{n+1})$ heißt dann der **projektive n-dimensionale Standardraum**, und man schreibt

$$(32) \qquad \mathbf{P}^n(K) := P(K^{n+1}).$$

Bei der Wahl der Standardbasis $b'_1 = e'_1, \dots, b'_n = e'_n$ in K^n und der Standardbasis $b_0 = e_0, \dots, b_n = e_n$ in K^{n+1} lauten dann die obigen Abbildungen der projektiven Erweiterung bzw. der affinen Einschränkung so:

$$\begin{array}{llcl} & K^n & & \mathbf{P}^n(K) \\ (33) & (\xi_1, \dots, \xi_n) & \xrightarrow[\text{Erweiterung}]{\text{projektive}} & \operatorname{sp}(1, \xi_1, \dots, \xi_n) \\ (34) & \left(\frac{x_1}{x_0}, \dots, \frac{x_n}{x_0}\right) & \xleftarrow[\text{Einschränkung}]{\text{affine}} & \operatorname{sp}(x_0, x_1, \dots, x_n). \end{array}$$

Hier ist $H = \{v \in K^{n+1} \mid x_0 = 0\}$. Das Bild der ersten Zuordnung (33) bzw. die Definitionsmenge der zweiten Zuordnung (34) ist nicht ganz $\mathbf{P}^n(K)$, sondern $\mathbf{P}^n(K) \setminus P(H)$.

2. In $\mathbf{R}^2$ ist durch $\xi_2 = \xi_1^2$ eine *Parabel* C definiert. Dieser Parabel entspricht in der projektiven Erweiterung $\mathbf{P}^2(\mathbf{R}) = P(\mathbf{R}^3)$ die Teilmenge $C' := \varphi'^{-1}(C)$ aller Punkte

$\operatorname{sp}(x_0, x_1, x_2)$ mit $x_0 \neq 0$ und mit $\frac{x_2}{x_0} = \left(\frac{x_1}{x_0}\right)^2$ [beachte (29)], also mit

$$(35) \qquad x_0 x_2 - x_1^2 = 0.$$

Außer den Punkten von C' genügen genau folgende Punkte $\operatorname{sp}(x_0, x_1, x_2) \in \mathbf{P}^2(\mathbf{R})$ der Gleichung (35): $x_0 = 0$, $x_1 = 0$. Das ist also nur der Punkt $\operatorname{sp}(0, 0, 1) =: r$. Die *projektive Fortsetzung* von C ist also $Q = C' \cup \{r\}$.

Da $x_0 = 0$ die Ferngerade beschreibt, hat diese mit Q genau einen Punkt gemeinsam und ist deswegen Tangente an Q. In diesem Sinne ist eine Parabel *„ein Kegelschnitt, der die Ferngerade berührt"*. □

Die obigen Zusammenhänge zwischen der projektiven und affinen Struktur können in vielfältiger Weise genutzt werden, um geometrische Einsichten zu gewinnen. Ein wichtiges hierher gehörendes Beweisprinzip der Projektivgeometrie besteht darin, daß man eine geeignete Hyperebene als Fernhyperebene auszeichnet und in deren Komplement affine Überlegungen anstellt. Wir erläutern dieses Verfahren an folgendem

Beispiel 3 (allgemeiner Satz von Pappus-Pascal). In einer projektiven Ebene P(V) seien zwei verschiedene Geraden g und h gegeben, die dann genau einen Schnittpunkt p_0 besitzen. Ferner seien sechs weitere Punkte, bezeichnet durch die Ziffern von 1 bis 6, gegeben mit:

$$(36) \qquad 1, 3, 5 \in g \quad \text{und} \quad 2, 4, 6 \in h.$$

Diese sechs Punkte seien paarweise und von p_0 verschieden. Dann schneiden sich gegenüberliegende Seiten des Sechsecks 1, 2, 3, 4, 5, 6, nämlich $1 \vee 2$ und $4 \vee 5$, $2 \vee 3$ und $5 \vee 6$ sowie $3 \vee 4$ und $6 \vee 1$, auf einer Gerade (in Bild 54 gestrichelt).

Die Figur ist eine Variante des Satzes von Pascal (B [7.7]), bei der der dortige reguläre Kegelschnitt durch einen singulären Kegelschnitt, nämlich durch ein Geradenpaar, ersetzt ist.

Zum *Beweis* betrachten wir zunächst zwei Paare von gegenüberliegenden Seiten, etwa $1 \vee 2$, $4 \vee 5$ und $2 \vee 3$, $5 \vee 6$. Diese bestimmen zwei Schnittpunkte, und wir machen deren

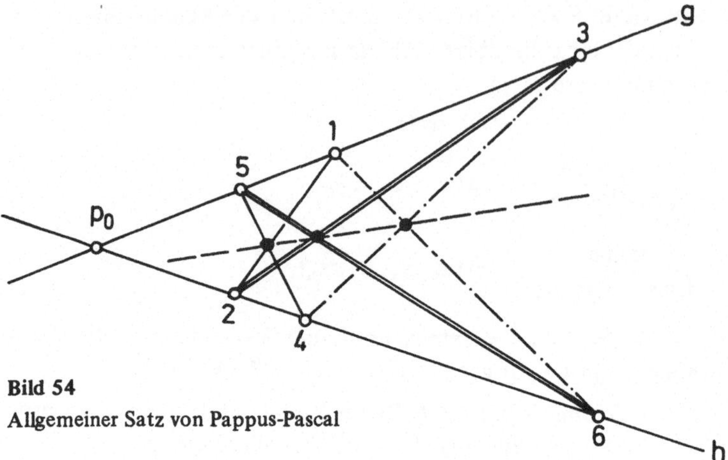

Bild 54
Allgemeiner Satz von Pappus-Pascal

Verbindungsgerade zur Ferngerade P(H). In der Affingeometrie des Komplements $P(V) \setminus P(H)$ liegt dann die Figur des gewöhnlichen Satzes von Pappus-Pascal (Beispiel 1 [5.1]) vor; denn die affinen Einschränkungen der Geraden $1 \vee 2$, $4 \vee 5$ werden parallel, ebenso die der beiden Geraden $2 \vee 3$ und $5 \vee 6$ (da diese Geraden sich jeweils auf der Ferngerade schneiden). Somit sind auch die affinen Einschränkungen der zwei Geraden $3 \vee 4$ und $6 \vee 1$ parallel, so daß sich diese Geraden selbst auf der Ferngerade sschneiden. Das ist die Behauptung. Hierbei wurde stillschweigend angenommen, daß die gewählte Ferngerade nicht durch p_0 läuft. Ist dies doch der Fall, so hat man anstelle des Satzes von Beispiel 1 [5.1] den „kleinen" Satz von Pappus-Pascal (Aufgabe 2 [5.1]) heranzuziehen. □

Aufgaben zu 7.8

1. Gegeben seien drei paarweise verschiedene Punkte p_1, p_2, p_3 auf einer nicht in P(H) enthaltenen Gerade $g \subseteq P(V)$, und es bezeichne p_0 den **Fernpunkt** von g, d.h. $p_0 = g \cap P(H)$. Man beweise: Ist $\operatorname{char}(K) \neq 2$, so ist $\varphi(p_3)$ genau dann Mittelpunkt von $\varphi(p_1)$ und $\varphi(p_2)$, wenn sich die Paare p_1, p_2 und p_0, p_3 harmonisch trennen.

2. Für vier kollineare Punkte q_0, q_1, q_2, q_3 (mit $q_0 \neq q_1 \neq q_2 \neq q_0 \neq q_3$) in $P(V) \setminus P(H)$ beweise man die Formel

$$DV(q_0, q_1; q_2, q_3) = \frac{TV(\varphi(q_1), \varphi(q_2); \varphi(q_3))}{TV(\varphi(q_0), \varphi(q_2); \varphi(q_3))}.$$

Das Doppelverhältnis ist also ein Quotient von Teilverhältnissen (was erneut seinen Namen erklärt).
Hinweis: Man verwende Aufgabe 1 [7.5].

3. Man finde das projektive Bild der schraffierten Figure „1" von $\mathbb{R}^2$, wenn die Bilder der vier Punkte ◦ vorgegeben sind (Bild 55).

4. Sei Q die projektive Fortsetzung einer Quadrik C in H. Zeige: Für jedes $u \in C$ ist die projektive Fortsetzung des affinen Tangentialraumes $T_u C$ der projektive Tangentialraum $T_{\varphi^{-1}(u)} Q$.

5. Eine Quadrik **berührt** eine Hyperebene, wenn diese die Tangentialhyperebene eines regulären Quadrikpunktes ist. Sei nun C eine Quadrik in H und Q ihre projektive Fortsetzung in P(V). Man zeige:

a) Berührt Q die Fernhyperebene P(H), so ist C ein Paraboloid.

b) Im Falle endlicher Dimension gilt umgekehrt: Ist C ein Paraboloid, so berührt Q die Fernhyperebene P(H).

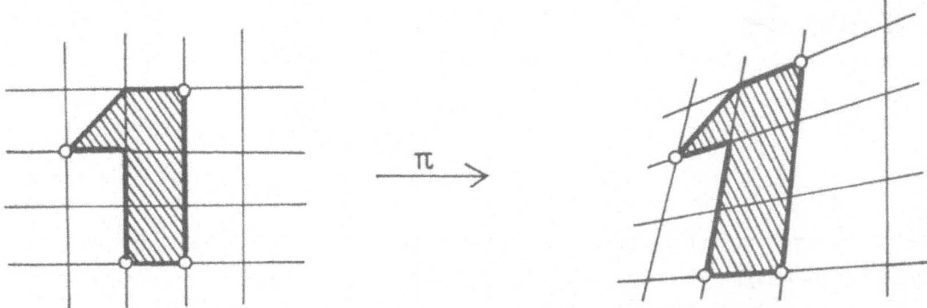

Bild 55 Projektive Abbildung

6. Für eine Quadrik Q in einem *reellen* projektiven Raum P(V) mit der Gleichung F(v, v) = 0 beweise man die Äquivalenz von (i), (ii):

(i) F ist indefinit, aber auf einer Hyperebene H^+ von V definit.

(ii) Es gibt eine projektive Hyperebene P(H) von P(V) mit $Q \cap P(H) = \phi$.

Ferner deduziere man im Falle dim P(V) = n < ∞ aus (ii), daß die affine Einschränkung von Q (bezüglich H als Fernhyperebene) die affine Normalform $x_1^2 + \ldots + x_n^2 = 1$ besitzt. Man nennt deswegen jede Quadrik $Q \subset P(V)$, die im Komplement einer projektiven Hyperebene von P(V) liegt, vom **Sphärentypus** (bei n = 2 vom **Kreistypus**).

7. Für reelle reguläre Kegelschnitte existiert nur ein projektiver Typ, nämlich der mit der Normalform $x_0^2 + x_1^2 - x_2^2 = 0$. Daraus folgt, daß jeder solche Kegelschnitt vom Kreistypus ist. Man gebe z.B. eine Projektivität von $\mathbf{P}^2(\mathbf{R})$ an, die den Kreis $x^2 + y^2 = 1$ von $\mathbf{R}^2$ in die Parabel $y = x^2$ von $\mathbf{R}^2$ überführt.

8. *Affine Deutung projektiver Abbildungen.* Gegeben sei neben dem projektiven Raum P(V) mit einer affinen Auffassung (definiert durch die Objekte H, b, φ) ein weiterer projektiver Raum $P(\tilde{V})$ mit einer affinen Auffassung (definiert durch analoge Objekte $\tilde{H}$, $\tilde{b}$, $\tilde{\varphi}$). Ferner sei π eine projektive Abbildung des P(V) in den $P(\tilde{V})$ (erzeugt durch die lineare Abbildung $L: V \to \tilde{V}$) mit den Eigenschaften : $P(N) \subsetneqq P(H)$ und $\pi^{-1}(P(\tilde{H})) = P(H) \setminus P(N)$, wobei N := Kern L. Man beweise

a) $L^{-1}(\tilde{H}) = H$.

b) Die Abbildung $\tilde{\varphi} \circ \pi \circ \varphi^{-1}: H \to \tilde{H}$ ist wohldefiniert und *affin*.

c) *Jede* affine Abbildung $\alpha: H \to \tilde{H}$ läßt sich mittels eines geeigneten solchen π in der Form $\alpha = \tilde{\varphi} \circ \pi \circ \varphi^{-1}$ darstellen.

Literaturhinweise

Blaschke, W., Projektive Geometrie, Wolfenbütteler Verlagsanstalt (Wolfenbüttel) 1948, 160 S. [1]

Blaschke, W., Analytische Geometrie, Birkhäuser (Basel, Stuttgart) 1954, 190 S. [2]

Blatter, C., Analysis I, Springer (Berlin, Heidelberg, New York) 1974, XVI + 204 S.

Bourbaki, N., Éléments de mathématiques, Algèbre linéaire (1. Partie, Livre 2, Chap. 2), Hermann (Paris) 1967, 315 S. [1]

Bourbaki, N., Éléments de mathématiques, Algèbre multilinéaire (1. Partie, Livre 2, Chap. 3), Hermann (Paris) 1958, 166 S. [2]

Bourbaki, N., Éléments de mathématiques, Variétés différentielles et analytiques (Fasc. 23), Fasc. de résultats, Paragraphes 1 à 7, Hermann (Paris) 1971, 97 S. [3].

Burau, W., Mehrdimensionale projektive und höhere Geometrie, Dt. Verlag d. Wiss. (Berlin) 1961, 436 S.

Dieudonné, J., Linear Algebra and Geometry (Übers. aus dem Franz.), Hermann (Paris) 1969, 207 S. [1]

Dieudonné, J., Grundzüge der Mathematik, Band 1 (Übers. aus dem Engl.), Vieweg (Braunschweig) 1971, 388 S. [2].

Fischer, G., Lineare Algebra, Vieweg (Braunschweig) 1979, VI + 248 S. [1].

Fischer, G., Analytische Geometrie, Vieweg (Braunschweig) 1978, VIII + 200 S. [2].

Flohr, F. und *Raith, F.*, Affine und euklidische Geometrie, in: Grundzüge der Mathematik, Bd. II, Teil B, Vandenhoeck u. Ruprecht (Göttingen) 1971, S. 1–103.

Greub, W., Lineare Algebra, Springer (Berlin, Heidelberg, New York) 1976, X + 219 S. [1]

Greub, W., Linear Algebra, 4. edition, Springer (New York, Heidelberg, Berlin) 1975, XVI + 451 S. [2]

Greub, W., Multilinear Algebra, 2. edition, Springer (New York, Heidelberg, Berlin) 1978, vi + 294 S. [3]

Hirzebruch, F. und *Scharlau, W.*, Einführung in die Funktionalanalysis, Bibliographisches Institut (Mannheim, Wien, Zürich) 1971, 178 S.

Leichtweiß, K. und *Profke, L.*, Analytische Geometrie, B. G. Teubner (Stuttgart) 1972, 184 S.

Lenz, H., Vorlesungen über projektive Geometrie, Akad. Verlagsges. Geest u. Portig (Leipzig) 1965, 360 S.

Pickert, G., Analytische Geometrie, Akad. Verlagsges. Geest u. Portig (Leipzig) 1967, 406 S.

Schaal, H., Lineare Algebra und Analytische Geometrie (2 Teile), Vieweg (Braunschweig) 1976, Band I, VI + 255 S., Band II, VII + 328 S.

Schaal, H. und *Glässner, E.*, Lineare Algebra und Analytische Geometrie, Band III, Aufgaben mit Lösungen, Vieweg (Braunschweig) 1977, V + 306 S.

Spivak, M., Calculus on manifolds, Benjamin, Inc. (Menlo Park) 1965, xii + 146 S.

Walter, R., Einführung in die lineare Algebra, Vieweg (Braunschweig, Wiesbaden) 1982, X + 280 S. [I]

Nachtrag

Klingenberg, W., Lineare Algebra und Geometrie, Springer (Berlin, Heidelberg, New York, Tokyo) 1984, XI + 313 S.

Koecher, M., Lineare Algebra und analytische Geometrie, Springer (Berlin, Heidelberg, New York, Tokyo) 1983, XI + 286 S.

Wichtige Symbole

Die Ordnung erfolgt nach den Seitenzahlen des ersten Auftretens

Kapitel 0

1	$a \cdot b = ab$	multiplikative Verknüpfung
	$a + b$	additive Verknüpfung
	$(G, \cdot)$	multiplikatives Verknüpfungsgebilde
	$(G, +)$	additives Verknüpfungsgebilde
2	$\|G\|$	Ordnung (Elementzahl) einer endlichen Menge
	$\in$	Element von
	e	multiplikatives Neutralelement
	a^{-1}	multiplikatives Inverses
	$a_1 \cdot \ldots \cdot a_n = a_1 \ldots a_n$	mehrfaches Produkt
	$a =: b$	b wird durch a definiert
	$a := b$	a wird durch b definiert
	a^n	Potenz
	0	additives Neutralelement
	$-a$	additives Inverses
	$n \cdot a = na$	ganzzahliges Vielfaches
	$\sum_{i=1}^{n} a_i$	mehrfache Summe
	$\prod_{i=1}^{n} a_i$	mehrfaches Produkt
	$\mathfrak{S}_M$	Permutationsgruppe von M
	$f: M \to N$	Abbildung von M in N
	$\circ$	Komposition
	ι	identische Permutation (Identität)
	f^{-1}	Umkehrabbildung
3	$\{a_1, \ldots, a_n\}$	endliche Menge
	$f(a)$	Funktionswert
	$\setminus$	Mengendifferenz
	$\mathfrak{S}_n$	symmetrische Gruppe
	$\{e\}, e$	einelementige Untergruppe
	$\subset$	echte Teilmenge von (echte Inklusion)
	$H \cdot K = HK$	Komplexprodukt
	H^{-1}	Menge der Inversen
	cK	Abkürzung für $\{c\} K$
	Kc	Abkürzung für $K \{c\}$
	$\{x \mid x \text{ mit } E\}$	Menge der x mit der Eigenschaft E

4	$\subseteqq$	Teilmenge von (Inklusion)
	$\Rightarrow$	Folgerungspfeil (Implikation)
	$[a]$	Menge aller Potenzen von a
	$a - b := a + (-b)$	Differenz
5	$\lvert a \rvert$	Betrag von a
	$\frac{a}{b} =: a/b =: ab^{-1}$	Bruchschreibweise
	W_n	Menge der n-ten Einheitswurzeln
	π	Kreiszahl (= 3,14139265 ...)
	cos	Cosinus
	sin	Sinus
	$e^{it} = \cos t + i \cdot \sin t$	komplexe Exponentialfunktion
	$k = 0, 1, \ldots, m$	Abkürzung für $k \in \{0, 1, \ldots, m\}$
	$0 \leqq k \leqq m$	Abkürzung für $k \in \{0, 1, \ldots, m\}$ (falls k als ganz bekannt)
6	R_H, ${}_HR$	Äquivalenzrelationen (bezüglich einer Untergruppe)
	$U_z := Hz$	Rechtsnebenklasse
	${}_zU := zH$	Linksnebenklasse
	$x \mapsto f(x)$	x wird auf f(x) abgebildet
	$M \times N$	cartesisches Produkt
	(x, y)	Paar
	xRy, $x \equiv y \pmod R$	x steht in Relation R zu y
	U_a	Äquivalenzklasse von a
	M/R	Menge der Äquivalenzklassen
7	$\mathrm{ind}_G\, H$	Index von H in G
9	$\sqrt{}$	Quadratwurzel
10	$\cong$	isomorph
	$\mathrm{Bild}\, h := h(G)$	Bild von G unter h
	e^x	reelle Exponentialfunktion (zur Basis e = 2,718281828 ...)
	$\ln x$	natürlicher Logarithmus
11	h_a	innerer Automorphismus
	$\triangleleft$	Normalteiler von
12	$\mathrm{Kern}\, h := h^{-1}(e')$	Kern von h
	G/H	Quotientengruppe
14	$\begin{pmatrix} 1 & 2 & & n \\ \sigma(1) & \sigma(2) & \ldots & \sigma(n) \end{pmatrix}$	Wertetabelle (speziell einer Permutation)
	sign	Signumsfunktion
	$\mathfrak{A}_n$	alternierende Gruppe
	$n! := 1 \cdot 2 \cdot \ldots \cdot n$	Fakultät
	$\Phi \cdot \Psi \; (= \Phi\Psi)$	argumentweise definiertes Produkt von Abbildungen

15	ϕ	leere Menge
	$\mathbf{S}^1$	Einheitskreis(linie)
16	$n\mathbf{Z}$	Menge der ganzen Vielfachen von n
	$\mathbf{Z}_n$	additive Restklassengruppe modulo n
	$a \equiv a_1 \pmod n$	Kongruenz (in $\mathbf{Z}$)
	$\overline{a}$	Restklasse von a
21	φ	Eulersche φ-Funktion
	$(M, +, \cdot)$	Menge mit zwei Verknüpfungen
22	e, 1	multiplikatives Neutralelement in einem Ring
	char (K)	Charakteristik eines Körpers
	$[1]_+$	von 1 erzeugte additive Untergruppe eines Körpers
25	K_π	Primkörper

Kapitel 1

26	$u + v$	Summe in einem Vektorraum
	$\alpha \cdot u = \alpha u$	skalares Vielfaches in einem Vektorraum
27	0	Nullvektor
	dim V	Dimension von V
	$\{0\}, 0$	Nullraum
	K^n	Menge der n-Tupel mit Koordinaten aus K
	$(x_1, \dots, x_n), (x^1, \dots, x^n)$	n-Tupel
	$e_1, \dots, e_n$	Standardbasis in K^n
	$U_1 \cap U_2$	Durchschnitt
	$U_1 + U_2$	Summe von Untervektorräumen
	$U_1 \oplus U_2$	direkte Summe von Untervektorräumen
	$\mathrm{sp}(a_1, \dots, a_k)$	Spann eines Vektorsystems
28	Kern L	Kern einer linearen Abbildung
	Bild L	Bild einer linearen Abbildung
	Rang L	Rang einer linearen Abbildung
29	$\mathbf{L}(V, W)$	Menge der linearen Abbildungen von V in W
	$L_2 L_1 := L_2 \circ L_1$	Komposition linearer Abbildungen
	$\alpha L_2 L_1$	Abkürzung für $\alpha \cdot (L_2 \circ L_1)$
	Lu	Abkürzung für L(u)
	$L_2 \circ L_1(u) = L_2 L_1 u$	Abkürzung für $(L_2 \circ L_1)(u)$
	$\mathbf{L}(V)$	Menge der linearen Abbildungen von V in V
	I	Identität eines Vektorraumes
	$\mathbf{GL}(V)$	allgemeine lineare Gruppe von V
	$\begin{pmatrix} a_1^1 & \dots & a_n^1 \\ \vdots & & \vdots \\ a_1^p & \dots & a_n^p \end{pmatrix}$	$(n \times p)$-Matrix

	$K^{(n,p)}$	Menge aller (n × p)-Matrizen mit Elementen aus K
	I	Einheitsmatrix
	δ^i_j	Kronecker-Symbol
	GL (n, K)	allgemeine lineare Gruppe bei (n × n)-Matrizen über K
	spur A	Spur der Matrix $A \in K^{(n,n)}$
30	$\det A = \begin{vmatrix} a^1_1 \dots a^1_n \\ \vdots \quad\; \vdots \\ a^n_1 \dots a^n_n \end{vmatrix} = \det(a^j_i)\ 1 \leqq i, j \leqq n$ $= \det(a^j_i)$	Determinante der Matrix $A \in K^{(n,n)}$
	spur L	Spur des Endomorphismus L
	det L	Determinante des Endomorphismus L
31	$L \mid U$	Restriktion der Abbildung L auf U
	P_1, P_2	Projektionen bei einer direkten Zerlegung
	$V \times W, V_1 \times \dots \times V_r$	cartesische Produkte (endlich vieler Vektorräume)
34	$\bigtimes_{\alpha \in A} V_\alpha$	cartesisches Produkt einer Familie
	$\bigcup_{\alpha \in A} V_\alpha$	Vereinigung einer Familie
	$(\bigtimes_{\alpha \in A}) V_\alpha$	externe direkte Summe
	V^A	cartesisches Produkt (von Exemplaren von V)
	$V^{(A)}$	externe direkte Summe (von Exemplaren von V)
	$\sum_{\alpha \in A} U_\alpha$	interne Summe
	$\bigoplus_{\alpha \in A} U_\alpha$	direkte interne Summe
35	$U_1 \oplus \dots \oplus U_p$	direkte interne Summe (endlich vieler Teilmengen)
	$SU, \gamma_0 U, Su_0$	spezielle Vektormengen
	$\bigcap_{\alpha \in A} U_\alpha$	Durchschnitt einer Familie
	$G(\Phi)$	Graph von Φ
	(L_1, L_2)	cartesisches Produkt von Abbildungen
36	Π	Menge aller Polynomfunktionen über einem Körper K
	$K[X]$	Polynomalgebra über K in der Unbestimmten X

37	V^*	Dualraum
	L^*	duale lineare Abbildung
38	$\langle\lambda, v\rangle := \lambda(v)$	Inzidenzprodukt
39	$U^\perp, S^\perp$	duale Komplemente
	$U^{\perp\perp}, S^{\perp\perp}$	Abkürzungen für $(U^\perp)^\perp$, $(S^\perp)^\perp$
42	$V^{**} := (V^*)^*$	Bidualraum
45	A^T	transponierte Matrix
46	$\int_a^b f(x)\,dx$	bestimmtes Integral
47	$v_1 \equiv v_2 \mod U$	Kongruenz modulo U
48	V/U	Quotientenraum
	$v + U$	affiner Unterraum durch v der Richtung U
53	$\operatorname{codim}_V U$	Codimension von U in V
57	$T^{-j}(H)$	Urbild von H unter T^j
58	$\operatorname{Rad}_\ell F$	Linksradikal
	$\operatorname{Rad}_r F$	Rechtsradikal
	$\\| \ \\|$	Norm
56	d	Distanz
	$\| \ \|$	euklidische Norm
60	$\| \ \|_b$	Betragssummennorm
	$\| \ \|_m = \\| \ \\|_\infty$	Maximumsnorm
	$\\| \ \\|_p$	ℓ^p-Norm
	$\| \ \|_s$	Supremumsnorm
	sup	Supremum
	$\\| \ \\|_p$	L^p-Norm
61	$B(a, r)$	offener Ball
	$S(a, r)$	Sphäre
	$\overline{B}(a, r)$	abgeschlossener Ball
	$B(r), S(r), \overline{B}(r)$	Abkürzungen, falls a = 0
	$u_1, u_2, \ldots, (u_\nu)_{\nu\in N}$	Folge
	$\lim_{\nu\to\infty} u_\nu$, $u_\nu \to a$ für $\nu \to \infty$	Grenzwert
63	$\mathscr{L}(V, W)$	Menge der stetigen linearen Abbildungen von V in W
	$\mathscr{L}(V)$	Menge der stetigen linearen Abbildungen von V in V
66	$d(a, M)$	Distanz von a von M
	inf	Infimum
67	$\\|(v, w)\\|$	Maximumsnorm im cartesischen Produkt
	max, min	Maximum, Minimum
	$U^\perp$	Orthogonalraum von U

Kapitel 2

69	$E_L(\lambda)$, $E(\lambda)$	Eigenraum
	$d_L(\lambda)$, $d(\lambda)$	geometrische Vielfachheit
70	$\begin{pmatrix} \boxed{A_1} & & 0 \\ & \boxed{A_2} & \\ 0 & & \ddots \; \boxed{A_n} \end{pmatrix}$ $= \operatorname{diag}(A_1, A_2, \ldots, A_n)$	Blockmatrix (manchmal *ohne* große Nullen geschrieben)
	$\operatorname{diag}(\mu_1, \ldots, \mu_n)$	Diagonalmatrix
	$Ch_L(\lambda)$, $Ch(\lambda)$	charakteristisches Polynom
71	L^*	adjungierte Abbildung
73	$\det_G F$	Determinante (bei Bilinearformen)
	$\mathrm{spur}_G F$	Spur (bei Bilinearformen)
74	$\mathbf{L}_{symm}(V)$	Menge der symmetrischen Endomorphismen von V
	$\mathbf{L}_{alt}(V)$	Menge der schiefsymmetrischen Endomorphismen von V
75	$\langle\langle\, ,\rangle\rangle$	Skalarprodukt in $\mathbf{L}(V)$
	R	Rayleigh-Quotient
77	$f'(t)$	Ableitung von f an der Stelle t
79	$L > 0$ $(L \geqq 0)$	positive (Semi-)Definitheit von L
80	$\Vert\ \Vert_m$, $\Vert\ \Vert_s$	Normen in $\mathbf{L}(V)$
	$\mathbf{L}^+_{symm}(V)$	Menge der positiv definiten symmetrischen Endomorphismen von V
85	$\mathbf{SO}(V)$	spezielle orthogonale Gruppe von V
	$\mathbf{GL}^+(V)$	Gruppe der orientierungstreuen Isomorphismen von V

Kapitel 3

89	Re, Im	Realteil, Imaginärteil
	$\bar{\zeta}$	konjugiert Komplexes
	$Z_{\mathbf{R}}$	reelle Auffassung des komplexen Vektorraumes Z
90	$\dim_{\mathbf{R}} Z$	$\mathbf{R}$-Dimension von Z
	$\dim_{\mathbf{C}} Z$	$\mathbf{C}$-Dimension von Z
	T_ℓ	linearer Anteil
	T_a	antilinearer Anteil
92	$H_0 = \mathrm{Re}\, H$	Realteil der Sesquilinearform H
	$H_1 = \mathrm{Im}\, H$	Imaginärteil der Sesquilinearform H
94	$U^\perp$	unitärer Orthogonalraum

95	$\overline{A}^T$	adjungierte Matrix
	$\mathbf{U}(Z)$, $\mathbf{U}(n)$	unitäre Gruppen
96	$\mathbf{SU}(Z)$, $\mathbf{SU}(n)$	spezielle unitäre Gruppen
97	V^c	Komplexifizierung eines reellen Vektorraumes V
98	L^c	komplexe Fortsetzung von L
	$\overline{z}$	konjugiert komplexer Vektor (in V^c)
	$\overline{M}$	Menge konjugiert komplexer Vektoren
99	$\overline{\Phi}$	konjugiert komplexe Abbildung zu Φ
	$\left(\begin{array}{c\|c} A & B \\ \hline C & D \end{array}\right)$	Aufteilung einer Matrix in Teilblöcke
	$\det_{\mathbf{R}} L$	**R**-Determinante von L
	$\det_{\mathbf{C}} L$	**C**-Determinante von L
	$[a, b]$	abgeschlossenes reelles Intervall
	$\mathrm{sp}_{\mathbf{C}}(z_1, \ldots, z_k)$	**C**-Spann
104	$J(\nu, \gamma)$	elementarer Jordanblock
107	$S_1^1(k; \alpha, \beta)$	verallgemeinerter elementarer Jordanblock des Typs S_1^1
108	$R^1(k; p, q)$	verallgemeinerter elementarer Jordanblock des Typs R^1
110	$S^1(k; \alpha, \beta)$	verallgemeinerter elementarer Jordanblock des Typs S^1
113	$f(L)$	Wert des Polynoms f auf dem Endomorphismus L

Kapitel 4

115	$\Phi + \Psi$	Summe multilinearer Abbildungen
	$\alpha \cdot \Phi = \alpha\Phi$	skalares Vielfaches einer multilinearen Abbildung
	$\mathbf{L}(V_1, \ldots, V_r; Z)$	Menge der r-linearen Abbildungen von $V_1 \times \ldots \times V_r$ in Z
	$\mathbf{L}_r(V; Z)$	Menge der r-linearen Abbildungen von $V \times \ldots \times V$ (r Faktoren) in Z
	$F \otimes G$	Tensorprodukt von Multilinearformen
116	$F \otimes G \otimes H$	mehrfaches Tensorprodukt
117	$F \otimes_P G$	verallgemeinertes Tensorprodukt
	$(p_j)_{j \in J}$, (p_j)	Familie
119	$V_1^* \otimes \ldots \otimes V_r^*$, $V_1 \otimes \ldots \otimes V_r$	Tensorprodukte von Vektorräumen
123	$L_1 \otimes \ldots \otimes L_r$	Tensorprodukt linearer Abbildungen
124	$T_s^r(V)$	Tensorraum über V der Varianz (r, s)

125	V^s	cartesische Potenz eines Vektorraumes
	$\overset{r}{\otimes} V, \overset{s}{\otimes} V^*$	tensorielle Potenzen von Vektorräumen
	$F \cdot G = FG = GF = G \cdot F$	spezielles Tensorprodukt
127	$v_1, \ldots, \widehat{v_\rho}, \ldots, v_r$	Streichen (in einer numerierten Anordnung)
128	$\overset{r}{\otimes} L, \overset{s}{\otimes} L^*$	tensorielle Potenzen einer linearen Abbildung
130	$\mathbf{A}_s(V; Z)$	Menge der s-linearen Abbildungen von V^s in Z
	Alt	Alternierungsoperator
131	$\mathbf{L}_s(V)$	Abkürzung für $\mathbf{L}_s(V; K)$
	$\mathbf{A}_s(V)$	Abkürzung für $\mathbf{A}_s(V; K)$
	$F \wedge G$	Dachprodukt alternierender Multilinearformen
137	F^k	Abkürzung für $F \wedge \ldots \wedge F$ (k Faktoren)
139	$\overset{s}{\wedge} V^*, \overset{s}{\wedge} V$	äußere Potenzen von Vektorräumen
146	$\lrcorner, \llcorner$	innere Produkte
147	$L_1 \wedge \ldots \wedge L_s$	Dachprodukt linearer Abbildungen
	$\overset{s}{\wedge} L$	äußere Potenz einer linearen Abbildung

Kapitel 5

154	$\Gamma_1 \parallel \Gamma_2$	echte Parallelität
	$\dim \Gamma$	Dimension eines affinen Unterraumes
	$\operatorname{codim}_V \Gamma$	Codimension eines affinen Unterraumes
155	$a \vee a_1$	Verbindungsgerade
158	$TV(a_0, a_1; v)$	Teilverhältnis
162	$\mathscr{H}_a(A)$	affine Hülle von A
	$\Gamma_1 \vee \ldots \vee \Gamma_p, a_1 \vee \ldots \vee a_p$	Verbindungsräume
163	$[a_0, a_1],]a_0, a_1[, \ldots$	Verbindungsstrecke (mit und ohne Endpunkte)
165	$\mathscr{H}_c$	konvexe Hülle
167	α'	Ableitung (einer affinen Abbildung)
	τ_a	Translation mit Verschiebungsvektor a
168	$\mathbf{A}(V, W)$	Menge der affinen Abbildungen von V in W
	$\mathbf{A}(V)$	Abkürzung für $\mathbf{A}(V, V)$
	$\mathbf{GA}(V)$	affine Gruppe von V
174	d	euklidische Distanz
	$\measuredangle(u; v, w)$	Winkel bei u
	$\mathbf{AO}(V)$	affin-orthogonale Gruppe
176	arccos	Umkehrfunktion des Cosinus auf $[0, \pi]$

Kapitel 6

181	Rad F	Radikal von F
184	$R_t(\Gamma)$	Röhre um Γ vom Radius t
186	A_C	Asymptotenkegel der Quadrik C
	T_aC	Tangentialraum von C in a
187	R_aC	Tangentialrichtung von C in a
188	D_v	Diametralhyperebene konjugiert zu v
205	$\perp$	Orthogonalität

Kapitel 7

212	$P(V)$	projektiver Raum zu V
	$\dim P(V)$	projektive Dimension
	$\operatorname{codim}_{P(V)} P(U)$	projektive Codimension
214	$P(U_1) \vee P(U_2)$	projektive Verbindung
216	d	Distanz in einem projektiven Raum (eines normierten Vektorraumes)
	$sp(x_1, \ldots, x_n)$	Abkürzung für $sp(v) = Kv$, wenn $v = (x_1, \ldots, x_n) \in K^n$
222	$DV(p_0, p_1; p_2, p_3)$	Doppelverhältnis von Punkten
224	$DV(b_0, b_1; b_2, b_3)$	Doppelverhältnis von Vektoren
229	**PGL** (V)	projektive Gruppe
236	$V \odot V$	Raum der symmetrischen Tensoren der Varianz (2, 0)
237	e	elliptische Distanz

Sachverzeichnis

A

E

F

G

J

K

L

T

U

V